STUDY ON MESOZOIC-CENOZOIC SEDIMENTARY
BASINS IN THE QINGHAI-TIBETAN PLATEAU

青藏高原中、新生代
沉积盆地研究

密文天 著

哈尔滨工程大学出版社
Harbin Engineering University Press

内容简介

本书的特点是追踪前沿、框架清晰、内容丰富、阐述条理、论证充分、编排精细。在内容上,基于青藏高原中、新生代沉积盆地的研究,介绍和分析了多个高原内部及周缘盆地的地层学、古生物学、沉积学、物源分析、构造地质学、古地理学、地球化学、地质年代学等基础地质研究成果;对沉积盆地涉及的岩体、矿产等方面进行了分析;从沉积特征、古地理、古生态及古气候方面探讨了盆地的演化与发展,尤其对其记录的青藏高原隆升的沉积学证据进行了总结。这些成果对推动有关青藏高原地质的研究有重要价值和意义。

本书可供地质研究人员,尤其是从事青藏高原地球科学研究人员及研究生参考。

图书在版编目(CIP)数据

青藏高原中、新生代沉积盆地研究 / 密文天著 . ——
哈尔滨:哈尔滨工程大学出版社,2022.6
　ISBN 978-7-5661-3550-6

　Ⅰ.①青… 　Ⅱ.①密… 　Ⅲ.①青藏高原-沉积盆地-
研究 　Ⅳ.①P531

　中国版本图书馆 CIP 数据核字(2022)第 094036 号

青藏高原中、新生代沉积盆地研究
QINGZANGGAOYUAN ZHONG、XIN SHENGDAI CHENJI PENDI YANJIU

选题策划 　邹德萍
责任编辑 　张　彦　王雨石
封面设计 　刘梦瑶

出版发行 　哈尔滨工程大学出版社
地　　址 　哈尔滨市南岗区南通大街 145 号
邮政编码 　150001
发行电话 　0451-82519328
传　　真 　0451-82519699
经　　销 　新华书店
印　　刷 　哈尔滨午阳印刷有限公司
开　　本 　880 mm×1230 mm 1/16
印　　张 　12.25
字　　数 　447 千字
版　　次 　2022 年 6 月第 1 版
印　　次 　2022 年 6 月第 1 次印刷
定　　价 　99.80 元

http://www.hrbeupress.com
E-mail:heupress@hrbeu.edu.cn

前　　言

青藏高原是地球表面时代最新、面积最大、海拔最高的大陆高原，位于特提斯喜马拉雅构造域的东端。它是由冈瓦纳大陆北部边缘和亚洲大陆南部边缘裂离出来的具有不同构造属性的原始地壳块体形成，块体在性质上属于相邻古老地盾或地台的大陆边缘的构造裂离碎块和塑性带。在特提斯洋两侧沿两个大陆附近，各时期的裂谷作用（弧后扩张或萎缩消减）以及弧-陆及弧-弧碰撞分别进行着。随着特提斯洋岩石圈萎缩，造山过程的进行，最终陆内汇聚作用和隆升导致岩石圈缩短并增厚。

青藏高原内部由南往北分布有雅鲁藏布江缝合带、班公湖-怒江缝合带、双湖缝合带、可可西里-金沙江缝合带及昆仑-阿尼玛卿缝合带，分隔了喜马拉雅地体、拉萨地体、南-北羌塘地体、松潘-甘孜地体以及祁连山-昆仑地体。碰撞前与碰撞的历史是以诸多地体会聚为特征的，分为北部"阿尔金-祁连-昆仑"早古生代复合地体、中部"松潘甘孜-羌塘-拉萨"中生代复合增生地体以及南部喜马拉雅山新生代增生地体。在青藏高原内部及周缘，分布着许多中、新生代盆地，这些盆地包含有青藏高原演化过程中重要的沉积记录，对恢复青藏高原的古地理特征及讨论其构造演化过程具有重要地质意义。

一般认为，沉积盆地完整地记录了板块动力学过程和构造演化以及造山作用方式和时限。通过对沉积盆地的深入研究，这种记录往往是连续且完整的，可以动态刻画大陆动力学构造应力、地形地貌、岩石圈性质等要素的演化过程，所以通过它来研究相关地质问题具有不可替代性。同时，以沉积学的基本原理为基础，探讨各类沉积盆地的大地构造背景、盆地的形成条件和机理以及盆地的发展演化史也十分重要。

本书基于青藏高原中、新生代沉积盆地的研究，介绍和分析了多个高原内部及周缘盆地的地层学、古生物学、沉积学、物源分析、构造地质学、古地理学、地球化学、地质年代学等基础地质研究成果；对沉积盆地涉及的岩体、矿产等方面进行了分析；从沉积特征、古地理、古生态及古气候方面探讨了盆地的演化与发展，尤其对其记录的青藏高原隆升的沉积学证据进行了分析。这些成果对推动有关青藏高原地质的研究有重要价值和意义。

全书共分为十二章。第一章，尼玛盆地南部坳陷方面，主要阐述了尼玛盆地南部古近系相关剖面的沉积特征、碎屑锆石U-Pb年代学及古地理研究进展，以确定其物源区并分析构造作用对盆地的改造过程；第二章，尼玛盆地北部坳陷方面，利用沉积学及同位素测年等方法对盆地北部古近系牛堡组进行了物源分析，为高原隆升过程提供沉积学证据；第三章，羊湖盆地方面，对盆地的地质构造特征、新生代沉积与充填特征和有机地球化学特征进行了分析；第四章，藏南邛多江盆地方面，通过对盆地湖相沉积物粒度、TOC、TOC/TN以及有机碳同位素组成分析，建立其40~30 ka BP以来古气候变化过程，并对盆地气候变化控制因素及驱动机制进行分析；第五章，宁南盆地方面，对青藏高原东北缘宁夏中南部的新生代沉积特征和研究进展进行了综述性探讨，分析了该盆地对青藏高原东北缘隆升的沉积学响应；第六章，酒西盆地方面，阐述了青藏高原北缘酒西盆地新生代早期沉积特征及其地质意义；第七章，兰坪盆地方面，运用层序地层学原理，对青藏高原东南缘兰坪盆地中部古近系宝相寺组进行了深入研究；第八章，洞错盆地舍马拉沟辉长岩及辉绿岩方面，深入讨论了它们的地球化学特征及构造意义；第九章，北羌塘坳陷方面，对北羌塘上三叠统菊花山组流体包裹体特征进行了研究，阐述了菊花山组流体包裹体的特征、均一温度、冰点温度、盐度等性质，对该组储集层流体包裹体、油气成藏做了深入分析；第十章，洞错盆地蛇绿岩方面，深入讨论了洞错盆地蛇绿岩的成因类型、地幔源区性质、形成的构造环境以及其对认识班公湖-怒江缝合带构造演化史的意义；第十一章，革吉盐湖盆地花岗岩方面，对盐湖压陷盆地南缘的I-型花岗岩年代学和地球化学展开了研究，对其岩石成因及构造意义进行了分析；第十二章，改则盆地火山岩方面，对班公湖-怒江缝合带北侧改则查哥隆火山岩进行了分析，探讨了羌塘南缘岩浆作用可能的成因机制。

本书相关成果与认识，充分依托青藏高原陆相盆地油气地质调查与研究项目（科油〔2009〕07）、冈底斯-喜马拉雅铜矿资源基地调查项目（DD20160015）、羌塘以外盆地油气资源战略调查与选区项目（科油〔2010〕01）、中国地质调查局1:5万区域地质调查项目（1212010010705、1212011121247、1212011086065）、油气藏地质及开发工程国家重点实验室开放基金（西藏尼玛盆地古近系物源分析及其对构造隆升的约束（PLC20180504））、甘肃省西部矿产资源重点实验室开放基金（青藏高原尼玛盆地古近纪沉积记录及其地质意义（MRWCGS2019-01））、内蒙古教育科学规划课题（NGJGH2020058）、内蒙古研究生教育改革项目（JGCG2022080）、内蒙古工业大学地质类系列课程优秀教学团队、内蒙古工业大学研究生教改项目（YJG2020014）及校教改项目（2020115）等的工作成果。在本书出版过程中，潘桂棠研究员、王立全研究员、朱弟成教授、朱利东教授、李亚林教授、李智武教授、冉波教授、杨文光副教授给予了悉心指导，罗宇航、李雪华、李杜文、宋旭波、付巧园等参与了野外工作并提供了部分原始资料，叶翔飞参与了图件整饰、参考文献整理等工作，在此表示衷心感谢。全书由密文天统稿和定稿。

本书作者依托单位为沙旱区地质灾害与岩土工程防御内蒙古自治区高等学校重点实验室（内蒙古工业大学）、内蒙古工业大学地质技术与岩土工程内蒙古自治区工程研究中心。

本书不足之处，敬请广大同人与读者指正。

作　者
2022年4月

目　　录

第一章　尼玛盆地南部坳陷古近纪沉积记录

位于羌塘地体与拉萨地体之间的尼玛盆地包含有青藏高原中部演化过程中重要的沉积记录,恢复该地区的古地理特征及讨论其构造演化过程具有重要地质意义。尼玛盆地南部坳陷古近系沉积体系由古新世–始新世牛堡组与渐新世丁青湖组构成,主体为一套扇三角洲相与湖泊相碎屑沉积建造。本章采用沉积学、同位素测年等方法,对该盆地南部坳陷古近系相关剖面进行沉积学特征、碎屑锆石U–Pb年代学及古地理研究,以确定其物源区并分析构造隆升作用对该盆地的改造过程。

第一节　研　究　概　况

研究尼玛盆地及其周边地质特征对科学理解青藏高原中部构造格局、特提斯演化及建立相关地质模型有重要意义。一般认为,沉积物记录了古地理环境演化(Zhang et al.,2004)、海陆相转变(Zhang et al.,2004;Leier et al.,2007)以及构造过程(DeCelles et al.,2007a;DeCelles et al.,2007b;Kapp et al.,2005),成为建立高原演化模型的途径。因此,班公湖–怒江缝合带内的尼玛盆地能反映相关地质体在构造、剥蚀过程中被掩盖的信息,并能通过对物源、沉积过程及沉积环境分析反演盆地形成过程。

尼玛盆地的研究程度比较低。21世纪初,河南省地质调查院、江西省地质调查院分别在该区开展了1:25万尼玛区幅、帕度错幅区域地质调查工作;中国地质调查局发展研究中心、成都理工大学与中国地质大学(北京)对该区域开展了石油地质调查研究。在1:25万区域地质调查中,发现一套中、晚侏罗世残余海盆地沉积,认为尼玛地区的俯冲消减机制在中侏罗世以后已结束,南侧三叠系确哈拉群为一套半深水的陆架边缘沉积序列,而确哈拉群之上不整合覆盖一套中侏罗世钙碱性岛弧火山岩系,是早侏罗世向南俯冲形成的弧火山岩,认为尼玛地区中特提斯洋是在三叠纪打开、中侏罗世以前向南俯冲闭合的。尼玛–色林错发育一套河湖相红色碎屑岩系,属磨拉石建造,根据所含孢粉组合分析,将其划归上白垩统竟柱山组。1:25万邦多区幅地质调查在尼玛县西部拉舍–岷千日发现一套基性–中性–酸性火山岩,属古新世–始新世。王波明等(2009)根据盆地内始新世–渐新世孢粉组合及渐新世–中新世鱼化石将尼玛盆地陆相地层定为古近纪始新世–渐新世。Kapp(2007)通过凝灰岩中黑云母同位素^{40}Ar–^{39}Ar测年认为尼玛红层的年代为渐新世–中新世。

可见,尼玛盆地古近系研究集中于通过化石和孢粉分析、^{40}Ar–^{39}Ar同位素测年及磁性地层学对其沉积时代进行约束等方面(Kapp et al.,2007;孟俊,2013;王明波等,2009)。对尼玛盆地古近系沉积特征也已有研究(DeCelles et al.,2007a;DeCelles et al.,2007b),但对其潜在物源区的分析较少,也缺乏从整体上对尼玛盆地古近系沉积特征、物源体系、地貌及构造演化所开展的研究。此外,印度–欧亚板块碰撞导致的青藏高原内部地壳缩短变形已被广泛探讨(施美凤等,2010;Li et al.,2015),但板块碰撞所引起的构造变形对沉积盆地改造的研究较少。因此,对尼玛盆地古近系的沉积特征及物源进行分析具有重要的地质意义。

尼玛盆地北接羌塘地块,南邻拉萨地块,呈狭长带状东西向展布,东西长170 km,南北宽40~70 km,面积约1 500 km²,在大地构造上属于叠置在班公湖–怒江缝合带内的一系列陆相盆地群的一部分;它包含中生代海洋环境到新生代陆地环境转变的沉积记录和青藏高原碰撞隆升的信息,依据地质年龄数据认为区内陆相地层年龄介于早白垩世到新近纪。白垩纪为一个单一较大的盆地,随后由于受挤压、抬升剥蚀,演化为独立的两个次级构造单元,即北部的甲若错坳陷和南部的达则错坳陷,中部存在隆起。现代电磁调查发现盆地内盖层厚度较大(Wang et al.,2011),具有"南断北超"的特点。地球物理研究还发现,北部坳陷规模较大,基底由北向南逐渐加深,最大深度4 km,南部坳陷规模较小,中南部剖面的基底埋深小于2 km;盆地内存在一些局部高阻异常体,可能是中生代地层的残片侵位于新生代地层中的结果;基底存在一系列规模不等的断裂构造。

达则错坳陷南缘存在整体南倾的改则–色林错逆冲断裂带,即南部表现为构造边界,并伴生褶皱构造,将盆地与拉萨地体分隔。由于逆冲推覆作用,三叠系确哈拉群碎屑岩、白垩系去申拉组、白垩系朗山组碳酸盐岩

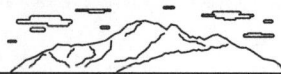

等向北逆冲于古近系牛堡组沉积地层之上；向东的位移量被南东向右旋走滑运动所吸收，并且南部坳陷古近系地层发生整体褶皱，形成一个规模较大的向斜，即尼玛向斜。南部坳陷和拉萨地体北部分布少量白垩系多尼组海相碎屑岩夹火山岩、碳酸盐岩；郎山组含生屑碳酸盐岩也有分布；分布最多的为新生代地层。尼玛盆地中部为中央隆起带，出露有侏罗系地层及木嘎岗日岩群混杂岩，隆起带将盆地隔成两个独立的坳陷。尼玛盆地北部边界为北倾的木嘎岗日推覆带，将虾别错中生代残留海盆与北部坳陷分开，北部坳陷的木嘎岗日群等下伏于古近系地层，二者呈角度不整合接触。

在整个尼玛盆地方面，南部边界拉惹-康如断裂带把班公湖-怒江缝合带南缘与冈底斯带分开，走向为北西西-北东东，具有冲断性质；其北部边界是查巫夺石颠-赛布错逆冲断裂带，将虾别错-诺尔玛错中生代残留海盆与达则错-赛布错构造混杂岩带分开。而雅根错-诺尔玛错东西向走滑斜冲断裂是BNSZ北界断裂，以北即是南羌塘地体。尼玛盆地走向与盆地南北两侧的东西向逆冲断裂的走向大体一致，显示边界断裂对盆地形成的控制作用。盆地东部与伦坡拉盆地相连，西部与洞错-中仓盆地为邻。

盆地内广泛发育古近系陆相沉积建造与第四系沉积物。基底地层为班公湖-怒江缝合带变质岩系与海相沉积，有中上三叠统确哈拉群、下侏罗统木嘎岗日群、中侏罗统俄蒙勒组、上侏罗统沙木罗组、下白垩统多尼组、下白垩统郎山组及下白垩统花岗岩、火山弧岩片、蛇绿混杂岩。南部坳陷北部的阿瓦日-达则错-赛布错构造混杂岩带是班公湖-怒江缝合带的中心部位，含有二叠纪灰岩、糜棱岩岩片及蛇绿岩等构造岩块，早中侏罗世木嘎岗日群作为混杂岩基质，为一套砂岩、泥岩组成的复理石建造。北部坳陷的虾别错-诺尔玛错晚侏罗世残留海盆沉积有浅海相的砂岩-灰岩韵律，即莎木罗组和碳酸盐岩的吐卡日组，下伏木嘎岗日群混杂岩。具体的地层序列及分布为：中上三叠统确哈拉群，分布于南部坳陷的南部，为深水复理石沉积，主要为砂岩、粉砂岩；沙木罗组主要分布于中部隆起带，为一套灰色粉砂岩、灰黑色粉砂质泥岩及深灰色细砂岩夹生物碎屑灰岩的地层；木嘎岗日群发育于中部隆起带，为浅灰色薄板状石英砂岩与泥岩呈薄韵律互层；下白垩统多尼组分布于南部坳陷南部边缘与冈底斯地体北缘，为海相碎屑岩夹碳酸盐岩与火山岩系；下白垩统郎山组在尼玛盆地南部坳陷零星分布，为含生物碎屑的台地碳酸盐岩。其中，早白垩世的岩浆作用侵入沙木罗组、吐卡日组，成分为黑云母花岗闪长岩-似斑状二长花岗岩。

目前，已依托地调项目对尼玛盆地南部坳陷古近系地层开展了详细的野外地质调查工作，积累了丰富的地质资料，并采集了古近系具有代表性的碎屑岩，下面拟运用沉积学及同位素测年方法，对尼玛盆地沉积过程及构造演化进行研究，为青藏高原内陆新生代的构造演化提供研究基础。

第二节　地层及碎屑岩组分分析

对于南部坳陷的新生代地层，通过前人的研究与对比（Kapp，2005，2007；Decells，2007），主要为古近系和第四系，其中，古近纪地层划分为古新-始新统牛堡组和渐新统丁青湖组。古新-始新统牛堡组为一组不整合上覆于竟柱山组红色碎屑岩之上，平行不整合于丁青湖组之下的细-粗碎屑岩、页岩、碳酸盐岩含油气的地层序列。对取样剖面P03进行岩性分析（图1-1），下部存在沥青脉等油气显示，经过区域内地层对比，向东与伦坡拉盆地牛堡组地层相连，其岩石组合及地层结构总体与《西藏自治区岩石地层》（1997）牛堡组相似，即将其认定为古近系牛堡组。牛堡组在南、北坳陷均有发育，而丁青湖组仅发育于南部坳陷内；第四系沉积类型较多，包括冰碛物及冰水沉积物等。

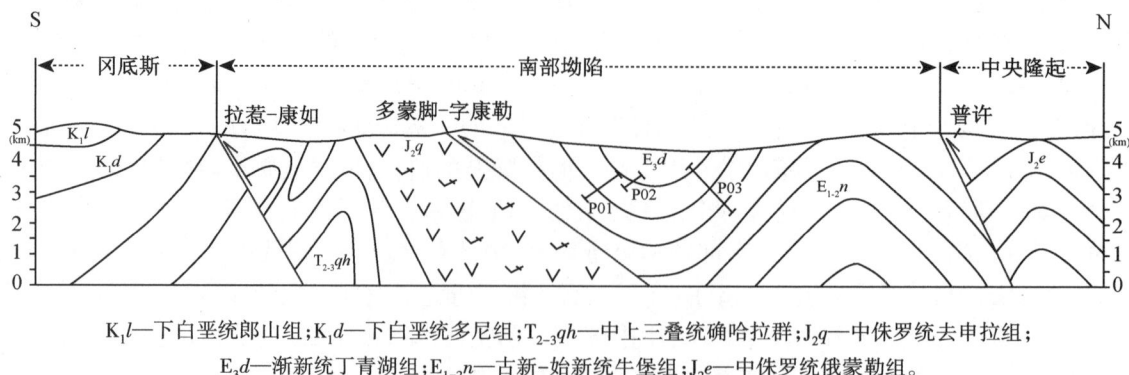

K₁l—下白垩统郎山组；K₁d—下白垩统多尼组；T₂₋₃qh—中上三叠统确哈拉群；J₂q—中侏罗统去申拉组；
E₃d—渐新统丁青湖组；E₁₋₂n—古新-始新统牛堡组；J₂e—中侏罗统俄蒙勒组。

图1-1　尼玛盆地南部坳陷横剖面图（P03剖面位置）

尼玛盆地南部坳陷中部（尼玛县城以北、达则错以南）发育E-W延伸、轴面北倾的斜歪宽缓的尼玛向斜构造,向斜内的查昂巴剖面(P03)位于尼玛县城东部60 km的措罗镇西南,起点坐标31°49′47″N,87°49′30″E,终点坐标31°48′42″N,87°50′56″E,尼玛向斜北翼。P03剖面下未见底,厚度大于2 000 m;剖面下部发育一套湖相深灰色页岩、白云岩、泥晶灰岩、泥岩与扇三角洲巨厚层砾岩、含砾砂岩等,上与丁青湖组呈整合接触,丁青湖组与上覆中上三叠统确哈拉群绿色泥页岩夹灰色薄层生物碎屑灰岩地层呈断层接触。DeCelles等(2007b)对尼玛盆地南部县城附近的1NM剖面和达则错1DC、2DC剖面进行了沉积学研究,剖面层位应属于古近系渐新统地层,可以与本研究剖面的丁青湖组对比。

在尼玛盆地南部坳陷中、新生代地层露头连续且分布范围最大的区段,作者进行了系统的地质调查及采样。P03剖面发育于尼玛向斜的北翼(图1-1),从剖面中挑出两件砂岩(K2j-2W16,K2j-W5)进行碎屑锆石LA-ICP-MS U-Pb同位素研究(表1-1)。

表1-1 样品采集位置与地质特征

样品号	采集点	GPS坐标	地层	岩性	备注
K2j-2W16	尼玛城东查昂巴,县城东部60 km错罗镇西南	87°49′30″E	$E_{1-2}n$	湖相深灰色页岩、白云岩、泥晶灰岩、泥岩与扇三角洲巨厚层砾岩、含砾砂岩	水体较深,厚层-巨厚层砾岩极为发育,砂岩中发育较少的沙纹层理及波痕
K2j-W5		31°49′47″N			

剖面P03沉积环境整体水体较深,发育深-半深湖相页岩、白云岩、微晶灰岩,浅湖相砂岩、泥岩沉积(图1-2)。

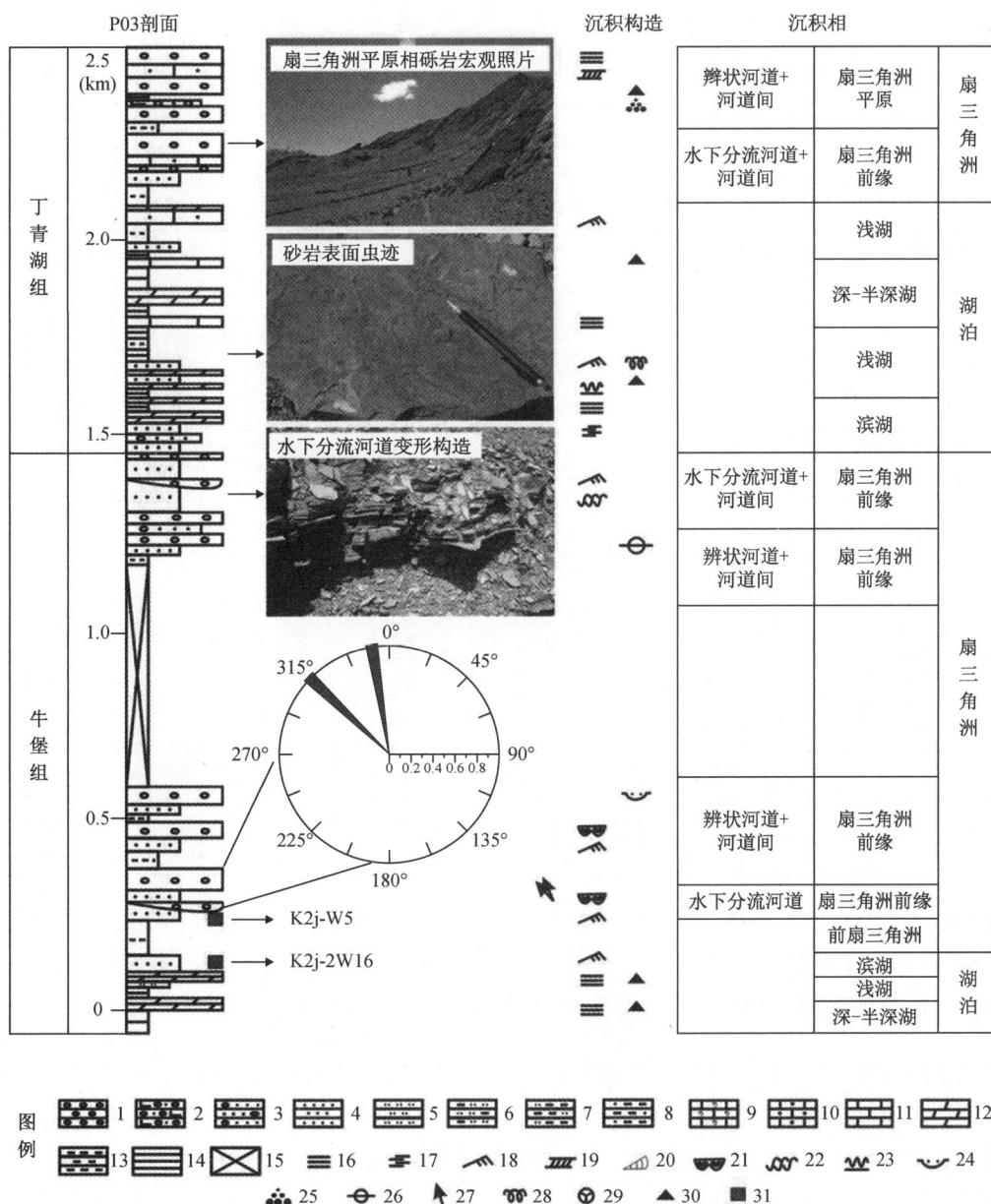

图例
1—砾岩;2—钙质砂砾岩;3—含砾砂岩;4—砂岩;5—粉砂岩;6—泥质粉砂岩;7—粉砂质泥岩;8—砂质泥岩;9—生物碎屑灰岩;10—砂质砂屑灰岩;11—灰岩;12—白云岩;13—泥岩;14—页岩;15—第四系覆盖;16—水平层理;17—平行层理;18—沙纹层理;19—板状交错层理;20—楔状交错层理;21—槽状交错层理;22—包卷层理;23—波状层理;24—冲刷面;25—粒序层理;26—泥砾;27—古流向;28—虫迹;29—孢粉化石;30—沥青脉;31—锆石采样位置。

图1-2 西藏尼玛盆地南部坳陷古近系综合柱状图

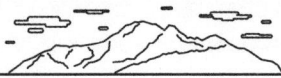

P03剖面下段为古新-始新统牛堡组,厚度约1 500 m,牛堡组顶部为砂砾岩组合,包括紫灰色巨厚层砾岩,紫红褐色中层砂岩夹砾岩透镜体;中部上段为紫红色砂质泥岩,内夹褐黄色中-厚层砂岩与砾岩;中部下段为紫色薄-中层砂岩夹紫灰色泥岩与砾岩,可见沙纹、槽状层理;下部为薄层白云岩或泥晶灰岩与泥页岩的互层。整体上,牛堡组湖泊相包括泥页岩、砂岩及碳酸盐岩,扇三角洲相以厚层砾岩、含砾砂岩等为主;该套地层厚层-巨厚层砾岩极为发育,砂岩中发育较少的沙纹层理、错形层理与波痕;砾岩中见泥砾与冲刷面;白云岩裂隙与脉体中见沥青脉。牛堡组中部扇三角洲前缘水下分流河道流水波痕古流向为315°~354°,指示有来自南部的物源输入。武景龙(2011)通过古流向玫瑰花图发现始新统牛堡组(P03下部)古流向流水波痕指向北,认为该盆地充填物来自南部构造造山带。

剖面上段属古近纪渐新世丁青湖组(图1-2),为一套夹有油页岩、灰岩的河湖相碎屑岩地层,厚约1 000 m,该组下部为湖泊相沉积,由浅灰色薄层白云岩、灰岩及泥页岩组成;中部也为湖泊相沉积,从灰色页岩夹灰色薄层白云岩向上过渡为紫红色泥岩、细砂岩夹薄层白云岩;上部为扇三角洲相含紫色厚层砾岩夹泥岩、砂岩等。

对牛堡组及丁青湖组样品进行系统的碎屑组分分析(表1-2),碎屑组分Dickinson图解显示尼玛盆地南部坳陷的砂岩组分多属于再旋回造山带,暗示经历有构造山活动(图1-3)。Qm-P-K图解显示长石含量较低,且钾长石少于斜长石;Lm-Lv-Ls数据显示沉积岩岩屑、变质岩岩屑(千枚岩岩屑)含量较多,火山岩岩屑较低(表1-2)。火山岩岩屑主要为安山质(图1-4),可能与拉萨地体北缘的白垩系去申拉组安山岩、玄武安山岩的物源输入有关。研究区古近系砾岩包括含生屑灰岩砾石(含圆笠虫)、石英砂岩砾石、安山岩砾石等类型,这些类型砾石可能与白垩系郎山组灰岩、去申拉组安山岩有关,说明古近系物源有来自周边地体的火山岩、沉积岩输入。

表1-2 尼玛盆地南部坳陷古近系砂岩碎屑组分统计表 (%)

	薄片编号	Qm	Qp	Qpt	Qms	Qt	K	P	F	Lv	Lp	Lc	Lt	L	Lm	Ls
牛堡组	P03-6b₁	67.4	10.1	3.37	0	81.7	0.52	5.56	6.18	0	1.97	10.1	26.4	12.1	5.34	10.9
	P03-7b₁	71	13.3	4.44	0	89.3	1.48	5.33	6.81	0	1.78	2.07	22.2	3.85	6.22	2.66
	P03-9b₁	73.5	11.0	3.68	0	90.6	0.35	4.36	4.71	1.18	1.18	2.35	21.8	4.71	4.86	4.70
	P03-20b₂	75.3	5.65	1.88	0	83.7	0.80	6.43	7.23	0	3.01	6.03	17.5	9.04	4.89	6.93
	P03-20b₁	70.8	4.61	1.53	0	78.8	1.30	6.09	7.39	1.23	1.54	11.1	21.8	13.9	3.07	12.9
	P03-21b₁	69.7	9.75	3.25	0	85.2	0.5	5.53	6.03	1.53	1.22	6.04	24.2	8.79	4.47	8.49
	P03-23b₁	75.4	9.47	3.21	0	89.3	0.19	4.4	4.59	1.22	3.68	1.22	20.0	6.12	6.89	2.44
	P03-24b₂	70.9	8.56	2.88	0	85.5	0.91	4.89	5.80	5.22	3.48	0	23.3	8.70	6.36	3.19
	P03-24b₁	72.1	8.82	2.94	0	85	0.68	5.2	5.88	0.89	2.35	5.88	20.2	9.12	5.29	7.06
	P03-25b₁	72.4	5.88	1.96	0	81.5	1.10	6.33	7.43	0	2.27	8.77	22.1	11.0	4.23	10.1
	P03-29b₁	70.1	5.84	1.95	0	79.1	2.60	9.86	12.5	0	4.67	3.74	20.2	8.41	6.62	4.99
	P03-29b₂	69.8	8.72	2.9	0	82.6	1.10	5.88	6.98	2.91	2.91	4.65	23.3	10.5	5.81	5.81
丁青湖组	P03-22b₁	46.2	5.83	1.98	0	54.9	0.90	6.31	7.21	0	5.41	32.4	17.5	37.8	7.39	33.3
	P03-26b₁	43.3	7.50	2.50	0	53.3	2.10	8.57	10.7	0	0	36.0	46.0	36.0	2.50	36.0
	P03-29b₁	17.9	5.36	1.79	41.7	66.7	0	0	0	3.57	20.2	9.52	82.1	33.3	22.0	9.52
	P03-29b₂	30.4	4.48	1.49	0	36.4	0.45	2	2.45	5.88	2.35	52.9	67.1	61.8	3.84	52.9
	P03-31b₁	29.2	5.75	1.92	0	39.2	0	0	0	0	2.45	58.3	70.9	60.7	4.37	60.7

注: Qm—单晶石英; Qp—多晶石英, 包括燧石和石英岩等颗粒;Qpt—片状多晶石英;Qms—石英岩或砂岩中的单晶石英;Qt—石英颗粒总量;Lv—火山岩岩屑;Lm—变质岩岩屑(燧石和石英岩等除外);Ls—沉积岩岩屑;Lt—岩屑总量;L—所有非硅质岩屑(Lv(火山岩岩屑)、泥岩、Lc(碳酸盐岩屑)、片岩、Lp(千枚岩岩屑));F—单晶长石颗粒(F=P(斜长石)+K(单晶长石))。

从牛堡组到丁青湖组稳定组分明显减少而非稳定组分增加。例如,单晶石英及石英颗粒总量的平均含量分别由牛堡组的71%和85%减少到丁青湖组的33.4%及50.1%;而各类岩屑含量明显增加,非硅质岩屑平均含量由牛堡组的8.85%增加至丁青湖组的45.9%,岩屑的平均含量由21.9%增加到56.7%,火山岩岩屑平均含量由1.42%增加至4.73%,碳酸盐岩屑平均含量由5.16%增加至37.8%(表1-2)。此外,丁青湖组上部扇三角洲平原亚相具有岩石粒径大、单层厚度厚的特征,常见10~15 cm砾石、砾岩厚度可达10 m。这些变化说明从始新世到渐新世期间经历有明显的构造活动。

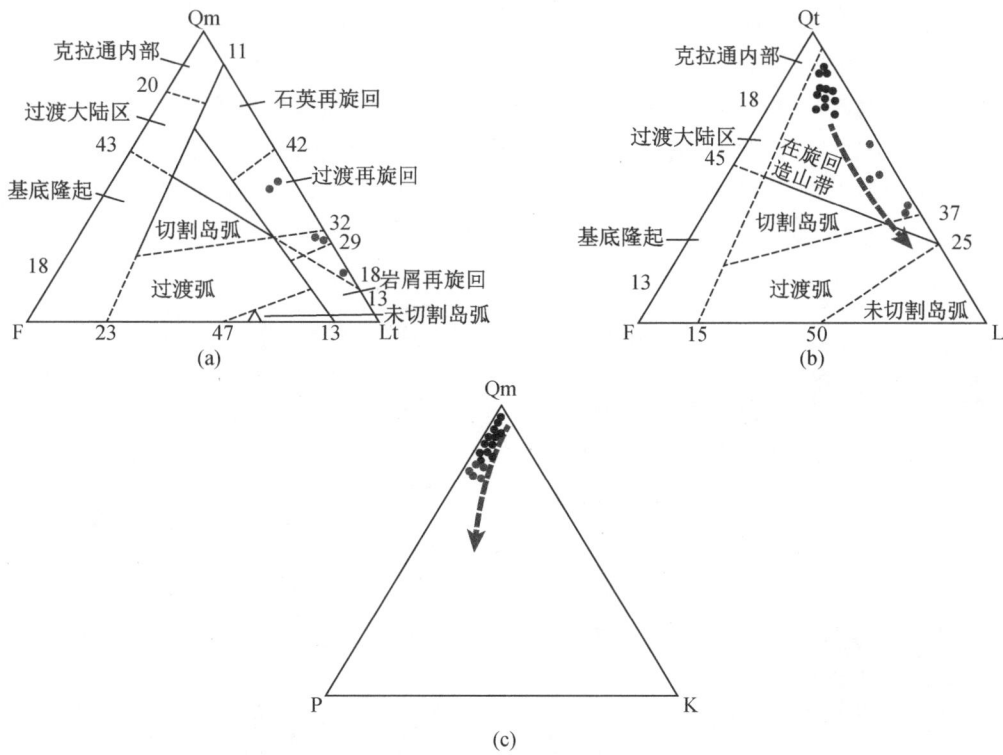

图1-3　尼玛盆地南部古近纪剖面砂岩颗粒组分模式图
（据Dickinson and Suczek,1979;Dickinson et al.,1983）

（a）扇三角洲平原亚相砾岩与辫状河道间泥岩；（b）辫状河道交错层理含砾粗砂岩；（c）安山岩岩屑；（d）千枚岩岩屑；（e）微晶白云岩；（f）砂岩中自形的条纹长石（Or）；（g）聚片双晶斜长石（Pl）；（h）牛堡组水下河道砂岩

图1-4　尼玛盆地南部砂岩典型野外与显微照片

第三节　碎屑岩样品与分析方法

本研究在南部坳陷的查昂巴剖面牛堡组地层挑出两件砂岩（样号：K2j-2W16,K2j-W5；采样点：87°49′30″E,31°49′47″N），采集层位砂岩有沙纹层理及波痕等构造,进行碎屑锆石LA-ICP-MS U-Pb年代学测试。用常规方法将岩样粉碎,并用浮选和电磁选进行分选,双目镜下挑出有代表性的锆石,粘贴在环氧树脂表面,抛光制备锆石样品靶,进行显微照相。阴极发光图像在中国地质大学（武汉）的电子探针显微分析系统中完成。锆石U-Pb同位素年龄在地质过程与矿产资源国家重点实验室采用激光剥蚀电感耦合等离子体质谱法测得,采用Agilent7500a型ICP-MS和Geo-Las2005激光剥蚀系统,以He作为载气,20~40 μm剥蚀深度,激光束斑直径为32 μm。每5个样品同位素分析后,间隔一个国际标准锆石91500作为外标,元素含量计算采用NIST SRM610进行校正,^{29}Si作为内标元素进行校正。数据处理采用ICPMSDataCal软件（Liu et al.,2010）,用Anderson软件进行数据的普通铅校正（Andersen,2002）;年龄数据直方图及谐和图采用Isoplot软件完成（Ludwig,

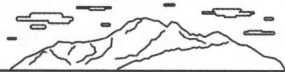

2003)。对年轻锆石(<1 000 Ma)使用$^{206}Pb/^{238}U$年龄,对较早锆石(>1 000 Ma)使用$^{207}Pb/^{206}Pb$年龄;单个测试数据误差和$^{206}Pb/^{238}U$年龄加权平均值误差均为1σ(σ为标准偏差)。

大多数锆石的粒径为50~100 μm,有的长宽比较大,较自形,柱状;有的长宽比较小,半自形,浑圆状,表明经过长距离搬运,部分可能为沉积再循环锆石。锆石多呈次棱角状-浑圆状,透射光下部分呈现褐色或玫瑰色;部分CL图像呈核-幔韵律环带结构,为岩浆结晶成因,有些原始岩浆成因的锆石发育变质重结晶边,极个别显示无环带,在边部生长的变质增生锆石呈冷杉状或扇形状环带(图1-5)。

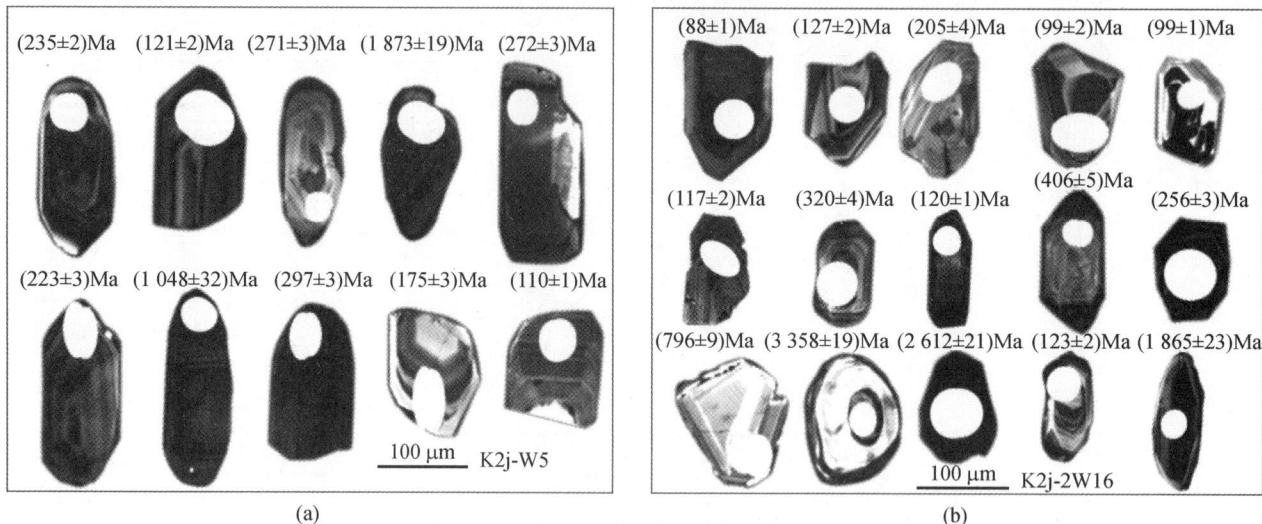

图1-5　样品中代表性碎屑锆石阴极发光图像及分析点表面年龄

分析结果显示,锆石年龄位于谐和线上,年龄数据可信。样品K2j-2W16锆石的Th/U比值为0.13~19.2,多大于0.4,Th、U含量分别为19.7~5 182 ppm(1ppm=1.0×10^{-6})及25.6~1 089 ppm。一般认为,Th/U比值大于0.4的锆石为岩浆成因,小于0.1的为变质成因。所以,K2j-2W16锆石以岩浆成因为主,环带结构指示了后期的构造-岩浆作用对早期形成的锆石的改造与影响。样品K2j-W5的Th/U比值为0.02~2.09,仅有4组小于0.1,Th、U含量分别为50.5~1 339 ppm及85.6~1 253 ppm,也显示以岩浆锆石成因为主。

样品K2j-2W16锆石获得有效年龄数据64个,在(52.2±0.6)~(2 612±21)Ma(表1-3),年龄跨度大,记录了较多构造-岩浆事件。50~180 Ma锆石年龄(25个)占总有效年龄数据的39%;200~450 Ma锆石年龄(17个)占26.5%;750~1 300 Ma锆石年龄(12个)占18.7%,1 500~2 600 Ma的测试点占15.6%,大于1.5 Ga的碎屑锆石磨圆度最好,说明已经记录到源自元古代剥蚀区遗留下的物质信息。

样品K2j-W5锆石获得有效数据69个,在(36.6±0.8)~(3 358±19)Ma之间。100~126 Ma锆石年龄(12个)占有效年龄数据的19%;(218±5)~(454±26)Ma锆石年龄(27个)占39.1%;(711±8)~(926±11)Ma锆石年龄(11个)占15.9%。3.3 Ga锆石(K2j-W5-60)呈椭圆状,具核-幔-边结构,Th/U比值为0.22,锆石形成后可能发生了变质或深熔作用形成增生边。在1.0~1.9 Ga年龄区间,数据谐和性大于90%,在$^{207}Pb/^{235}U$–$^{206}Pb/^{238}U$图的谐和线附近,可靠性较高,且Th/U的比值均小于0.1,显示为变质成因,可能与变质热事件有关(图1-6)。

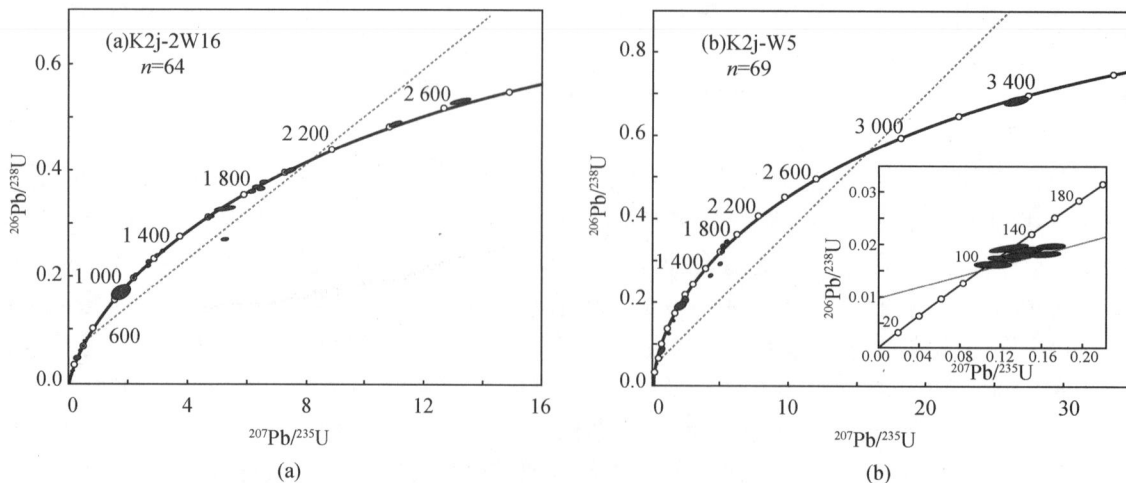

图1-6　尼玛盆地南部坳陷牛堡组碎屑锆石U-Pb同位素年龄谐和图

表 1-3　尼玛盆地牛堡组剖面砂岩中碎屑锆石 LA-ICP-MS U-Pb 同位素测试结果

测点	w(B)/10⁻⁶		Th/U	同位素比值及误差						年龄（Ma）及误差					
	Th	U		$^{207}Pb/^{206}Pb$	1σ	$^{207}Pb/^{235}U$	1σ	$^{206}Pb/^{238}U$	1σ	$^{207}Pb/^{206}Pb$	1σ	$^{207}Pb/^{235}U$	1σ	$^{206}Pb/^{238}U$	1σ
K2J-2W 16-001	109	169	0.645	0.101 66	0.002 22	3.904 76	0.084 61	0.277 11	0.002 2	1 655	28	1 615	18	1 577	11
K2J-2W 16-002	338	398	0.849	0.054 03	0.002 28	0.239 73	0.009 57	0.032 37	0.000 34	372	71	218	8	205	2
K2J-2W 16-003	651	870	0.748	0.051 09	0.001 9	0.174 87	0.006 52	0.024 81	0.000 3	245	64	164	6	158	2
K2J-2W 16-004	215	206	1.044	0.061 19	0.004 78	0.116 8	0.008 25	0.014 42	0.000 3	646	117	112	7	92	2
K2J-2W 16-005	88.1	120	0.734	0.056 6	0.003 32	0.372 72	0.021 59	0.048 51	0.000 71	476	102	322	16	305	4
K2J-2W 16-006	199	203	0.980	0.065 96	0.004 36	0.143 92	0.009 37	0.015 83	0.000 32	805	103	137	8	101	2
K2J-2W 16-007	156	258	0.605	0.069 35	0.001 73	1.617 81	0.040 34	0.168 5	0.001 72	909	34	977	16	1 004	9
K2J-2W 16-008	58.4	112	0.521	0.109 89	0.002 55	5.080 63	0.119 01	0.333 83	0.003 52	1 798	27	1 833	20	1 857	17
K2J-2W 16-009	870	642	1.355	0.054 03	0.002 48	0.126 95	0.005 69	0.017 06	0.000 19	372	81	121	5	109	1
K2J-2W 16-010	279	736	0.379	0.083 62	0.002 21	2.506 63	0.065 23	0.215 89	0.002 52	1 284	33	1 274	19	1 260	13
K2J-2W 16-012	85.9	448	0.192	0.071 29	0.001 47	1.618 33	0.034	0.163 28	0.001 46	966	28	977	13	975	8
K2J-2W 16-013	339	566	0.599	0.060 79	0.002 9	0.165 96	0.007 85	0.019 84	0.000 28	632	77	156	7	127	2
K2J-2W 16-014	160	456	0.351	0.049 91	0.002 76	0.093 72	0.005 19	0.013 69	0.000 19	191	101	91	5	88	1
K2J-2W 16-015	70.5	160	0.441	0.082 14	0.002 22	2.328 79	0.061 32	0.204 83	0.002 22	1 249	35	1 221	19	1 201	12
K2J-2W 16-016	33.7	183	0.184	0.124 4	0.002 75	6.271	0.140 58	0.363 51	0.004 23	2 020	24	2 014	20	1 999	20
K2J-2W 16-017	121	154	0.786	0.054 19	0.002 5	0.503 81	0.023 38	0.067 22	0.000 85	379	82	414	16	419	5
K2J-2W 16-018	223	255	0.875	0.056 49	0.003 94	0.121 51	0.007 87	0.016 16	0.000 3	472	111	116	7	103	2
K2J-2W 16-019	134	114	1.175	0.107 7	0.004 54	4.386 68	0.178 81	0.295 41	0.003 17	1 761	79	1 710	34	1 669	16
K2J-2W 16-021	321	259	1.239	0.054 41	0.003 29	0.114 94	0.007 03	0.015 47	0.000 28	388	105	110	6	99	2
K2J-2W 16-022	1 015	445	2.281	0.047 16	0.002 7	0.100 03	0.005 78	0.015 47	0.000 22	58	99	97	5	99	1
K2J-2W 16-023	63.2	122	0.518	0.060 66	0.005 83	0.252 4	0.019 79	0.032 33	0.000 58	627	139	229	16	205	4
K2J-2W 16-024	142	260	0.546	0.050 02	0.003 43	0.125 54	0.008 76	0.018 37	0.000 34	196	124	120	8	117	2
K2J-2W 16-026	561	350	1.603	0.049 59	0.002 02	0.347 83	0.014 01	0.050 83	0.000 51	176	75	303	11	320	3
K2J-2W 16-027	26.4	29.8	0.886	0.066 47	0.004 3	1.177 67	0.071 81	0.131 2	0.002 28	821	98	790	33	795	13
K2J-2W 16-028	446	687	0.649	0.053 51	0.001 67	0.268 87	0.008 09	0.036 46	0.000 33	350	51	242	6	231	2
K2J-2W 16-029	72.9	143	0.510	0.065 94	0.005 89	0.119 66	0.008 87	0.013 92	0.000 31	804	118	115	8	89	2
K2J-2W 16-030	252	367	0.687	0.050 44	0.002 58	0.188 14	0.009 86	0.026 82	0.000 33	215	99	175	8	171	2

表 1-3（续 1）

测点	w(B)/10⁻⁶		Th/U	同位素比值及误差						年龄（Ma）及误差					
	Th	U		$^{207}Pb/^{206}Pb$	1σ	$^{207}Pb/^{235}U$	1σ	$^{206}Pb/^{238}U$	1σ	$^{207}Pb/^{206}Pb$	1σ	$^{207}Pb/^{235}U$	1σ	$^{206}Pb/^{238}U$	1σ
K2J-2W 16-031	115	93.4	1.231	0.068 25	0.002 67	1.337 97	0.057 07	0.141 4	0.002 17	876	63	862	25	853	12
K2J-2W 16-032	855	784	1.091	0.053 21	0.002 98	0.062 52	0.003 5	0.008 66	0.000 14	338	97	62	3	55.6	0.9
K2J-2W 16-033	185	222	0.833	0.052 31	0.002 72	0.274 81	0.014 2	0.038 11	0.000 47	299	96	247	11	241	3
K2J-2W 16-035	632	1 089	0.580	0.050 22	0.001	0.315 84	0.006 4	0.045 18	0.000 28	205	36	279	5	285	2
K2J-2W 16-036	199	160	1.244	0.070 47	0.004 24	0.152 37	0.009 06	0.016 05	0.000 31	942	90	144	8	103	2
K2J-2W 16-038	83.3	363	0.229	0.069 99	0.001 28	1.610 23	0.030 28	0.166 06	0.001 22	928	26	974	12	990	7
K2J-2W 16-039	113	361	0.313	0.054 57	0.001 63	0.539 16	0.016 02	0.071 67	0.000 66	395	50	438	11	446	4
K2J-2W 16-040	47.5	348	0.136	0.114 35	0.002 6	5.330 39	0.127 65	0.337 4	0.003 21	1 870	29	1 874	20	1 874	15
K2J-2W 16-041	182	362	0.503	0.054 71	0.003 06	0.384 03	0.020 89	0.050 91	0.000 64	400	129	330	15	320	4
K2J-2W 16-042	648	812	0.798	0.060 89	0.003 68	0.157 3	0.009 33	0.018 73	0.000 21	635	134	148	8	120	1
K2J-2W 16-045	105	191	0.550	0.055 42	0.005 37	0.147 48	0.014	0.019 3	0.000 38	429	221	140	12	123	2
K2J-2W 16-046	233	372	0.626	0.055 48	0.002 29	0.310 35	0.013 05	0.040 48	0.000 51	432	71	274	10	256	3
K2J-2W 16-048	396	393	1.008	0.114 04	0.002 09	5.272 38	0.096 78	0.332 9	0.002 37	1 865	23	1 864	16	1 852	11
K2J-2W 16-049	19.7	53.5	0.368	0.071 99	0.002 94	1.717 72	0.071 35	0.172 53	0.002 21	986	64	1 015	27	1 026	12
K2J-2W 16-050	107	170	0.629	0.175 67	0.003 52	12.544 5	0.250 63	0.514 96	0.004 59	2 612	21	2 646	19	2 678	20
K2J-2W 16-052	277	407	0.681	0.053 19	0.004 32	0.443 57	0.035 97	0.060 33	0.001 69	337	133	373	25	378	10
K2J-2W 16-053	94.9	107	0.887	0.070 24	0.008 85	0.153 97	0.019 55	0.015 38	0.000 68	935	190	145	17	98	4
K2J-2W 16-054	194	255	0.761	0.047 25	0.013 04	0.267 3	0.072 63	0.041 03	0.001 99	62	457	241	58	259	12
K2J-2W 16-055	249	287	0.868	0.066 5	0.010 93	1.289 47	0.211 64	0.139 91	0.008 17	822	250	841	94	844	46
K2J-2W 16-057	5 182	355	14.597	0.046 05	0.001 73	0.051 61	0.001 84	0.008 13	0.000 1	—	79	51	2	52.2	0.6
K2J-2W 16-059	1 189	205	5.800	0.051 73	0.002 36	0.166 32	0.007 44	0.023 42	0.000 3	274	79	156	6	149	2
K2J-2W 16-060	930	220	4.227	0.048 26	0.002 47	0.096 01	0.004 65	0.014 71	0.000 19	112	85	93	4	94	1
K2J-2W 16-061	1 404	89.3	15.722	0.056 57	0.009 75	0.075 52	0.012 84	0.009 68	0.000 27	475	372	74	12	62	2
K2J-2W 16-062	2 945	153	19.248	0.055 48	0.003 15	0.115 44	0.006 39	0.015 4	0.000 25	432	95	111	6	99	2
K2J-2W 16-063	3 971	299	13.281	0.055 26	0.001 46	0.523 08	0.013 65	0.068 34	0.000 54	423	44	427	9	426	3
K2J-2W 16-064	409	58.8	6.956	0.075 25	0.005 3	0.199 35	0.013 5	0.019 71	0.000 39	1 075	104	185	11	126	2
K2J-2W 16-065	572	79.4	7.204	0.055 51	0.002 65	0.441 21	0.021 69	0.057 82	0.000 83	433	84	371	15	362	5

表 1-3（续 2）

测点	w(B)/10⁻⁶ Th	U	Th/U	同位素比值及误差 ²⁰⁷Pb/²⁰⁶Pb	1σ	²⁰⁷Pb/²³⁵U	1σ	²⁰⁶Pb/²³⁸U	1σ	年龄（Ma）及误差 ²⁰⁷Pb/²⁰⁶Pb	1σ	²⁰⁷Pb/²³⁵U	1σ	²⁰⁶Pb/²³⁸U	1σ
K2J-2W 16-066	1 524	156	9.769	0.055 4	0.002 87	0.202 59	0.010 56	0.026 69	0.000 39	428	90	187	9	170	2
K2J-2W 16-067	447	32.2	13.882	0.077 81	0.003 02	2.015 19	0.078 3	0.187 83	0.002 66	1 142	55	1 121	26	1 110	14
K2J-2W 16-068	2 235	326	6.866	0.078 12	0.001 45	2.066 69	0.044 51	0.190 07	0.001 98	1 150	26	1 138	15	1 122	11
K2J-2W 16-069	2 334	357	6.538	0.049 59	0.001 74	0.191 91	0.006 37	0.028 08	0.000 28	176	59	178	5	179	2
K2J-2W 16-070	1 434	296	4.845	0.155 83	0.002 87	9.961 66	0.182 67	0.460 6	0.003 28	2 411	21	2 431	17	2 442	14
K2J-2W 16-071	1 297	554	2.341	0.135 83	0.003 45	4.478 04	0.102 43	0.239 11	0.002 65	2 175	45	1 727	19	1 382	14
K2J-2W 16-072	353	192	1.839	0.112 29	0.002 02	5.422 6	0.099 33	0.348 3	0.002 97	1 837	21	1 888	16	1 926	14
K2J-2W 16-073	1 139	133	8.564	0.058 2	0.001 85	0.577 1	0.018 56	0.071 66	0.000 75	537	52	463	12	446	5
K2J-2W 16-074	525	63.1	8.320	0.055 77	0.003 56	0.300 77	0.018 65	0.039 7	0.000 63	443	110	267	15	251	4
K2J-2W 16-075	478	25.6	18.672	0.074 61	0.003 17	1.989 1	0.081 87	0.194 85	0.002 56	1 058	62	1 112	28	1 148	14
K2J-W5-01	108	116	0.931	0.069	0.002 51	1.404	0.052 82	0.147 27	0.002	899	55	891	22	886	11
K2J-W5-02	159	213	0.746	0.059 16	0.002 29	0.537 63	0.021 01	0.065 85	0.000 77	573	64	437	14	411	5
K2J-W5-03	534	1 203	0.444	0.056 09	0.004 13	0.137 1	0.009 86	0.017 73	0.000 28	456	168	130	9	113	2
K2J-W5-04	175	358	0.489	0.054 33	0.001 84	0.531 68	0.017 96	0.070 74	0.000 68	385	59	433	12	441	4
K2J-W5-05	157	544	0.289	0.071 39	0.002 05	0.830 99	0.030 38	0.083 59	0.001 9	969	40	614	17	517	11
K2J-W5-06	87.7	85.6	1.025	0.061 21	0.003 46	0.605 28	0.034 16	0.072 31	0.001 23	647	92	481	22	450	7
K2J-W5-07	142	663	0.214	0.051 67	0.001 52	0.366 95	0.011 18	0.051 22	0.000 5	271	52	317	8	322	3
K2J-W5-08	458	248	1.847	0.063 27	0.002 02	1.018 68	0.031 63	0.116 69	0.001 41	717	45	713	16	711	8
K2J-W5-09	779	626	1.244	0.049 27	0.002 31	0.108 55	0.005 02	0.016 02	0.000 2	161	84	105	5	102	1
K2J-W5-10	63.9	159	0.402	0.063 99	0.005 2	1.062 42	0.081 35	0.120 43	0.003 3	741	178	735	40	733	19
K2J-W5-11	50.5	395	0.128	0.113 62	0.002 26	5.359 82	0.106	0.338 87	0.003 27	1 858	22	1 878	17	1 881	16
K2J-W5-12	1 339	640	2.092	0.046 47	0.006 72	0.036 43	0.005 22	0.005 69	0.000 12	22	265	36	5	36.6	0.8
K2J-W5-13	688	452	1.522	0.057 26	0.003 22	0.146 38	0.008	0.018 88	0.000 34	501	89	139	7	121	2
K2J-W5-14	129	138	0.935	0.062 38	0.002 44	0.864 85	0.032 25	0.100 97	0.001 45	687	55	633	18	620	8
K2J-W5-15	67.8	583	0.116	0.053 09	0.001 96	0.271 76	0.009 6	0.037 13	0.000 39	333	86	244	8	235	2
K2J-W5-16	220	123	1.789	0.056 53	0.004 14	0.306 45	0.020 92	0.039 72	0.000 79	473	116	271	16	251	5
K2J-W5-17	284	625	0.454	0.047 84	0.002 2	0.114 16	0.005 31	0.017 28	0.000 23	91	80	110	5	110	1

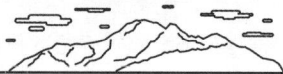

表 1-3（续 3）

测点	$w(B)/10^{-6}$		Th/U	同位素比值及误差						年龄（Ma）及误差					
	Th	U		$^{207}Pb/^{206}Pb$	1σ	$^{207}Pb/^{235}U$	1σ	$^{206}Pb/^{238}U$	1σ	$^{207}Pb/^{206}Pb$	1σ	$^{207}Pb/^{235}U$	1σ	$^{206}Pb/^{238}U$	1σ
K2J-W5-18	225	403	0.558	0.054 91	0.001 83	0.326 28	0.010 3	0.043 12	0.000 5	409	50	287	8	272	3
K2J-W5-19	100	183	0.546	0.054 78	0.003 14	0.322 44	0.017 16	0.042 99	0.000 55	403	97	284	13	271	3
K2J-W5-20	138	267	0.517	0.053 78	0.002 33	0.275 63	0.012 05	0.036 97	0.000 52	362	73	247	10	234	3
K2J-W5-21	85.8	137	0.626	0.060 3	0.003 34	0.444 9	0.025 04	0.053 07	0.000 82	614	95	374	18	333	5
K2J-W5-22	345	503	0.686	0.057 74	0.003 36	0.393 59	0.022 55	0.049 44	0.000 52	520	131	337	16	311	3
K2J-W5-23	171	277	0.617	0.063 88	0.003 87	0.166 82	0.009 89	0.019 51	0.000 33	738	97	157	9	125	2
K2J-W5-24	78.1	144	0.542	0.056 68	0.002 79	0.516 87	0.025 21	0.066 62	0.001 1	479	78	423	17	416	7
K2J-W5-25	159	287	0.554	0.066 99	0.002 03	1.191 86	0.036 45	0.128 87	0.001 45	838	45	797	17	781	8
K2J-W5-26	21.1	664	0.032	0.057 85	0.001 49	0.713 03	0.018 88	0.088 97	0.000 92	524	40	547	11	549	5
K2J-W5-27	86.5	150	0.577	0.058 52	0.002 87	0.346 7	0.016 87	0.043 1	0.000 61	549	81	302	13	272	4
K2J-W5-28	587	571	1.028	0.057 86	0.004 36	0.050 5	0.003 71	0.006 38	0.000 13	525	127	50	4	41	0.8
K2J-W5-29	529	1 253	0.422	0.050 43	0.001 63	0.137 53	0.004 51	0.019 69	0.000 22	215	55	131	4	126	1
K2J-W5-30	99.2	218	0.455	0.051 36	0.003 09	0.269 04	0.015 1	0.038 29	0.000 54	257	103	242	12	242	3
K2J-W5-31	126	332	0.380	0.112 15	0.002 53	4.933 5	0.116 41	0.316 45	0.003 74	1 835	26	1 808	20	1 772	18
K2J-W5-32	1 047	643	1.628	0.048 42	0.002 4	0.104 18	0.004 98	0.015 6	0.000 18	120	87	101	5	100	1
K2J-W5-34	170	249	0.683	0.048 95	0.005 15	0.127 47	0.013 15	0.018 88	0.000 4	146	236	122	12	121	3
K2J-W5-35	91.8	275	0.334	0.063 26	0.001 95	1.127 18	0.035 25	0.128 5	0.001 47	717	47	766	17	779	8
K2J-W5-36	387	614	0.630	0.055 93	0.003 81	0.370 83	0.024 85	0.048 09	0.000 57	450	156	320	18	303	4
K2J-W5-37	120	153	0.784	0.049 81	0.005 82	0.110 72	0.012 68	0.016 12	0.000 37	186	260	107	12	103	2
K2J-W5-38	252	218	1.156	0.051 23	0.006 14	0.194 93	0.023 12	0.027 6	0.000 48	251	270	181	20	175	3
K2J-W5-39	108	395	0.273	0.052 92	0.001 85	0.346 23	0.012 05	0.047 22	0.000 5	325	60	302	9	297	3
K2J-W5-40	372	579	0.642	0.050 86	0.001 95	0.246 4	0.009 4	0.035 17	0.000 44	235	65	224	8	223	3
K2J-W5-41	286	432	0.662	0.074 24	0.001 71	1.826 42	0.043 62	0.177 49	0.001 8	1 048	32	1 055	16	1 053	10
K2J-W5-42	67.4	952	0.071	0.114 57	0.002 05	4.135 57	0.078 81	0.260 56	0.002 79	1 873	19	1 661	16	1 493	14
K2J-W5-43	160	176	0.909	0.069 88	0.005 5	0.134 34	0.009 83	0.014 42	0.000 27	925	120	128	9	92	2
K2J-W5-44	167	245	0.682	0.065 56	0.004 31	0.160 24	0.010 02	0.018 12	0.000 33	792	101	151	9	116	2
K2J-W5-45	122	545	0.224	0.061 81	0.003 11	0.827 97	0.036 52	0.097 15	0.002 35	668	110	612	20	598	14

表 1-3(续 4)

测点	w(B)/10⁻⁶ Th	U	Th/U	同位素比值及误差 $^{207}Pb/^{206}Pb$	1σ	$^{207}Pb/^{235}U$	1σ	$^{206}Pb/^{238}U$	1σ	年龄（Ma）及误差 $^{207}Pb/^{206}Pb$	1σ	$^{207}Pb/^{235}U$	1σ	$^{206}Pb/^{238}U$	1σ
K2J-W5-46	666	1 032	0.645	0.109 97	0.002 15	5.117 68	0.101 62	0.335 12	0.002 93	1 799	23	1 839	17	1 863	14
K2J-W5-47	265	671	0.395	0.054 68	0.002 58	0.289 62	0.013 32	0.038 42	0.000 4	399	108	258	10	243	2
K2J-W5-48	123	253	0.486	0.069 85	0.001 73	1.456 96	0.040 88	0.149 87	0.002 12	924	35	913	17	900	12
K2J-W5-49	233	285	0.818	0.057 21	0.001 93	0.536 33	0.017 4	0.067 91	0.000 66	500	54	436	11	424	4
K2J-W5-50	490	788	0.622	0.050 89	0.001 78	0.243 62	0.008 66	0.034 45	0.000 38	236	61	221	7	218	2
K2J-W5-51	174	234	0.744	0.050 85	0.003 75	0.240 72	0.017 58	0.034 36	0.000 74	234	126	219	14	218	5
K2J-W5-52	157	276	0.569	0.080 4	0.006 6	2.208 26	0.175 48	0.197 8	0.005 71	1 207	111	1 184	56	1 163	31
K2J-W5-53	25.5	921	0.028	0.076 82	0.008 65	1.963 57	0.213 25	0.183 95	0.007 08	1 117	156	1 103	73	1 088	39
K2J-W5-54	518	580	0.893	0.050 74	0.007 57	0.157 52	0.022 6	0.022 68	0.001 13	229	231	149	20	145	7
K2J-W5-55	216	269	0.803	0.057 76	0.010 27	0.586 7	0.100 8	0.073 01	0.004 41	521	273	469	65	454	26
K2J-W5-56	211	325	0.649	0.053 8	0.001 43	0.501 54	0.012 85	0.067 38	0.000 54	363	43	413	9	420	3
K2J-W5-57	115	304	0.378	0.054 36	0.003 22	0.127 26	0.007 53	0.017 18	0.000 32	386	100	122	7	110	2
K2J-W5-58	108	143	0.755	0.064 16	0.001 91	1.113 96	0.034 37	0.125 31	0.001 42	747	46	760	17	761	8
K2J-W5-59	124	147	0.844	0.056 16	0.002 95	0.500 28	0.025 62	0.065 09	0.000 86	459	90	412	17	406	5
K2J-W5-60	98.9	431	0.229	0.279 17	0.005 36	26.587 84	0.559 23	0.686 41	0.007 84	3 358	19	3 368	21	3 369	30
K2J-W5-61	317	527	0.602	0.057 06	0.002	0.473 82	0.017 16	0.059 9	0.000 7	494	59	394	12	375	4
K2J-W5-62	111	198	0.561	0.066 17	0.001 97	1.203 26	0.036 58	0.131 49	0.001 53	812	44	802	17	796	9
K2J-W5-63	260	805	0.323	0.047 22	0.001 84	0.124 93	0.004 53	0.019 22	0.000 24	61	58	120	4	123	1
K2J-W5-64	16.3	706	0.023	0.121 43	0.002 71	4.840 65	0.093 52	0.289 11	0.003 25	1 977	41	1 792	16	1 637	16
K2J-W5-65	170	704	0.241	0.112 02	0.002 29	5.332 72	0.114 46	0.341	0.003 97	1 832	22	1 874	18	1 891	19
K2J-W5-66	95.1	189	0.503	0.058 71	0.002 85	0.332 71	0.016 28	0.040 89	0.000 6	556	81	292	12	258	4
K2J-W5-67	311	357	0.871	0.070 23	0.001 72	1.507 48	0.037 87	0.154 32	0.002 03	935	30	933	15	925	11
K2J-W5-68	64.5	145	0.445	0.070 42	0.002 17	1.507 49	0.044 93	0.154 47	0.001 9	941	41	933	18	926	11
K2J-W5-69	406	357	1.137	0.054 11	0.001 96	0.536 52	0.019 72	0.072 27	0.001 23	376	52	436	13	450	7
K2J-W5-70	212	449	0.472	0.069 82	0.001 56	1.468 42	0.034 02	0.151 46	0.002 03	923	26	917	14	909	11

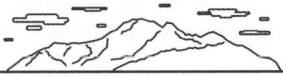

第四节　讨论与结论

一、区域物源对比

除传统的沉积学分析方法外,碎屑锆石U-Pb年龄值也能提供物源输入信息,并对相关地层的年代进行约束(Leier et al.,2007)。尼玛南部坳陷牛堡组样品的年龄值分布有一定的阶段性。最新的一组锆石年龄在36.6~70 Ma(表1-3,图1-7),主体略早于或接近牛堡组地层年龄,与拉萨地体林子宗火山岩形成的年龄重叠,该岩浆活动时代和印度-欧亚大陆初始碰撞的时代相吻合(莫宣学等,2003;Kapp et al.,2004;周肃等,2004;Donaldson et al.,2013;董铭淳等,2015;Zhu et al.,2015)。拉萨地体在52~51 Ma发生了以冈底斯岩基和林子宗帕那组火山岩为标志的岩浆爆发事件,该事件被认为是新特提斯洋壳在53 Ma发生板片断离所致(Zhu et al.,2015),相似的年代学特征值显示尼玛南部坳陷古近系沉积岩有来自拉萨地体的物源输入。此外,Kapp(2007)认为在古近纪时尼玛盆地重新收缩表明班公湖-怒江缝合带的重新收缩活动,这些年代较新的测点可能与这一事件有关。

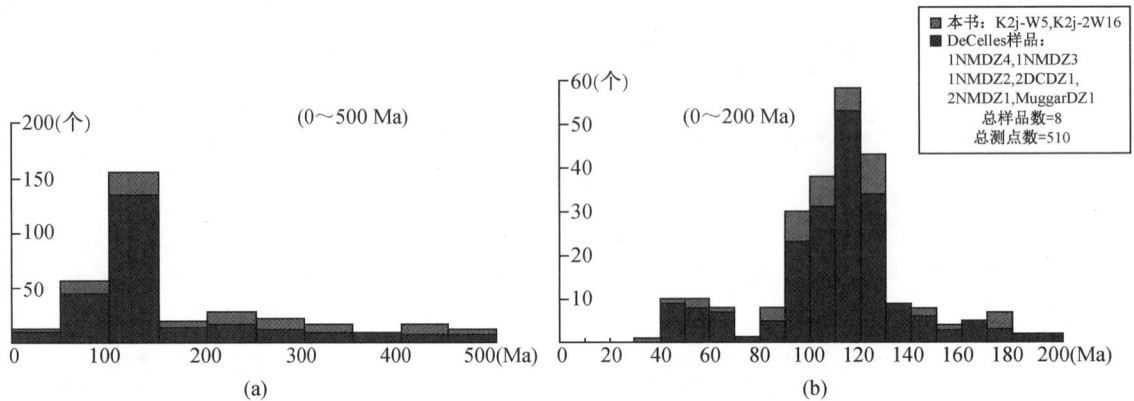

图1-7　尼玛盆地南部坳陷古近系碎屑锆石年龄频谱
(年龄资料来源:DeCelles et al.,2007a,b;本书)

研究区100~130 Ma年龄区间以~110 Ma为峰值(图1-7),该年龄值与尼玛中央隆起带内的普许错花岗岩年龄接近(Kapp et al.,2007),说明锆石可能来自缝合带内白垩纪火成岩物源的剥蚀搬运。对于拉萨地体,早白垩世期间存在大规模岩浆活动(Coulon et al.,1986;Zhu et al.,2009,2011;Meng et al.,2014;Chen et al.,2014;Wu et al.,2015;丁慧霞等,2015;Zhu et al.,2016),岩浆岩覆盖面积达拉萨地体的10%,尤其在113 Ma拉萨地体中北部存在高钾钙碱性的带状岩浆爆发事件(Zhu et al.,2009,2011;张亮亮等,2010,2011),出现了盐湖-班戈岩浆弧带(Zhu et al.,2016),这与南向俯冲的班公湖-怒江洋岩石圈板片断离有关,即由于板片断离一般出现在大洋俯冲的末期或大陆碰撞的早期阶段,因此冈底斯-羌塘地体在110 Ma左右才开始陆-陆碰撞,冈底斯带中北部地区在140~110 Ma可能一直处于与拉萨-羌塘碰撞有关的同碰撞背景;而班公湖-怒江缝合带以北的羌塘地体南缘也出现了少量以酸性岩为主的早白垩世(110 Ma)带状岩浆作用,如日土拉热拉新花岗岩(冯晔等,2005)、改则多不杂玄武安山岩、花岗斑岩(Li et al.,2011)、尕尔穷含矿斑岩(曲晓明和辛洪波,2006)及尼玛虾别花岗岩(118 Ma)(Kapp et al.,2007)。这表明,尼玛盆地古近系的~110 Ma碎屑锆石年龄峰值与羌塘地体南缘、拉萨地体等潜在源区的火成岩年龄峰值可以对比(图1-7),这些周缘的早白垩世火成岩岩体在空间上成为尼玛盆地古近系沉积岩物源区。以上研究表明,尼玛盆地南部坳陷碎屑锆石中出现的~110 Ma的年龄峰值与拉萨地体中北部早白垩世火山活动同期,显示了二者之间的相关性。

此外,另一峰值99 Ma可能与拉萨地块的晚白垩世的构造变形有关,代表了持续的拉萨-羌塘碰撞向南传播到拉萨地体北部(Leier,2007;Kapp,2007)。通过对尼玛盆地结构复原表明它受南北向的挤压而缩短,Kapp(2007)认为白垩纪岩浆活动、同期收缩盆地的发展与新特提斯洋壳的向北低角度的俯冲和拉萨-羌塘地体的碰撞有关。

西羌塘地体碎屑锆石年龄存在530 Ma、650 Ma、800 Ma、950 Ma和~2 500 Ma等峰值(Pullen et al.,2008;Zhu et al.,2011;Dong et al.,2011),高喜马拉雅和特提斯喜马拉雅碎屑锆石也有530 Ma、950 Ma和~2 500 Ma年龄峰值(Gehrels et al.,2006a,b;Mc Quarrie et al.,2008;Myrow et al.,2010;Zhu et al.,2011);而拉萨地体碎屑锆石年

龄则以500 Ma、550 Ma和1 170 Ma为特征峰值,与其他地体相区别(图1-8)(Zhu et al.,2011;Leier et al.,2007)。尼玛盆地古近系碎屑锆石年龄谱图以500~550 Ma、750~900 Ma、1 800~1 900 Ma及~2 500 Ma为特征峰值(图1-8(c)),500~550 Ma年龄峰值可以与西羌塘地体、拉萨地体碎屑锆石年龄峰值对比,750~900 Ma年龄峰值能与西羌塘地体年龄峰值对比,2 500 Ma年龄峰值能与西羌塘、特提斯喜马拉雅和高喜马拉雅地层年龄峰值对比。可见,样品的年龄特征峰值兼有拉萨地体和羌塘地体碎屑锆石年龄特征,因此,尼玛盆地的古近系沉积岩的物源来自周边的拉萨地体及羌塘地体。此外,750~900 Ma、1 800~1 900 Ma年龄峰值与尼玛逆冲带上盘下白垩统海相浊积砂岩的碎屑锆石年龄峰值相似(Kapp et al.,2007),所以研究区碎屑锆石也可能来自班公湖-怒江缝合带内与中生代地层有关的逆冲岩席,它们也可能为尼玛盆地古近系沉积物提供物源。

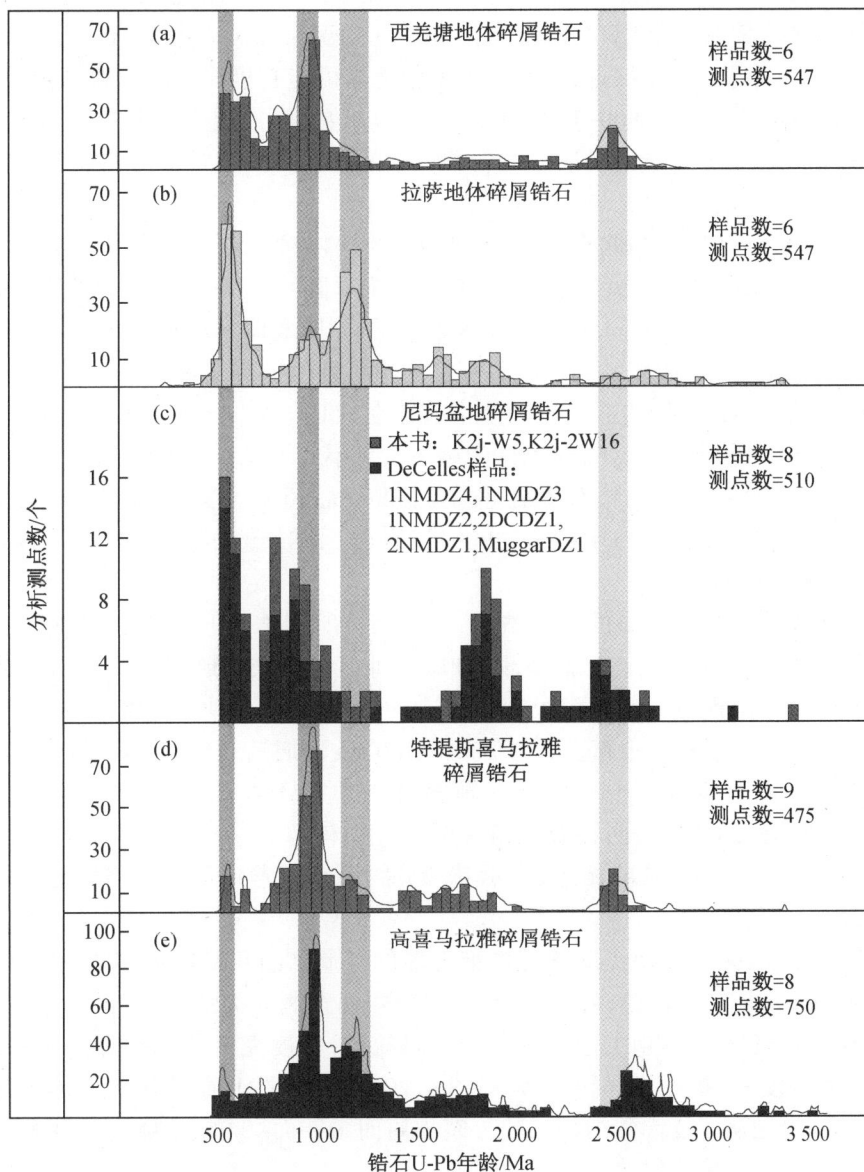

(a)西羌塘地体碎屑锆石(Pullen et al.,2008;Zhu et al.,2011;Dong et al.,2011);(b)拉萨地体碎屑锆石(Leier et al.,2007;Zhu et al.,2011);(c)尼玛盆地碎屑锆石(DeCelles et al.,2007a,b;本书);(d)特提斯喜马拉雅碎屑锆石(Mc Quarrie et al.,2008;Myrow et al.,2009,2010;Zhu et al.,2011);(e)高喜马拉雅碎屑锆石(Gehrels et al.,2006a,b)。

图1-8　碎屑锆石年龄频谱对比图

二、锆石年龄的地质意义

表1-3中,年龄大于1 200 Ma的碎屑锆石所占比例相对较少,数据点也分散分布,而最老碎屑锆石年龄为3.3 Ga。大多数早前寒武纪碎屑锆石可能是壳内再循环产物,早前寒武纪地质体在华北克拉通、华南板块和印度克拉通都广泛分布。所以,这些碎屑锆石看来没有可靠的指源性质。但是,西藏高原大于3.0 Ga的碎屑锆石和残余锆石已有不少报道,例如,普兰石英岩中发现了4.1 Ga的碎屑锆石,因此不排除青藏高原存在早前寒

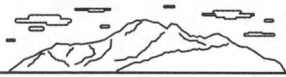

武纪地壳物质。

尼玛盆地南部坳陷的碎屑锆石的1 700~2 100 Ma年龄区间存在1 800~1 900 Ma的年龄峰值。虽然在拉萨地体中部中宁地区白云母二长花岗岩锆石核部获得2 160、2 356 Ma年龄值(刘琦胜,2006),在当雄盆地东南部容尼多白榴斑岩的继承锆石测点获得的U-Pb年龄集中在2 282~2 506 Ma及1 795~1 877 Ma(吴珍汉等,2011),在念青唐古拉中段的花岗质片麻岩和混合片麻岩中获得2 000 Ma的继承锆石年龄(Xu,1985),但许多学者仍对拉萨地块是否存在古老的太古宙或元古代变质基底存有疑问。

而羌塘地体存在古老基底的证据很多,如在北羌塘昌都地块宁多岩群变质碎屑岩中发现(3 981±9)Ma碎屑锆石,此外2 854~3 505 Ma的锆石具有负的$\varepsilon_{Hf}(t)$值和3 784~4 316 Ma的两阶段Hf模式年龄(何世平,2011),表明宁多岩群物源区残留有少量古老的地壳物质,这些与太古代末-古元古代全球超大陆拼合事件的岩浆活动的年龄一致;尤其是在羌塘龙木错-双湖缝合带南侧发现的温泉石英碎屑锆石也存在1 800~1 900 Ma等年龄段(董春艳,2011),与尼玛锆石结果接近,这反映了羌塘地体可能有早前寒武纪地壳物质存在。

尼玛盆地南部坳陷的碎屑锆石1 800~1 900 Ma年龄共7组数据,是较为集中的年龄峰值,良好的磨圆度和较长的年龄区间分布表明经历了复杂的构造演化史和复杂的物源,K2j-2W16与K2j-W5样品在该年龄阶段分布有很高的一致性。

对高喜马拉雅(HHM)定结地区和北喜马拉雅(NHM)的拉轨岗日发现的花岗质片麻岩进行锆石测年,获得花岗质片麻岩的结晶年龄为1 811 Ma(廖群安,2007),聂拉木群、拉轨岗日群原岩的下限年龄晚于1 874 Ma,说明喜马拉雅的不同构造单元具有相同的印度结晶基底,与羌塘地体及尼玛盆地获得的~1 800 Ma年龄峰值一致,是否暗示羌塘地体与元古代印度结晶基底有一定的亲缘性值得进一步研究。

Rogers(2002)认为从1.9 Ga开始的造山运动使早前存在的Ur、Nena及Atlantica三大陆块群聚集形成一个Columbia超大陆,一直持续到1.5 Ga;赵国春也认为晚古元古代2.1~1.8 Ga造山作用是一次超大陆地质事件(赵国春,2002)。因此,1 700~2 100 Ma锆石年龄可能与Columbia超大陆形成时的汇聚事件有关。对于尼玛盆地南部碎屑锆石的第一个峰值1 830 Ma,Rogers(2009)认为在1.8 Ga形成了全球性的最古老的造山带网络,它应是对元古代构造-热事件的响应。

尼玛南部坳陷存在大量0.8~1.2 Ga的碎屑锆石,其比例占所测锆石的14.3%。实际上,在Grenvile构造岩浆热事件年龄记录在青藏高原及其周边已有发现,如康马地区花岗质片麻岩岩浆锆石年龄为835~869 Ma(许志琴,2005);西尼泊尔喜马拉雅地区前奥陶纪Bhimphedi群中获得大量900~1 200 Ma锆石年龄(Gehrels G E,2006a);高喜马拉雅变质基底片麻岩中存在大量800~1 300 Ma碎屑锆石(Gehrels G E,2006b),而拉萨地块泛非基底中记录较少。在西羌塘龙木错-双湖南侧发现的温泉石英岩中存在大量0.8~1.2 Ga碎屑锆石,~0.95 Ga峰值明显(董春艳,2011),表明物源区格林威尔晚期构造岩浆热事件很发育,这与尼玛盆地南部获得的750~1 200 Ma(峰值950 Ma)年龄峰相近,显示其部分物源来自盆地北侧的羌塘地块,指示其存在中元古代基底。

Zhu(2011)研究认为,西羌塘与特提斯喜马拉雅地体的碎屑锆石年龄峰值也以950 Ma为特征,物源区可能为南部的高喜马拉雅,而与拉萨地体(峰值1 170 Ma,与西澳大利亚类似)有所区别。因此,物源上,尼玛盆地南部坳陷的锆石年龄峰值显示了与西羌塘-特提斯喜马拉雅-印度克拉通有密切的成因联系,表明可能在早古生代形成了羌塘-大印度-特提斯喜马拉雅体系(Zhu,2011)(图1-9),而将拉萨地体排除在外,羌塘地块与拉萨地块此前一直被认为是从印度岗瓦纳超大陆分裂漂离而来。而~0.95 Ga峰值明显大于~0.8 Ga峰值,表明物源区格林威尔晚期构造岩浆热事件比晋宁运动强烈。

此外,711~886 Ma年龄区间获得的锆石点共10个,与Rodinia超大陆裂解时期一致,是对裂解事件的响应。虽然对喜马拉雅造山模式与结构认识存在差异,但目前获得的变质沉积岩中的高质量的碎屑锆石年龄峰约850 Ma及950 Ma的事实无法否认(DeCelles等,2000;Parrish,1996),这与尼玛盆地获得的锆石数据相接近,进一步证明了羌塘地体与高喜马拉雅构造单元有亲缘性联系,组成了印度地盾北部新元古代-古生代活动大陆边缘弧-盆体系(图1-9)。Zhu等(2011)也提出应该将拉萨地块从羌塘-拉萨-喜马拉雅连续被动大陆边缘的重建模型中抽取出来,作为特提斯洋内的独立地块来考虑。

一般认为,新元古代末-早古生代时沿东岗瓦纳北部边缘及特提斯南部存在一个被动大陆边缘;印度陆块或高喜马拉雅将沉积物物质经水流作用传送至羌塘及特提斯喜马拉雅等北部地区(Myrow et al.,2010),这也解释了尼玛盆地碎屑锆石经过来自物源区长途搬运造成的磨圆作用。特提斯洋在510 Ma开始向岗瓦纳大陆俯冲(Cawood,2007),俯冲导致的弧后扩展作用使东羌塘地体在泥盆纪从印度板块中裂离出。

图1-9　510 Ma的东岗瓦纳古地理重建图

（据Zhu，2011；Audley-Charles，1984；DeCelles，2000修改）；西澳大利亚古流向信息来自Veevers（2005）；
拉萨地体早古生代流纹岩信息来自Ji（2009）

被认为由约1.0 Ga Grenville造山事件为重要标志的超级大陆Rodinia在此时间段内开始了碰撞-拼合事件，限定了Rodinia超大陆最后的聚合，与尼玛盆地锆石的950 Ma特征年龄峰值相近。这个时间与全球Rodinia超大陆的最后聚合基本一致，可以视为研究区对该事件的响应，尼玛盆地锆石的同位素热事件年龄也可能是新元古代超大陆早期的一次碰撞-拼合的表现。

K2j-W5样品的5、26、45、14、8号点的年龄为（517±11）~（711±8）Ma（谐和度>90%）。而研究发现，西羌塘与特提斯喜马拉雅地体的碎屑锆石存在530 Ma年龄峰值（Zhu，2011），所以，获得的数据进一步证明两个地体在古生代有共同的出处。虽然印度克拉通发育泛非构造热事件（Collins A S，2007），高喜马拉雅单元也具有泛非基底的性质（李才，2008），但南羌塘地体是否具有泛非基底争论激烈，潘桂棠等（2004）认为班公湖-怒江缝合带为冈瓦纳大陆与北部欧亚大陆的分界线。尼玛大量碎屑锆石年龄记录与印度-喜马拉雅地区同时代碎屑沉积岩年龄记录类似，表明二者存在共同碎屑物质来源。Zhu（2011）等恢复了古地理模型，解释了古水流系统将高喜马拉雅或印度古陆的沉积物质携带向北至特提斯喜马拉雅及羌塘地体（Myrow et al.，2010）。总之，500~600 Ma和900~1 100 Ma的年龄值普遍出现于特提斯喜马拉雅带的碎屑锆石中，与尼玛研究区碎屑锆石的年龄区间吻合，说明它们可能来自相似的物源区。

获得的（406±5）~（454±26）Ma之间的13个年龄值可能与加里东运动有关，也可能与泛华夏造山运动在中国南方和西部的响应有关，与加里东褶皱造山事件年龄一致，当时是全球各地褶皱造山-岩浆活动的高峰期。（223±3）~（272±4）Ma之间（峰值为（243±2）Ma）的15个年龄值与在羌塘盆地中央隆起带片麻岩中的锆石获得的233~270 Ma一致（谭富文，2009），与羌塘地区古特提斯洋盆的关闭事件相对应，说明尼玛盆地沉积物与羌塘地体的亲缘性。此外，219~140 Ma为另外一个小峰（峰值为（171±2）Ma），即晚三叠世-早白垩世早期较为明显的峰。通过班公湖-怒江缝合带域岩石密度结构发现（曹忠权，2007），晚三叠世至早侏罗世存在明显的密度增加现象，地震波速变化量可达0.04 km/s，这与拉萨地块与羌塘地块相互拼贴、碰撞引起的深部物质上涌有关（Kind，1996；Tian，2005）。

~170 Ma的小峰内有四组年龄数据，可能与羌塘地块和拉萨地块之间最初碰撞开始于中侏罗世早期有关。此外，安多片麻岩中U-Pb年龄（171 Ma）代表了一次低级变质作用的存在，这一事件可能暗示了中侏罗世羌塘地块与拉萨地块的碰撞（Xu，1985）或蛇绿岩仰冲的时代；胡道功（2004）通过纳木错西缘前寒武纪辉长岩变质变形年代学研究，认为前寒武纪辉长岩早期角闪岩相变质作用的年龄是173~174 Ma，可能与羌塘地块和拉萨地块初始碰接引起的深层次的韧性剪切变形有关。

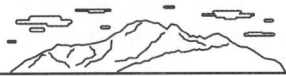

三、 尼玛盆地古近纪古地理特征

青藏高原内陆新生代的构造和地貌演化是目前国内外研究的热点。印度板块-欧亚板块新生代的碰撞使冈底斯逆冲推覆系统、拉萨地体北部及班公湖-怒江缝合带内部早先形成的木嘎岗日、普许错、尼玛、改则-色林错等逆冲推覆构造体系重新激活(吴珍汉等,2011;吴珍汉等,2013;Murphy et al.,2003),导致地形进一步变化及地壳缩短,而相关地体的缩短变形是通过稳定地体边界和逆冲构造带进行吸收(施美凤等,2010;Li et al.,2015)的,位于缝合带内的尼玛盆地构造缩短距离更大。由于晚白垩世尼玛盆地中部普许错逆冲带上盘重新活动后逐渐形成阻碍(Kapp et al.,2007),尼玛盆地南部在古近纪成为受逆冲带影响的独立沉积坳陷,由于周缘地势的抬升及造山作用发育了规模更大的古河流系统,为位于沉积中心的古湖泊输入碎屑沉积物,在较陡峭地形边缘则发育近物源的粗碎屑扇三角洲(图1-10),如尼玛逆冲断层上盘即存在该类型扇三角洲。此时,Dickinson图解也显示南部坳陷古近系碎屑岩组分落入再旋回造山带,与当时强烈构造变形及逆冲推覆构造运动的背景一致,说明其间经历了大规模的挤压、隆升与强烈构造造山活动。

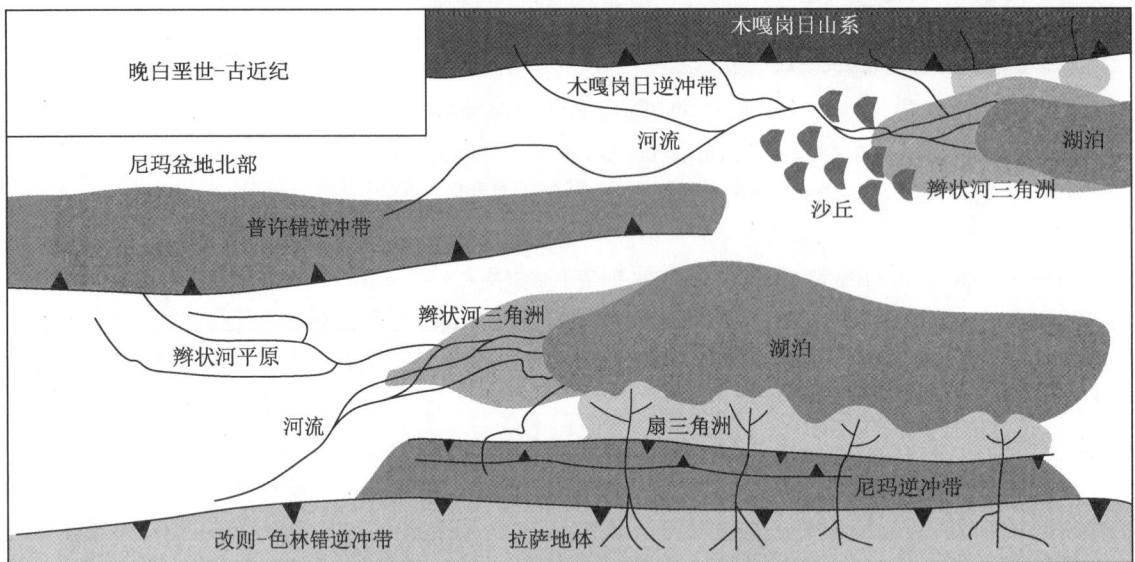

图1-10　晚白垩世-古近纪尼玛盆地古地理略图

DeCelles等(2007)认为,尼玛盆地南部50 Ma以前的地层缺失与当时重要的地壳缩短相对应,尼玛盆地的北部白垩纪末期地层沉积连续,记录了干旱气候下的蒸发湖泊相和风成沙丘相(图1-10);到渐新世尼玛盆地形成了两个独立的沉积中心,沉积了与班公缝合带重新活动的逆冲推覆关系密切粗砾的冲积相、河流相、湖泊相(蒸发)及扇三角洲相;并通过钙质古土壤碳酸盐中稳定同位素的方法研究得出在距今26 Ma时,尼玛盆地为干旱气候。

四、 结论

尼玛盆地南部坳陷古近系可以分为扇三角洲相、湖泊相等,通过对该地层进行沉积学、碎屑锆石同位素年代学及古地理研究,获得以下认识。

(1)尼玛盆地南部坳陷从牛堡组到丁青湖组,稳定组分含量明显较少,非稳定组分比重上升,说明古近纪时经历了较为强烈的构造活动。通过对碎屑锆石年龄统计,尼玛盆地南部古近系碎屑岩具有100~130 Ma、500~550 Ma、750~900 Ma、1 800~1 900 Ma及~2 500 Ma等特征峰值;结合沉积特征分析,其物源区来自羌塘地体、拉萨地体及班公湖-怒江缝合带内。

(2)古近纪期间,在板块碰撞-挤压-隆升的构造条件下,伴随着地壳缩短、逆冲变形及造山系统的发育,尼玛盆地的沉积过程、物源输入及古地理特征明显受到了影响。从白垩纪到古近纪尼玛盆地南部逐渐演化为一个包含水系并受逆冲断层控制的环境独立的次级盆地,盆地内沉积物的输入与该区域的隆升、剥蚀等地质作用关系密切。

(3)两碎屑岩锆石年龄阶段性强,是对地史各时期构造岩浆热事件的有力响应。大于2 000 Ma的早前寒武纪碎屑锆石年龄可能是壳内再循环的产物,显示青藏高原及其邻区存在早前寒武地壳物质,但无可靠的指源性质。

(4) 1 700~2 100 Ma(峰值1 830 Ma)与先前报道的高喜马拉雅、北喜马拉雅及小喜马拉雅的花岗质片麻岩的形成时间(~1 810 Ma)一致;750~1 200 Ma(峰值950 Ma)与西羌塘龙木错–双湖缝合带南侧温泉石英岩碎屑锆石获得的950 Ma年龄峰一致,也与西羌塘、高喜马拉雅及特提斯喜马拉雅锆石年龄950 Ma年龄峰一致,显示有部分物源来自盆地北侧的羌塘地块,并与Rodinia超大陆的聚合–解体事件相互响应;500~700 Ma等数据也对应着印度–喜马拉雅地区同时代碎屑沉积岩年龄记录。羌塘–大印度–特提斯喜马拉雅组成了印度地盾前寒武纪–古生代大陆边缘体系,是东冈瓦纳大陆边缘的一部分。

(5) 获得的(406±5)~(454±26)Ma之间的年龄值与加里东褶皱造山事件年龄一致,是对全球各地褶皱造山–岩浆活动的响应。(223±3)~(272±4)Ma之间(峰值为(243±2)Ma)的年龄值再次说明尼玛盆地沉积物与羌塘地体的亲缘性。此外,140~219 Ma的年龄峰与拉萨地块与羌塘地块相互拼贴、碰撞引起的深部物质上涌有关。

(6) 88~127 Ma年龄特征可能与班公湖–怒江洋的关闭、羌塘与拉萨地块碰撞的开始有关,与冈底斯带中北部火山活动关系密切。

第二章 尼玛盆地北部坳陷牛堡组物源分析

班公湖–怒江缝合带内的尼玛盆地北部坳陷记录的地质信息,对于恢复该地区古地理及对其构造演化史提供约束有重要意义。利用沉积学及同位素测年等方法对尼玛盆地北部古新世–始新世牛堡组碎屑岩进行了碎屑锆石年代学及物源分析。

第一节 研 究 概 况

青藏高原内部有许多白垩纪以来形成的沉积盆地(宋博文等,2014;Zhu et al.,2016),这些盆地为构建青藏高原隆升模型提供了重要依据。在青藏高原腹地,这些内陆盆地提供了由白垩纪海洋环境到新生代高原环境变迁的沉积记录,是科学认识青藏高原演化发展的先决条件,尼玛盆地北部坳陷即是其中的一个代表。尼玛盆地北部坳陷面积比南部坳陷大。DeCelles(2007a)对盆地内碎屑岩沉积、逆冲推覆构造及地质年代学进行研究,推导出高原隆升模式;对于尼玛盆地的新生代地层,根据鱼化石及孢粉分析,河湖相红层被归为始新世–渐新世(黄辉等,2012)。此外,尼玛盆地演化的各个阶段都与断层作用关系密切,白垩系–古近系的陆相沉积与盆地北部坳陷南倾的逆冲断层和南部边缘北倾的逆冲断层属于同时期形成(Kapp et al.,2007)。磁性地层研究将尼玛盆地丁青湖组中上段限定在22.5~25 Ma(孟俊,2013),而新生代地壳缩短导致尼玛盆地逐渐变形为当前的特征。目前,对尼玛盆地北部坳陷古近纪牛堡组地层的研究尚属薄弱,尚未系统地采用年代学、重矿物及碎屑组分分析等方法对物源区进行分析,其盆地演化的构造意义需要深入讨论;更重要的是,近年来关于早新生代青藏高原的演化,尤其是对该时期青藏高原古高度等科学问题的讨论已成为热点(Xu et al.,2013;Ding et al.,2014;贾艳艳等,2015),古高度与地球深部变形有关,也与地表剥蚀、沉积作用相关。因此,尼玛盆地北部坳陷相关地层还能提供古环境演化信息,并为高原隆升过程提供沉积学证据,有必要对其开展详细的沉积学分析,以深化对青藏高原演化的认识。

尼玛盆地北部坳陷与羌塘地体最南缘相邻,在大地构造上属于班公湖–怒江缝合带内的陆相盆地(张克信等,2010,2015;罗亮等,2014)。该盆地的地层单元、沉积组合、构造属性及演化与以伦坡拉盆地为代表的缝合带内盆地群类似(罗本家等,1996)。对尼玛盆地白垩系地层所含的火山凝灰岩夹层进行锆石年代学研究,获得117~118 Ma的地层年龄(Kapp et al.,2007),发现盆地形成开始于早白垩世末–晚白垩世初期,并贯穿于整个古近纪。从属性上看,尼玛盆地是一个具有复杂结构的叠合盆地,每个阶段都有相对独立的原型,后期的构造活动对前期原型盆地不断进行改造。在新生代早期及白垩纪,处于演化早期阶段的尼玛盆地明显受到挤压作用的控制,这与相关板块或地体所处的碰撞–汇聚构造背景密切相关;随着新生代印度–亚洲板块碰撞的进行,位于板块汇聚边界的尼玛盆地逐渐呈现挤压和走滑的双重特征,高原内部物质顺走滑断裂呈EW向挤出(许志琴等,2016),但该阶段尼玛盆地整体上仍为一个挤压性盆地。此后,随着印度板块沿NE向挤压的深入,使班公湖–怒江缝合带内的断裂系统及其分支的走滑运动及拉张作用愈加明显,导致缝合带内以尼玛盆地为代表的盆地群逐渐演化并具有了明显的走滑拉分性质(马立祥等,1996;艾华国等,1998;张克银等,2000;黄辉等,2012)。在空间上,尼玛盆地最初作为一个单一广阔的盆地,随着盆地短缩变形,到古近纪时演化为构造上相对独立的两个次级单元——北部甲若错坳陷和南部达则错坳陷,此外,中部还存在中央隆起,现代电磁调查发现盆地内盖层厚度较大(Wang et al.,2011)(图2-1,图2-2)。

达则错坳陷南缘存在整体南倾的改则–色林错逆冲断裂带,将尼玛盆地南部与拉萨地体分隔,并使三叠系及白垩系岩层向北逆冲于盆地内。尼玛盆地中部的中央隆起区域,多由构造岩片(块)及混杂岩组成,构造岩片(块)有糜棱岩岩片、二叠纪灰岩岩块及蛇绿岩套等;侏罗系木嘎岗日混杂岩群为一套砂岩、粉砂岩组成的复理石建造,构造岩块多混杂于其中。此外,该带中还包括班公湖–怒江洋闭合后同造山期的火山岩建造。盆地北部边界为北倾的木嘎岗日逆冲推覆带,将虾别错中生代残留海盆与北部坳陷分开,北部坳陷侏罗系沙木罗组、木嘎岗日群等下伏于古近系地层及下白垩统火山碎屑单元,二者呈角度不整合接触。虾别错残留海盆地包含上侏罗统的沙木罗组、吐卡日组沉积组合,其下有以木嘎岗日岩群为代表的混杂岩基底,并有白垩纪花岗岩侵入。

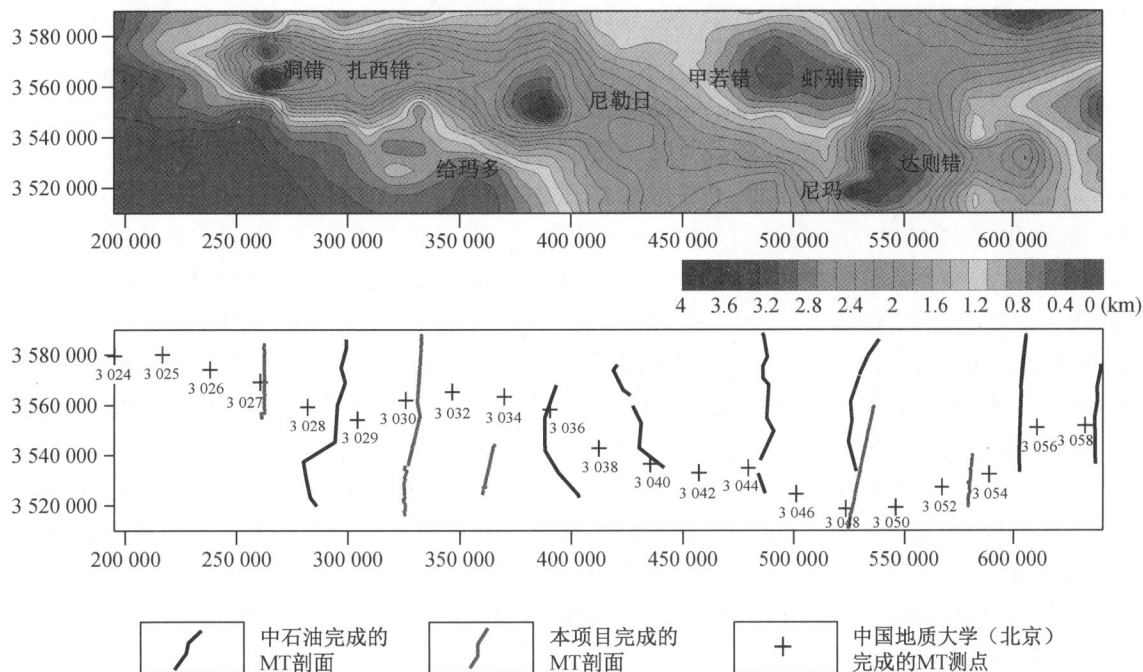

图2-1 洞错-尼玛段盆地基底深度图

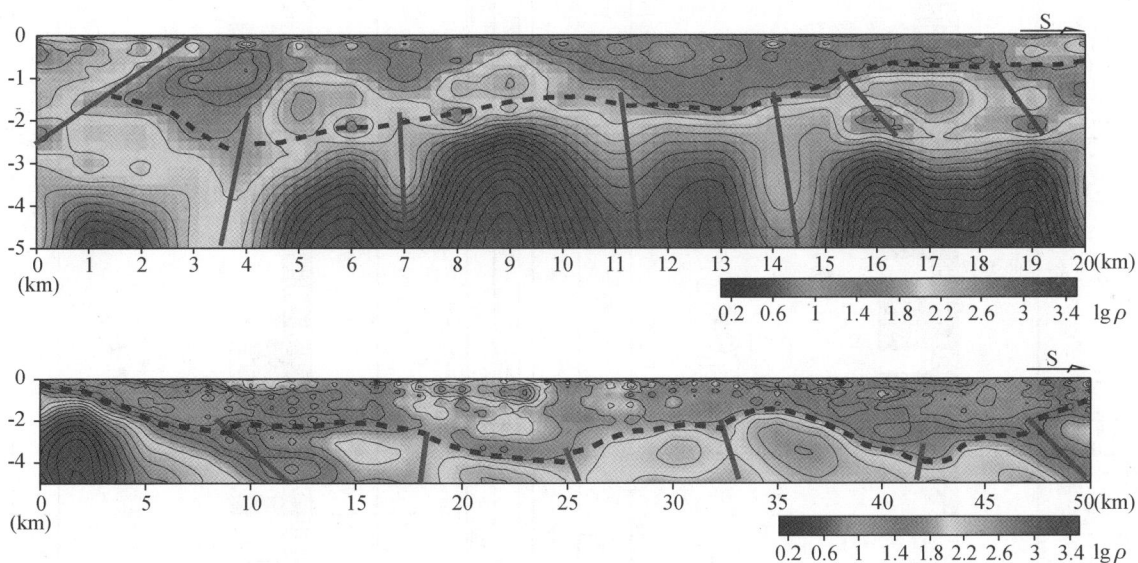

图2-2 尼玛盆地MT测量剖面电阻率断面图

在沉积地层方面,三叠系确哈拉群多分布于南部坳陷南缘,岩性为灰色细粒石英砂岩、黑色泥板岩与石英粉砂岩互层并含少量灰岩;侏罗系沙木罗组和吐卡日组形成于中生代虾别错残留海盆地,沙木罗组为浅海相的灰岩、粉砂岩与砂岩韵律沉积,吐卡日组为一套浅海相碳酸盐岩沉积组合;新生代地层有古近系与第四系,古新-始新统牛堡组不整合上覆于竟柱山组红色碎屑岩之上,平行不整合于丁青湖组之下,底部为红色砂岩、砾岩,中上部为灰绿色泥页岩夹泥灰岩、油页岩及凝灰岩。尼玛牛堡组发育在缝合带内的虾别错-诺尔玛错中生代残留海盆及阿瓦日-达则错-赛布错构造混杂岩带之上,牛堡组向东与伦坡拉盆地牛堡组地层相连并可对比。渐新统丁青湖组为一套夹有油页岩、灰岩的河湖相碎屑岩地层,平行不整合于牛堡组之上。研究区的北部属于南羌塘地体,它介于朋彦错-雅根错断隆与班公湖-怒江缝合带之间,地层分布有上三叠统日干配错群、下侏罗统曲色组、中侏罗统色哇组等。早白垩世黑云花岗闪长岩呈岩株状侵入色哇组中。对于北部坳陷的陆相地层,Kapp(2007)利用放射性元素测年及孢粉年龄分析,认为属于早白垩世-渐新世。

尼玛盆地南北两侧都发育逆冲构造,北部坳陷则更多地体现出逆掩推覆性质,说明尼玛盆地后期主要受到了由北往南的推挤作用。喜马拉雅运动以来,本地区处于长期挤压、抬升阶段,使之遭受了严重的破坏与剥蚀,现今的盆地构造是一种受改造后的残留盆地。总体上,尼玛北部盆地在达则错北侧一线的侏罗系浅变质

岩以北、虾别错和甲热布错一线侏罗纪浅变质岩和白垩纪花岗岩以南,本次研究范围东部到尼玛县罗勒、玛尔嘎沙勒、旭日勒一带,西部到尼玛县次布扎勒、隔巴那波。

第二节　地层及沉积特征

尼玛盆地北部坳陷测制有两条剖面,P05剖面位于北部坳陷西北部,起点坐标北纬32°10′10″,东经87°11′30″,终点坐标北纬32°10′33″,东经87°11′53″,厚约450 m。该剖面上未见顶,从上到下分别有中–厚层砾岩与红色砂质泥岩、红色砂质泥岩夹薄–中层细砾岩、黄灰色中厚层粗砂–细砾岩、红色厚层砂质泥岩夹不规则细砾岩及浅灰色巨厚层泥岩、中层砾岩、砂岩,向下推测与白垩纪地层呈角度不整合接触;剖面下段古水流方向指示为南西。P06剖面起点坐标北纬32°05′10″,东经87°24′45″,终点坐标北纬32°05′42″,东经87°24′22″,厚度>690 m;包含的沉积相类型有湖泊相、河流相及冲积扇相等(图2-3)。根据风成波痕、风成沙纹、砂砾霜面及泥裂等现象,盆地北部坳陷还可能存在与河流水系和湖泊环境相关的风成沙丘(DeCelles et al.,2007a);波纹砂岩和含泥裂的砂岩层代表沙地进积沉积过程,是短暂浅湖的充填物。P06剖面下部层位无蒸发岩层说明当时为开放式水系,滨浅湖相地层古水流方向向南,湖泊的古水流一般和湖岸延伸方向垂直为波浪成因,这可能与湖水向南超覆有关;上部石膏层显示局限蒸发环境的出现,河流相的古流向多为南及南东方向,与DeCelles(2007a)的研究结果类似;P05剖面下段古水流方向为225°。总体上,尼玛盆地北部的古湖泊大多数较浅而且为暂时性的,沉降中心在坳陷的北缘。

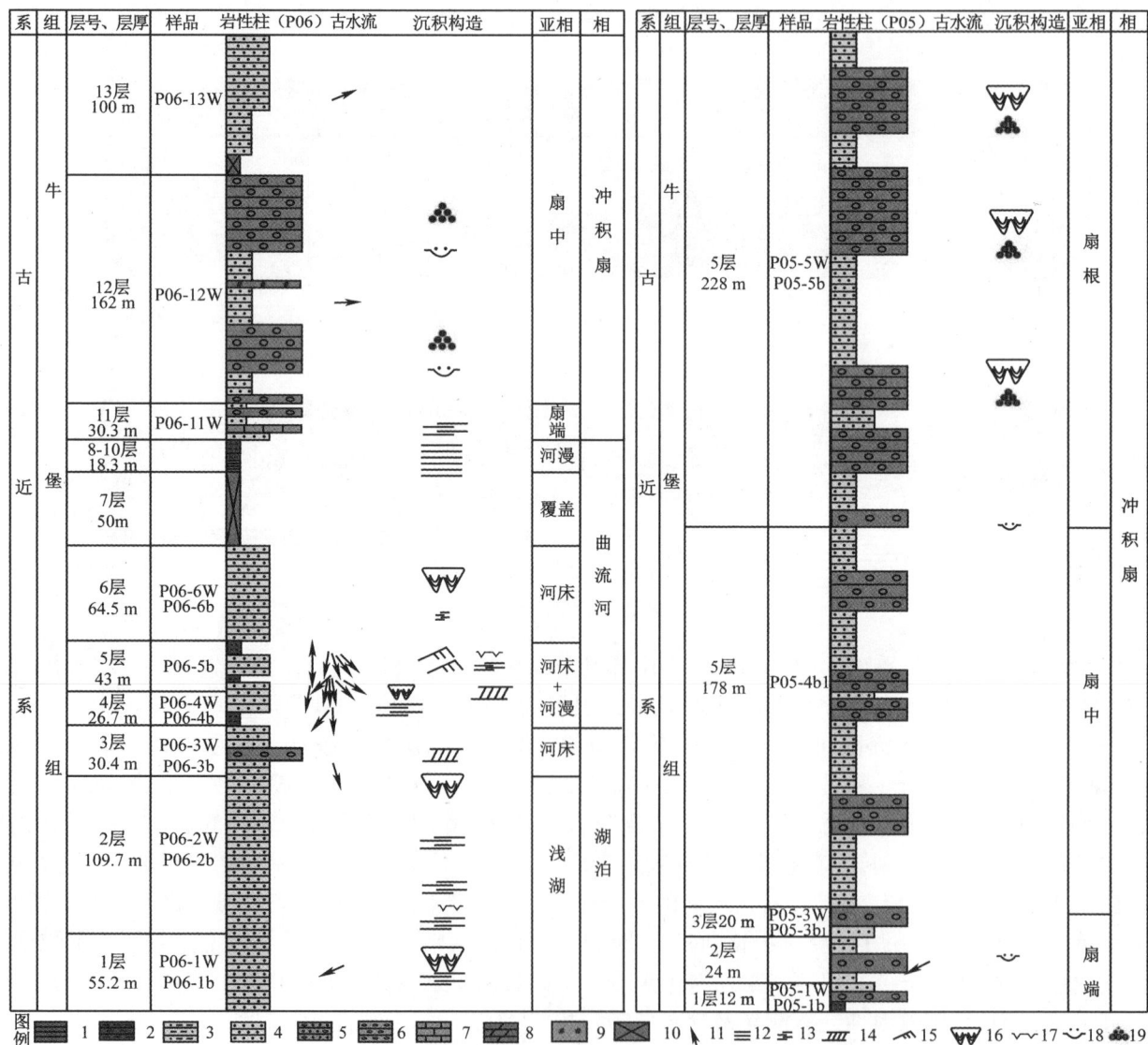

图例
1—页岩;2—泥岩;3—砂质泥岩;4—砂岩;5—含砾砂岩;6—砾岩;7—灰岩;8—泥灰岩;9—含石膏层;10—第四系覆盖;11—古流向;
12—水平层理;13.平行层理;14—板状交错层理;15—爬升波纹层理;16—槽状交错层理;17—泥裂;18—底冲刷面;19—粒序层理。

图2-3　西藏尼玛盆地北部坳陷古近系柱状图

砂岩组构特征对揭示物源区类型及盆地发育过程有重要意义,Dickinson三角图解常被应用于构造背景判断。本研究在砂岩层采集的粉砂岩到粗砂岩样品,颗粒数由标准薄片计点确定,进行Ganzzi‐Dickinson栅格计数法统计颗粒(Decelles et al.,2007a),每件样品统计的颗粒数~300,颗粒作为单晶体统计时粒径大于粉砂级(Ingersoll et al.,1984)重新计算的用于投点的数据见表2-1。利用投点图对砂岩进行物源区构造属性分析(图2-4),P06剖面样品落于与再旋回造山带有关的砂岩范围内,可能与构造混杂岩带有关;P05剖面样品落于与陆块有关的砂岩范围内,物源可能来自北部陆块。对牛堡组采集的砂岩样品进行显微镜下碎屑组成分析(表2-2),统计发现P05剖面砂岩样品中正长石达12.5%,石英平均含量可达37.5%,斜长石为28.75%,岩屑为7.75%,长石具有条纹及蠕虫状结构,这种轻矿物组成显示物源可能来自酸性岩浆岩。P06砂岩样品中石英平均含量51.3%,斜长石为8.3%,正长石极少,岩屑为23.71%,显示物源可能存在沉积岩等的输入。

表2-1　尼玛盆地北部坳陷古近系碎屑砂岩组分相对含量(%)

样品编号	Qm	F	Lt	Qt	F	L	Qm	P	K	Lm	Lv	Ls
P05-1b	65	23	13	72	22	6	74	24	2	48	0	52
P05-3b	76	21	3	77	21	2	78	15	7	67	33	0
P05-4b	57	29	13	66	29	5	66	19	15	25	55	20
P05-5b	46	43	11	49	43	8	51	49	0	88	0	13
P06-2b	42	11	47	74	10	16	80	11	9	65	6	29
P06-3b	35	11	54	72	11	17	76	24	0	83	9	8
P06-4b	61	16	23	74	16	10	79	20	0	57	16	28
P06-5b	52	6	41	77	6	17	89	11	0	73	9	17
P06-6b	58	5	37	80	5	16	92	8	0	75	9	16

注:Qm—单晶石英;Qt—石英颗粒总量;Lv—岩浆岩岩屑;Lm—变质岩岩屑(燧石和石英岩等除外);Ls—沉积岩岩屑;Lt—岩屑总量;L—所有非硅质岩屑(Lv(火山岩岩屑)、泥岩、Lc(碳酸盐岩屑)、片岩、Lp(千枚岩岩屑));F—单晶长石颗粒(F=P(斜长石)+K(钾长石));砂岩组分分析在油气藏地质及开发工程国家重点实验室进行。

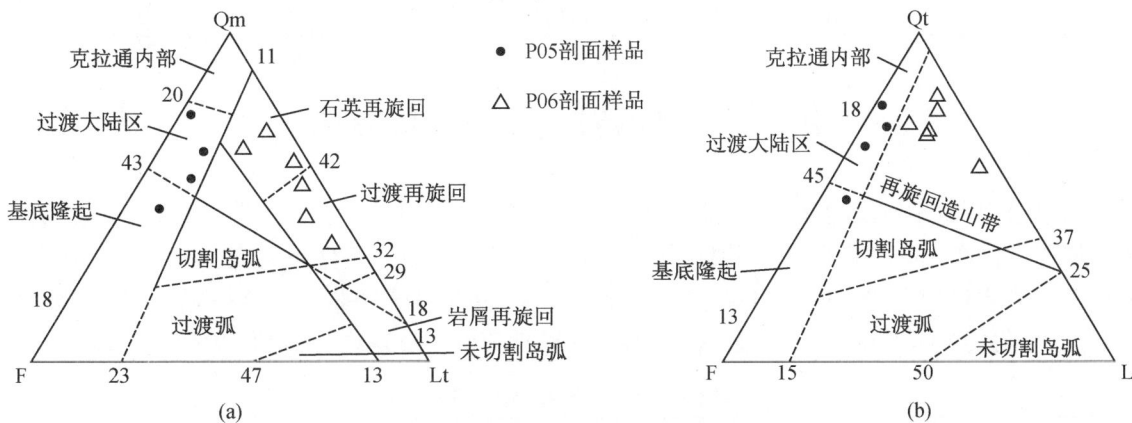

图2-4　尼玛盆地北部古近纪砂岩颗粒组分模式图
(据Dickinson and Suczek,1979;Dickinson et al.,1983)

表2-2　尼玛盆地北部坳陷砂岩样品碎屑组成统计表(%)

样品编号	石英	硅质岩	斜长石	正长石	变质岩	白云岩	灰岩	云母碎片	金属矿物	砂岩	花岗岩	脉石英	玄武岩
P06-6b	47	3	8	—	3	2	18	—	0.5	—	—	—	1
P06-5b	45	5	9	—	4	—	18	—	0.5	—	—	—	1
P06-4b	50	6	10	—	5	—	12	—	0.5	—	—	—	1
P06-3b	45	4	12	—	5	—	15	—	0.5	—	—	—	1
P06-2b	50	10	9	—	3	2	8	—	0.5	—	—	—	1
P06-1b	61	8	5	—	3	—	4	—	0.5	1.5	—	—	—
P05-5b	40	1	36	—	5	—	—	2	—	—	—	—	—
P05-4b	33	—	15	25	—	—	3	—	—	—	5	—	—
P05-3b	35	—	24	20	1	—	—	1	0.5	—	3	5	—
P05-1b	42	—	40	5	2	—	—	—	0.5	—	—	—	—

注:表中百分含量均是碎屑所占的面积百分比;分析在油气藏地质及开发工程国家重点实验室进行。

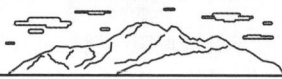

砾岩分布于接近物源区的盆地周缘,对于近源分析十分重要(王成善等,2003),根据砾岩的成分、粒度及含量能够判断物源区及母岩特征。根据剖面内出露的各类砾石,对剖面特定层位进行砾石的成分、磨圆及砾径统计,分析发现(表2-3),P05剖面底部以灰岩夹变砂岩成分为主,第2层向上即以花岗质为主并存在石英质砾石,说明物源以花岗岩为主,存在少量变质岩。P06剖面砾石成分复杂,包含泥板岩、灰岩、石英及硅质岩,说明物源有可能存在沉积岩(硅质岩、碳酸盐岩)、变质岩的输入。对取样剖面P05、P06进行岩性分析,其岩石组合及地层结构总体与《西藏自治区岩石地层》中的牛堡组相似,即将其认定为古近系牛堡组。以剖面P05为例,它可能与下伏虾别错花岗岩角度不整合,由下向上依次为灰色厚层泥岩与褐色中层砾岩、红色厚层砂质泥岩夹有细砾岩、黄灰色中厚层粗砂-细砾岩、红色砂质泥岩夹薄-中层细砾岩、灰色中厚层砾岩与红色砂质泥岩。P06地层剖面在尼玛盆地北部坳陷的南部所测,P05剖面则位于西部。杨林(2011)利用剖面古水流玫瑰花图,判断P05剖面古水流方向为南西、P06剖面古水流方向为南南东;P05所在的盆地北部的碎屑沉积物可能来自坳陷北部的地区的早白垩世花岗岩体和侏罗纪海相沉积;据P06剖面样品的母岩性质分析,北部坳陷的南部物源可能来自蛇绿岩套的构造混杂岩。可见,尼玛盆地北部坳陷发育早期可能以北部物源为主,母岩类型主要为花岗岩,来自北部的早白垩世花岗岩和侏罗纪海相碎屑岩、碳酸盐;后期可能以南部物源为主,母岩主要类型为沉积岩、基性岩浆岩及蛇绿岩等。

表2-3 尼玛盆地北部坳陷剖面砾石统计表

剖面名称	层位	砾石成分	磨圆度	砾径/mm
尼玛县库玛儿勒古近系牛堡组剖面(P06)	12层	石英、泥板岩、灰岩、硅质岩	次棱~次圆	20~50,最大100
	10层	细砂岩为主	次圆	5~30
	3层	细砂岩、硅质岩	次棱~次圆	3~30
尼玛县次布扎勒古近系牛堡组剖面(P05)	5层	花岗质为主	次棱~次圆	2~20
	4层	石英、花岗质为主	次棱~次圆	2~5
	3层	花岗质为主	次棱~次圆	2~7
	2层	花岗质为主	次棱~次圆	20~30,最大250
	1层	灰岩、变砂岩为主	次棱~次圆	10~40

第三节 碎屑岩样品与分析方法

在尼玛盆地北部坳陷中、新生代地层岩层露头连续、分布范围最大的区段,进行了系统的地质调查及采样。测定了尼玛县次布扎勒古近系牛堡组剖面(P05)和库玛儿勒古近系牛堡组剖面(P06),分别从牛堡组最下部层位挑出两件砂岩(P05-01W,P06-01W)进行碎屑锆石LA-ICP-MS U-Pb同位素工作。在北部坳陷东南靠近中部隆起处,采集的NMD001W样品,经过薄片鉴定为酸性流纹质凝灰岩,进行同位素测年工作。

表2-4 样品采集位置与地质特征

样品编号	采集点	GPS坐标	地层	岩性	备注
P05-01W	尼玛县次布扎勒	87°11′30″E 32°10′10″N	$E_{1-2}n$(牛堡组)	灰色厚层泥岩与褐色中层砾岩、砂岩	冲积扇的扇端亚相,古水流方向为南西
P06-01W	尼玛县库玛儿勒	87°24′45″E 32°05′10″N	$E_{1-2}n$(牛堡组)	紫红色厚-巨厚层细-中粒砂岩	湖泊的滨湖亚相,发育槽形及平行层理,古水流方向为南南东
NMD001W	尼玛县旭日勒	87°45′30″E 32°03′01″N	NMD01路线地质调查采集	酸性流纹质凝灰岩	紧靠班公湖中部隆起中心带的构造岩片和下侏罗统木嘎岗日群

本研究在北部坳陷的尼玛县次布扎勒、康玛儿勒剖面牛堡组下段分别挑出2件砂岩,即P05-01W和P06-01W,采集层位砂岩有槽状、平行层理及底冲刷等构造,选出碎屑锆石进行LA-ICP-MS U-Pb年代学分析。岩样经常规方法粉碎后,通过电磁选、浮选开始分选,显微镜下找出有典型性的锆石,粘贴在环氧树脂表面,抛光制备锆石样品靶,进行显微照相。阴极发光图像在中国地质大学(武汉)的电子探针显微分析系统中完成。锆石U-Pb同位素年龄在地质过程与矿产资源国家重点实验室采用激光剥蚀电感耦合等离子体质谱法测得,采用Agilent7500a型ICP-MS和Geo-Las2005激光剥蚀系统,以He作为载气,20~40 μm剥蚀深度,激光束斑直径为32 μm。每5个样品同位素分析后,间隔一个国际标准锆石91500作为外标,元素含量计算采用NIST SRM610进行校正,^{29}Si作为内标元素进行校正。数据处理采用ICPMSDataCal软件(Liu et al.,2010),用Anderson软件进行数据的普通铅校正(Andersen,2002);年龄数据直方图及谐和图采用Isoplot软件完成(Ludwig,2003)。对年轻锆石(<1 000 Ma)使用 $^{206}Pb/^{238}U$ 年龄,对较早锆石(>1 000 Ma)使用 $^{207}Pb/^{206}Pb$ 年龄;单个测试数据误差和 $^{206}Pb/^{238}U$ 年龄加权平均值误差均为 1σ。砂岩样品中的锆石测年结果见表2-5。

表2-5　尼玛盆地北部坳陷凝灰岩及
牛堡组碎屑锆石LA-ICP-MS U-Pb 同位素测试结果

测点	w(B)/10⁻⁶		Th/U	同位素比值及误差						年龄(Ma)及误差					
	Th	U		$^{207}Pb/^{206}Pb$	1σ	$^{207}Pb/^{235}U$	1σ	$^{206}Pb/^{238}U$	1σ	$^{207}Pb/^{206}Pb$	1σ	$^{207}Pb/^{235}U$	1σ	$^{206}Pb/^{238}U$	1σ
P06-01W-1	1 499	882	1.700	0.053 1	0.001 9	0.188 76	0.006 97	0.025 56	0.000 26	334	65	176	6	163	2
P06-01W-2	664	1 220	0.544	0.073 2	0.001 1	1.828 17	0.034 73	0.178 71	0.001 59	1 022	24	1 056	12	1 060	9
P06-01W-3	462	255	1.812	0.082 8	0.002 1	2.299 73	0.060 03	0.200 04	0.001 61	1 266	38	1 212	18	1 176	9
P06-01W-4	95.1	39.0	2.438	0.048 1	0.002 9	0.108 73	0.006 61	0.016 39	0.000 2	105	139	105	6	105	1
P06-01W-5	714	559	1.277	0.049 6	0.003 6	0.114 48	0.008 13	0.016 73	0.000 27	178	166	110	7	107	2
P06-01W-6	304	226	1.345	0.146 8	0.005 2	8.379 7	0.262 78	0.413 93	0.007 01	2 309	63	2 273	28	2 233	32
P06-01W-7	18.1	11.2	1.616	0.070 5	0.008 3	0.170 49	0.019 72	0.017 52	0.000 44	945	254	160	17	112	3
P06-01W-8	259	499	0.519	0.059 4	0.002 2	0.699 34	0.026 03	0.085 29	0.000 76	584	85	538	16	528	5
P06-01W-9	288	403	0.715	0.075 4	0.002	1.651 2	0.042 46	0.158 13	0.001 44	1 080	37	990	16	946	8
P06-01W-10	356	630	0.565	0.113 0	0.002 5	5.102 49	0.107 31	0.327 24	0.002 39	1 850	41	1 837	18	1 825	12
P06-01W-11	674	425	1.586	0.055	0.003 7	0.204 29	0.012 71	0.027 09	0.000 45	440	109	189	11	172	3
P06-01W-12	998	279	3.577	0.065 5	0.001 9	1.273 74	0.037 74	0.140 35	0.001 33	792	46	834	17	847	8
P06-01W-13	1 143	470	2.432	0.062 7	0.001 8	0.636 21	0.017 32	0.073 83	0.000 74	699	41	500	11	459	4
P06-01W-14	935	952	0.982	0.154 9	0.003 2	8.939 39	0.169 17	0.418 47	0.003 68	2 401	36	2 332	17	2 254	17
P06-01W-15	2 227	2 405	0.926	0.047	0.001 5	0.130 74	0.004 26	0.020 03	0.000 18	70	57	125	4	128	1
P06-01W-16	2 418	1 780	1.358	0.050 0	0.001 6	0.139 45	0.004 48	0.020 19	0.000 21	196	55	133	4	129	1
P06-01W-17	670	429	1.562	0.164	0.002 8	9.415 79	0.169 84	0.412 65	0.003 56	2 502	19	2 379	17	2 227	16
P06-01W-18	1 116	951	1.174	0.050 6	0.001 3	0.268 12	0.006 86	0.038 19	0.000 31	225	44	241	5	242	2
P06-01W-19	910	718	1.267	0.060 5	0.003 2	0.144 87	0.007 55	0.017 36	0.000 22	622	119	137	7	111	1
P06-01W-20	209	183	1.142	0.049 3	0.001 8	0.136 19	0.004 9	0.020 01	0.000 21	164	65	130	4	128	1
P06-01W-21	737	589	1.251	0.047 5	0.002 2	0.132 37	0.006 56	0.020 09	0.000 32	76	80	126	6	128	2
P06-01W-22	1 121	1 869	0.600	0.052 0	0.001 6	0.148 7	0.004 69	0.020 6	0.000 19	286	55	141	4	131	1
P06-01W-23	524	442	1.186	0.054 8	0.003 8	0.128 93	0.007 98	0.017 67	0.000 31	407	108	123	7	113	2

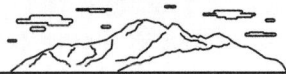

表 2-5（续 1）

测点	w(B)/10⁻⁶		Th/U	同位素比值及误差						年龄（Ma）及误差					
	Th	U		$^{207}Pb/^{206}Pb$	1σ	$^{207}Pb/^{235}U$	1σ	$^{206}Pb/^{238}U$	1σ	$^{207}Pb/^{206}Pb$	1σ	$^{207}Pb/^{235}U$	1σ	$^{206}Pb/^{238}U$	1σ
P06-01W-24	569	372	1.530	0.046 0	0.004 4	0.125 36	0.011 78	0.019 74	0.000 37	—	200	120	11	126	2
P06-01W-25	250	272	0.919	0.048 9	0.002 1	0.139 78	0.006 42	0.020 59	0.000 26	144	82	133	6	131	2
P06-01W-26	1 689	1 517	1.113	0.045 7	0.001 9	0.121 53	0.005 3	0.019 16	0.000 2	−15	72	116	5	122	1
P06-01W-27	328	160	2.050	0.068 6	0.002 4	1.269 43	0.044 42	0.134 39	0.001 54	889	53	832	20	813	9
P06-01W-28	555	179	3.010	0.061 1	0.002 7	0.812 19	0.039 01	0.095 94	0.001 31	645	80	604	22	591	8
P06-01W-29	1 542	1 196	1.289	0.128 8	0.002 1	6.179 8	0.121 58	0.344 99	0.003 45	2 082	21	2 002	17	1 911	17
P06-01W-30	538	262	2.053	0.114 6	0.002 4	5.426 89	0.117 25	0.342 79	0.003 35	1 874	25	1 889	19	1 900	16
P06-01W-31	1 138	397	2.866	0.154 6	0.002 9	9.489 62	0.195 91	0.443 23	0.004 8	2 398	21	2 387	19	2 365	21
P06-01W-32	1 621	416	3.897	0.054 0	0.003 3	0.148 19	0.009 79	0.020 15	0.000 42	373	112	140	9	129	3
P06-01W-33	1 805	1 316	1.372	0.046	0.001 7	0.129 72	0.004 86	0.020 56	0.000 24	−2	56	124	4	131	1
P06-01W-34	169	76.6	2.206	0.066 0	0.010 6	0.286 1	0.045 3	0.031 43	0.001 02	807	361	255	36	199	6
P06-01W-35	1 907	1 188	1.605	0.046	0.002 1	0.113 49	0.005 23	0.017 91	0.000 23	3	73	109	5	114	1
P06-01W-36	362	326	1.110	0.054 6	0.002 2	0.552 12	0.023 91	0.072 64	0.000 84	399	76	446	16	452	5
P06-01W-37	1 205	469	2.569	0.063 0	0.001 9	1.262 08	0.038 75	0.144 69	0.001 56	710	47	829	17	871	9
P06-01W-38	2 862	497	5.759	0.056 2	0.006	0.132 75	0.014 09	0.017 12	0.000 24	462	244	127	13	109	2
P06-01W-39	1 020	755	1.351	0.156 5	0.002 6	10.341 0	0.178 04	0.474 7	0.003 44	2 419	19	2 466	16	2 504	15
P06-01W-40	669	314	2.131	0.090 9	0.002 2	3.300 16	0.084 97	0.262 14	0.003 95	1 445	27	1 481	20	1 501	20
P06-01W-41	965	1 700	0.568	0.049 5	0.001 7	0.205 2	0.007 16	0.029 77	0.000 3	172	63	190	6	189	2
P06-01W-42	207	271	0.764	0.050 3	0.002	0.138 91	0.006 49	0.020 02	0.000 22	211	112	132	6	128	1
P06-01W-43	236	821	0.287	0.073 5	0.001 5	1.767 14	0.036 24	0.172 85	0.001 27	1 030	29	1 033	13	1 028	7
P06-01W-44	583	351	1.661	0.049 6	0.002 6	0.266 6	0.013 95	0.038 91	0.000 61	179	92	240	11	246	4
P06-01W-45	997	971	1.027	0.109 9	0.002 2	4.782 88	0.094 68	0.313 38	0.002 62	1 799	24	1 782	17	1 757	13
P06-01W-46	789	338	2.334	0.063 2	0.001 8	1.198 99	0.036 41	0.136 62	0.001 5	718	46	800	17	826	9
P06-01W-47	405	782	0.518	0.115 8	0.002 0	4.850 29	0.095 11	0.301 81	0.003 35	1 893	20	1 794	17	1 700	17
P06-01W-48	336	93.0	3.613	0.069 3	0.004 0	1.198 3	0.063 48	0.128 06	0.002 09	909	82	800	29	777	12
P06-01W-49	681	725	0.939	0.168 2	0.002 8	10.901 8	0.197 03	0.467 41	0.004 08	2 541	19	2 515	17	2 472	18

表 2-5（续 2）

测点	w(B)/10⁻⁶		Th/U	同位素比值及误差						年龄（Ma）及误差					
	Th	U		$^{207}Pb/^{206}Pb$	1σ	$^{207}Pb/^{235}U$	1σ	$^{206}Pb/^{238}U$	1σ	$^{207}Pb/^{206}Pb$	1σ	$^{207}Pb/^{235}U$	1σ	$^{206}Pb/^{238}U$	1σ
P06-01W-50	3 158	1 473	2.144	0.057 2	0.006 2	0.136 14	0.016 51	0.016 99	0.000 2	502	251	130	15	109	1
P06-01W-51	210	144	1.458	0.125 1	0.006 1	6.651 94	0.330 04	0.384 41	0.006 48	2 031	64	2 066	44	2 097	30
P06-01W-52	822	488	1.684	0.061 2	0.006 0	0.170 52	0.016 93	0.020 67	0.000 63	646	162	160	15	132	4
P06-01W-53	1 804	1 327	1.359	0.049 0	0.005 6	0.125 33	0.014 45	0.018 62	0.000 68	149	190	120	13	119	4
P06-01W-54	66.7	29.4	2.269	0.067 8	0.009 9	0.163 71	0.024	0.017 94	0.000 86	864	228	154	21	115	5
P06-01W-55	36.5	31.2	1.170	0.057 9	0.009 7	0.165 36	0.027 97	0.020 75	0.001 15	528	276	155	24	132	7
P06-01W-56	365	459	0.795	0.053 0	0.002 9	0.128 8	0.006 78	0.017 98	0.000 26	332	94	123	6	115	2
P06-01W-57	410	1 050	0.390	0.047 7	0.001 5	0.135 62	0.004 26	0.020 69	0.000 21	86	54	129	4	132	1
P06-01W-58	214	445	0.481	0.051 5	0.001 5	0.371 91	0.010 98	0.052 32	0.000 51	265	50	321	8	329	3
P06-01W-59	95.6	241	0.397	0.061 1	0.001 5	0.978 58	0.033 1	0.114 79	0.002 49	646	38	693	17	701	14
P06-01W-60	304	314	0.968	0.049 1	0.003 1	0.114 6	0.007 19	0.017 02	0.000 25	156	115	110	7	109	2
P06-01W-61	128	144	0.889	0.074 0	0.001 8	2.188 59	0.054 44	0.214 54	0.002 16	1 042	34	1 177	17	1 253	11
P06-01W-62	70.9	292	0.243	0.109 7	0.001 7	5.157 84	0.089 86	0.338 13	0.002 64	1 795	20	1 846	15	1 878	13
P06-01W-64	362	1 408	0.257	0.053 9	0.001 9	0.156 99	0.005 67	0.020 95	0.000 23	370	62	148	5	134	1
P06-01W-65	289	331	0.873	0.056 9	0.003 6	0.144 17	0.009 3	0.018 55	0.000 33	488	111	137	8	118	2
P06-01W-66	80.5	270	0.298	0.053 7	0.004	0.149 73	0.011 8	0.020 2	0.000 33	361	185	142	10	129	2
P06-01W-67	301	706	0.426	0.047 8	0.002 8	0.136 07	0.007 97	0.020 6	0.000 29	94	135	130	7	131	2
P06-01W-68	42.8	110	0.389	0.093 8	0.002	3.186 22	0.095 33	0.245 82	0.003 06	1 505	38	1 454	23	1 417	16
P06-01W-69	16.0	281	0.057	0.060 6	0.002 0	0.980 57	0.034 32	0.116 97	0.001 47	626	54	694	18	713	8
P06-01W-70	203	438	0.463	0.049 8	0.002 2	0.253 52	0.011 6	0.036 86	0.000 51	189	81	229	9	233	3
P05-01W-1	493	926	0.532	0.051 88	0.001 91	0.138 56	0.005 06	0.019 26	0.000 21	280	63	132	5	123	1
P05-01W-2	470	1 631	0.288	0.048 41	0.002 18	0.127 4	0.005 51	0.019 09	0.000 24	119	102	122	5	122	2
P05-01W-3	1 088	3 494	0.311	0.072 12	0.002 29	0.108 18	0.003 23	0.010 98	0.000 17	989	36	104	3	70	1
P05-01W-4	300	1 008	0.298	0.047 8	0.001 91	0.132 28	0.005 3	0.019 96	0.000 24	90	68	126	5	127	1
P05-01W-5	138	371	0.372	0.050 87	0.002 66	0.141 52	0.007 36	0.020 27	0.000 28	235	95	134	7	129	2
P05-01W-6	255	828	0.308	0.051 66	0.001 98	0.139 14	0.005 34	0.019 47	0.000 21	270	69	132	5	124	1

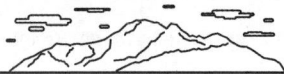

表 2-5（续 3）

测点	$w(B)/10^{-6}$		Th/U	同位素比值及误差						年龄（Ma）及误差					
	Th	U		$^{207}Pb/^{206}Pb$	1σ	$^{207}Pb/^{235}U$	1σ	$^{206}Pb/^{238}U$	1σ	$^{207}Pb/^{206}Pb$	1σ	$^{207}Pb/^{235}U$	1σ	$^{206}Pb/^{238}U$	1σ
P05-01W-7	1 147	1 142	1.004	0.050 45	0.001 89	0.136 69	0.005 26	0.019 49	0.000 21	216	69	130	5	124	1
P05-01W-8	289	801	0.361	0.051 17	0.002 11	0.134 75	0.005 45	0.019 18	0.000 23	248	71	128	5	122	1
P05-01W-9	394	765	0.515	0.049 71	0.002 21	0.125 07	0.005 34	0.018 33	0.000 22	181	77	120	5	117	1
P05-01W-10	257	624	0.412	0.050 86	0.003 62	0.129 78	0.009 03	0.018 51	0.000 28	234	163	124	8	118	2
P05-01W-11	478	1 326	0.360	0.052 21	0.001 93	0.142 04	0.005 33	0.019 54	0.000 21	295	66	135	5	125	1
P05-01W-12	348	1 057	0.329	0.050 74	0.001 84	0.143 83	0.005 11	0.020 54	0.000 2	229	64	136	5	131	1
P05-01W-13	238	560	0.425	0.052 84	0.002 74	0.134 35	0.007 08	0.018 36	0.000 24	322	96	128	6	117	2
P05-01W-14	294	572	0.514	0.048 82	0.002 58	0.126 62	0.006 37	0.019 14	0.000 27	139	89	121	6	122	2
P05-01W-15	454	714	0.636	0.051 18	0.002 35	0.138 48	0.006 42	0.019 59	0.000 28	249	81	132	6	125	2
P05-01W-16	364	1 161	0.314	0.052 56	0.002 31	0.152 17	0.006 84	0.020 76	0.000 21	310	84	144	6	132	1
P05-01W-17	420	660	0.636	0.049 95	0.002 53	0.124 96	0.006 29	0.018 22	0.000 23	192	93	120	6	116	1
P05-01W-18	293	711	0.412	0.051 76	0.002 75	0.144 69	0.007 53	0.020 28	0.000 23	275	125	137	7	129	1
P05-01W-19	83.6	220	0.380	0.051 77	0.003 29	0.133 11	0.008 15	0.019 07	0.000 37	275	104	127	7	122	2
P05-01W-20	719	1 343	0.535	0.058 79	0.002 38	0.142 62	0.005 54	0.017 7	0.000 22	559	63	135	5	113	1
P05-01W-21	555	3 070	0.181	0.046 87	0.002 69	0.079 39	0.004 15	0.012 28	0.000 29	43	126	78	4	79	2
P05-01W-22	310	829	0.374	0.052 27	0.002 27	0.141 38	0.006 18	0.019 63	0.000 21	297	80	134	5	125	1
P05-01W-23	143	294	0.486	0.050 72	0.004 57	0.127 18	0.011 27	0.018 18	0.000 31	228	206	122	10	116	2
P05-01W-24	484	1 065	0.454	0.051 7	0.001 75	0.142 3	0.004 8	0.019 91	0.000 21	272	58	135	4	127	1
P05-01W-25	259	670	0.387	0.051 78	0.003 27	0.149 45	0.009 83	0.020 83	0.000 24	276	130	141	9	133	1
P05-01W-26	337	513	0.657	0.051 57	0.002 81	0.129 71	0.006 93	0.018 47	0.000 26	266	97	124	6	118	2
P05-01W-27	334	873	0.383	0.051 2	0.011 81	0.142 98	0.032 87	0.020 26	0.000 39	250	419	136	29	129	2
P05-01W-28	521	1 587	0.328	0.049 97	0.001 46	0.140 95	0.004 02	0.020 43	0.000 19	194	49	134	4	130	1
P05-01W-29	332	715	0.464	0.047 24	0.001 92	0.119 71	0.004 77	0.018 45	0.000 22	61	66	115	4	118	1
P05-01W-30	230	634	0.363	0.047 11	0.002 53	0.122 04	0.006 32	0.018 97	0.000 28	55	85	117	6	121	2
P05-01W-31	463	927	0.499	0.046 96	0.001 98	0.126 48	0.005 44	0.019 42	0.000 23	47	71	121	5	124	1

表 2-5（续 4）

测点	w(B)/10⁻⁶		Th/U	同位素比值及误差						年龄（Ma）及误差					
	Th	U		$^{207}Pb/^{206}Pb$	1σ	$^{207}Pb/^{235}U$	1σ	$^{206}Pb/^{238}U$	1σ	$^{207}Pb/^{206}Pb$	1σ	$^{207}Pb/^{235}U$	1σ	$^{206}Pb/^{238}U$	1σ
P05-01W-32	385	845	0.456	0.055 12	0.007 85	0.150 15	0.021 3	0.019 76	0.000 26	417	322	142	19	126	2
P05-01W-33	400	1 500	0.267	0.050 4	0.001 73	0.137 3	0.004 59	0.019 71	0.000 2	214	59	131	4	126	1
P05-01W-34	354	1 328	0.267	0.051 54	0.001 97	0.138 17	0.005 21	0.019 44	0.000 23	265	65	131	5	124	1
P05-01W-35	226	534	0.423	0.049 25	0.003 09	0.129 43	0.007 94	0.019 06	0.000 26	160	143	124	7	122	2
P05-01W-37	366	607	0.603	0.049 45	0.002 37	0.119 04	0.005 6	0.017 49	0.000 2	169	88	114	5	112	1
P05-01W-38	1 088	2 017	0.539	0.046 05	0.001 98	0.091 25	0.003 63	0.014 37	0.000 23	—	91	89	3	92	1
P05-01W-39	531	696	0.763	0.052 82	0.002 09	0.124 2	0.004 7	0.017 11	0.000 19	321	66	119	4	109	1
P05-01W-40	261	747	0.349	0.047 74	0.001 79	0.125 39	0.005 12	0.018 86	0.000 19	86	73	120	5	120	1
P05-01W-41	108	264	0.409	0.077 13	0.008 98	0.213 16	0.024 17	0.020 04	0.000 53	1 125	243	196	20	128	3
P05-01W-42	89.5	249	0.359	0.054 19	0.009 79	0.141 41	0.025 14	0.018 92	0.000 6	379	369	134	22	121	4
P05-01W-43	52.3	166	0.315	0.046 78	0.008 99	0.146 15	0.027 73	0.022 66	0.000 69	38	333	139	25	144	4
P05-01W-44	585	1 027	0.570	0.051 03	0.002 19	0.132 68	0.005 4	0.018 81	0.000 22	242	72	127	5	120	1
P05-01W-45	285	890	0.320	0.051 9	0.002 16	0.134 13	0.005 58	0.018 55	0.000 23	281	73	128	5	119	1
P05-01W-47	235	905	0.260	0.046 94	0.001 88	0.120 23	0.004 75	0.018 42	0.000 21	46	65	115	4	118	1
P05-01W-48	231	536	0.431	0.049 96	0.002 76	0.130 77	0.007 39	0.018 86	0.000 28	193	102	125	7	120	2
P05-01W-49	219	631	0.347	0.047 12	0.002 42	0.118 82	0.005 98	0.018 18	0.000 22	55	87	114	5	116	1
P05-01W-50	771	2 446	0.315	0.047 58	0.003 37	0.112 66	0.007 81	0.017 17	0.000 25	78	158	108	7	110	2
P05-01W-51	174	327	0.532	0.054 84	0.003 58	0.133 31	0.008 58	0.017 75	0.000 26	406	118	127	8	113	2
P05-01W-52	392	780	0.503	0.057 78	0.002 32	0.145 57	0.005 58	0.018 32	0.000 22	522	63	138	5	117	1
P05-01W-53	397	798	0.497	0.050 48	0.001 87	0.133 76	0.004 97	0.019 18	0.000 23	217	64	127	4	122	1
P05-01W-54	528	1 592	0.332	0.057 44	0.002 17	0.132 66	0.004 9	0.016 82	0.000 24	508	56	126	4	108	1
P05-01W-55	239	467	0.512	0.059	0.003 07	0.158 04	0.008 47	0.019 67	0.000 3	567	90	149	7	126	2
P05-01W-56	255	783	0.326	0.052 12	0.002 7	0.126 25	0.006 19	0.017 81	0.000 28	291	83	121	6	114	2
P05-01W-57	403	1 453	0.277	0.050 16	0.001 57	0.137 52	0.004 41	0.019 77	0.000 22	203	53	131	4	126	1
P05-01W-58	546	1 195	0.457	0.056 25	0.003 1	0.149 83	0.008 09	0.019 32	0.000 2	462	125	142	7	123	1

表 2-5(续5)

测点	w(B)/10⁻⁶		Th/U	同位素比值及误差						年龄（Ma）及误差					
	Th	U		$^{207}Pb/^{206}Pb$ 1σ		$^{207}Pb/^{235}U$ 1σ		$^{206}Pb/^{238}U$ 1σ		$^{207}Pb/^{206}Pb$ 1σ		$^{207}Pb/^{235}U$ 1σ		$^{206}Pb/^{238}U$ 1σ	
P05-01W-59	276	750	0.368	0.051 44	0.002 46	0.135 13	0.006 27	0.019 08	0.000 23	261	84	129	6	122	1
P05-01W-60	464	1 428	0.325	0.054 13	0.002 16	0.138 73	0.005 4	0.018 58	0.000 26	377	63	132	5	119	2
P05-01W-61	329	762	0.432	0.049 54	0.002 99	0.130 95	0.007 74	0.019 17	0.000 24	174	138	125	7	122	2
P05-01W-63	206	473	0.436	0.048 57	0.002 89	0.121 27	0.007 18	0.018 19	0.000 26	127	107	116	7	116	2
P05-01W-64	282	786	0.359	0.046 05	0.001 87	0.118 99	0.004 67	0.018 74	0.000 2	—	86	114	4	120	1
P05-01W-65	270	857	0.315	0.047 05	0.001 91	0.127 21	0.004 98	0.019 56	0.000 23	52	64	122	4	125	1
P05-01W-66	481	1 388	0.347	0.052 13	0.002 62	0.128 97	0.006 28	0.017 94	0.000 23	291	118	123	6	115	1
P05-01W-67	142	381	0.373	0.053 76	0.003 16	0.136 7	0.008 12	0.018 49	0.000 26	361	109	130	7	118	2
P05-01W-68	270	455	0.593	0.058 78	0.003 02	0.152 94	0.008 24	0.018 68	0.000 26	559	94	145	7	119	2
P05-01W-69	426	943	0.452	0.047 7	0.001 67	0.126 4	0.004 34	0.019 2	0.000 21	84	58	121	4	123	1
P05-01W-70	564	1 791	0.315	0.051 18	0.002 19	0.138 16	0.005 74	0.019 58	0.000 2	249	101	131	5	125	1
P05-01W-71	411	590	0.697	0.060 62	0.009 38	0.173 07	0.026 6	0.020 71	0.000 36	626	347	162	23	132	2
P05-01W-72	434	1 697	0.256	0.046 06	0.002 21	0.082 35	0.003 83	0.012 97	0.000 16	1	103	80	4	83	1
NMD001W-01	575	548	1.049	0.052	0.002 57	0.133 32	0.006 61	0.018 28	0.000 22	303	91	127	6	117	1
NMD001W-02	189	288	0.656	0.051	0.005 4	0.132 16	0.013 62	0.018 55	0.000 33	271	239	126	12	118	2
NMD001W-04	155	141	1.099	0.058	0.011 47	0.152 29	0.029 82	0.019 01	0.000 47	533	413	144	26	121	3
NMD001W-05	1 372	1 070	1.282	0.05	0.003 21	0.136 52	0.008 56	0.019 65	0.000 22	213	146	130	8	125	1
NMD001W-06	595	628	0.947	0.046	0.002 34	0.117 1	0.005 83	0.018 44	0.000 18	—	110	112	5	118	1
NMD001W-07	460	320	1.438	0.050 2	0.005 82	0.125 73	0.014 3	0.018 15	0.000 4	207	261	120	13	116	3
NMD001W-08	188	262	0.718	0.053 8	0.003 66	0.136 32	0.009 25	0.018 57	0.000 32	364	123	130	8	119	2
NMD001W-09	150	276	0.543	0.051	0.002 98	0.129 29	0.007 74	0.018 32	0.000 34	245	104	123	7	117	2
NMD001W-10	1 306	1 071	1.219	0.051	0.001 95	0.142 52	0.005 36	0.020 25	0.000 24	242	65	135	5	129	2
NMD001W-11	244	188	1.298	0.059	0.005 27	0.143 12	0.010 79	0.018 52	0.000 4	581	126	136	10	118	3
NMD001W-12	326	267	1.221	0.049	0.006 88	0.129 87	0.017 9	0.019 05	0.000 36	169	284	124	16	122	2
NMD001W-13	548	708	0.774	0.057	0.002 3	0.154 13	0.005 96	0.019 54	0.000 22	507	65	146	5	125	1

表 2-5(续 6)

测点	w(B)/10⁻⁶		Th/U	同位素比值及误差						年龄（Ma）及误差					
	Th	U		$^{207}Pb/^{206}Pb$	1σ	$^{207}Pb/^{235}U$	1σ	$^{206}Pb/^{238}U$	1σ	$^{207}Pb/^{206}Pb$	1σ	$^{207}Pb/^{235}U$	1σ	$^{206}Pb/^{238}U$	1σ
NMD001W-14	329	487	0.676	0.055	0.013 84	0.146 99	0.036 27	0.019 07	0.000 37	449	477	139	32	122	2
NMD001W-15	328	332	0.988	0.053 7	0.003 19	0.139 96	0.007 72	0.019 23	0.000 27	362	99	133	7	123	2
NMD001W-16	126	171	0.737	0.069 4	0.005 06	0.174 4	0.011 92	0.019 02	0.000 4	912	106	163	10	121	3
NMD001W-17	940	771	1.219	0.051 9	0.014 55	0.140 44	0.039 24	0.019 62	0.000 44	282	504	133	35	125	3
NMD001W-18	192	143	1.343	0.073 5	0.005 36	0.182 54	0.011 84	0.019 89	0.000 46	1 028	93	170	10	127	3
NMD001W-19	74.0	108	0.685	0.064 0	0.008 42	0.177 85	0.023 03	0.020 14	0.000 46	743	293	166	20	129	3
NMD001W-20	212	242	0.876	0.064 8	0.003 74	0.174 44	0.009 69	0.019 95	0.000 37	769	86	163	8	127	2
NMD001W-21	188	256	0.734	0.047 6	0.004 08	0.128 69	0.010 75	0.019 6	0.000 37	81	192	123	10	125	2
NMD001W-22	77.7	114	0.682	0.078 5	0.006 7	0.199 27	0.015 03	0.019 77	0.000 52	1 161	108	185	13	126	3
NMD001W-23	2 343	1 556	1.506	0.051 4	0.001 5	0.145 2	0.004 15	0.020 43	0.000 18	262	49	138	4	130	1
NMD001W-24	76.8	135	0.569	0.059 1	0.006 63	0.158 62	0.017 52	0.019 45	0.000 38	572	253	149	15	124	2
NMD001W-25	739	727	1.017	0.049 8	0.002 24	0.132 09	0.005 88	0.019 18	0.000 18	188	86	126	5	122	1
NMD001W-26	806	777	1.037	0.048 1	0.001 86	0.125 97	0.004 74	0.018 93	0.000 17	107	70	120	4	121	1
NMD001W-27	146	323	0.452	0.048 8	0.003 18	0.123 04	0.007 85	0.018 29	0.000 24	138	147	118	7	117	1
NMD001W-28	343	388	0.884	0.051 9	0.002 62	0.131 82	0.006 5	0.018 55	0.000 25	282	88	126	6	118	2
NMD001W-29	722	587	1.230	0.046 0	0.002 88	0.120 83	0.007 4	0.019 03	0.000 25	—	137	116	7	122	2
NMD001W-30	73.6	94.3	0.780	0.096 9	0.010 71	0.216 76	0.014 96	0.018 48	0.000 51	1 567	88	199	12	118	3

　　大多数锆石粒径为 50~200 μm(图 2-6),透射光下,有的长宽比较大,较自形,柱状;有的长宽比较小,半自形,浑圆状,表明经过长距离搬运;P06-01W 磨圆度好于 P05-01W。锆石多呈次棱角状-浑圆状,透射光下部分呈现褐色或玫瑰色;部分 CL 图像呈核-幔韵律环带结构,为岩浆结晶成因,有些原始岩浆成因的锆石发育变质重结晶边,有些环带发生模糊化,极个别显示无环带,在边部生长的变质增生锆石呈冷杉状或扇形状环带。绝大多数锆石年龄位于谐和线上。样品 P06-01W 锆石的 Th/U 比值多大于 0.4,仅 1 个小于 0.1。一般认为,Th/U 比值大于 0.4 的锆石为岩浆成因,小于 0.1 为变质成因(Corfu et al.,2003)。所以,P06-01W 样品的锆石以岩浆成因为主,原始岩浆成因锆石环带结构指示其经历了多期构造-热事件改造。P05-01W 的锆石 Th/U 比值均大于 0.4,也为岩浆锆石成因。样品分选出的锆石粒径多为 50~100 μm,在透射光下,一类长宽比较大,较自形,柱状;另一类长宽比较小,半自形,浑圆状,表明经过长距离的搬运。在磨圆度方面,P06-01W＞P05-01W＞NMD001W。对于 P05-01W 及 NMD001W,锆石显示长柱状或短柱状的自形到半自形晶形,见清楚的生长韵律或振荡环带,Th/U 比值均大于 0.4,显示了岩浆锆石成因,其中 NMD001W 锆石完整性较差。

　　样品 P06-01W 获得的有效年龄数据为 69 个,年龄值变化范围在(105±1)~(2 541±19)Ma 之间(表 2-5)。U-Pb 年龄频谱及谐和图表明(图 2-5),锆石年龄跨度大,说明锆石是多来源的,但阶段性很强,捕获了较多的构造-岩浆事件的信息,主要有以下几个年龄段:105~134 Ma 年龄区间,共有 30 个,占有效年龄数据的

43%，其中 109~119 Ma 峰值区间的加权平均值为 111.9 Ma；频度最高的 126~134 Ma 区间的加权平均值为 129.5 Ma。163~246 Ma 区间有 7 个年龄；700~900 Ma 区间共有 8 个，占 11.6%，除 69 号测试点的 Th/U 的比值为 0.05 外，其他点的比值为 0.4~3.6，也显示了岩浆成因作用；1 000~2 500 Ma 区间，共有 20 个年龄，占 28.9%，测试谐和性皆大于 90%，落在谐和线上或其附近，能代表它们的真实形式年龄，磨圆度最好，锆石很可能经历了一次或多次搬运、循环过程，它们的出现说明可能存在源自古老基底剥蚀区的物源输入，又可细分为三组，1 000~1 200 Ma，1 700~2 100 Ma，2 300~2 500 Ma，峰值分别为 1 035 Ma、1 800 Ma 及 2 411 Ma。分析点 Th/U 的比值为 0.2~2.8，CL 图像显示模糊淡化的岩浆结晶环带较多，可能为经过重结晶改造的岩浆成因碎屑锆石。以分析点 43、62、68 为代表的锆石呈现模糊状，环带不明显或无环带，不排除为变质成因。大于 1 Ga 的测试点，其谐和度皆大于 93%，落在谐和线上或其附近，可以代表它们的真实形式年龄。这些大于 1 Ga 的碎屑锆石磨圆度最好，锆石很可能经历了一次或多次搬运和再循环过程。大于 1 Ga 的年龄出现说明已经记录到源自元古代剥蚀区遗留下的物质信息。P05-1W 获得 69 个有效数据，年龄范围在（70±1）~（144±4）Ma 之间，集中于（109±1）~（133±2）Ma 之间的年龄共 63 个，占有效年龄数据的 87.5%，加权平均值为 121.7 Ma，与 P06-1W 相对应的年龄区间相似。

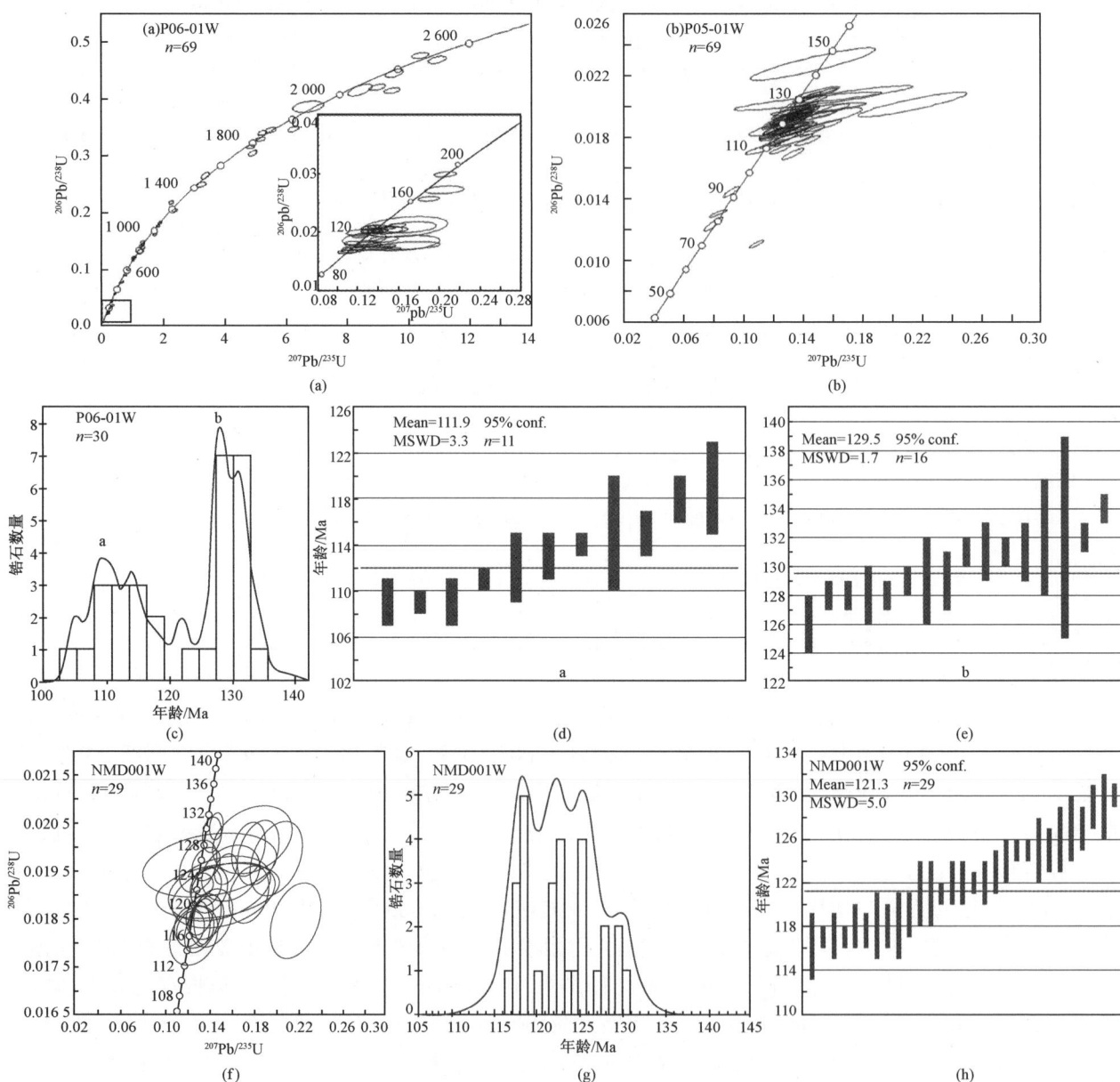

图 2-5　尼玛盆地北部坳陷牛堡组锆石 U-Pb 同位素年龄特征

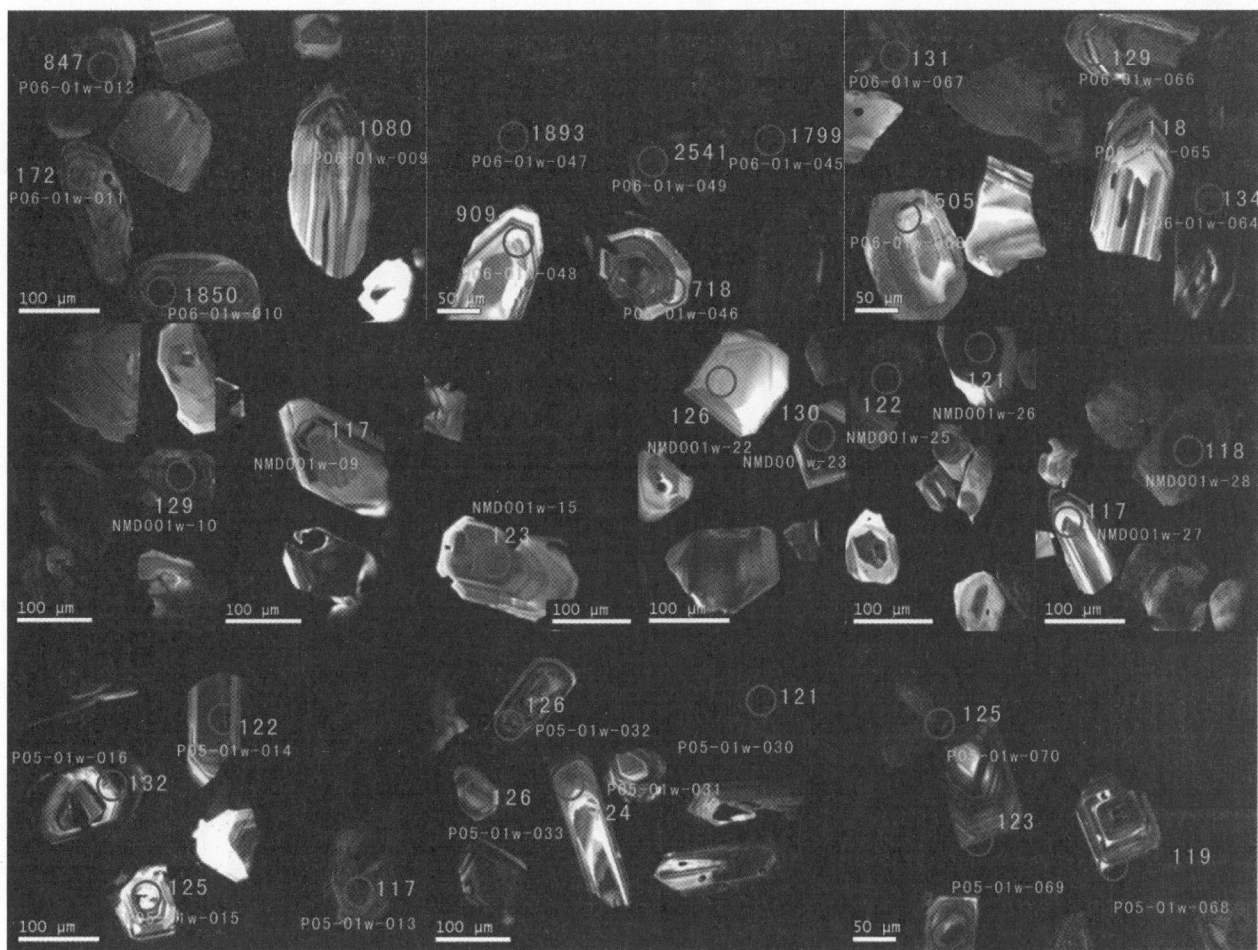

图2-6　部分代表性锆石阴极发光图像

(图中圆圈代表测年位置,附近数据为年龄值(Ma)及编号)

凝灰岩样品NMD001W分析点数为30个,有效数据29个,谐和度较好的U-Pb年龄频谱范围在(116±3)~(130±1)Ma之间,分布集中,$^{206}Pb/^{238}U$年龄在置信度95%时的加权平均值为121.3 Ma,MSWD为5.0,分析点的Th/U的比值多大于0.4。年龄分布特征与P05-1W十分接近,但显示年龄范围更窄。

第四节　讨论与结论

一、区域物源对比

除传统的沉积学分析方法外,碎屑锆石U-Pb年龄也能提供物源信息。P06样品测年值大于2.0 Ga的年龄数据有8个,羌塘与拉萨地体也有类似年龄出现(谭富文等,2009;何世平等,2013),但没有可靠的指源性质,可能代表太古宙末超大陆拼合事件的岩浆活动的年龄。南羌塘地体碎屑锆石年龄存在530 Ma、650 Ma、800 Ma、950 Ma和~2 500 Ma等峰值(Pullen et al.,2008;Zhu et al.,2011;Dong et al.,2011)(图2-7),而拉萨地体以550 Ma和1 170 Ma为特征年龄峰值(Zhu et al,2011)。对尼玛盆地北部坳陷碎屑锆石年龄数据统计,发现其存在500~550 Ma、~800 Ma和~2 500 Ma等特征峰值,500~550 Ma年龄峰值可以与南羌塘地体、拉萨地体碎屑锆石年龄峰值对比,~800Ma年龄峰值能与南羌塘地体年龄峰值对比,~2 500 Ma年龄峰值能与南羌塘、特提斯喜马拉雅和高喜马拉雅地层年龄峰值对比。此外,700~900 Ma、1 700~2 100 Ma年龄区间与拉萨地块上古生界地层(DeCelles et al.,2007b)和尼玛逆冲带上盘下白垩统海相浊积砂岩的碎屑锆石年龄相似(Kapp et al.,2007),而且拉萨地体已证实存在元古代乃至更早的古老基底(Zhu et al.,2013;Lin et al.,2013),所以北部坳陷南缘的牛堡组碎屑锆石也可能来自南部的拉萨地体及缝合带内的逆冲岩席。总体来看,碎屑锆石年龄图谱显示尼玛盆地北部坳陷的物源可能来自羌塘地体和拉萨地体的双向输入。

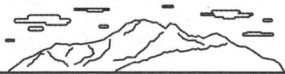

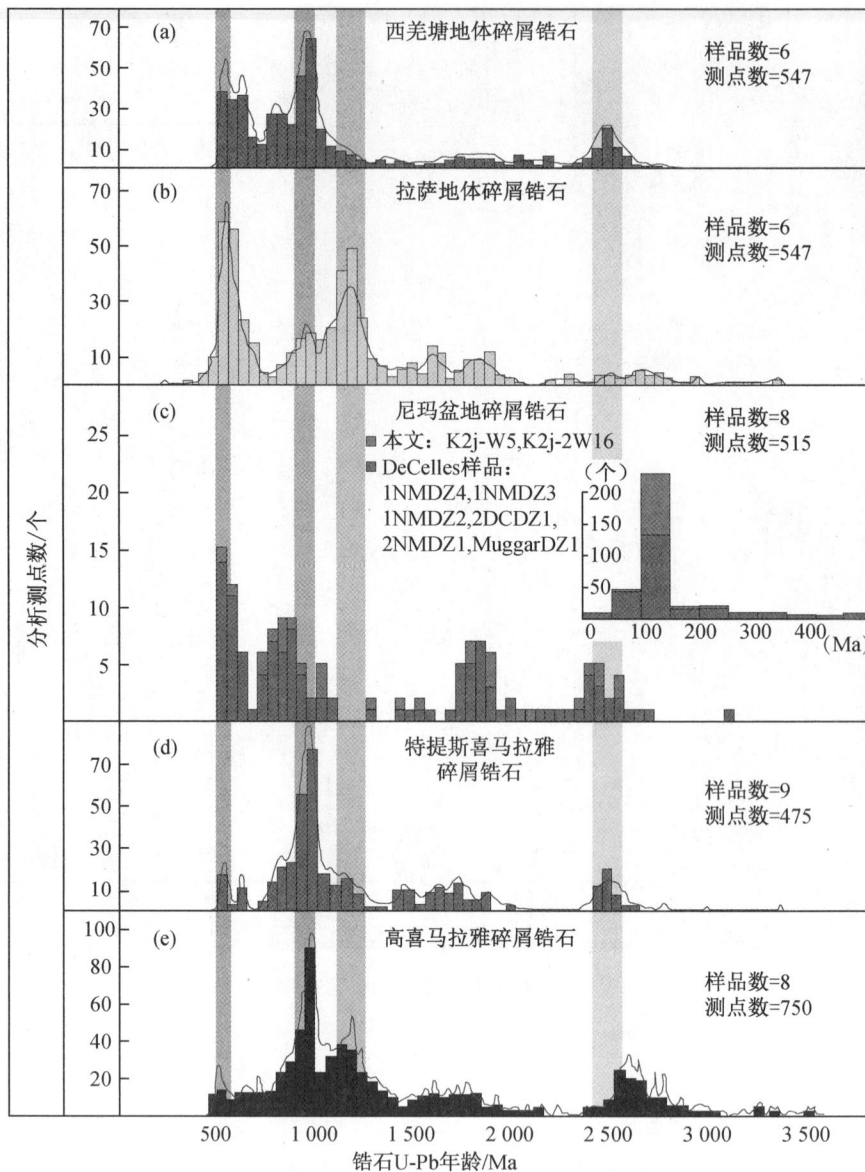

（a）南羌塘地体碎屑锆石（Pullen et al.，2008；Zhu et al.，2011；Dong et al.，2011）；（b）拉萨地体碎屑锆石（Leier et al，2007b；Zhu et al.，2011）；（c）尼玛盆地碎屑锆石（DeCelles et al.，2007a，b；本书）；（d）特提斯喜马拉雅碎屑锆石（Mc Quarrie et al.，2008；Myrow et al.，2009，2010；Zhu et al.，2011）；（e）高喜马拉雅碎屑锆石（Gehrels et al.，2006a，b）。

图2-7　碎屑锆石年龄对比图

　　P06样品的（163±2）~（246±4）Ma的年龄有7个测试点，可能与羌塘地体古特提斯洋盆的关闭有关（谭富文等，2009），即中二叠世-晚二叠世在拉萨地体北部由于古特提斯洋脊的持续扩张，导致约263 Ma时古特提斯洋壳岩石圈向南开始俯冲于拉萨地体之下（朱弟成等，2009）。样品的100~140 Ma区间年龄频率最高（图2-7(c)），该年龄值与尼玛中央隆起带内的普许错花岗岩年龄接近（Kapp et al.，2007），并且拉萨地体北部及羌塘地体最南缘广泛分布有100~140 Ma的白垩纪火成岩（Coulon et al.，1986；Zhu et al.，2009；Ma et al.，2013；Meng et al.，2014；Chen et al.，2014；Wu et al.，2015；丁慧霞等，2015），尤其是在拉萨地体北部出现有盐湖-班戈岩浆弧带（吴旌等，2014；Zhu et al.，2016），它们的出现可能与向南俯冲的班公湖-怒江洋壳俯冲板片的断离引发的岩浆活动有关，该区间年龄是对此次构造岩浆事件的响应（张志等，2015）。尼玛盆地北部坳陷的南缘褶皱和南倾的逆冲断层发育，下伏的早白垩世火山碎屑岩层可能为牛堡组砂岩提供物源输入（117~118 Ma；Kapp et al.，2007），构造混杂岩带的白垩纪火成岩也可能提供了物源。坳陷北部的P05剖面锆石年龄值区间较窄，年龄峰值~120 Ma，与北部的虾别错花岗岩体年龄（118 Ma）接近（Kapp et al.，2007），说明锆石可能来自北部花岗岩体的剥蚀搬运。尼玛盆地碎屑锆石还存在40~70 Ma年龄区间（图2-7(c)），这与拉萨地体林子宗火山岩年龄类似。

二、锆石年龄的地质意义

(163±2)~(2 541±19)Ma区间的年龄值均分布于P06-01W样品数据中,另外两个样品未发现。而在尼玛盆地北侧的羌塘地体,前人获得的以沉积岩为母岩的变质岩中锆石均具有多源性、年龄跨度大及阶段性的特点(王国芝,2001;王成善,2001;邓希光,2007;谭富文,2009),这与P06-01W样品获得的锆石年龄分布有很大的相似性和阶段的对应性,这可能与阶段性构造事件有关,反映了在物源上应具有相关性,是对地史各时期构造岩浆热事件的有力响应。

例如,P06-01W样品测年值大于2.0 Ga且谐和性不大于10%的年龄数据有8个,$^{207}Pb/^{206}Pb$年龄在(2 031±64)~(2 541±19)Ma之间。而最早年龄峰为2 300~2 500 Ma(峰值2 411 Ma),良好的磨圆度和较长的年龄区间分布表明经历了复杂的构造演化史和复杂的物源,是出现在尼玛盆地区最老岩石年龄信息。而在羌塘中央隆起带绢云石英糜棱片岩中获得的锆石年龄有2 432~2 056 Ma(王国芝,2001);在羌塘中部的依布茶卡、冈玛错蓝闪石片岩中锆石进行年龄分析获得了2 002~2 533 Ma年龄锆石(邓希光,2007);对中央隆起带北缘玛依岗日北侧兰新岭的片麻岩获得了锆石年龄2 498~2 374 Ma(谭富文,2009)。对羌塘地块是否存在前寒武变质结晶基底存在争论(王国芝,2001;黄继钧,2001;李才,2003),但尼玛P06-01W样品获得的最老年龄(2 309±63)~(2 541±19)Ma暗示其物源区羌塘盆地有太古宙的物质,且在年龄谐和图上,最老的几组年龄多都位于谐和曲线稍下方,表明发生过铅丢失(图2-4),暗示与变质事件有关,是对羌塘盆地存在变质结晶基底的支持。因此,可以认为其为羌塘变质结晶基底原岩年龄,代表太古代末全球超大陆拼合事件的岩浆活动的年龄(谭富文,2009;翟明国,2000),与全球新太古代晚期古陆核生长事件基本演化一致,记录了源自羌塘刚性基底太古代末-古元古代剥蚀区遗留下的物质信息。

对于1 700~2 100 Ma(峰值1 800 Ma)区间的年龄与南部盆地的特征一样,可与羌塘结晶基底主期变形变质作用年龄对应(黄继钧,2001;王成善,2001;谭富文,2009)。而在羌塘盆地的其他地区,如宁多群副变质片麻岩中锆石的U-Pb年龄为1 870 Ma,侵入其中的花岗岩锆石U-Pb年龄为1 680 Ma、1 780 Ma(王成善,2001;谭富文,2009);雄松群中斜长角闪片岩获得相近的年龄(王辉,2005)。Rogers(2002)认为,在Rodinia超大陆形成之前存在的Columbia超大陆是在1.9 Ga开始形成的;1 700~2 100 Ma锆石年龄可能与Columbia超大陆形成时的汇聚事件有关,相当于吕梁-中条造山运动;而1 505 Ma与始于1.5 Ga的Columbia超大陆裂解事件的时间一致。总之,反映了元古代的构造-热事件。

尼玛盆地北部坳陷碎屑锆石1 000~1 200 Ma年龄与测定的中央隆起带的戈木日、果干加年山等地的绢云石英糜棱岩同位素年龄段929~1 126 Ma相近(王成善,2001),而这一区间被认为是羌塘软基底褶皱回返发生变质年龄。而被认为由约1.0 Ga Grenville造山事件所形成的超级大陆Rodinia在此时间段内开始了碰撞拼合事件,也与尼玛盆地北部锆石的1 000~1 200 Ma的特征年龄峰值相近。潘桂棠(2004)认为班公湖-怒江缝合带以北相当于扬子大陆西缘裂离的微陆块,为10亿年左右的晋宁基底。因此,新元古代Rodinia超大陆的碰撞及拼合过程中有可能对其造成一定的影响,导致了尼玛盆地北部坳陷碎屑锆石U-Pb同位素年龄上的响应,这些锆石的同位素热事件年龄可能是新元古代超大陆早期的一次碰撞-拼合在羌塘地体内的表现。在班公湖-怒江缝合带南侧,也有碰撞事件的物质响应的报道(张士贞,2010),比如盆地就发现了与新元古代超大陆碰撞拼合事件年龄相近的数据。

700~900 Ma(峰值824 Ma)与邓希光(2007)在羌塘盆地中部的依布茶-卡冈玛错地区蓝闪石片岩中获得795 Ma、818 Ma年龄数据相近,认为这些锆石代表原岩的年龄或原岩捕获锆石的年龄,而非蓝片岩相变质作用形成的新生锆石,这个年龄区间对应着Rodinia超大陆裂解事件的年龄。Wingate等(1998)研究了澳大利亚Gairdner岩墙群,认为其代表劳伦与澳大利亚之间的裂解,同位素年龄为827 Ma;Li等(1999)测定华南地区铁镁-超铁镁质岩墙锆石的SHRIMP年龄为828 Ma,认为华南代表位于劳伦和澳大利亚之间的分裂碎块,可能处在一个地幔柱上。所以,尼玛北部坳陷锆石获得的(701±14)~(871±9)Ma可能与新元古代时期的Rodinia超级大陆全球性裂解事件、劳伦古陆-澳大利亚分离运动有一定联系,相当于中国的晋宁运动的晚期。

P06-01W-08号点与P06-01W-028号点年龄为(528±5)Ma和(591±8)Ma,前人在羌塘盆地也获得过522~645 Ma及509~548 Ma的年龄值(王成善,2001;谭富文,2009)。而班公湖-怒江缝合带南侧一般认为是5.5亿~6亿年左右的泛非基底,李才等(2010)通过在申扎地区发现寒武系及其与上覆奥陶系之间的角度不整合的"泛非运动"界面认定泛非运动在冈底斯地区的存在,并推断与申扎有相同的早古生代地层的羌塘南部也

会有"泛非运动"痕迹。因此,位于班公湖-怒江缝合带的尼玛盆地是否记录了泛非运动的影响,值得进一步研究。P06-01W-036号点与P06-01W-012号点获得的(452±5)Ma、(459±4)Ma年龄值可能与加里东运动有关,也可能是陆松年(2004)认为的泛华夏造山运动在中国南方和西部的响应有关。总之,这一时期正是全球各地褶皱造山-岩浆活动的高峰期。

样品P05-01W与NMD001W显示出单一年龄段特点,其优势年龄段为110~133 Ma,说明这两个样品所反映的地质事件或源区具有相似性,P06-01W在此区间也是年龄分布最集中的。在年龄直方图中,P05-01W年龄分布在110~130 Ma仅有一个峰值,而P06-01W呈现前后双峰态势。NMD001W在118 Ma年龄频率最高,平均年龄为121.3 Ma,证明其形成时代为早白垩世,代表了班公湖-怒江缝合带上尼玛盆地早白垩世火山活动重要记录,说明尼玛盆地强烈的中生代火山活动可能开始于130~120 Ma,在118 Ma达到高峰。此外,火山建造多呈孤岛状产出,上覆地层或被剥蚀,或被第四系掩盖,很难对该地区早白垩世火山运动上限进行年代学约束。这与前文研究的在120 Ma左右出现羌塘地体南缘出现早白垩世火山作用一致。康志强(2009)在尼玛的马跃乡获得了115 Ma的锆石年龄。总之,NMD001代表的酸性流纹质凝灰岩年龄表明班公湖-怒江缝合带内的尼玛盆地在早白垩世有大规模火山活动。

在班公湖-怒江缝合带南缘及冈底斯地体北部有大量的中生代火山岩报道(李奋其,2010;康志强,2009;朱弟成,2006),它们分布于班公湖-怒江蛇绿岩带的南北两侧与班公湖-怒江缝合带的内部,出露有去申拉组、多尼组、则弄群等。根据尼玛盆地北部坳陷的古流向及3组锆石年龄统计结果判断,110~130 Ma年龄峰值说明早白垩世羌塘地体南缘确实存在早白垩世火山作用。因此,实验结果证明在班公湖-怒江缝合带南北两侧都存在有早白垩世火山作用。此外,在班公湖-怒江缝合带南缘,早白垩世火山岩从西-中-东陆续分布在日土脚娃、宋我日、班戈出西弄巴等地,其中,宋我日火山岩Rb-Sr等时线年龄为111 Ma(西藏自治区地质矿产局,1986),出西弄巴安山岩Rb-Sr等时线年龄为(126±2)Ma。因此,尼玛盆地北部坳陷早白垩世火山岩年龄与它们十分接近,进一步证明早白垩世羌塘南缘及拉萨地体北部都有火山作用发生。

对于分布于班公湖-怒江缝合带北侧的羌塘南缘以酸性岩石为代表的白垩纪火成岩,其形成原因及地球动力学背景大致可分为以下观点:一是根据其岛弧地球化学特征,常将其归因于班公湖-怒江特提斯洋岩石圈的北向俯冲(Murphy,1997;Ding,2003;Kapp,2003;Zhang,2004);张开均(2003)认为它与冈底斯弧弧后地区早白垩世强烈的裂谷沉降作用有关。二是与班公湖-怒江特提斯洋壳岩石圈的南向俯冲及板片断离有关(朱弟成,2008;潘桂棠,2006),或是因为洋壳板片的浅部断离造成地幔物质上涌,在缝合带的两侧产生规模不均等的幔源岩浆底侵活动,或是因为深部板片断离后,被下拉的羌塘陆壳快速上浮,板片回撤使得地幔楔的幔源物质被回带至俯冲后缘的壳部,使得俯冲带两侧的陆壳产生岩浆活动(常青松,2011)。总之,尼玛盆地的早白垩世火山岩可能暗示了一次重大的构造事件,俯冲带两侧大陆边缘(羌塘南缘及拉萨地体北缘)的岩浆活动即是这次构造事件的产物。

三、样品重矿物组合

碎屑重矿物具有稳定性强、反应母岩特征及受后期影响小的特性,是物源分析的重要手段,其矿物组合类型对物源反应十分敏感(Morton and Hallsworth,1999)。自下而上在P05剖面对P05-01W、P05-03W、P05-05W样品进行重矿物分析。P05-01W主要矿物有电气石、锆石、锐钛矿、白钛矿,磷灰石为次要矿物,其他矿物有磁铁矿、黄铁矿、石榴石、绿帘石及角闪石。自形的岩浆锆石+电气石+磷灰石为主要组合,指示酸性岩浆岩为主要物源;碎屑锆石与白钛矿指示碎屑沉积岩可能为其物源。P05-03W主要矿物为岩浆成因锆石,次要矿物为电气石、磷灰石、锐钛矿、黑云母。岩浆锆石、电气石、磷灰石及黑云母也指示酸性岩浆岩为主要物源。P05-05W主要矿物为黑云母(赤褐铁矿原型),次要矿物为锆石;存在少量电气石、磷灰石、锐钛矿及白钛矿。岩浆锆石、电气石、磷灰石及黑云母组合指示花岗岩为物源。综合古流向、砾石成份、砂岩碎屑组分及重矿物进行分析,P05剖面所代表的北部物源母岩成份以花岗岩为主,存在低级变质岩、沉积岩。北部的中生代被动大陆边缘侏罗系残留海盆地,发育轻微变质的海相碎屑岩及碳酸盐岩组合(潘桂棠,2004),而早白垩世虾别错花岗岩体的侵入,使得花岗岩体和侏罗纪海相沉积成为北部坳陷北缘的物源区。

P06剖面主要矿物为钛铁矿、磁铁矿及黄铁矿(赤褐铁矿原型),次要矿物有锆石、铬尖晶石及白钛矿,存在少量的金红石、电气石、磷灰石、锐钛矿及石榴石(图2-8),采样层位如图2-3所示。钛铁矿、磁铁矿及黄铁矿可能源于基性火山岩源区,铬尖晶石可能源于超基性岩的橄榄岩,属于蛇绿岩套的组分;碎屑锆石、粒状白钛矿及次圆状金红石可能来自沉积岩源区;岩浆锆石、电气石、柱状金红石及磷灰石可能来自岩浆岩输入。锆石等稳定重矿物整体含量较低,而铬尖晶石与非稳定的钛铁矿、磁铁矿较多,属于造山带物源重矿物组合;极低的长石含量也与构造混杂岩复理石建造内极低的长石含量相一致。可见,P06剖面物源应以基性岩浆岩及沉积岩(硅质岩等)为主,并存在超基性岩浆岩、低级变质岩物源输入,中央隆起区木嘎岗日群构造混杂岩带应是其主要物源区。

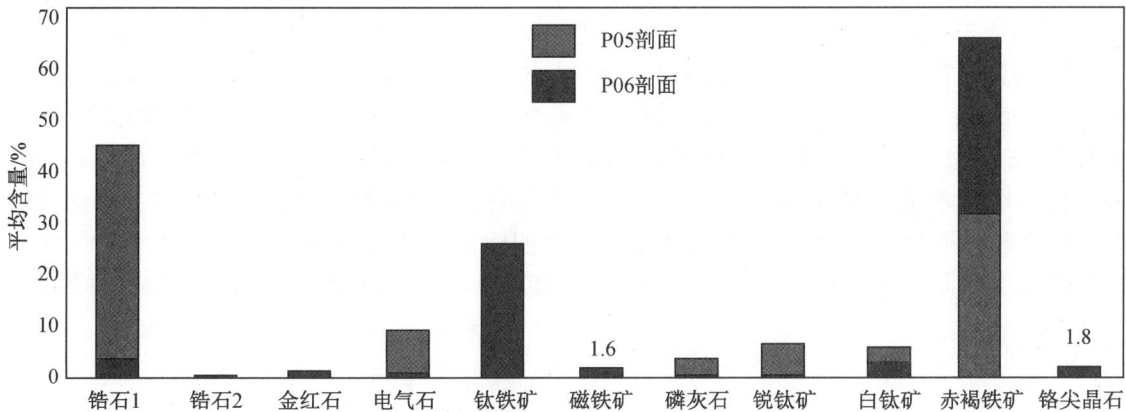

图2-8　尼玛盆地北部坳陷牛堡组重矿物平均含量分布

注:锆石1为自形的岩浆成因锆石;锆石2为磨圆较好的碎屑锆石。重矿物筛选在廊坊市宇能岩石矿物分选公司进行,步骤:先经无污染粉碎至20目(最大岩块粒径约1 mm),利用标准干筛筛选40~100目,0.15~0.45 mm粒级(近似大于砂岩分析样品的最小平均粒度),以保证分离出的重矿物为碎屑成因颗粒。通过重液、精淘分离和电磁分离出电磁、无磁和强磁三部分重矿物。通过双目镜、偏光镜鉴定所有的重矿物。采用高精度天平计量,最终的统计方法全部采用颗粒统计法,然后换算成体积百分比。样品质量大于1 kg。

四、古地理重建

　　随着拉萨地体和羌塘地体在中生代的碰撞,导致地体之间能量持续汇聚,并在尼玛盆地形成木嘎岗日、普许错、尼玛、改则-色林错等逆断层(图2-9),尼玛盆地开始缩短变形且缩短量被逆冲构造所吸收。到白垩纪中期伴随着地壳缩短变形及山脉地形隆起,尼玛盆地在约118 Ma开始由海相转变为陆相沉积,北部坳陷的南缘开始隆起,北缘的虾别错花岗岩体也开始侵入侏罗纪地层(Kapp et al.,2007)。

　　在新生代,印度-欧亚板块的碰撞使班公湖-怒江缝合带内部早先形成的逆冲推覆构造体系重新激活(Murphy and Yin,2003;吴珍汉等,2013),导致地壳缩短及地形变化加剧(Li et al.,2015)。构造运动和动力学机制必然会影响盆地沉积过程及古地理特征。该时期尼玛盆地的演化可分为初始扩张期、强烈扩张期、扩张减弱期及收缩期等4个阶段(杨林,2011)。其中,P06剖面下段发育以湖泊相为主的河湖相沉积,岩性以紫红色砂岩为主,湖水浅且湖盆范围较大,属于构造活动较稳定的扩张减弱期;P05及P06剖面上段发育冲积扇相沉积体系,进积的砂砾岩将盆地迅速充填,气候变干导致风成沙丘及石膏等蒸发岩层出现,属于构造活动较强的收缩期。在沉积特征变化上,P06剖面砾石层厚度在岩层中的比例从下至上逐渐增高,砾岩单层厚度及砾石粒径均呈增大趋势,P05剖面砾岩以花岗质砾石和岩屑为主,这些特征显示构造活动呈增强趋势。

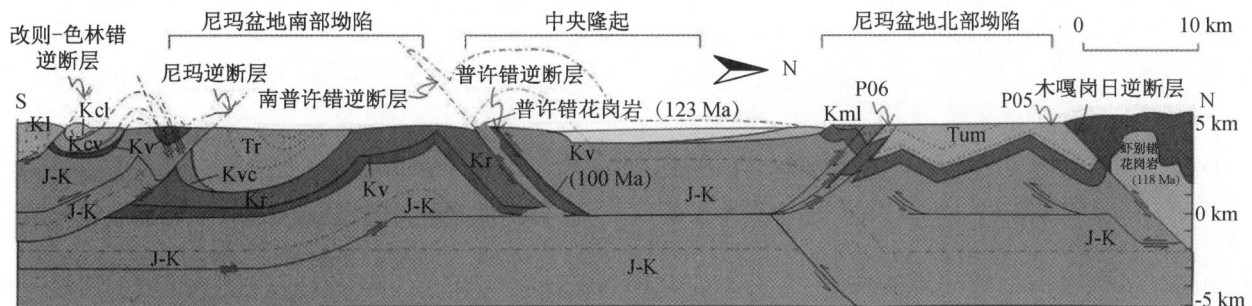

J—侏罗系泥岩、页岩、粉砂岩、灰岩、浊积砂岩、变质火山岩;J-K—侏罗系.白垩系页岩,粉砂岩,浊流砂岩,构造混杂岩;Kl—下白垩统朗山组灰岩;Kvc—下白垩统火山碎屑岩;Kv—下白垩统火山熔岩、凝灰岩及火山角砾岩;Kr—白垩系红层;Kcv—上白垩统含火山碎屑岩;Kcl—上白垩统碳酸盐质砾岩;Kml—上白垩统-古新统;Tum—北尼玛盆地古近系;Tr—南尼玛盆地古近系。

图2-8　尼玛盆地横剖面图 (据Kapp et al., 2007修改)

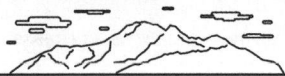

利用碎屑锆石年代学特征、重矿物、碎屑组分、古流向及其他沉积学证据进行了新生代尼玛盆地的构造及古地理模型的重建(图2-9)。在古近纪,由于构造碰撞导致的缩短变形及逆冲断层活动,尼玛盆地北部坳陷北缘逐渐隆起,南缘的普许错逆冲断层上盘也开始活动并抬升,坳陷的南北两侧邻区成为沉积物质的物源区,碎屑组分及重矿物分析等证据也指示其存在南北双向物源。此时,北部坳陷的冲积扇、古河流及古湖泊等相互联系的沉积体系开始出现,逐渐形成独立的沉积中心。例如,较大的湖泊形成于盆地内部干枯的地形低洼处,其周缘为低缓起伏的蒸发沙地,湖泊由多条含沙的河流系统补充;湖泊局部与陡峭且含粗碎屑的扇三角洲相连,扇三角洲多形成于靠近逆冲断裂的高地一侧;在北部坳陷靠近湖泊、周期性淹没的沙地及河流水系的地方形成了许多大型沙丘,而冲积扇侧面与隆起的山脉相接,并与河流体系相互联系。这些沙丘、沙地等地貌类型属于局限性的沙漠沉积,但是它与河流、冲积、风成及湖泊等沉积体系联系密切,其成因类型和第四纪很多大型湖泊周边的局部性沙漠相同,如青海湖、鄱阳湖等周边广泛分布的风成沙丘沉积体即是此种成因类型(李徐生等,2006;王璐琳,武法东,2012)。同时,局限性的沙漠沉积也有可能指示当时的环境转为干燥气候,尼玛盆地古土壤碳酸盐岩和湖相泥灰岩的碳氧同位素证据也表明晚白垩世-古近纪西藏内陆为干旱气候类型,并且显示土壤呼吸速率低而湖水蒸发率高(DeCelles et al.,2007a)。因此,西藏中部古近纪的气候特征可能趋于干燥。

五、 结论

本书分别对尼玛盆地北部坳陷地区南北两侧的古近系牛堡组地层进行研究,根据碎屑岩岩石学、锆石同位素年代学、重矿物等研究,获得以下认识。

(1)尼玛盆地北部坳陷古近纪存在双向物源,北部物源母岩类型主要为早白垩世虾别错花岗岩为代表的酸性岩浆岩,其次为沉积岩和变质岩;南部物源母岩以沉积岩(硅质岩等)、基性岩浆岩为主,其次为低级变质岩、超基性岩浆岩,主要来自中央隆起带构造混杂岩。

(2)早白垩世的锆石年龄峰值是对班公湖-怒江洋壳俯冲在相关地体引发的岩浆事件的响应;碎屑锆石U-Pb同位素年龄分布特征进一步证实牛堡组碎屑岩的物源区分别来自北部坳陷的南北两侧地体,拉萨地体、羌塘地体及缝合带内的逆冲带均为其物源区。

(3)尼玛盆地早白垩世-古近纪期间构造活动逐渐增强,挤压、抬升造山活动及逆冲变形明显影响了沉积过程及古地理特征。伴随着地壳缩短、逆冲断层及造山系统的发育,从白垩纪到古近纪尼玛盆地北部逐渐演化为一个受逆冲断层控制的环境独立的次级盆地,盆地内沉积物的输入、物源与该区域的隆升、剥蚀和岩浆活动关系密切。

(4)两碎屑岩锆石年龄阶段性强,是对地史各时期构造岩浆热事件的有力响应。2 300~2 500 Ma、1 700~2 100 Ma碎屑锆石年龄峰值是对羌塘盆地存在结晶基底并遭受后期多期变质变形的肯定;950~1 250 Ma碎屑锆石年龄值是对全球Rodinia大陆碰撞拼合事件的响应;700~900 Ma碎屑锆石年龄对应着Rodinia超大陆裂解事件的年龄。酸性流纹质熔结凝灰岩获得的U-Pb年龄为约121 Ma,班公湖-怒江缝合带北缘的早白垩世火山作用与拉萨地体北部的早白垩世火山岩同期出现,体现了一次重大的构造事件。

(5)从牛堡组到丁青湖组,稳定碎屑组分逐渐减少而不稳定组分增加,显示古近纪时盆地沉积过程中受到构造活动影响。

第三章　羊湖盆地沉积特征及有机地球化学分析

第一节　羊湖盆地地质构造背景与地层基底特征

一、羊湖盆地地质构造背景

羊湖盆地位于青藏高原北缘、东昆仑中段的巴颜喀拉陆块内,平面上呈东西向展布,海拔4 800~5 200 m,被几条大断裂带所围限。它的西部边界为阿尔金左旋走滑带南部的分支断裂,苏巴什-木孜塔格-鲸鱼湖断裂带为其北界,北与中昆仑微陆块相邻;拉竹龙-西金乌兰-金沙江断裂带(也称为若拉岗日结合带)为其南部边界,南与羌塘地块相邻。

1. 苏巴什-木孜塔格-鲸鱼湖断裂

苏巴什-木孜塔格-鲸鱼湖断裂是黑顶山缝合带南部的区域性大断裂,在区域上东西向延伸,是划分巴颜喀拉陆块(也称为松潘-甘孜陆块)与昆仑结合带的重要分界断裂(图3-1);苏巴什-木孜塔格-鲸鱼湖断裂与东昆仑的阿尼玛卿断裂相连,向西交汇于阿尔金左旋走滑断裂。在东昆仑地区它也是重要的分界断裂,很多研究者称其为昆南断裂,并认为具有板块分割意义,木孜塔格-鲸鱼湖断裂以南为巴颜喀拉陆块,属华南板块;以北为昆仑结合带,属华北板块的南缘增生带。

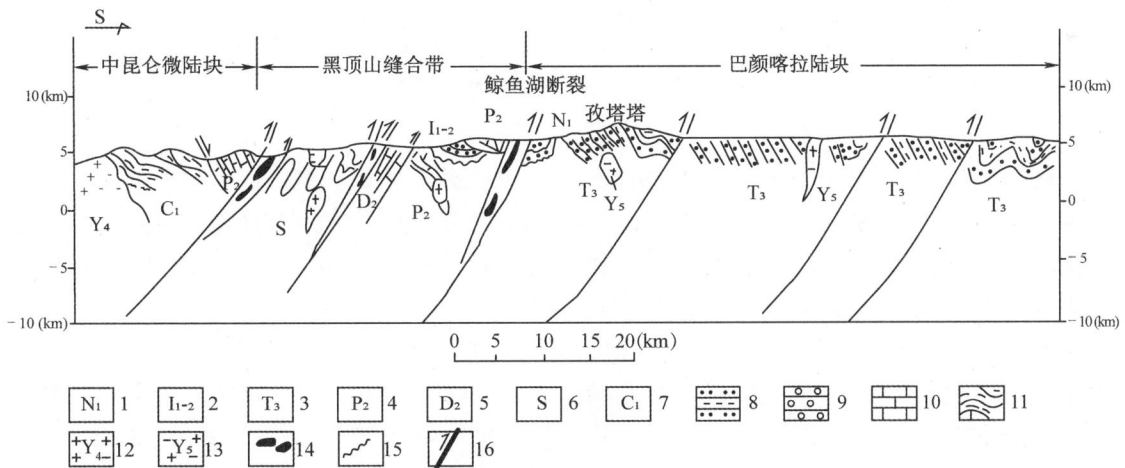

1—中新统;2—中下侏罗统;3—上三叠统;4—中二叠统;5—中泥盆统;6—下志留统;7—长城系;8—砂泥岩;9—砾岩;
10—灰岩;11—变质片岩;12—侏罗纪中酸性侵入岩;13—晚古生代酸性侵入岩;
14—蛇绿混杂岩;15—不整合界限;16—逆断层。

图3-1　羊湖盆地北部构造剖面图

苏巴什-木孜塔格-鲸鱼湖断裂为一高角度逆断层,断层面地表显示北倾,倾角一般在50°~60°。断裂下盘出露中新统唢呐湖组与上三叠统巴颜喀拉山群,上盘出露沿断裂分布的木孜塔格蛇绿混杂岩带及中二叠统马尔争组、下石炭统托库孜达坂群等地层。沿木孜塔格-鲸鱼湖断裂北侧分布的木孜塔格蛇绿混杂岩带,宽约数百米至数千米,延伸数十千米,其中物质组成主要有橄榄岩、辉橄岩、辉长岩,斜长花岗岩以及中深变质的基底残片,围岩为下石炭统托库孜达坂群一套深海平原的碎屑岩夹深海放射虫硅质岩地层和中二叠统马尔争组一套代表残余海盆的灰岩夹少量火山岩地层(图3-2)。

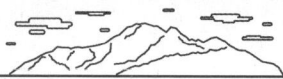

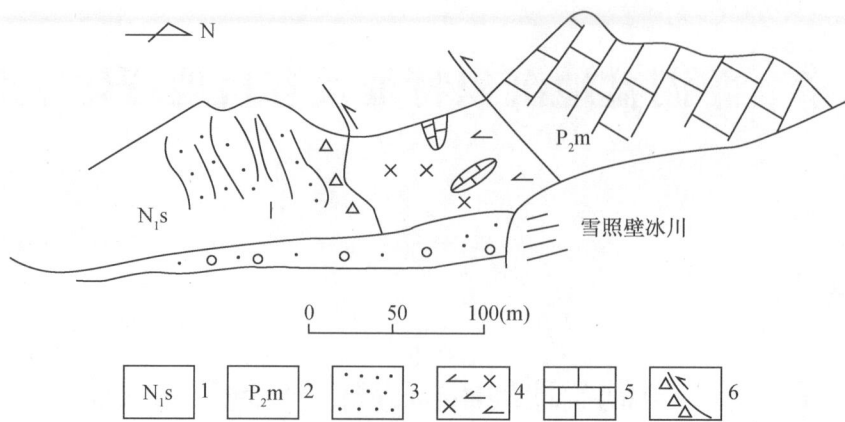

1—中新统唢呐湖组；2—中二叠统马尔争组；3—暗红色砂岩；4—辉长岩夹橄榄岩；5—灰岩；6—断层破碎带。

图3-2 木孜塔格—鲸鱼湖断裂素描图

2. 拉竹龙-西金乌兰-金沙江结合带（若拉岗日结合带）

拉竹龙-西金乌兰-金沙江结合带是巴彦卡拉陆块（也称松潘-甘孜陆块）与北羌塘陆块的拼接边界,碱水湖-碎石山断裂和小长岭-拜惹布错断裂构成了该带的南、北边界,结合带北东东向延伸（图3-3）。该带的主体由复理石消减混杂组合构成。

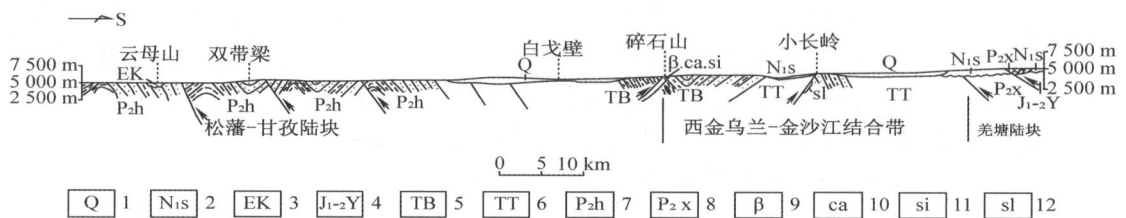

1—古近系；2—新近系唢呐湖组；3—古近系喀什群；4—侏罗系雁石坪群；5—三叠系巴彦卡拉群；6—三叠系托和平群；7—二叠系黄羊岭组；
8—二叠系先遣组；9—基性火山岩片；10—碳酸盐岩岩片；11—硅质岩岩片；12—裂解块体岩片。

图3-3 羊湖盆地南部地质构造剖面图

碱水湖-碎石山断裂在区域上表现为一条大的断裂带,断裂西起狼山一带,经碱水湖、碎石山后向东延伸,断面倾向东南,倾角陡立。碎石山一带,出露有蛇绿混杂岩带,由岩片、微岩片组成。岩性有含磁铁黑云辉石蛇纹岩、含角闪绿泥阳起片岩、方解斜长绿泥片岩、泥质粉砂岩、钙质糜棱岩和气孔状玄武岩、角砾状灰岩、糜棱岩化白云质微晶灰岩,不同岩片之间均以断层为界。

小长岭-拜惹布错断裂为结合带的南部边界,走向为北东东向,断裂性质为压性逆断裂。该断裂主体变形地层为三叠系托和平错群,地层产状大多倾向南,倾角一般50°左右,局部陡立。在小长岭一带,破碎带宽度约100 m,主要表现为较强烈的脆韧性变形,可见显示韧脆性变形的构造岩,岩石极为破碎,压性特征十分明显,破碎带内砂岩、灰岩多成为碎裂岩,有少量断层泥,岩石变形强烈。巴彦卡拉陆块与羌塘陆块两个不同地层区的沉积地层在该处均有出露,北侧主要为巴颜喀拉前陆盆地的三叠系复理石建造,南侧为羌塘陆块二叠纪-侏罗纪相对稳定的被动陆缘建造,断裂带中断续出露有代表洋壳的蛇绿岩组合。

二、羊湖盆地地层基底

羊湖盆地出露的基底地层有上古生界石炭系西长沟组（Cx）、二叠系黄羊岭组（P_2h）和三叠系巴颜喀拉山群（TB）、侏罗系叶尔羌群（$J_{1-2}Y$）。现按地层年代由老到新分别介绍如下：

1. 石炭系西长沟组（Cx）

西长沟组（Cx）在羊湖盆地出露较少,仅分布于羊湖盆地的北部,总体呈北东向展布,出露厚度＞4 000 m,与南侧黄羊岭组一段地层呈断层接触,新生界覆盖其上。西长沟组（Cx）以灰绿色变质凝灰质砂岩夹紫红色薄层状泥质粉砂岩为主。

西部该地层主要岩性为暗绿色-浅绿色变质凝灰质砂岩夹黄绿色泥岩或紫红色薄层状泥岩、泥质粉砂岩,总体上从南向北地层中的泥质含量减少,但其中的紫红色薄层状泥岩、泥质粉砂岩的含量有所增加。凝灰质砂岩在地层中的含量较多主要成分为中酸性火山岩岩屑,另含有少量的千枚岩、云母等,重矿物的含量一般小于5%,其中可见锆石、磷灰石、电气石及金属矿物;杂基含量约为15%,主要成分泥质、灰质、火山质及变质黏土矿物、绿泥石、绢云母等。东部该地层主要岩性为灰绿色厚-巨厚层状变质石英砂岩及变质泥质粉砂岩夹少量的微晶灰岩及灰岩团块等。其中变质石英砂岩在地层中的含量较多,为70%~80%,其中石英占颗粒总量的90%~95%,长石占颗粒总量的5%~10%,重矿物微量。胶结物主要成分为高岭石、绢云母、绿泥石等。

2. 二叠系黄羊岭组（P_2h）

二叠系黄羊岭组(P_2h)在羊湖盆地中出露较多,主要出露于羊湖盆地的中西部,总体上呈北东向展布。黄羊岭组是一套陆源碎屑复理石建造夹碳酸盐岩,主要为灰黑色页岩与岩屑砂岩互层,韵律性强、鲍马序列发育。依据岩石组合特征,黄羊岭组可划分成三段,自下而上分别为:

黄羊岭组一段:以灰黑色页岩为主,夹灰黄、灰褐色中厚至厚层细-粗粒岩屑砂岩,中上部偶夹薄至中厚层泥晶灰岩。下部砂岩大多具有平行层理,并发育正粒序和逆粒序递变层理,厚度>200 m。

黄羊岭组二段:下部灰黑色页岩与灰色中厚至厚层块状细-粗粒岩屑砂岩互层,夹多层灰、深灰色厚层块状复成分砂质砾岩、中厚至厚层泥晶生物屑砾屑灰岩、泥-亮晶礁角砾灰岩等;上部以灰黑色页岩为主,间夹灰、褐灰色中至厚层细-粗粒岩屑砂岩及多层灰绿、褐红色中至厚层复成分砂质砾岩,以及浅灰色厚层块状泥晶砾屑灰岩、亮晶藻团块灰岩。底界为深灰色块状复成分砂质砾岩,厚度约为600 m。

黄羊岭组三段:下部为一套深灰色中厚层中-细粒岩屑砂岩、含钙质粉-细粒长石岩屑砂岩,发育平行层理,易风化成片状;中部夹两层中厚至厚层泥-微晶砂砾屑灰岩,砾屑中产腕足、苔藓虫、介形虫、藻等生物屑;上部以灰、浅灰微带绿色页岩为主,间夹浅灰色厚层含钙质细粒岩屑砂岩及浅灰色薄层生物屑微-泥晶灰岩,产孢粉等,厚度130 m。

3. 三叠系巴颜喀拉山群（TB）

三叠系巴颜喀拉山群(TB)在羊湖盆地中大面积出露,近东西向分布于整个羊湖盆地内,为一套沉积巨厚复理石建造,岩石类型少,组合形式简单,主要由砂岩和泥质岩组成。岩性为岩屑砂岩、粉砂岩、泥质岩、板岩夹少量硅质岩、凝灰岩、灰岩透镜体,纵横向上岩性变化幅度较小。按照岩性变化又分成3个岩组。

砂岩板岩组(TB_1):岩性为灰色、深灰色中-薄层状中细粒长石岩屑砂岩、岩屑砂岩、粉砂岩与板岩、粉砂质板岩不均匀互层,组成韵律沉积,具有前陆边缘海盆快速堆积的沉积特征。由北向南具较明显的岩相变化,显示出砂岩单层厚度变小、粒度变细的特点。在羊湖盆地的微波湖、车路沟一带,出露厚度大于1 979 m。

板岩组(TB_2):岩性为灰色、深灰色板岩、粉砂质板岩夹灰色中薄层状长石岩屑砂岩、长石砂岩、粉砂岩,砂岩中发育平行层理,粉砂质板岩中偶见有砂质结核,以鲍玛序列为主,具有半深海环境下细浊积岩特点。在羊湖盆地的卧龙沙河一带,出露厚度为2 270 m。

砂岩组(TB_3):岩性为灰色、深灰色长石岩屑砂岩、粉砂岩与黑色炭质粉砂质泥岩、泥岩不等厚互层,薄层状凝灰岩、凝灰岩含放射虫;局部地段砂岩中见少量植物化石碎片,出露厚度为4 712 m。

4. 侏罗系叶尔羌群（$J_{1-2}Y$）

侏罗系叶尔羌群($J_{1-2}Y$)在羊湖盆地出露较少,主要分布于羊湖盆地的北部,为河湖、沼泽相碎屑岩沉积。分布区北部粒度较粗,主要为紫红色、浅灰、灰白色砾岩和岩屑砂岩、岩屑粉砂岩、粉砂质页岩,砾石成分有灰白色石英、灰黑色硅质岩、灰绿色岩屑砂岩和灰色砂屑灰岩。产双壳类及孢粉化石。

分布区南部粒度较细,岩性为灰色中-厚层细粒岩屑石英砂岩和灰绿色中-厚层岩屑细-粉砂岩为主夹黄褐色厚层岩屑细砂岩、灰绿色薄-中厚层岩屑粉砂岩、薄层泥质粉砂岩及灰绿、深灰色页岩。下部常由细粒岩屑石英砂岩或岩屑细-粉砂岩、岩屑粉砂岩、泥质粉砂岩或页岩构成正粒序旋回层;上部仅由细砂岩与粉砂岩构成韵律层。露头厚度为800~2 117 m,与下伏三叠系呈角度不整合接触。

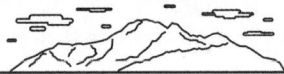

第二节 羊湖新生代陆相盆地沉积与充填特征

一、羊湖盆地实测地层特征

巴颜喀拉地层区南与羌塘地层区相邻,东部南界大致对应于唐古拉山北部断裂,北部以昆仑南部断裂为界,西侧以阿尔金断裂为界。区内分为西北部的龙木措-连水湖地层分区和南部与东部的羊湖-可可西里地层分区。羊湖-可可西里地层分区位于巴颜喀拉地层区的南部和东部,区内地层发育有风火山群、雅西措群、五道梁组(表3-1),主要发育羊湖盆地和可可西里盆地。

表3-1 巴颜喀拉地层区羊湖-可可西里地层分区地层划分沿革表

年代地层	岩石地层	温泉幅(1970年)	青海省地质图1981年青藏高原综合地质考察队(1981年,1990年)	改则幅二调(1986年)	沱沱河幅章岗日松幅可可西里湖幅库赛湖幅区调(1989年—1992年)	错仁德加幅五道梁幅1:20万区调(1990年)	可可西里盆地区域石油地质调查报告(1998年)	中国地层典第三系(1999年)	1:25万沱沱河幅(青海地调院)	1:25万温泉兵站幅(成都理工大学)	藏北沱沱河盆地含油气性研究	青藏高原地层
新近系 上新统	曲果组	上新统	第三系	石坪顶组	?	?	N2?	曲果组 N2?	曲果组	曲果组／查保玛组	曲果组	曲果组 N2q
新近系 中新统	五道梁组／查保玛组	上第三系		上第三系喷呐湖组	中新统五道梁群 查堡上马岩群组 N1wd	中新统五道梁群 上部碳酸盐岩	五道梁群 N2?wd 石坪顶组	五道梁组 N1wd ／ F2?	五道梁组 N1wd	五道梁组 N1wd ／ F2?	五道梁组 N1wd	五道梁组 N1wd
古近系 渐新统	雅西措组				渐新统雅西措群 E3yx 古-始新统沱沱河群 E1-2tt 下部含膏盐碎屑岩	渐新统雅西措群 下部含膏盐碎屑岩	渐新统雅西措群	雅西措组 E3yx	雅西措组 E2-3yx 沱沱河组 E1-2tt	雅西措组 E2-3y 沱沱河组 E1-2tt	雅西措组 E2-3yx	雅西措组 E2-3yx 沱沱河组 E1-2tt
古近系 古-始新统	风火山群	下第三系 上岩组 下岩组	?	白垩系 ?	风火山群 K2fh	风火山群 K2fh	风火山群 K2fh?	E2? 风火山群 K2fh	风火山群 K2fh	沱沱河组 E1-2tt 风火山群 K2fh²	风火山群 E1-2fh	沱沱河组 E1-2tt

对羊湖盆地石油调查中发现红色的碎屑岩系地层中常见有灰色、灰黑色、灰黄色泥岩和灰绿色泥灰岩出现。1:25万区调资料中将羊湖盆地内的新生代陆相沉积均划归喷呐湖组,根据岩石类型和岩石组合特征与区域资料对比,盆地内的"喷呐湖组"应为雅西措群和康托组地层,同时盆地内零星分布泥晶灰岩地层与可可西里盆地对比应属于五道梁组。对该地层归属雅西措群主要有以下依据:(1)实测剖面为典型的雅西措群碎屑岩;(2)遥感影像特征分析显示出不同于中生代海相地层的特征,线性构造清晰,与区域上雅西措群典型岩性分布区相接;(3)剖面中上部紫红色砂岩在区域雅西措群中常见,灰岩+灰色泥岩与其上的紫红色砂岩之间未见不整合沉积构造,沉积序列完整,为浅湖湘灰岩+泥岩到滨湖相砂岩的正常沉积序列;(4)从反映有机质成熟度特征的T_{max}数据上分析,羊湖盆地实测剖面中烃源岩的平均值为437.1℃,在可可西里盆地,风火山群的T_{max}介于429~527℃,雅西措组烃源岩T_{max}介于412~466℃,五道梁组(相当于喷呐湖组)的T_{max}为407℃,反映盆地有机质热演化程度的T_{max}数值与可可西里盆地雅西措组相似,不同于新近系五道梁组(或喷呐湖组)。

实测剖面两条:P01和P02,两条剖面为上下关系,P02在下,P01在上,剖面自背斜核部实测,未见底,上部为第四系覆盖,剖面位置和空间关系如图3-4所示。实测剖面描述如下。

西藏双湖区沙波梁古近系雅西措群实测剖面(P01)

（未 见 顶）

雅西措群(E$_{2-3}$y)	厚1 096.82 m
31 紫灰色巨厚层砾岩夹紫色中层砂岩、含砾砂岩	68.94 m
30 紫红色厚层砾岩与同色厚层砂岩,砂质泥岩	29.76 m
29 紫红色厚层细砾岩,含砾砂岩与同色砂岩	34.06 m
28 紫红色中厚层砂岩夹同色页岩	82.42 m
27 紫红-砖红色薄-厚层砂岩夹同色砂质泥岩	31.95 m
26 紫红-砖红色中-厚层砂岩与灰紫色厚层砾岩,夹同色砂质泥岩	31.06 m
25 紫红色中-厚层砂岩与同色厚层砂质泥岩与砾岩	61.25 m
24 紫色厚-巨厚层砂岩夹灰紫色中-厚层砾岩	1.72 m
23 紫红色厚层砾岩夹同色中层砂岩	9.59 m
22 紫色与黄绿色砂岩夹紫色厚层砾岩	37.63 m
21 紫色厚层砾岩与同色厚层砂岩不等厚互层	37.50 m
20 紫色厚-巨厚层砾岩、砂砾岩夹同色中-厚层砂岩	59.88 m
19 紫色中-厚层砾岩与同色中层砂岩、砂砾岩不等厚互层	33.86 m
18 紫色中-厚层砾岩、砂砾岩与同色砂岩	40.22 m
17 紫红色中-厚层砾岩、砂砾岩与同色砂岩互层	28.70 m
16 紫色厚层砾岩与同色厚层砂砾岩	48.80 m
15 紫红色薄-中层含砾粗砂岩夹灰紫色透镜状砾岩	8.69 m
14 紫色巨厚层砾岩与紫红色砂岩不等厚互层	66.65 m
13 紫红色砂岩夹同色中-厚层砾岩	24.40 m
12 紫红色厚层砾岩与紫红色厚层及中层砂岩不等厚互层	20.47 m
11 暗紫色块状砾岩与紫色薄-中层砂岩,含砾砂岩	35.38 m
10 紫色厚层砾岩与同色中层中粗粒砂岩,含砾砂岩	24.04 m
9 绿灰-紫红色中厚层中粗砂岩夹紫红色厚层砾岩	42.65 m
8 紫色中-厚层砾岩夹同色中-厚层砂岩	56.39 m
7 紫色中-厚层中粗粒砂岩夹同色厚层砾岩	24.61 m
6 紫色-灰紫色厚层-巨厚层砂岩与同色厚-巨厚层砾岩	37.65 m
5 紫红色厚层砾岩,同色中层砂岩及含砾砂岩	29.93 m
4 紫红色中-厚层中粗粒砂岩夹同色含砾砂岩	20.13 m
3 紫红色中-厚层砾岩与同色薄-厚层粗砂岩	29.55 m
2 绿灰色夹紫红色中-厚层砾岩与砂岩不等厚互层	34.71 m
1 紫红色中层中-粗粒砂岩夹含细砾砂岩	4.22 m

（未 见 底）

西藏双湖区丰草沟古近系雅西措群实测剖面(P02)

（未 见 顶）

雅西措群(E$_{2-3}$y)	厚205.7 m
14 黄褐色薄层细砂岩与褐红色粉砂质泥岩	80 m
13 灰色薄板状泥灰岩,砂质灰岩	3 m
12 杂色泥岩夹褐红色薄-中层细砂岩	55 m
11 褐红色中层中-细粒砂岩夹杂色泥岩	27 m
10 褐黄色细粒砂岩夹褐红色砂质泥岩	6.8 m
9 灰色泥岩,粉砂质泥岩	5.6 m
8 褐红色泥岩,粉砂质泥岩	1.6 m
7 灰色泥岩、粉砂质泥岩夹褐黄色中层细砂岩	3.2 m
6 褐黄色中粒砂岩与褐红色粉砂质泥岩	3.5 m

5 灰-深灰色泥页岩　　　　　　　　　　　　　　　　　　　　　　　　　　8.6 m

4 褐红色泥质粉砂岩夹黄灰色细砂岩　　　　　　　　　　　　　　　　　　2.3 m

3 浅灰-灰色泥页岩,粉砂质泥岩　　　　　　　　　　　　　　　　　　　　1.6 m

2 褐红色泥质粉砂岩　　　　　　　　　　　　　　　　　　　　　　　　　2.3 m

1 浅灰色粉砂质泥岩夹褐红色薄层粉砂质泥岩　　　　　　　　　　　　　　5.2 m

（未 见 底）

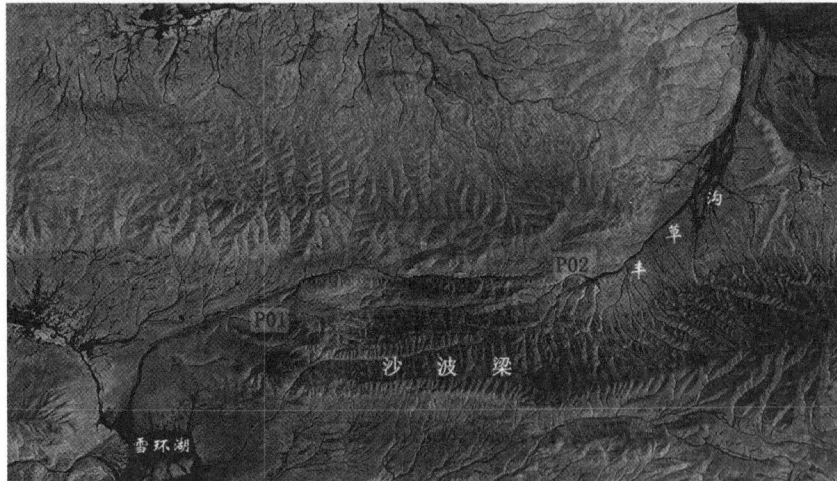

(a) 研究区TM影像与实测剖面位置

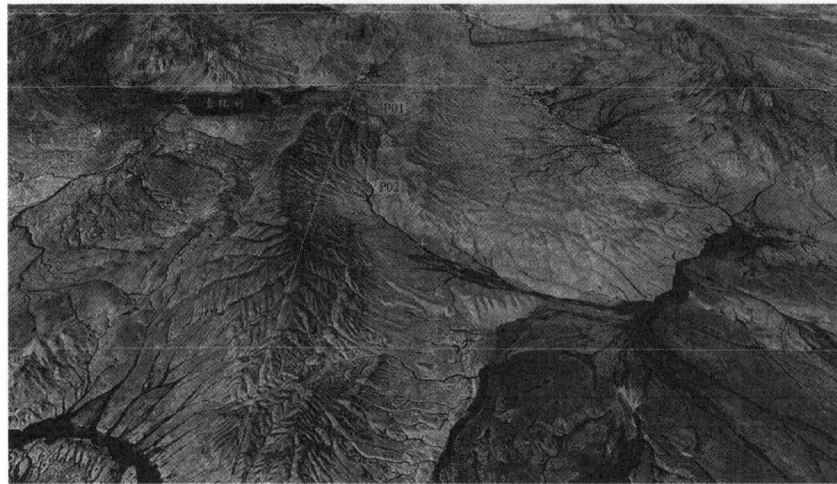

(b) 研究区三维影像与剖面位置

图3-4　剖面位置和空间关系

二、羊湖盆地沉积充填特征

沉积盆地充填的实体是盆地内的地层,其充填特征和样式受盆地基底沉降、边界断裂活动、海(湖)平面或沉积基准面升降以及气候变化的影响。羊湖新生代盆地为陆相磨拉石沉积,其沉积充填主要受到边界断裂活动形成的地貌差与影响降水强弱的气候条件的影响。

1. 岩石地层

本次在双湖区沙坡梁、丰草沟实测了两条剖面,两条剖面为上下叠置关系,均为古近系雅西措群沉积。所测的两条剖面都位于盆地东南部边缘,其地层岩性分别为下部地层(P02)为以浅灰色、黄灰色、灰绿色和灰黑色泥岩、粉砂质泥岩为主,夹有褐红色薄-中层泥岩、泥质粉砂岩、粉砂质泥岩、细砂岩,有少量灰绿色薄板状泥灰岩、砂质灰岩出露。中上部地层(P01)为紫红色薄-巨厚层粗砂岩、含砾砂岩、砾岩不等厚互层夹有紫红色页岩、砂质泥岩、粉砂质泥岩(图3-5,图3-6)。

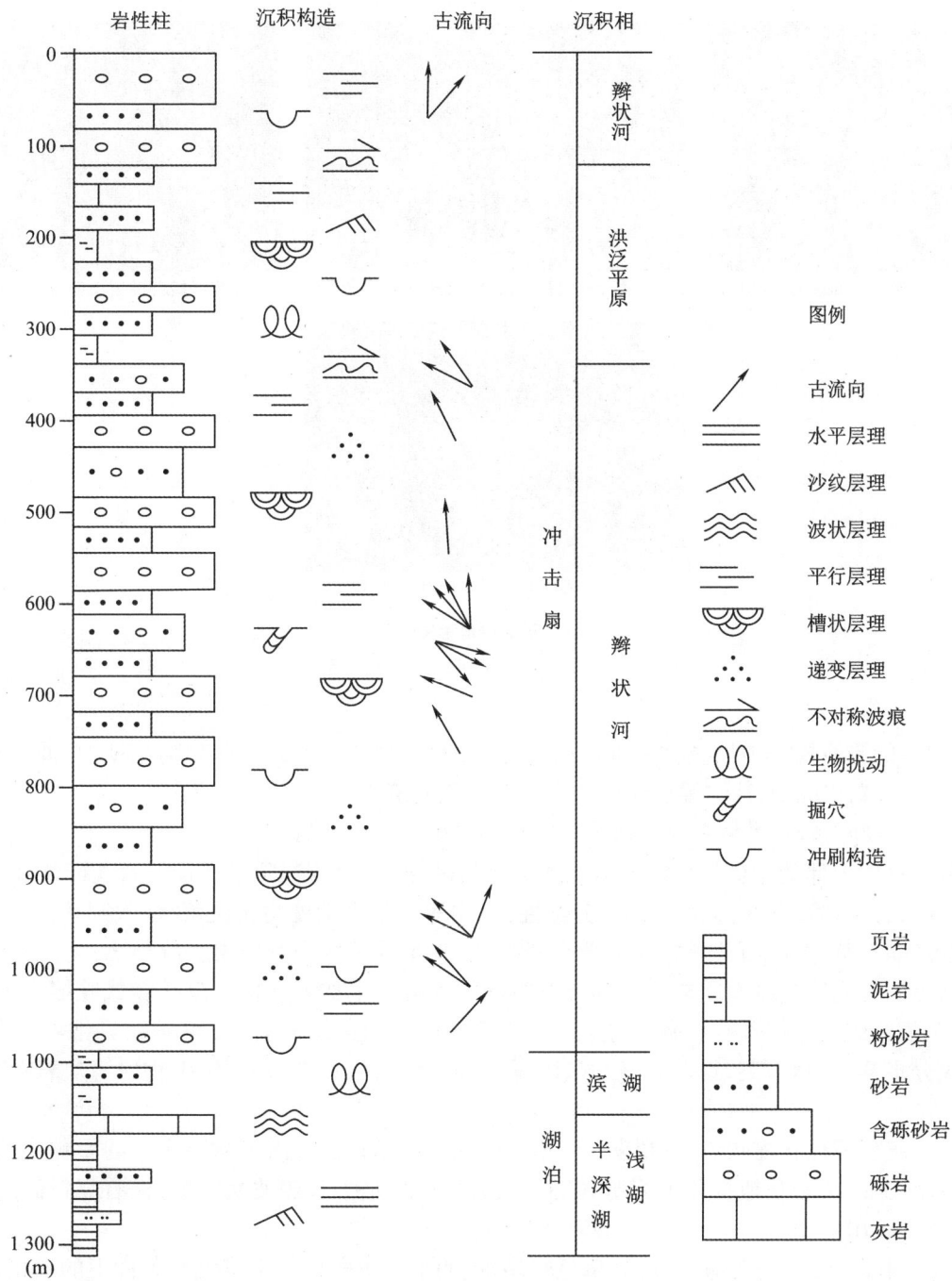

图3-5 羊湖盆地沉积序列与沉积相

(a) 雅西措群下部宏观特征（P02剖面）　(b) 雅西措群中部宏观特征　(c) 雅西措群上部宏观特征（P01剖面）

(d) 雅西措群砂岩层面不对称波痕（P01-4）　(e) 雅西措群砾岩与发育的底冲刷面（P01-16）　(f) 雅西措群砂岩层面虫迹（P01-15）

(g) 雅西措群泥岩层面虫迹（P01-4）

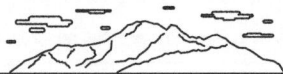

图3-6　雅西措群相关情况

2. 沉积相标志

本次实测剖面的雅西措群地层整体呈现出向上变粗的沉积旋回,整体为一套陆相湖泊、冲积扇沉积。丰草沟剖面地层为一套湖相沉积,沙坡梁剖面地层为一套冲积扇沉积。

本次实测的两条剖面岩石类型主要为陆源碎屑岩和极少量碳酸盐岩。

陆源碎屑岩:对中上部地层砂岩(P01)中的24个样品进行薄片鉴定,砂岩为长石石英砂岩和岩屑石英砂岩。砂岩中碎屑颗粒主要为石英、长石、岩屑,分选性差–中等–好,磨圆度为次棱角状–次圆状。石英多为单晶石英,可见少数多晶石英,多晶石英颗粒间呈缝合线接触,暗示其源区为变质岩。胶结物:多为硅质、方解石、褐铁矿、绢云母等矿物充填胶结而组成。见部分石英颗粒发育次生加大结构。以孔隙式胶接为主,个别为基底式胶接。岩屑:主要为石英砂岩和碳酸盐岩,也可见含长石的火山岩岩屑,重矿物见锆石。中上部地层(P01)中砾石成分多样,有脉石英、粉砂岩、砂岩、砂砾岩、泥晶灰岩、花岗岩成分,生物碎屑灰岩,燧石及石英、变砂岩。

碳酸盐岩:为灰色薄板状泥灰岩,砂质灰岩。位于圆丘地貌的丘顶,由于冰融作用的影响,岩石破碎和移位较重,可视厚度>3 m,从宏观地貌分析不超10 m。灰岩中可见水平和弱波状纹层,夹有豆粒泥灰岩,含砂灰岩中砂粒含量为5%~10%。

古气候方面,剖面岩性颜色普遍较浅,氧化色较多,说明整个沉积期为干旱气候条件下的陆相建造。古生物化石方面,整个剖面采到的化石较少,在P02剖面5层湖相沉积中发现植物叶片、P01剖面4、15、25、26、27层面发现虫迹。在古水流与物源分析方面,多层古水流方向指示绝大多数为北西(P01剖面4、5、6、12、14、16、18、22、23层),有个别为南东东(P01剖面15层指东可能为决口的河道),北东(P01剖面31层、3层)。从水流方向看,物源应该主要来自盆地南部。根据砾石成分与薄片鉴定结果,物源区岩性为变质岩与花岗岩,还有沉积岩。

3. 沉积体系的基本特征

在冲积扇沉积体系方面,雅西措群中上部(P01剖面)主要发育了冲积扇沉积体系。岩性主要为紫红色薄层至巨厚层粗砂岩、含砾砂岩、砾岩不等厚互层夹有紫红色页岩、砂质泥岩、粉砂质泥岩。本套地层按主要相标志特征又可以划分出扇根、扇中、扇缘三个亚相。其中扇根亚相又可以进一步划分为:

(1)泥石流微相:紫红色厚层砾岩与紫红色中-厚层砂岩的不等厚互层。见有紫红色逆粒序砾岩、漂砾,砂岩中发育平行层理。

(2)辫状河道微相:紫红色中-厚层砾岩、砂砾岩与同色砂岩不等厚互层,含砾粗砂岩夹灰紫色透镜状砾岩。砂岩发育沙纹层理、平行层理、块状层理、槽状层理,层面见剥离线理和波痕,并见多处底冲刷构造。砾岩中砾石分选较差,磨圆度为次棱角状-次圆状,砾石中直径大于20 cm比例较大,多层见有直径40 cm者,发育平行层理、槽状层理,有时以透镜状产出,多层砾石底部也见有冲刷面。

(3)河道间微相:紫红色砂质泥岩,以块状构造为主。

扇中亚相可以进一步划分为河道和河道间微相,河道微相主要由紫红色、砖红色、灰紫色、紫色中-巨厚层砾岩、细砾岩、含砾砂岩、砂岩及灰绿色、黄绿色砂岩组成,砂岩发育块状构造、波状层理、弱平行层理-平行层理、楔形层理、槽状层理,砾石见有弱叠瓦状构造,砾岩底部发育底冲刷面,砾石分选差,磨圆度一般为次圆-圆状,砾径一般小于20 cm,个别达到35 cm。河道间为紫红色-砖红色砂质泥岩。

扇缘亚相由紫红色中厚层砂岩夹同色页岩组成。厚-巨厚层砂岩以块状构造为特征,中-厚层砂岩可见平行层理及倒粒序层理,偶见粒径小于15 cm的砾石。

在湖泊沉积体系方面,雅西措群下部(P02剖面)主要发育了一套湖泊相沉积体系,按各类沉积相标志确定的水深变化,本套地层可以划分为浅湖亚相、半深湖亚相。

浅湖亚相:主要为黄褐色薄-中层细-中粒砂岩,黄灰色细砂岩,褐红色粉砂质泥岩,红色砂质泥岩,杂色泥岩,浅灰-灰色泥岩、粉砂质泥岩不等厚互层组成。浅湖相砂岩、粉砂岩中发育沙纹层理、波状层理、弱平行层理、平行层理、小型斜层理,层面有虫迹,泥岩块状或水平层理发育。

半深湖亚相:主要为灰色薄板状泥灰岩、砂质灰岩、褐红色泥岩、粉砂质泥岩,灰色泥岩、粉砂质泥岩夹褐黄色中层细砂岩,浅灰-深灰色泥页岩。灰岩中可见水平和弱波状纹层,夹有豆粒泥灰岩,含砂灰岩中砂粒含量5%~10%,泥岩、粉砂质泥岩固结程度较差,发育弱水平层理或块状层理,局部见钙铁质结核,页岩发育水平层理。

4. 层序地层与盆地充填

从剖面上看,该套地层为一套整体向上变粗的旋回,从湖泊沉积体系向冲积扇沉积体系过渡,总体上反映了基准面下降、水深变浅的过程,发育了四个次级层序,从下至上分别命名为ESQ1、ESQ2、ESQ3、ESQ4。

层序ESQ1为一个短期的快速湖进、湖退的旋回,为湖泊沉积体系的产物。相当于湖进扩张体系域的上升半旋回,总体上岩性由粗变细,颜色由浅变深,从褐红色变为浅灰色,由反映水深持续加大的浅湖-半深湖相的浅灰色-褐红色泥质粉砂岩、粉砂质泥岩、泥页岩、细砂岩的不等厚互层组成。相当于高位体系域的下降半旋回,总体上岩性由细变粗,颜色由深变浅,从灰色变为褐红色,由反映水深持续下降的半深湖相-浅湖的灰色-褐红色泥岩、粉砂质泥岩、泥页岩、细-中粒砂岩不等厚互层组成。

层序ESQ2为一个相对时间较长的缓慢湖进、缓慢湖退的旋回,为湖泊沉积体系的产物。相对下部层序总体上岩性变细,并且在层序的中部发育了一套灰岩,说明该时期水位在地层中最深。相当于湖进扩张体系域的上升半旋回,总体上岩性由粗变细,颜色由浅变深,从褐红色变为浅灰色,由反映水深持续加大的浅湖-半深湖相的褐红色细-中砂岩、杂色泥岩,灰色泥灰岩及砂质灰岩不等厚互层组成。相当于高位体系域的下降半旋回,总体上岩性由细变粗,颜色由深变浅,从灰色变为褐红色,由反映水深持续下降的半深湖相-浅湖的灰色泥灰岩与黄褐色细砂岩和褐红色粉砂质泥岩不等厚互层组成。

层序ESQ1、ESQ2的上升半旋回与下降半旋回发育的厚度大致相等。

层序ESQ3为一个相对时间较长的缓慢湖进、缓慢湖退的旋回,为冲积扇沉积体系的产物。相对于下部岩层岩性变粗。相当于湖进扩张体系域的上升半旋回,总体向上岩性变细,颜色变深,由多套冲积扇扇中河道微相的紫红色、灰绿色,暗紫色中-巨厚层中粗砂岩、含砾砂岩、砾岩相叠置组成。相当于高位体系域的下降半旋回,总体上岩性向上变粗,颜色变浅,由多套冲积扇扇根河道微相、泥石流微相的紫红色、灰紫色薄-巨厚层中

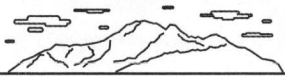

粗砂岩、含砂砾岩、砾岩相叠置组成。

层序ESQ4为一个相对时间较长的缓慢湖进、缓慢湖退的旋回,为冲积扇沉积体系的产物。相当于湖进扩张体系域的上升半旋回,总体向上岩性变细,颜色变深,由多套冲积扇扇根、扇中河道及河道间微相的紫红色、紫色巨厚层砾岩、紫红色-砖红薄-厚层砂岩、紫红色砂质泥岩,扇缘微相的紫色页岩、紫红色中-厚层砂岩相叠置组成。相当于高位体系域的下降半旋回。总体上岩性向上变粗,颜色变浅,由冲积扇扇根、扇中河道、河道间微相的紫红色、灰紫色薄-巨厚层砾岩、含砂砾岩、砂岩及扇缘微相的紫色页岩、紫红色中-厚层砂岩叠置组成。从两个实测地层剖面的层序演化特征来看,主要反映了一个湖盆萎缩,基准面下降的过程。

第三节 羊湖新生代陆相盆地有机地球化学特征

一、富有机质的沉积岩层位分布与类型

青藏高原新生代陆相盆地群中富有机质的沉积岩发育的层位包括始新世风火山群、渐新世雅西措群和中新世五道梁群,有灰色、灰绿色、灰黑色泥灰岩,灰黑色、黑色微晶灰岩,深灰色、灰黑、黑色泥岩、泥页岩和褐黑色油页岩等。羊湖新生代陆相盆地(羊湖盆地)位于可可西里盆地西侧,其富有机质的岩石类型为灰色、灰黄色、灰黑色、灰绿色泥岩和灰绿色泥灰岩。

二、有机质丰度

有机质丰度是指单位质量岩石中有机质的数量,岩石中有机质含量(丰度)越高,其生烃能力就越高。它是生成油气的物质基础,与盆地蕴藏的油气资源密切相关。目前衡量岩石中有机质丰度所用的指标主要有总有机碳(TOC)、氯仿沥青"A"、总烃和生烃潜量。青藏高原羊湖盆地雅西措群沉积岩的有机质丰度及评价见表3-2。

表3-2 羊湖盆地雅西措群沉积岩的有机质丰度及评价

样品	岩性	层位	TOC/%	沥青"A"/10^{-6}	生烃潜量/(mg/g)(S_1+S_2)
P02-1S_1	灰色泥岩	$E_{2-3}y$	0.11	40	0.18
P02-1S_2	黄灰色泥岩	$E_{2-3}y$	0.14	58	0.14
P02-1S_3	灰色泥岩	$E_{2-3}y$	0.05	44	0.12
P02-1S_4	灰色泥岩	$E_{2-3}y$	0.06	69	0.12
P02-3S_1	灰色泥岩	$E_{2-3}y$	0.04	41	0.10
P02-5S_1	黄灰色泥岩	$E_{2-3}y$	0.03	31	0.09
P02-5S_2	灰色泥岩	$E_{2-3}y$	0.12	66	0.12
P02-5S_3	灰色泥岩	$E_{2-3}y$	0.20	215	0.20
P02-5S_4	灰黑色泥岩	$E_{2-3}y$	1.38	206	1.40
P02-5S_5	灰色泥岩	$E_{2-3}y$	0.16	82	0.13
P02-5S_6	灰色泥岩	$E_{2-3}y$	0.17	60	0.13
P02-5S_7	灰色泥岩	$E_{2-3}y$	0.10	38	0.11
P02-7S_1	灰色泥岩	$E_{2-3}y$	0.08	27	0.09
P02-9S_1	砂质泥岩	$E_{2-3}y$	0.15	54	0.11
P02-9S_2	灰色泥岩	$E_{2-3}y$	0.16	22	0.11
P02-9S_3	灰色泥岩	$E_{2-3}y$	0.11	23	0.11
P02-13S_1	泥灰岩	$E_{2-3}y$	0.09	37	0.16
P02-13S_2	泥灰岩	$E_{2-3}y$	0.10	37	0.11
P02-13S_3	泥灰岩	$E_{2-3}y$	0.18	33	0.18
P02-13S_4	泥灰岩	$E_{2-3}y$	0.18	48	0.22

羊湖盆地雅西措群沉积岩以灰色、灰绿色泥岩为主,其次为灰黑色泥岩和灰绿色泥灰岩。泥岩有机碳含量0.03%~1.38%,平均为0.19%,用系数1.8恢复后有机碳含量为0.06%~2.48%,平均为0.34%。氯仿沥青"A"含量22~215 ppm,平均为67.25 ppm。生烃潜量0.09~1.40 mg/g,平均为0.20 mg/g;泥灰岩有机碳含量0.09%~0.18%,平均为0.14%,氯仿沥青"A"含量33~48 ppm,平均为38.75 ppm。生烃潜量0.11~0.22 mg/g,平均为0.17 mg/g。

三、 烃源岩有机质类型

研究表明,除了有机质丰度外,有机质类型是衡量有机质产烃能力的参数。一定数量的有机质是成烃的物质基础,而有机质的质量则决定着成烃的大小和烃类的性质及组成。由于青藏高原新生代陆相盆地地质情况的复杂性和受热演化程度的影响,许多反映有机质类型的参数均受到一定程度的畸变。因此,主要根据干酪根的显微组分、干酪根的元素组成、干酪根稳定碳同位素$\delta^{13}C$、正构烷烃分布特征,以及甾、萜烷及检出的某些生物标志化合物等指标参数进行综合分析(表3-3、表3-4、表3-5、图3-7)。

1. 干酪根显微组分特征及对有机质类型的鉴定

干酪根占沉积有机质的绝大部分,通过干酪根显微组分鉴定是确定有机质类型的常用方法之一。从表3-3看出,青藏高原羊湖盆地雅西措群沉积岩干酪根显微组分中腐泥组占有较大的优势,总体显示泥岩有机质类型为混合Ⅱ型(Ⅱ$_1$-Ⅱ$_2$),泥灰岩有机质类型为Ⅰ-Ⅱ$_1$型。

表3-3　干酪根显微组分特征及碳同位素组成

样品	岩性	层位	显微组分							干酪根$\delta^{13}C$/‰
			腐泥组/%	壳质组/%	镜质组/%	惰质组/%	腐泥组颜色	类型指数	类型	
P02-1S$_1$	灰色泥岩	E$_{2-3}$y	65	3	19	13	黄色	39.25	Ⅱ$_2$	-23.8
P02-1S$_2$	黄灰色泥岩	E$_{2-3}$y	66	3	17	14	黄色	40.75	Ⅱ$_1$	-23
P02-1S$_3$	灰色泥岩	E$_{2-3}$y	55	4	20	21	黄色	21	Ⅱ$_2$	-
P02-1S$_4$	灰色泥岩	E$_{2-3}$y	50	13	22	15	黄色	25	Ⅱ$_2$	-24.5
P02-3S$_1$	灰色泥岩	E$_{2-3}$y	60	15	12	13	黄色	45.5	Ⅱ$_1$	-
P02-5S$_1$	黄灰色泥岩	E$_{2-3}$y	50	6	13	31	黄色	12.25	Ⅱ$_2$	-25.8
P02-5S$_2$	灰色泥岩	E$_{2-3}$y	60	4	15	21	黄色	29.75	Ⅱ$_2$	-23.7
P02-5S$_3$	灰色泥岩	E$_{2-3}$y	69	3	18	10	黄色	47	Ⅱ$_1$	-25.3
P02-5S$_4$	灰黑色泥岩	E$_{2-3}$y	72	-	19	9	棕黄	48.75	Ⅱ$_1$	-24.8
P02-5S$_5$	灰色泥岩	E$_{2-3}$y	66	3	20	11	黄色	41.5	Ⅱ$_1$	-23.8
P02-5S$_6$	灰色泥岩	E$_{2-3}$y	67	4	19	10	黄色	44.75	Ⅱ$_1$	-23.6
P02-5S$_7$	灰色泥岩	E$_{2-3}$y	60	1	20	19	黄色	26.5	Ⅱ$_2$	-23.8
P02-7S$_1$	灰色泥岩	E$_{2-3}$y	66	3	21	10	黄色	41.75	Ⅱ$_1$	-24.1
P02-9S$_1$	砂质泥岩	E$_{2-3}$y	63	6	21	10	黄色	40.25	Ⅱ$_1$	-23.7
P02-9S$_2$	灰色泥岩	E$_{2-3}$y	62	6	21	11	黄色	38.25	Ⅱ$_2$	-23.7
P02-9S$_3$	灰色泥岩	E$_{2-3}$y	65	4	20	11	黄色	41	Ⅱ$_1$	-23.9
P02-13S$_1$	泥灰岩	E$_{2-3}$y	75	1	15	9	黄色	55.25	Ⅱ$_1$	-21.3
P02-13S$_2$	泥灰岩	E$_{2-3}$y	76	2	12	10	黄色	58	Ⅱ$_1$	-20.9
P02-13S$_3$	泥灰岩	E$_{2-3}$y	90	1	3	6	黄色	82.25	Ⅰ	-21.9
P02-13S$_4$	泥灰岩	E$_{2-3}$y	89	1	5	5	黄色	80.75	Ⅰ	-20

干酪根组分中,腐泥组50%~90%,平均66.3%;壳质组0~15%,平均4.37%;镜质组3%~22%,平均16.6%;惰质组5%~31%,平均12.95%;镜检类型指数12.25~82.25,显示泥岩干酪根有机质类型为混合Ⅱ型(Ⅱ$_1$-Ⅱ$_2$),泥灰岩有机质类型为Ⅰ-Ⅱ$_1$型。

(a) P02-5S$_4$灰黑色泥岩E$_{2-3}$y II$_1$　　(b) P02-5S$_4$灰黑色泥岩E$_{2-3}$y II$_1$　　(c) P02-7S$_1$灰色泥岩E$_{2-3}$y II$_1$

(d) P02-7S$_1$灰色泥岩E$_{2-3}$y II$_1$　　(e) P02-13S$_3$泥灰岩E$_{2-3}$y I　　(f) P02-13S$_3$泥灰岩E$_{2-3}$y

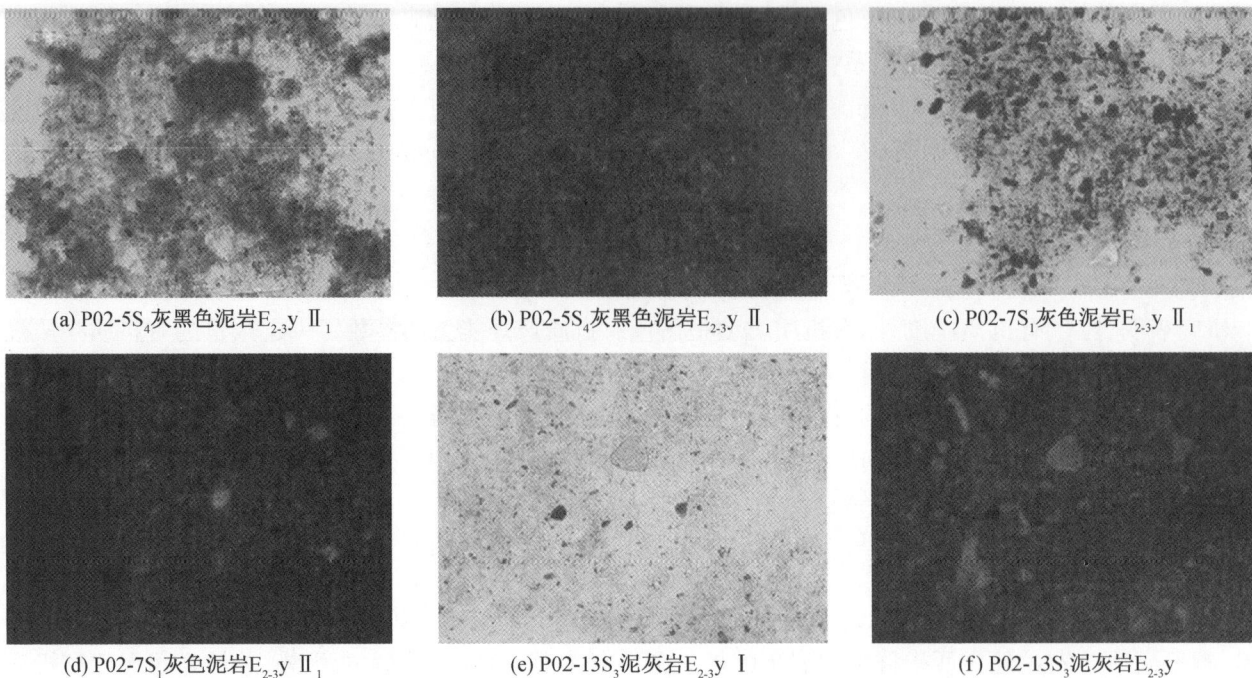

图3-7　羊湖盆地雅西措群典型干酪根显微组分照片

2. 干酪根元素组成特征反映的有机质类型

干酪根元素组成是反映有机母质类型的基本指标,不同的有机母质类型,其干酪根元素组成是不同的。青藏高原羊湖盆地雅西措群沉积岩干酪根元素组成反映的有机母质类型有明显的差异。干酪根H/C原子比0.68~1.27,O/C原子比0.22~0.39(图3-8),显示出泥岩以II$_1$和III型干酪根为主,泥灰岩以II$_1$型干酪根为主。

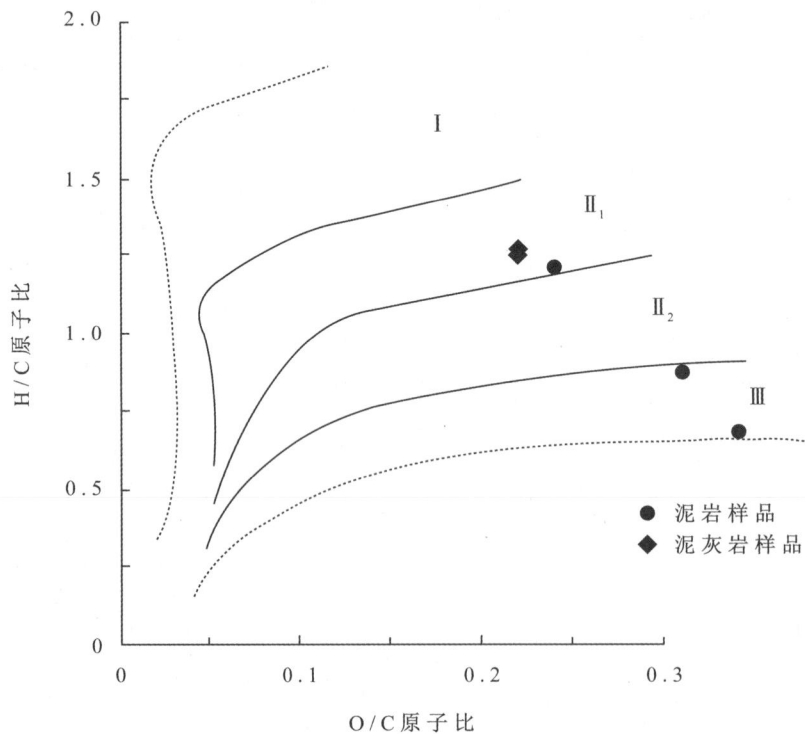

图3-8　干酪根元素Van-Krevelen判别图解

3. 根据干酪根稳定碳同位素δ^{13}C分布特征反映的有机质类型

不同生物体的碳同位素存在着有规律的变化。一般地,发育于湖泊中的淡水浮游生物干酪根δ^{13}C平均-27‰~-32‰;高等植物中的木质素,由于芳核及氢化芳核中的碳富集^{13}C而趋于变重,δ^{13}C平均-20‰~-25‰;由陆源腐植有机质向海源有机质,其碳同位素由重(富^{13}C)变轻(富^{12}C)。因此,应用干酪根碳同位素特征判断有机质类型具有可靠的基础。

干酪根碳同位素分析结果显示(表3-3),雅西措群泥岩干酪根的δ¹³C介于-23‰~-25.8‰,平均-24.1‰,总体显示有机质类型为混合Ⅱ₂和Ⅲ型;泥灰岩烃源岩干酪根的δ¹³C介于-20‰~-21.9‰,平均-21.0‰,表现为Ⅲ型有机质特征。干酪根碳同位素δ¹³C分析结果略差于镜鉴结果,存在的差异可能是检测误差、干酪根制备纯度、分析人员经验差异或划分标准不一所致等。

4. 正构烷烃色谱特征与有机质类型

正构烷烃是烃源岩中饱和烃组分的重要成分,在数量上往往占有绝对优势,其组成和分布与有机质类型和成熟度有密切关系。青藏高原羊湖盆地雅西措群富有机质沉积岩正构烷烃碳数范围nC_{16}~nC_{33},具有一定的低碳数优势,主峰碳数分布于nC_{23}~nC_{29}之间,但以nC_{29}和nC_{31}为主(表3-4)。轻重组分都占有相当的比例,显示了有机质类型具有混合型的基本特征。

表3-4　生物标志化合物参数统计表

样品编号	主峰碳	CPI	OEP	正构烷烃 nC_{21}^-/nC_{22}^+	$(C_{21}+C_{22})/(C_{28}+C_{29})$	碳数范围	$\alpha\alpha\alpha\ C_{29}\cdot 20S/(20S+20R)$	甾烷 $5\alpha-C_{27}/$甾烷 $5\alpha-C_{29}$	γ-蜡烷/$[C_{31}(22S+22R)/2]$
P02-1S₁	nC_{29}	2.68	5.10	0.24	0.40	nC_{16}-nC_{33}	34.87	1.10	0.89
P02-1S₃	nC_{29}	3.46	6.91	0.24	0.17	nC_{16}-nC_{33}	31.66	1.13	0.71
P02-3S₁	nC_{31}	3.10	5.03	0.12	0.20	nC_{16}-nC_{33}	38.26	1.15	0.68
P02-5S₂	nC_{31}	3.77	5.06	0.14	0.30	nC_{16}-nC_{33}	16.87	0.52	0.36
P02-5S₄	nC_{27}	3.98	3.74	0.06	0.28	nC_{16}-nC_{33}	4.61	0.18	0.51
P02-5S₆	nC_{27}	3.38	3.44	0.06	0.14	nC_{16}-nC_{33}	26.70	0.91	0.58
P02-7S₁	nC_{29}	2.40	5.70	0.09	0.46	nC_{17}-nC_{33}	39.49	1.32	0.69
P02-9S₂	nC_{29}	2.43	5.23	0.11	0.37	nC_{17}-nC_{33}	36.43	1.57	0.71
P02-13S₁	nC_{29}	2.44	3.92	0.10	0.28	nC_{16}-nC_{33}	30.60	1.34	0.68
P02-13S₃	nC_{23}	1.75	1.45	0.16	0.94	nC_{16}-nC_{32}	34.12	1.41	0.84

正构烷烃呈后高双峰型和后高单峰型两种类型分布(图3-9、图3-10),但以后高单峰型为主。$(C_{21}+C_{22})/(C_{28}+C_{29})$比值较小,介于0.14~0.94;轻/重组分比值(nC_{21}^-/nC_{22}^+)为0.06~0.24(表3-4),说明重烃组分占有明显优势,揭示了有机质中有较高份额的腐植质输入。根据SY/T 5735—1995《陆相烃源岩地球化学评价方法》饱和烃判断有机质类型标准,显示了有机质类型为Ⅱ₂型和Ⅲ型。

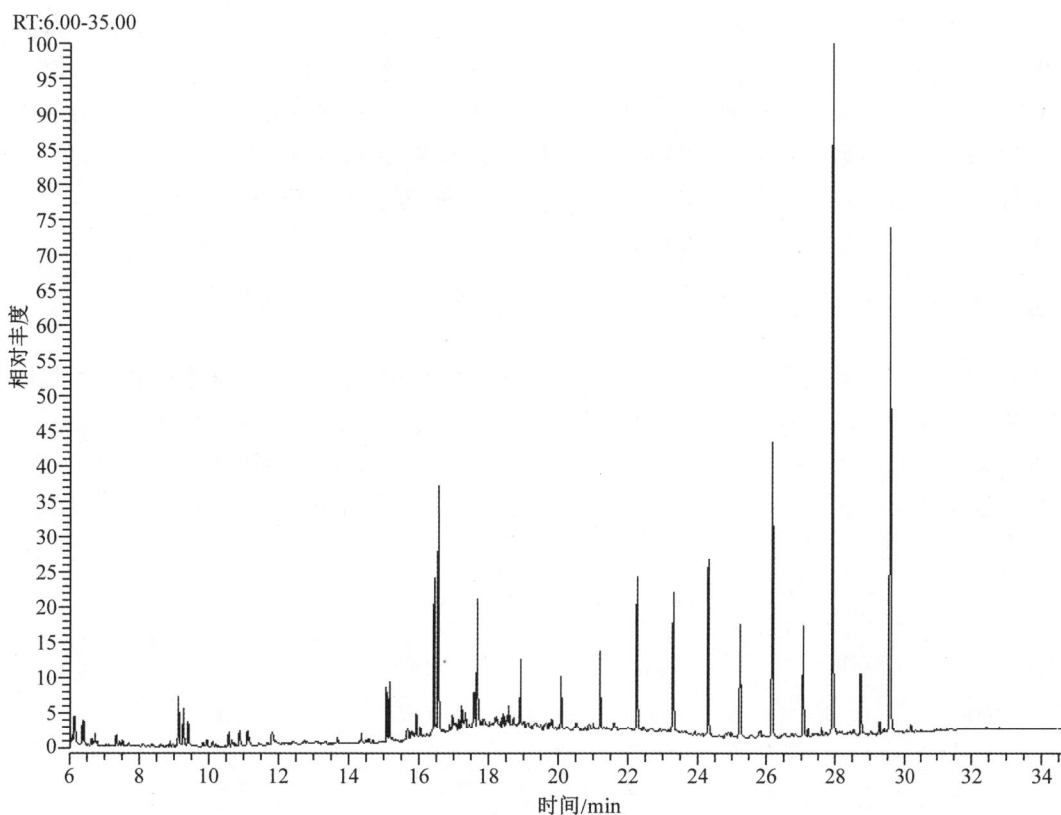

图3-9　饱和烃气相色谱图(P02-1S₃)

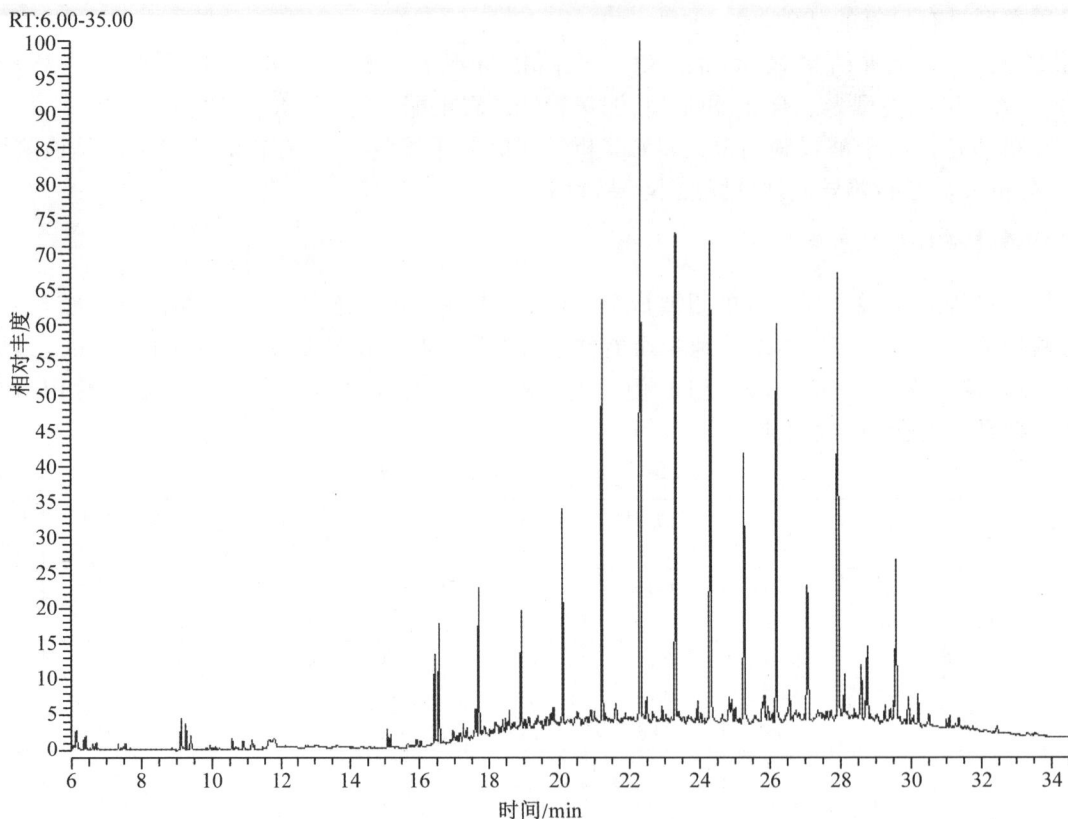

图 3-10　饱和烃气相色谱图（P02-13S₃）

5. 甾、萜烷及检出的某些生物标志化合物的生源意义

在甾烷类中，不同层位中普遍检出了孕甾烷（$C_{21}H_{36}$）和升孕甾烷（$C_{22}H_{38}$），但含量较低，其生源物主要是水生低等生物。一般认为，C_{27}甾烷占优势反映以低等水生生物的输入为主，C_{29}甾烷占优势则反映存在陆生高等植物有机质的输入为主。羊湖盆地雅西措群沉积岩甾烷C_{27}/C_{29}介于0.18~1.57，平均1.06（表3-4），反映了有机母质构成中，既有较高份额的高等植物，又有一定比例的低等水生生物混合输入的特点。

烃源岩中普遍检出了三萜烷系列化合物，其碳数分布为nC_{19} ~ nC_{30}，且以nC_{20}、nC_{22}、nC_{24}、nC_{25}、nC_{26}、nC_{27}、nC_{29}、nC_{30}为主，代表了有机母质中具有一定份额低等生物的输入特征。检出的C_{31} ~ C_{35}升藿烷，相对含量较低，是水生低等生物输入的标志。γ-蜡烷普遍存在，γ-蜡烷/$[C_{31}(22S+22R)/2]$比值介于0.36~0.89，平均0.67（表3-4）。藿烷的构成表明原始母质类型既有低等水生生物，也有高等植物，应为混合型。

综合以上分析表明，青藏高原新生代羊湖陆相盆地雅西措群泥岩有机质类型主要表现为混合型（Ⅱ₁-Ⅱ₂）和Ⅲ型。而泥灰岩有机质类型相对较好，为Ⅰ-Ⅱ₁型。

四、有机质成熟度

有机质成熟度反映了沉积盆地有机质经受热演化的程度，是盆地油气生成条件和油气产状的主控因素，因而也是盆地生油层评价和油气资源勘探的重要依据之一。由于青藏高原复杂的地质背景，为了对有机质成熟度做出正确判断，需要多项资料的综合对比和深入剖析。本书主要根据镜质体反射率（R_o）、岩石热解烃峰温（T_{max}）、正烷烃分布特征以及甾、萜烷生物标志化合物特征等多项指标和参数对有机质成熟度进行了综合评价（表3-5）。

表 3-5　有机质热演化分析参数

样品	岩性	层位	族组成/%				饱和烃/芳烃	T_{max}/℃	镜质体反射率(R_o)/%	腐泥组颜色
			饱和烃	芳烃	非烃	沥青质				
P02-1S₁	灰色泥岩	E₂₋₃y	13.08	9.63	60.25	17.04	1.36	424	—	黄色
P02-1S₂	灰色泥岩	E₂₋₃y	12.70	11.67	63.55	12.07	1.09	391	—	黄色
P02-1S₃	灰色泥岩	E₂₋₃y	10.48	11.25	57.01	21.25	0.93	399	—	黄色
P02-1S₄	灰色泥岩	E₂₋₃y	13.77	6.29	54.12	25.82	2.19	368	—	黄色

表 3-5(续)

样品	岩性	层位	族组成/%				饱和烃/芳烃	T_{max}/℃	镜质体反射率 (R_o)/%	腐泥组颜色
			饱和烃	芳烃	非烃	沥青质				
P02-3S_1	灰色泥岩	$E_{2-3}y$	18.25	4.83	59.86	17.07	3.78	438	—	黄色
P02-5S_1	黄灰色泥岩	$E_{2-3}y$	16.98	20.55	51.12	11.35	0.83	439	—	黄色
P02-5S_2	灰色泥岩	$E_{2-3}y$	11.43	13.66	48.47	26.43	0.84	370	—	黄色
P02-5S_3	灰色泥岩	$E_{2-3}y$	4.98	14.28	63.05	17.69	0.35	430	—	黄色
P02-5S_4	灰黑色泥岩	$E_{2-3}y$	13.35	19.82	59.27	7.55	0.67	428	0.58	黄色
P02-5S_5	灰色泥岩	$E_{2-3}y$	11.39	11.18	63.87	13.57	1.02	434	—	黄色
P02-5S_6	灰色泥岩	$E_{2-3}y$	13.39	7.38	63.84	15.39	1.81	438	—	黄色
P02-5S_7	灰色泥岩	$E_{2-3}y$	12.98	11.58	55.80	19.64	1.12	380	—	黄色
P02-7S_1	灰色泥岩	$E_{2-3}y$	18.21	12.61	55.61	13.57	1.44	524	—	黄色
P02-9S_1	砂质泥岩	$E_{2-3}y$	12.60	18.59	58.67	10.14	0.68	532	—	黄色
P02-9S_2	灰色泥岩	$E_{2-3}y$	14.81	16.16	52.34	16.69	0.92	522	—	黄色
P02-9S_3	灰色泥岩	$E_{2-3}y$	16.13	8.82	59.10	15.95	1.83	472	—	黄色
P02-13S_1	泥灰岩	$E_{2-3}y$	13.24	16.68	54.72	15.35	0.79	447	—	黄色
P02-13S_2	泥灰岩	$E_{2-3}y$	10.24	10.10	69.52	10.13	1.01	426	0.59	黄色
P02-13S_3	泥灰岩	$E_{2-3}y$	10.79	8.57	68.64	12.00	1.26	446	0.55	黄色
P02-13S_4	泥灰岩	$E_{2-3}y$	9.52	8.29	70.08	12.10	1.15	434	0.73	黄色

1. 镜质体反射率（R_o）反映的有机质成熟度

镜质体反射率（R_o）是确定烃源岩有机质成熟度的常用指标。由于镜质体反射率随热演化程度的升高而稳定增大，并具有相对广泛、稳定的可比性，使得 R_o 成为目前应用最为广泛、最为权威的成熟度指标。通常认为，R_o<0.5% 为未成熟阶段，0.5%<R_o<0.7% 处于低成熟阶段，0.7%<R_o<1.3% 隶属成熟阶段1.3%<R_o<2.0% 划属高成熟阶段，R_o>2.0% 则属于过成熟阶段。

羊湖盆地雅西措群沉积岩测出 4 个样品的 R_o 为 0.55~0.73（表 3-5）。从 R_o 值分布来看，雅西措群处于低成熟-成熟阶段。

2. 岩石热解峰温（T_{max}）对有机质成熟度的判识

T_{max} 是由 Rock-Eval 热解仪分析所得到的 S_2 峰的峰顶温度，对应着实验室恒速升温的条件下热解产烃速率最高的温度。由于有机质在埋藏过程中随着热应力的升高逐步生烃时，活化能较低、容易成烃的部分往往更多地被优先裂解，因此，随着成熟度的升高，残余有机质成烃的活化能越来越高，相应的生烃所需的温度也逐渐升高，即 T_{max} 逐渐升高，这是 T_{max} 作为成熟度指标的基础。由于 Rock-Eval 分析快速经济，使它成为常用的成熟度指标之一。一般认为 T_{max} 值低于 435 ℃ 为未成熟阶段，T_{max} 值介于 435~440 ℃ 为低成熟阶段，T_{max} 值介于 440~450 ℃ 为成熟阶段，T_{max} 值介于 450~580 ℃ 为高成熟阶段，T_{max} 值高于 580 ℃ 为过成熟阶段。

羊湖盆地雅西措群泥岩岩石热解峰温 T_{max} 值介于 370~524 ℃（表 3-5），16 件样品中有 9 件样品 T_{max} 值低于 435 ℃，处于非成熟阶段；有 3 件样品 T_{max} 值介于 435~440 ℃，处于低成熟阶段；有 4 件样品 T_{max} 值介于 450~580 ℃ 之间，处于高成熟阶段。泥灰岩岩石热解峰温 T_{max} 值介于 426~447 ℃，4 件样品中有 2 件样品 T_{max} 值低于 435 ℃，为未成熟阶段；有 2 件样品 T_{max} 值介于 440~450 ℃，处于成熟阶段。这表明雅西措群泥岩主体上处于未成熟-低成熟阶段，泥灰岩处于未成熟—成熟阶段。

3. 正构烷烃分布特征反映的有机质成熟度

正构烷烃的分布明显受热演化影响而呈有规律性变化，随着成熟度的增加，表现出其主峰碳数向低碳数移动，不具奇偶优势，表现出 CPI 和 OEP 值趋于 1.0，碳数范围缩小，以及轻/重组分比值增大等。所以，正构烷烃分布特征能够较好地反映成熟度。一般认为 CPI 和 OEP 值大于 1.2 时，样品未成熟，但小于 1.2 时也不一定成熟。

羊湖盆地雅西措群沉积岩正烷烃碳数范围 nC_{16}~nC_{33}，主峰碳数 nC_{23}~nC_{31}，但以 nC_{29} 和 nC_{31} 为主，OEP 值介于 1.45~6.91，平均 4.56，CPI 值介于 1.75~3.98，平均 2.94（表 3-4），具有明显的奇碳优势，轻/重组分比值为 0.05~0.24，表明有机质具有未成熟阶段的基本特征。

4. 甾、萜烷生物标志化合物构型变化反映的有机质成熟度

甾、萜烷的分子构型在热力作用下会发生构型和组成的规律性变化,为有机质成熟度的判识提供了依据。其中最主要衡量成熟度的参数有甾烷参数 $\alpha\alpha\alpha C_{29}\dfrac{20S}{20S+20R}$ 和萜烷参数 $\alpha\beta C_{31}\dfrac{22S}{22S+22R}$。通常认为甾烷参数小于20%,处于未成熟阶段,甾烷参数介于20%~40%为低成熟阶段,甾烷参数大于40%为进入成熟阶段的标志。

羊湖盆地雅西措群甾烷参数 $\alpha\alpha\alpha C_{29}\dfrac{20S}{20S+20R}$ 介于4.61%~39.49%(表3-4),平均29.36%;除了两个样品甾烷参数低于20%之外,其余样品均介于20%~40%,显示了低成熟阶段的特征。

5. 干酪根中腐泥组分颜色反映的有机质成熟度

由于随着有机质热演化程度的升高,干酪根或生物残体(显微组分:牙形石、孢子、花粉、藻类)的芳核缩聚程度加大,其组成、结构要产生一系列变化,碳化程度提高,对光吸收增强,包括干酪根在内的有机组分在外观上发生颜色变化(颜色由浅变深)。这种色变与有机质成熟度之间具有规律性联系,使反映颜色变化的热变指数成为常用的成熟度指标之一。

羊湖盆地雅西措群干酪根腐泥组颜色以黄色为主(表3-5),处于未成熟阶段。只有1个灰黑色泥岩干酪根腐泥组的颜色为棕黄色,处于高成熟阶段。

综合以上不同成熟度指标和参数分析表明,青藏高原羊湖新生代陆相盆地风雅西措群泥岩总体处于未成熟–低成熟阶段,泥灰岩总体处于低成熟–成熟阶段。

第四节 结　论

一、羊湖盆地的沉积充填特征

本次在羊湖盆地东南部边缘双湖区沙坡梁、丰草沟测制了两条剖面,两条剖面为上下叠置关系,均为古近系雅西措群沉积。本次实测的两条剖面地层岩性为下部地层(P02)为浅灰色、黄灰色、灰绿色和灰黑色泥岩、粉砂质泥岩为主,夹有褐红色薄-中层泥岩、泥质粉砂岩、粉砂质泥岩、细砂岩,有少量灰绿色薄板状泥灰岩、砂质灰岩出露。中上部地层(P01)为紫红色薄-巨厚层粗砂岩、含砾砂岩、砾岩不等厚互层夹有紫红色页岩、砂质泥岩、粉砂质泥岩。根据岩石类型、沉积相标志、古生物化石特征、古气候特征以及物源古水流分析,认为雅西措群中上部(P01剖面)主要发育了冲积扇沉积体系。本套地层按主要相标志特征可以划分出扇根、扇中、扇缘三个亚相;雅西措群下部(P02剖面)主要发育了一套湖泊湘沉积体系,按各类相标志确定的水深变化,本套地层可以划分为浅湖亚相、半深湖亚相。

从剖面上看,该套地层为从湖泊沉积体系向-冲积扇沉积体系变化沉积生成的一套整体向上变粗的旋回,总体上反映了基准面下降、水深变浅的过程,发育了四个次级层序,从下至上分别命名为ESQ1、ESQ2、ESQ3、ESQ4。

二、盆地南缘断裂为控盆边界断裂

根据路线地质调查和区域对比,羊湖盆地南缘断裂为向北逆冲的活动断裂,区域上与东部可可西里盆地南缘的唐古拉北缘逆冲断裂性质相同,横向可能相通。

根据剖面结构分析和古流向统计发现,羊湖盆地雅西措群沉积时期的物源来自盆地南部的造山带,根据露头的空间展布特征推断,该断裂可能在雅西措群沉积时期已经处于向北逆冲的活动期,其成因可能与羌塘块体向北运动有关。

由于雅西措群下部和风火山群的地层未出露,对于盆地南缘断裂的活动启始时间还不能确定。

三、羊湖盆地雅西措组有机地球化学

对羊湖盆地含油气性特征的关键问题——生烃岩类进行了调查,通过调查发现:

(1)对羊湖盆地石油调查中发现红色的碎屑岩系地层中常见有灰色、灰黄色和灰绿色泥岩和灰绿色泥灰岩出现。据1:25万区调资料,将羊湖盆地内新生代陆相沉积均划归唢呐湖组,本次工作根据岩石类型与岩石组合特征与区域资料对比,认为对盆地内的"唢呐湖组"应为雅西措群和康托组地层,同时盆地内零星分布泥晶灰岩地层与可可西里盆地对比应属于五道梁组。对该地层归属雅西措群主要有以下依据:①实测剖面为典型的雅西措群碎屑岩;②遥感影像特征分析显示出不同于中生代海相地层的特征,线性构造清晰,与区域上雅西措群典型岩性分布区相接;③剖面中上部紫红色砂岩在区域雅西措群中常见,灰岩+灰色泥岩与其上的紫红色砂岩之间未见不整合沉积构造,沉积序列完整,为浅湖湘灰岩+泥岩到滨湖相砂岩的正常沉积序列。

（2）在羊湖盆地东南部缘新发现一套雅西措群灰色、灰黄色、灰黑色泥岩与灰绿色泥灰岩,通过实测两条剖面控制了该套沉积岩的厚度,约100 m。

对已经完成的P02剖面20个生烃数据进行了分析,得到以下几点认识。

（1）羊湖新生代陆相盆地雅西措群有机质含量偏低,泥岩和泥灰岩有机碳平均含量分别为0.19%和0.14%。

（2）干酪根显微组分、干酪根元素分析和干酪根的$\delta^{13}C$结果表明,雅西措群泥岩有机质类型为Ⅱ型和Ⅲ型,泥灰岩有机质类型为I-$Ⅱ_1$型。

（3）镜质体反射率(R_o)、岩石热解烃峰温(T_{max})和干酪根中腐泥组分颜色等指标显示雅西措群泥岩总体处于未成熟-低成熟阶段,泥灰岩总体处于低成熟-成熟阶段。

第四章 藏南邛多江盆地末次冰期以来的气候记录

  湖泊沉积物因其能够稳定连续地沉积与记录当时的古气候环境,并反映有关气候环境变化的重要信息,在研究古地理、古环境和古气候中具有重要意义(Aravena R et al., 1992;Meyers P A et al., 1993;Meyers P A, 1994;Meyers P A et al., 1999;Street-Perrott F A et al., 2004;张平中等,1995;吴敬禄等,1996;沈吉等,1998;吴敬禄等,2000;刘兴起等,2003;吴敬禄等,2004;马龙等,2009)。

  青藏高原隆升深刻地影响着全球气候的演变(牟世勇等,2007),在全球气候变化当中起着至关重要的作用。新生代以来,高原的迅速隆升已经导致亚洲季风的形成,从而改变全球气候原有的分布格局(施雅风等,1998),隆升变化还将持续影响整个世界气候变化。目前,对青藏高原南部的古气候研究相对不足。其次,在研究方法上,对高原气候研究所使用的方法较多的是花粉记录,仅从花粉类型上很难判别植物来源;冰芯、泥炭这些特殊的信息载体需要特殊的气候和条件去保存,这在推广至整个青藏高原气候研究的过程中有一定的难度。最后,在对青藏高原气候变化的研究中,多数研究局限于对某些特殊气候事件的响应,缺少高分辨率的连续变化研究,还有一部分研究虽然做了连续气候变化研究,但是对引起气候变化的动力机制尚有争议。

  邛多江盆地位于青藏高原南部冈底斯-喜马拉雅造山带东北段,盆地气候主要受到以印度季风为主的季风系统控制。所以,研究青藏高原南部的气候记录对于研究印度季风区末次冰期以来的气候变化以及认识季风区和季风边缘区气候演化过程都具有重要的意义。但是在高原南部气候研究中,诸如冰芯、黄土等记录的研究相对较少,缺乏相对应的气候资料。在藏南上分布的大大小小的湖泊,为研究高原气候变化以及季风区气候变化提供了极佳的研究途径,利用湖泊沉积记录来研究藏南邛多江盆地气候变化具有良好的可操作性;利用湖泊沉积反演古气候演化序列,对于研究印度季风区和季风边缘区气候特点以及变化规律具有重要的研究价值和指导意义。

第一节 研 究 进 展

一、古气候变化研究现状

  自1837年Louis Agassiz通过对阿尔卑斯山的巨石擦痕判断为古代冰川移动所致开始,前人开始对古气候与古环境进行了大量研究(陈忠,2007)。Urey认为深海有孔虫壳体中的^{18}O同位素能够反映古气候变化(Urey H C,1947)。1973年,利用太平洋V28-238钻孔钻取的岩芯,Shackleton等人建立起了过去870 kyr的有孔虫碳酸盐壳体氧同位素变化曲线(Shackleton N J et al.,1973),又利用钻取到的深海岩芯重建了上新世至晚更新世晚期关于氧同位素与古地磁地层学的气候演化序列(Shackleton N J et al.,1976)。这一系列的深海氧同位素记录所显示的气候变化与太阳轨道参数的趋同性,反映出太阳辐射量的增减与气候变化存在关联性。

  中国深海沉积物的古气候研究也有所建树(Wang L et al.,1999;Lee et al.,1999;Jian Z et al.,2001;Zhao Q et al.,2001;Broecker W S et al.,2004;Jia G D, 2006;Shuqing Fu et al.,2010)。例如,在对南海北部的陆坡沉积记录中显示,在全新世早期曾出现有显著的夏季风增强的事件,可能是由于自40 ka以来的夏季平均太阳辐射量的增加,导致季风向北迁移(杨文光等,2008)。

  冰芯记录作为连续沉积的良好沉积载体,具有高分辨率、保存信息真实、可靠、时代跨度长等特点(朱大运等,2013)。例如,通过对格陵兰冰芯的研究,已经获得了丰富的δ^{18}O变化曲线的记录(Grootes P M et al.,1993)。青藏高原对研究冰芯沉积记录具有得天独厚的优势(Gasse F et al., 1991;Jianchen Pu et al., 1994;Yao et al., 1997;Song et al., 2001;He et al., 2003;Xu et al., 2014;段克勤等,2012;朱大运等,2013;赵华标等,

2014）。例如,对冰芯中的氧同位素研究表明,在藏北和藏南地区,氧同位素与温度均呈正相关关系,藏南地区正相关关系较为不明显（Zhang et al.,1995；田立德等,2001；姚檀栋等,2006）。此外,冰芯不仅可以反映温度变化,还可以通过冰芯的积累量反映降水量变化（冯松等,2005）。青藏高原控制降水的因素较多,诸如大气环流、地形、区位等不同,所导致的降水量在整个高原上存在差异（朱大运等,2013）。

黄土沉积记录在轨道尺度下的古气候研究中曾起到过重要的作用（刘东生,1985；丁仲礼等,1998,1999）。黄土沉积作为研究气候与环境变化的三个重要信息载体之一,在研究亚洲季风区气候演化和指示意义中建树颇丰（周卫建等,1996；陈骏等,2001；鹿化煜等,2001；王书兵等,2005；顾兆炎等,2009；张普等,2009；丁敏等,2010；赵彩萍,2012；鲜锋等,2012；刘维明,2013；刘刚等,2013；鹿化煜等,2015）,并且,通过一系列代用指标指示古环境的变迁历史。例如,在源堡黄土剖面地球化学指标分析中发现,赤铁矿与针铁矿以及有机质对土壤颜色具有明显的影响,并且这在短至百年、长至万年尺度中具有良好的指示作用（陈一萌等,2006）。此外,利用FeD / FeT比值（游离氧化铁含量/全氧化铁质量百分数）能够客观还原古土壤发育情况,并提供东亚夏季风演化的信息（杨石岭等,2000）。

二、青藏高原古气候研究现状

近年来,通过对青藏高原不同地区的冰芯、树轮、泥炭及湖泊沉积记录资料的研究,重建了较为全面详细的气候演化史。

青藏高原自快速隆升以来,对亚洲季风区的形成和全球的碳循环、气候和环境变化具有深刻的影响（王成善等,2009）。因此,研究青藏高原地区古气候,特别是末次冰期以来气候环境变化的研究,对于探讨世界气候变化具有特殊意义。近年来,许多专家学者对青藏高原晚更新世以来的古气候变化做了大量工作（Xu et al.,2001；Yu et al., 2006；Nigel Harris, 2006；Zhang et al.,2007；Liu et al., 2009；Zhao et al., 2011；Wang et al., 2014；Zhao et al.,2015；李久乐等,2009；李久乐等,2011；郑绵平等,2012；王建等,2012；李世杰等,2012；刘焕才等,2012；彭萍等,2012；朱大运等,2013；柯学等,2013；季军良等,2013；黄文敏等,2014；林勇杰等,2014；王海雷等,2014）。

通过选取合适的载体提取相关的气候信息是古气候研究中非常重要的参考依据。常见的载体有冰芯、黄土-古土壤、泥炭、湖泊沉积物、树轮、海洋沉积物等,不同的沉积物所能够反映的信息也不尽相同。冰芯虽然能够稳定连续并准确反映当时的气候信息,然而,由于其形成的条件较为严苛,在大部分地区无法利用冰芯进行气候研究；诸如黄土、海洋沉积物等都因为各自的局限性很难在全球各地区全面连续地开展研究。因此,选择合适的信息载体成为研究古气候学的关键所在。在众多信息载体中,湖泊沉积物因其具有分布范围广、受局限条件相对较少、沉积连续稳定、分辨率高以及易提取等特点,在气候和环境变化研究中具有其独特的一面。在缺少冰芯、海洋等气候资料的地区,湖泊沉积记录受到了学者们的青睐,并且在青藏高原古气候研究中广泛运用。

张岩等通过对高原东缘叠溪古堰塞湖底部沉积物的粒度特征建立了该地区40.5 ka BP~31.1 ka BP的古气候演变框架（张岩等,2009）。在西藏南部普莫雍错,深水湖区中湖芯沉积记录显示了19 ka BP以来的高分辨率气候演变史（吕新苗等,2011）。Liu对青海湖近16 000年以来的湖泊沉积物孢粉研究显示在8.2 ka BP和5.0 ka BP发生过两次显著的冷事件（Liu et al.,2002）。结合现有的孢粉资料,唐领余对高原上30个湖泊钻孔孢粉记录进行详尽分析（唐领余等,2001）,认为在12 ka BP以前,高原除东南部外均发育为荒漠草原植被；进入全新世早期,高原东南部发育有落叶阔叶林-针阔叶混交林,表明气温有所上升,而在中部则表现为草甸或灌丛草甸,再往西则为草原植被,气候冷干；全新世中期,高原植被由东向西依次发育有针阔混交林-灌丛草甸-草原,气候较早期温暖湿润；全新世晚期,气温下降。马庆峰等人在高原西南部塔若错获得的沉积岩芯,通过对花粉、粒度和无机碳分析恢复了青藏高原西南部从全新世早期至晚期以来的植被和气候变化（马庆峰等,2014）。在研究高原中部兹格塘错沉积物的总有机碳、稳定碳同位素和其他地球化学特征时,将该地区自10 600 cal ka BP以来的气候阶段分为3个：10 600~10 100 cal ka BP时期为暖期,10 100~3 900 cal ka BP时期为暖湿期,但对$\delta^{13}C_{org}$的研究表明在8 600~8 400和7 400~7 000 cal ka BP发生两次冷事件,3 900 cal ka BP整体表现为冷干期（吴艳宏等,2007）；而李世杰在对兹格塘错湖泊沉积岩芯碳酸盐含量的研究表明了在8.3~7.7 cal ka BP时期,兹格塘错沉积物碳酸盐含量出现低值,即认为出现一个明显的寒冷期（李世杰等,2009）。此外,在青藏高原其他高山地区曾发现在该寒冷时期出现冰进现象（李世杰等,1992）,这些研究均表明8.2 ka BP冷事

件在高原腹地曾出现过。朱立平等在调查纳木错地区时利用深水湖芯沉积物建立起了自8.4 ka BP以来湖区环境变化史(朱立平等,2007)。通过对青藏高原措勤地区扎日南木错湖积阶地全新世湖泊沉积物的研究,在沉积物粒度、TOC、TN及$\delta^{13}C_{org}$等多种代用指标分析的基础上,结合AMS^{14}C年龄数据,重建了措勤地区在全新世以来古气候环境高分辨率时间尺度上的演化史(张岩,2010)。可可西里苟鲁错湖芯的碳酸盐含量研究中揭示了近1 000年来的小冰期气候变化,表现出可可西里地区气候变化主要以温干-冷湿气候的组合模式,并在与高原冰芯记录中形成良好的响应关系(姚檀栋等,1990;王绍武等,1998;李世杰等,2004)。此外,吴敬禄等重建了兴措湖地区在过去50 ka BP的古气候演化序列,并对湖泊沉积物做了有机碳同位素的研究(吴敬禄等,2000)。

三、 青藏高原气候变化与季风迁移研究现状

对青藏高原气候变化与季风关系的研究也有所进展。通过对比高原北部气候和南部气候,发现青藏高原北部气候变化幅度比南部明显剧烈,原因是青藏高原气候变化受到西南季风变迁的影响(Zhang et al., 2011)。洪冰等发现西南季风的变化与高原南部气候变化历史具有良好的相关性,这很好地支持了上述的结论(洪冰等,2004)。刘光秀等在对高原大暖期的研究时发现,在高原暖期起止时间存在区域差异,相应的是降水量也有所差异,这说明携带热量和水汽的季风最先经过高原边缘,而暖期结束时季风又最先从高原内部撤退(施雅风等,1992;刘光秀等,1997)。An等认为在中国全新世大暖期逐渐向南移动的原因主要是受到全新世太阳辐射逐渐减弱,从而影响季风的迁移,而青藏高原全新世气候变化也受到类似影响(An Z et al., 2000)。Chen等根据古湖泊记录将青藏高原西部和北部的全新世降水变化归因于中纬度的西风环流,其与中国东部季风控制区的降水变化量相反,这表明在全新世青藏高原西部和北部的气候控制因素与东部地区截然不同(Chen F et al., 2008)。来自冰芯的记录也印证了高原各地区的气候主控因素有所不同,Thompson等人指出在全新世时期,在高原东部、中部以及南部主要受到东亚季风和印度季风影响,而在高原东北部则受亚洲东季风、东南季风与西风环流影响(Thompson L G et al., 2006)。

此外,在研究40~30 ka以来的高原气候变化时,发现在古里雅冰芯、柴达木湖泊、高原西北部湖泊等地曾记录过显著的高温高湿气候事件,并且有证据显示这一暖湿气候与特强夏季风有关(施雅风等,1999;贾玉连等,2001;施雅风等,2002;贾玉连等,2004;齐文等,2005;施雅风等,2009)。叠溪海盆地的粒度记录印证了这一观点,记录显示了气候在40 ka至33 ka期间从冷干向暖湿的变化,而太阳辐射在气候为40 ka至35 ka左右时逐渐增强,反映出气候在此时出现根本性的转变可能与太阳辐射有关。在33 ka以后,叠溪海盆地从暖湿又向温湿过渡,反映出太阳辐射虽然有所减弱,但依旧处于高位(张岩等,2009)。而在西北干旱区,40~30 ka的暖湿气候同样记录在西北湖泊沉积中,反映出此时太阳辐射的增强对气候变化的影响(杨保等,2003)。造成太阳辐射量显著增加的原因很可能是因为亚洲夏季风对地球公转轨道变化所造成的太阳辐射差异量非常敏感(Prell W L et al., 1992)。

第二节 区域地质概况

一、 地理地貌

研究区地处西藏南部邛多江地区,所处地貌为青藏高原南部高原山区,总体呈南北高中间低,为深切高山峡谷(宽谷)区。区内地形切割较强,相对高差悬殊,山势雄伟,坡广谷深,研究区5 600 m以上基本终年积雪,研究地点位于拉萨以南约130 km,距研究区最近的城镇邛多江村不足2 km。区内交通较为困难,仅有一条乃东县-错那县省道202线由北向南穿过,其余地段多为简易公路。

研究区受雅拉香波穹窿隆起影响形成北高南低的地貌格局。研究区附近最高峰为雅拉香波雪山,海拔6 647 m,最低为南侧沟谷中,为4 422 m,平均海拔4 900 m,地形起伏较大。高山普遍在4 700~5 600 m,地形切割较大,高差为500~1 500 m,构成研究区主要的高山、陡坡地貌景观。

研究区水系较为发育,附近的哲古错为最大湖泊,如米错、丈古错、江白错等小湖泊和河流零星分布于研究区附近。由于受哲古错以及邛多江古湖的影响,早期可能为湖区范围,晚期为河流及残留湖(多为沼泽区),形成河湖相沉积,呈宽阔地貌,多发育残留湖及沼泽。在邛多江盆地由于新构造运动和外营力的作用,形成阶

地地貌,在支谷沟口由间断性洪水形成洪积扇状地貌。

二、 区域地质概况

研究区出露的地层从元古界至新生界均有分布,分布的地层主要有:

(1)亚堆扎拉岩群(An∈Y)

亚堆扎拉岩群主要为片岩、片麻岩,局部见有少量变粒岩、石英岩、大理岩和角闪岩。

(2)曲德贡岩组(Pzq)

古生界仅见曲德贡岩组,分布于研究区北东雅拉香波一带,呈环状包围在亚堆扎拉岩群的外侧。曲德贡岩组的上部主要为一套浅变质岩,岩性为变质砂岩、千枚岩及少量片岩,构造组合上主要发育顺层紧闭褶皱和层间滑动断层;下部主要多为片岩,构造组合上则以强烈发育的片理和线理为主要特征。

(3)涅如组(T_3n)

涅如组依据组合的垂向变化可分为5个岩性段,研究区附近仅分布有涅如组一段至涅如组三段。

涅如组一段(T_3n_1):岩性为灰黑色薄层状粉砂质板岩夹灰白色中层状含泥砾细粒长石石英杂砂岩、灰白色薄层–中层状中细粒长石石英杂砂岩。

涅如组二段(T_3n_2):岩性为薄层灰黑色粉砂质板岩夹薄层细砂岩,靠近底部夹有深灰色气孔状安山质玄武岩。

涅如组三段(T_3n_3):岩性为灰黑色薄–中层粉砂质板岩夹灰色薄–中层长石石英砂岩。

(4)侵入岩体($E_2\eta\gamma$)

主要岩性为黑云二长花岗岩。见于雅(也)拉香波倾日一带,呈大岩株产出。

(5)更新统(Qp)

下更新统(Qp_1):研究区下更新统主要分布于研究区北东邛多江盆地及研究区中部阿朵水库周边和研究区西部松多大平台上,地貌上多处于Ⅲ级阶地,沉积物在邛多江以湖积物为主,周边为冲积物,阿朵水库周边为冲积物,在松多一带为冰川堆积。

中更新统(Qp_2):研究区中更新统主要分布于研究区北东邛多江盆地及研究区中部阿朵水库周边和研究区西部松多平台地貌上,地貌上多处于Ⅱ级阶地,沉积物在邛多江及阿朵水库周边以河流冲积物为主,偶见冲洪积物,松多一带以冰川堆积物为主。

上更新统(Qp_3):主要分布于研究区北东邛多江盆地及研究区中部阿朵水库周边,地貌上多处于Ⅰ级阶地,沉积物在邛多江及阿多水库周边以河流冲积物为主,偶见冲洪积物。

(6)全新统(Qh):主要分布于邛多江西部、哲古错周边及各主河流两岸。沉积物主要为沼泽堆积、冰川堆积、冲洪积。

第三节 研究材料与方法

一、 研究材料

在邛多江盆地实测长度约为340 cm长的第四系剖面(图4-1)。对该剖面中上部约250 cm的纹泥层以5 cm等间距采样用作代用指标测试,样品合计约为50个。所采集样品均为原生沉积,规避次生结核。本次工作还分别在纹泥层中采集4个样品用作年代学测试。所有用于本研究的样品坐标位置为:N:28°48′35.7″,E:92°07′33.2″,H:4 450 m。

二、 实验分析方法与数据处理

对邛多江盆地剖面沉积物进行5 cm等间距间隔采样,共获50个样品。对样品分别进行AMS^{14}C测年,粒度、TOC、TN以及$\delta^{13}C_{org}$的测试和分析工作。其中,AMS^{14}C样品经过密封包装后送往美国 Beta Analytic Inc.完成,用于粒度分析和有机碳同位素在中国科学院地质与地球物理研究所进行测试,TOC、TN含量的测定则在环境保护部中日友好环境测试中心完成。

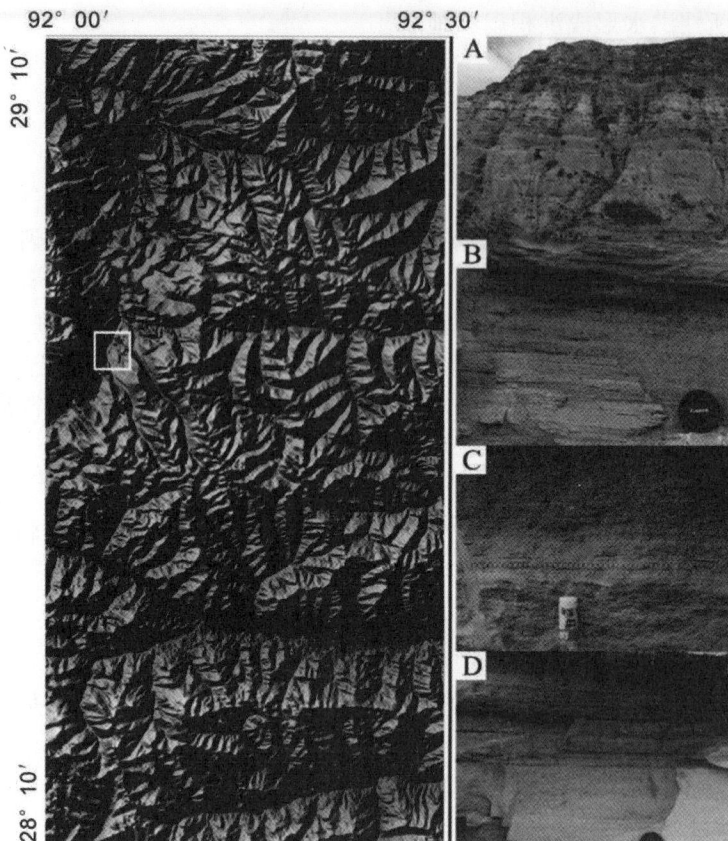

A—剖面宏观特征；B、C、D—剖面露头特征，纹泥层。

图4-1　剖面位置及露头特征

粒度测试的样品采用的预处理方法步骤如下：取0.1~0.2 g的样品，放入150 mL的烧杯中，加入100 mL去离子水，完全溶解后加入10 mL的10%的双氧水，在加热板上煮沸直至反应平静，其目的主要是除掉有机质；待烧杯中溶液冷却后加入10 mL的10%的稀盐酸，并继续在加热板上加热，其目的是去除沉积物中的碳酸盐及胶结物；再待溶液冷却后移入1 000 mL的高型烧杯，加满去离子水，目的主要是使溶液的pH值达到中性左右。而后静置12 h，缓慢小心地移去上层清液，并将余下溶液移回原先的150 mL烧杯中，加入300 mg六偏磷酸钠作为分散剂，加热1 min，目的是使六偏磷酸钠完全溶解，而后超声振荡15 min，使样品充分分散。所有预处理步骤完成后，在中国科学院地质与地球物理研究所粒度分析实验室使用Malvern公司的Mastersizer 3000激光粒度测试仪对样品进行测试，仪器的粒径测量范围为0.01~3 500 μm，对同一个样品而言多次测量的平均粒径的相对误差≤1%。

TOC、TN测试所使用的仪器是日本柳本（Yanaco）公司的MT-5型C、H、N元素自动分析仪，分析仪使用的原理是示差热导检测原理。将样品放入燃烧管后，以较高的温度在O_2和He的混合气体中燃烧分解，其分解后的产物在氧化炉中利用催化剂——还原铜被定量转化为CO_2和H_2O，其余干扰性物质如卤素、S或P的氧化物则被氧化炉中的吸收剂吸收。还原管在一个相对较低的温度下，还原铜将氮氧化物还原为N并吸收过量的O_2。待测组分由He载气带入泵中均匀混合后又被送入三组热导池，采用示差热导法获得C、N相应组分的浓度，通过对有机化合物标样分析测定，C、N元素的测定值与标准值误差小于±0.3%。

$\delta^{13}C_{org}$测试分析在中国科学院地质与地球物理研究所稳定同位素实验室完成。样品具体处理步骤如下：（1）取约3 g干燥样品装入离心管，加入1 mol/L的稀盐酸约50 mL，充分搅拌后静置48 h，其目的是去除样品中的无机碳和碳酸盐等。（2）待样品充分反应沉淀后，将离心管移入离心机中，以3 500转转速离心振荡约10 min，然后倒出上层清液，加入蒸馏水并再次离心直至冲洗样品至中性为止。（3）将清洗后的样品冷却干燥后，再放入40 ℃烘箱直至完全烘干。（4）将处理过的样品分别取4~6 mg，用锡箔纸包好后置于石英舟中，然后放入装有CuO的真空石英管内，通入O_2后，在800 ℃下充分燃烧约10 min，使沉积物样品中的有机碳全部转化为CO_2，采用液N和乙醇–液N等不同冷冻剂分离、纯化后生成，并收集于集气瓶中。（5）在元素分析仪EA与Delta V Plus同位素比值质谱仪在线测定CO_2的有机碳同位素值，所得出的碳值结果为相对于PDB的千分值，分析结果按照PDB标准。分析过程中，每6个样品插入一个空白样和一个UREA国家标准物质样品,在每11个样品后穿插一个USGS24国际标准物质样品,其目的是用来保证样品测试的准确度和可信度。

三、 年代学框架建立

1. 碳库年龄的建立

AMS ^{14}C测年广泛应用于第四纪以来重大地质事件的年代学研究中,然而由于湖泊碳库效应的存在,在一定程度上对于湖泊沉积记录的时代序列的真实度存在疑问(候居峙等,2012)。因此,碳库年龄的建立对于湖泊沉积的年代学研究具有至关重要的作用。目前,对于湖泊碳库年龄的计算有多种方法,一般采用的是利用现代湖泊的碳库年龄来代替湖泊沉积过程中各层位的碳库年龄(候居峙等,2012)。

吕新苗等对西藏南部普莫雍措湖泊中的PL06-1钻孔研究中针对岩芯上部进行 ^{210}Pb沉积速率分析,利用CRS模型计算并推导了其沉积年代,最终获得普莫雍措的碳库年龄1 152 a(吕新苗等,2011)。由于本书样品采自湖积阶地,其顶部已被现代沉积所覆盖,无法考证该剖面的碳库年龄。然而,值得注意的是,与剖面临近的普莫雍措和邛多江盆地在湖泊供给来源、气候环境具有诸多相似性。此外,考虑到在冈底斯以南地区的古湖,虽然环形古湖多为零星出露,但这些湖泊都曾是外流湖,并且其封闭时代较晚(李炳元等,2000;郑绵平等,2006)。因此,我们认为邛多江盆地与普莫雍错、羊卓雍错和沉错等湖泊具有一定的亲缘性。

碳库年龄的大小还受到盆地基岩性质和地质条件的影响(候居峙等,2012)。例如在库塞湖、可鲁克湖、班公错等湖泊,由于其基岩主要为页岩与灰岩,导致湖水中老碳的输入量明显增加(Wang et al., 2008;Zhao et al., 2007;Fontes et al.,1996)。研究表明,湖盆基底为灰岩等碳酸盐岩时,通常湖盆的沉水植物相较于同时期的大气,其 ^{14}C明显亏损(Hakansson et al., 1979;王宗礼等,2014)。然而,在野外调查时发现在研究区范围主要岩性多为砂岩、岩浆岩及变质岩等,几乎未见有碳酸盐岩出露。因此,邛多江盆地碳库年龄受盆地基岩性质影响较小,而普莫雍错的基岩性质则与邛多江盆地相似。

综上所述,我们认为在邛多江盆地的湖相沉积物的碳库年龄与普莫雍错湖泊沉积物的碳库年龄基本一致,即为1 152 a。

2. 测年结果

AMS ^{14}C测年工作在Beta Analytic Inc.完成。所测4个样品的年代在扣除碳库年龄1 152 a后,利用Oxcal 4.2(Bronk R C, 1994;Bronk R C, 1995;Bronk R C et al., 2009)和INTCAL 13(Reimer et al., 2013)程序进行校正,校正后年龄与测试年龄结果见表4-1。

表4-1　AMS ^{14}C测年结果

样品编号	深度/cm	实验材料	^{14}C测试年龄	校正后 ^{14}C年龄
SNQ-107	250	沉积物	37 650 ka BP	41 109 ka BP
SNQ-124	165	沉积物	29 550 ka BP	32 331 ka BP
SNQ-140	85	沉积物	29 090 ka BP	31 823 ka BP
SNQ-156	5	沉积物	26 980 ka BP	30 076 ka BP

注:BP为Before Present,其中,Present为AD 1950。

3. 年代-深度模型建立

为验证结果的可行性,对剖面沉积速率进行线性拟合,拟合函数为:

$$A=(5.722\ 05E^{-6}D^4-4.882\ 81E^{-4}D^3-0.25D^2+44D+30\ 148.467)\ /\ 1\ 000$$

式中,A为年代;D为深度。

根据拟合函数获得顶部和底部年龄数据分别为30 362 cal ka BP、40 245 cal ka BP。与校正后年龄值差距控制在误差范围之内。

综上所述,对剖面各层位年龄进行拟合的年代,基本能揭示邛多江盆地古气候时间演化序列。对年代学数据进行函数拟合后,利用内插法获得剖面各样品的年龄值,建立起邛多江盆地湖泊沉积物的年代(A)-深度(D)模型(图4-2)。

校正剖面
年龄岩性

拟合年龄/cal ka BP

$$A=(5.722\,05E^{-6}D^4-4.882\,81E^{-4}D^3-0.25D^2+44D+301\,48.467)/1\,000$$

图例
- - - 纹泥层
· · · · 砂层

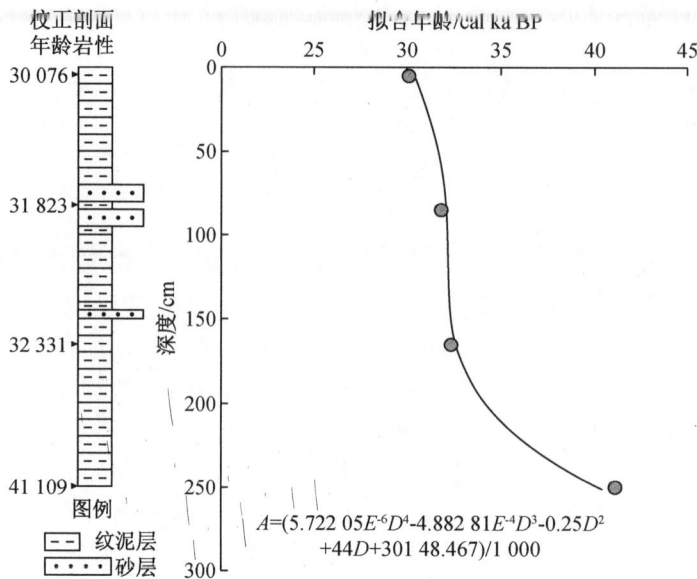

图4-2　年代-深度模型

第四节　沉积物粒度特征及其古环境意义

一、湖泊沉积物粒度古气候意义

粒度分析是常见的古气候重建恢复的手段。由于粒度所指示的气候信息明确清晰,并可以反映当时湖泊的水动力条件,湖泊盆地中心向盆地边缘,水动力逐渐由弱变强,沉积物粒度随着水深深度变浅而逐渐增大,并且呈环带状分布,表现为从湖心至湖岸依次是黏土、粉砂过渡至砂、砾的沉积特征。因此,当沉积物粒径增加时,距离湖心较远;而当沉积物粒径减小时,距离湖心较近。通过距离湖心的远近来反映当时湖泊的面积的扩张与收缩,从而反映气候变化。当沉积物粒径增加,此时采样位置距离湖心较远,湖泊面积萎缩,气候处于干旱状态;当沉积物粒径减小,揭示此时采样位置距离湖心较近,湖泊面积扩张,气候处于湿润状态(Digerfeldt G et al.,2000)。许多湖泊研究中也认同该观点(孙千里等,2001;张述鑫,2011;王海雷等,2014;范小露等,2014)。例如,王海雷等在青藏高原中部色林错地区,SL-1孔粒度参数揭示了色林错5.33 ka BP以来的水位变化,认为在5.33~4.25 ka BP时期,沉积物中值粒径处于较低水平,此时反映湖面上升,湖泊处于扩张状态,而到了4.25~2.2 ka BP期间,沉积物中值粒径逐渐升高,尤其在3.1~2.2 ka BP阶段,中值粒径的明显提高暗示环境比较动荡,并出现风成沉积,反映湖面下降,水体变浅的特征。

在利用该结论时,必须先明确该湖泊为面积较大的深水湖泊,并且在湖泊演化过程中出现较大幅度的水位变化以及大面积的扩张收缩(谢远云,2004)。此外,必须考虑到湖泊所在位置及其周边地势等情况。例如,对于封闭式湖泊,水动力条件由边缘向重心逐渐减弱,因此表现为低湖面对应气候干旱,高湖面对应气候湿润;而对于开放式湖泊,因为其受到地表径流的影响较为明显,湖盆流域降水量成为主导沉积物粒度变化的主要因素(陈敬安等,2003)。

结合遥感影像发现,邛多江盆地包含了古切错和邛多江古湖等周边水系在内组成的环形古湖。在遥感图上,用红线表示出了古分水岭,即古内流盆地的内流水系(图4-3)。通过分析,把邛多江盆地的演化分为三个阶段,即古切错+邛多江古湖阶段、邛多江古湖阶段和现代河流系统阶段。

1. 古切错+邛多江古湖阶段

在这个阶段,由构造形成盆地,再以图4-3上红线为分水岭,分别给古切错及邛多江古湖注水。通过实地测量切错的最高湖岸线海拔为4 517 m,邛多江最高湖

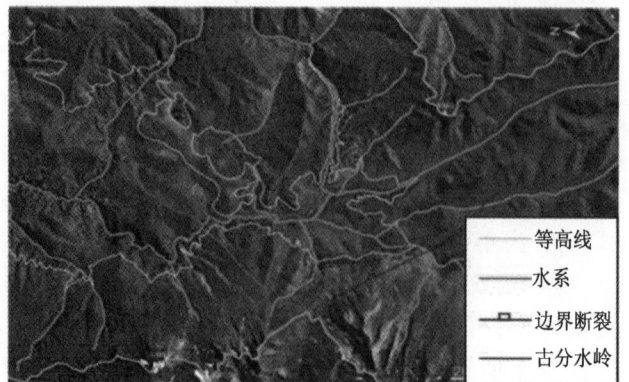

图例
—— 等高线
—— 水系
⊟— 边界断裂
—— 古分水岭

图4-3　邛多江盆地古水系图 (据google earth底图修改)

相层海拔为4 525 m,在这个时期,水系发育,形成了以古切错和邛多江古湖为主的湖泊景观,两个古湖湖平面高度相当,这也是邛多江古盆地的雏形(图4-4)。

2. 邛多江古湖阶段

在该阶段,最北边分水岭由于河流的袭夺作用被打通,古切错外泄,成为邛多江古湖内流水系。在该阶段内流水量加大,古邛多江湖湖平面上涨,沉积物供给加快,邛多江盆地湖积物逐渐形成(图4-5)。

在斯莫河段南部,早期的宽缓河谷谷底成北高南低,在河谷两侧的沉积物中,沉积物以冲积物为主,冲积物以砾石、砂为主,其中砾石磨圆较好、分选中等,具一定的叠瓦状排列,砾石长轴为东西向,"ab"面倾向北。从河谷及砾石排列特征验证了该阶段水流方向为从北至南,即北部古分水岭至邛多江古湖的内流水系。

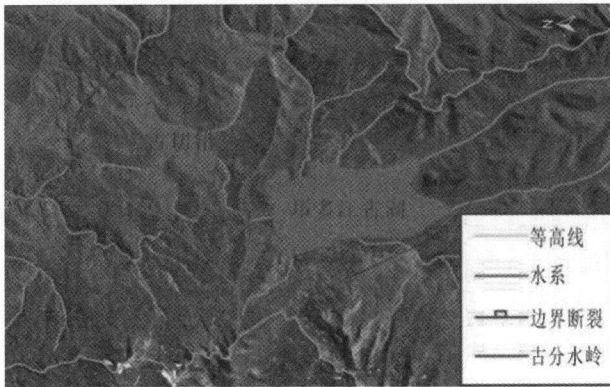

图4-4　古切错+邛多江古湖阶段（据google earth底图修改）

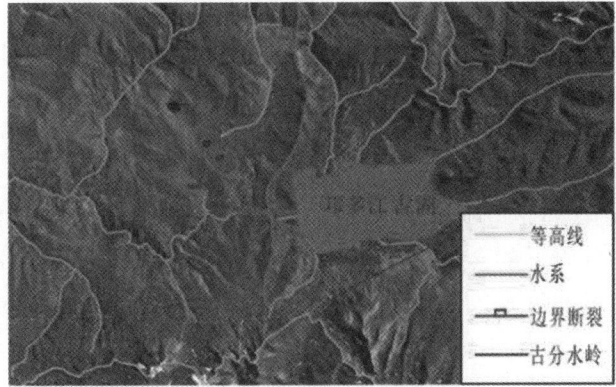

图4-5　邛多江古湖阶段（据google earth底图修改）

3. 现代河流系统阶段

随着邛多江古湖不断沉积,湖底面不断抬升,在斯莫河段受河流的逆源作用(也称溯源作用、河流袭夺作用),在该时期,河谷迅速下切形成较陡的"V"字型河谷。斯莫河段显示出年轻河谷地貌的特征:早期的宽"V"字型河谷基础上发育出新的窄深"V"字型河谷。在莫斯河段,可知古分水岭海拔约4 783 m,现代河道海拔约4 356 m。随着分水岭河道被打开以后,导致古邛多江湖盆的内流水系转换为外流水系的分支,该河道成为邛多江古湖外泄主河道,并随着后期的地壳抬升及河流下切作用,逐渐形成了现代河流系统及如今的阶地地貌(图4-6)。

从邛多江地形图上的水系分析,在邛多江盆地往北的主干河流两侧,有多条不协调水系,经过实地调查,支流流向向南,而主干河流流向向北,多条不协调水系也证明了盆地从第一阶段到第三阶段的演化。

可见,邛多江盆地的湖泊主要为开放式湖泊,其湖相沉积物粒度变化主要是受到流域降水量所引起的水

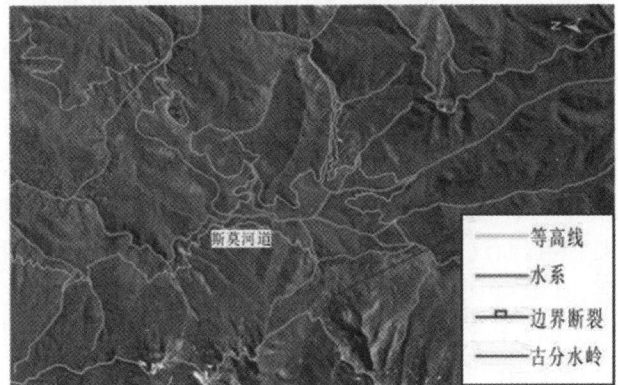

图4-6　现代河流水系图（据google earth底图修改）

动力强弱变化引起的:粒径增大指示降水丰富,气候湿润,属于丰水期;粒径减少指示降水减少,气候干燥,属于枯水期。此外,考虑到剖面所在位置,沉积物粒度变化可能还与冰川融水有关,意味着当气候温暖湿润时,可能致使冰川融水增加,冰川融水进一步加强水动力,使得可以携带更多粗颗粒进入湖泊内。

二、邛多江盆地湖相沉积物粒度特征

1. 沉积物的粒度组成

从测试结果表明(表4-2),邛多江盆地湖相沉积物主要由砂、粉砂与黏土三组粒级构成,三者中以粉砂为主,黏土、砂质次之。剖面中,粉砂质组分占整体含量的20.44%~73.88%,平均值则约为60.64%,在大多数层位中占据主要优势;黏土含量则在5.25%~25.37%范围内;细砂质平均含量占5.74%,在1.1%~13.66%之间徘徊;细砂与中砂组分摆动幅度较大,细砂在0.22%~32.59%之间变化,而中砂组分同样在0.97%~29.35%之间变动。

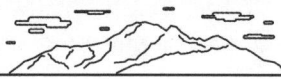

表4-2　剖面粒度组成统计表

	最小值/%	最大值/%	平均值/%	标准偏差	变异系数
粗砂组分	0	3.36	1.738	0.89	0.51
中砂组分	0.97	29.35	5.06	7.08	1.40
细砂组分	0.22	32.59	6.24	8.81	1.41
极细砂组分	1.10	13.66	5.74	3.63	0.63
粉砂组分	20.44	73.88	60.64	13.17	0.22
黏土组分	5.65	27.45	20.42	5.91	0.29

2. 沉积物粒度垂向分析

从垂向上看,粉砂含量在第75~95 cm段、第150 cm处呈明显减小趋势,但在极细砂、细砂与中等砂粒级则出现明显增长,其中,细砂组分含量达到30%以上,中砂组分含量则为12.87%~30%。根据沉积物粒度特征,结合年代-深度模型,我们将剖面分为如下几个阶段。

(1)250~240 cm段(40.2~38.5 ka BP):该段中,平均粒径从6.711φ增长至5.898φ,中值粒径从6.828φ过渡至6.493φ,并且,这一阶段中,黏土含量与粉砂含量表现出与中值粒径相同的变化趋势,砂含量呈现明显增长,从10.33%跨越至23.97%,反映此时水动力条件有所增强。然而,将砂细分为极细砂、细砂、中砂、粗砂时发现,中砂以下的含量都表现出相同的趋势,即先略微减小后明显增加,而粗砂含量则是先略微下降而后明显减小,这可能反映的是水动力条件虽然有所加强,但并非为一次大的降水事件,而是比较稳定的降水过程。并且在245 cm处,中值粒径与平均粒径有细微减小,黏土含量、粉砂含量略微增加,表明可能在这一过程中伴随着小型的短暂干旱事件。由分选系数、偏度和峰度曲线变化可以发现,三者同样表现出与粒径所指示的气候变化趋势,例如分选系数在245 cm段出现轻微减小,而随后分选变差,表明在某一段时期内水动力有轻微减弱,而后明显增强。

(2)240~215 cm段(38.5~35.4 ka BP):该段内,平均粒径与中值粒径表现出较为稳定的轻微减小趋势。该时期内,沉积物中的黏土含量从20.7%最多增加到23.95%,粉砂含量则较为稳定,处在70%左右,砂含量则较为不稳定,最多可达8.77%,最少则为3.51%。从分选系数、峰度、偏度看也表现出较为不稳定的情况。分选系数从1.343~1.736不等,但还是表明此时分选相对上一时期表现较好,偏度在该阶段内多表现为负偏,峰偏向细粒度一侧,粗粒一侧有细长低平的拖尾。因此,从整体上看,这反映出此时气候从上一阶段的湿润气候逐渐转向干旱。

(3)215~155 cm段(35.4~32.4 ka BP):该阶段的平均粒径与中值粒径同样表现为减小趋势,且趋势较上阶段增强,值得一提的是在210 cm处,粒径出现显著增加,平均粒径从215 cm处的6.861φ增加到6.018φ,中值粒径从6.877φ增加至6.417φ,结合分选系数(分选较差-分选差)和峰度(尖锐-中等),进一步表明此时沉积物粒径由细变粗,而这需要的水动力显著增强才能导致该变化,因此认为在35 ka BP存在明显的降水增强事件。在此之后,沉积物中值粒径与平均粒径又开始逐渐减小,并在33.3~32.4 ka BP期间减少到6.8φ~7.1φ和6.7φ~7.1φ。

(4)155~50 cm段(32.4~31.7 ka BP):该阶段中粒径变化幅度极不稳定,尤其在32.37 ka BP与32.12~31.97 ka BP时期内,其平均粒径为3.569φ~5.429φ,中值粒径则为2.498φ~5.975φ。二者均表明粒径显著变粗,水动力明显增强,且持续时间相对较长,而在其他时间段内,粒度表现相对较小,但仍旧表现出不定的变化趋势,其平均粒径和中值粒径分别为6φ~7φ。上述一系列结果表明,在32.4~31.7 ka BP阶段气候发生明显的动荡起伏变化,而这一变化被记录在邛多江盆地湖相沉积物中。

(5)50~5 cm段(31.7~30.3 ka BP):在这时期内,沉积物粒度开始趋于稳定,中值粒径和平均粒径稳定在6φ~7φ,并呈现逐渐减小的态势,表明此阶段过程中受水动力减弱的影响,地表径流等所携带的沉积物颗粒变细,难以搬运较大颗粒。此外,分选系数的减小以及偏态负偏态至近对称,都暗示着在该阶段气候相对干旱少雨。

3. 沉积物粒度参数分析

沉积物粒度参数主要是指平均粒径(M_z)、中值粒径(M_d)、标准偏差(σ_1)、偏度(S_k)以及峰态(K_G)等。通常利用Folk-Ward公式(成都地质学院陕北队,1978)进行计算,而后通过对几种粒度参数综合分析以图解形式表达,将不同成因的沉积物加以区分。表4-3为邛多江盆地湖相沉积物根据Folk-Ward公式计算的剖面粒度参数统计表。

表4-3 剖面粒度参数统计表

	最小值	最大值	平均值
中值粒径（φ）	7.232	2.498	6.435
平均粒径（φ）	7.255	3.569	6.328
分选系数	1.343	2.639	1.983
偏度	−0.393	0.645	−0.140
峰度	0.628	2.071	1.325

分选等级	分选较差			分选差	
	56%			44%	
偏度等级	极负偏态	负偏态	近对称	正偏态	极正偏态
	20%	60%	10%	0	10%
峰度等级	很宽	宽	中等	窄	很窄
	4%	14%	8%	48%	26%

结合表4-3,我们获得了邛多江盆地湖相沉积物各阶段的粒度参数散点图(图4-7)。

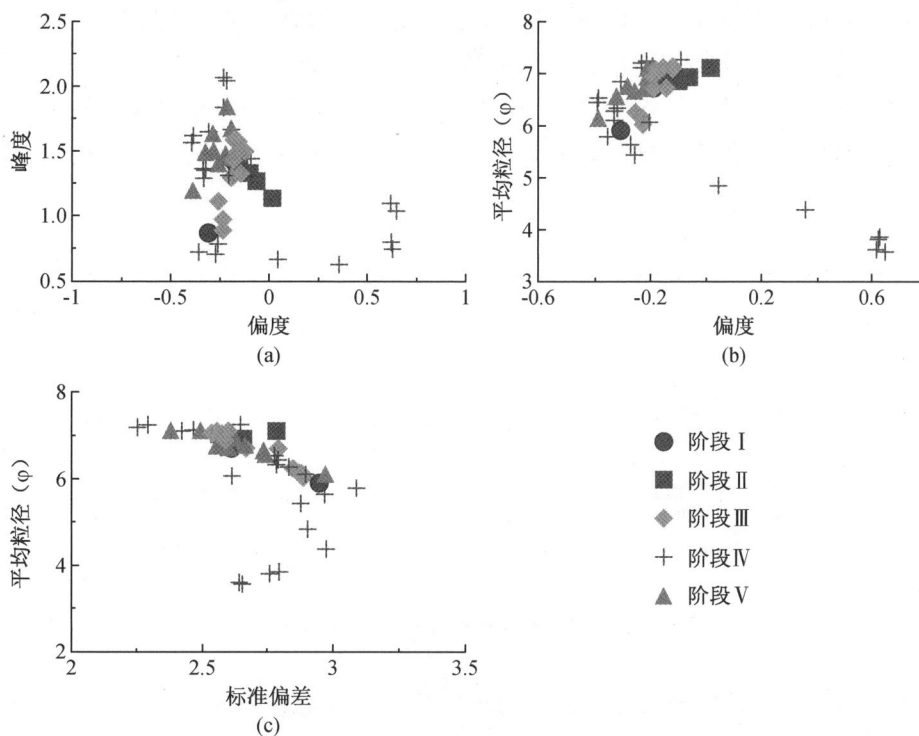

图4-7 沉积物粒度参数散点图

邛多江盆地湖相沉积物粒度参数分布较为集中,平均粒径主要分布在6φ~7.5φ,标准偏差为2.25~3,偏度多在−0.5~0,峰度在1~2,分选系数多为1.5~2.5。在平均粒径−偏度散点图中,平均粒径相对较大的沉积物,其偏度往往更趋近于正偏,说明可能在此层位存在有粗颗粒的主峰乃至第一主峰,而平均粒径相对较小的沉积物,不仅在粒径上趋于集中,在偏度上也集中于−0.3~0。平均粒径表示的是粒度分布的集中趋势,主要受到沉积介质的平均动力能和物源的原始颗粒大小影响,标准偏差和分选系数均表示分选程度的好坏,反映的是原始颗粒大小的均匀程度和离散程度。根据标准偏差−平均粒径散点图,发现邛多江盆地湖相沉积物中平均粒径越小,其分选程度也相对较好,表明其受到水动力影响较为明显,当水的平均动力能增强时,携带粗颗粒沉积物的能力越强,导致其分选也逐渐变差。

图4-8中为250~240 cm段(阶段Ⅰ)沉积物的频率分布曲线与累积概率曲线。该段中,沉积物在粒度频率分布曲线上表现出相对明显的双峰结构,第一主峰在10 μm左右,第二主峰出现在100 μm左右。双峰式的频率分布曲线特征表明了存在两种或两种以上性质的动力作用(柏春广等,2003),暗示此时沉积环境受外来影响较为严重。该段的累积概率曲线表现为三段型,表明沉积物中既有滚动组分,也有跳跃组分,同时还存在悬移组分。我们注意到在第240 cm(38.5 ka BP)处粗颗粒含量明显高于前期其余两个样品,在累积概率曲线中表现出滚动组分出现明显增长的趋势,并且跳跃次总体从一个变成两个,跃移次总体和滚动次总体占据主导

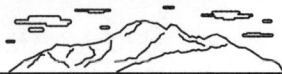

优势;此外,累计概率曲线上滚动组分斜率较大,反映滚动组分的分选性较好,但在被地表径流携带至沉积区后与其他细粒物质混合后,其整体分选性反而变差。

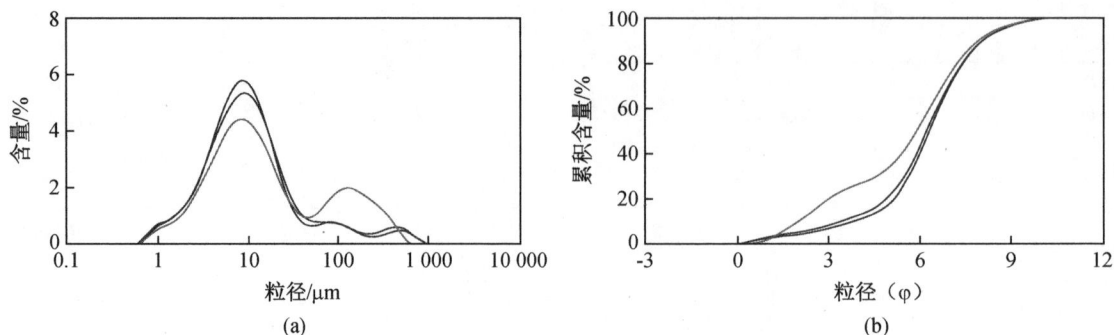

图4-8 阶段Ⅰ频率分布曲线与累积概率曲线

图4-9为240~215 cm段(阶段Ⅱ)沉积物的频率分布曲线和累积概率曲线。与上一阶段相比,粗颗粒含量明显减少,粒度分布较为集中,主要为单峰式,粒径主要分布在10 μm左右,形成众数,并且在粗颗粒一侧形成细尾,整个阶段粒度表现十分平静,反映出在上一阶段的降水事件过后一段相对较长的干旱期。在累积概率曲线中滚动组分含量明显减少,跃移组分占据主要地位,悬浮组分含量有所增加,表明此时沉积环境主要为水动力弱的静水沉积。

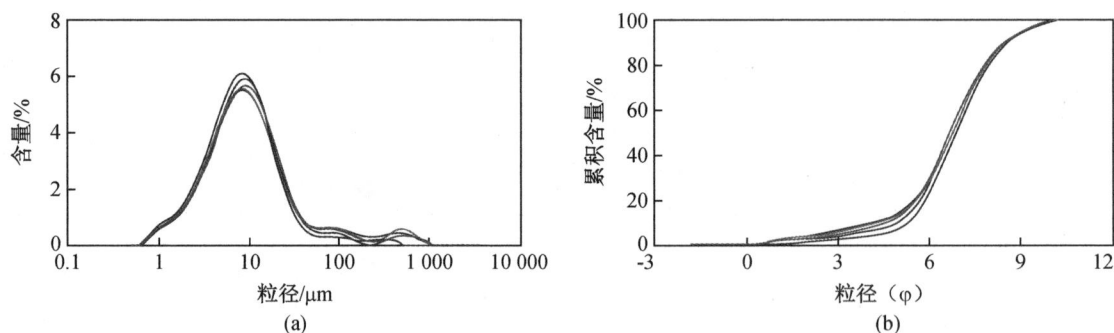

图4-9 阶段Ⅱ频率分布曲线与累积概率曲线

图4-10为邛多江盆地气候阶段Ⅲ(215~155 cm)频率分布曲线与累积概率曲线。由累积概率曲线可以看出,沉积物累积概率曲线呈现出由四段式增长过渡至三段式增长,剖面由跃移组分在阶段初期含量较高,悬浮组分含量的相对下降,侧面反映此时有不同的动力机制影响粒径变化,而后跃移组分含量开始减少,悬浮组分含量相对上升,反映的是平均水动力能量减弱。从频率分布曲线中可以看出,剖面由下至上从双峰式分布(可见有弱的第三主峰)转变为单峰分布(第二主峰明显减弱,第三主峰含量基本不变)。综上所述,我们可以认为曲线反映的是该阶段初期水动力明显较上一阶段有所强化,反映的是一次降水增强事件,而在这次事件后,气候逐渐转向干旱少雨,致使河流携带能力下降。

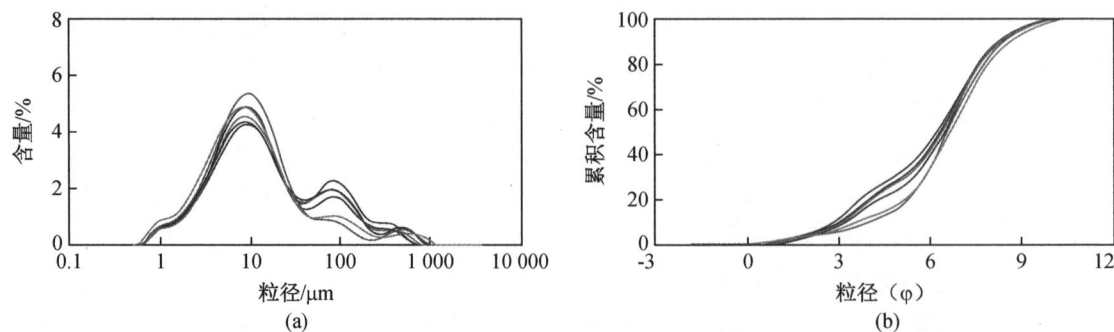

图4-10 阶段Ⅲ 频率分布曲线与累积概率曲线

图4-11为155~50 cm(32.4~31.7 ka BP)阶段Ⅳ的部分沉积物频率分布曲线与累积概率曲线。从图中可以明显看出,滚动组分出现跳跃式的变化,频率分布曲线中,出现不同的双峰式结构,部分沉积物表现为以粗颗粒为第一主峰、细颗粒为第二主峰的双峰分布;另一部分则是以细颗粒为第一主峰、粗颗粒为第二主峰的双峰分布,但二者均没有明显的细尾出现;少部分沉积物反映出细颗粒与粗颗粒含量近似相等的双峰结构。由上述内容可知,在阶段Ⅳ时期,邛多江盆地出现动荡的水动力变化,这种变化出现在整个阶段里,表现为较为持续的降水过程,该时期整体处于湿润状态,地表水系发达,并且可能在该时期受温度升高影响,附近冰川融水增加,出现能量高的水动能,导致携带能力进一步增强。从累积概率曲线分布上看,同样印证了这一观点,即滚动组分含量显著变化,悬浮组分明显减少,暗示此阶段河流携带能力明显较其他时期有所加强。

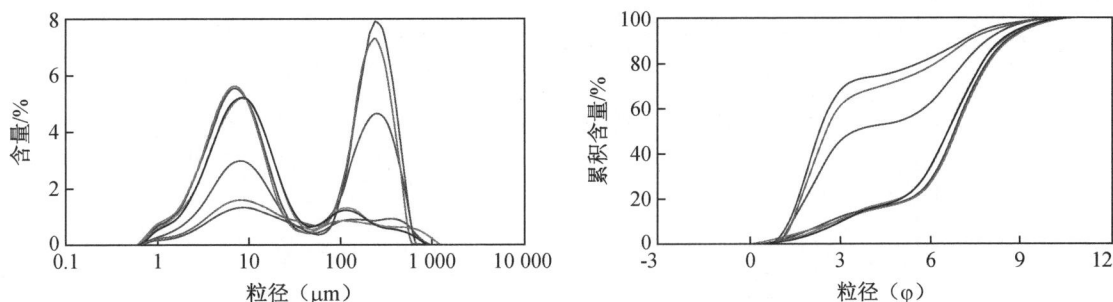

图4-11　阶段Ⅳ频率分布曲线与累积概率曲线

图4-12是50~5 cm(31.7~30.3 ka BP)阶段Ⅴ的粒径频率分布曲线与累积概率曲线。经历上一阶段的气候动荡变化后,此时邛多江盆地降雨量明显减少,逐渐转为枯水少雨,沉积物中滚动组分含量出现明显的减小趋势,跃移组分含量开始增加,悬移组分含量则表现稳定,从含量上看,滚动组分含量在20%以下,跃移组分含量约占65%,悬移组分则稳定在15%左右。该阶段,沉积物粒径开始逐渐平稳地减小,平均粒径从6.7φ逐渐过渡至7.16φ,黏土含量、粉砂含量稳中有增,粗颗粒含量则是稳中有减,这在累积概率曲线中同样表现为稳定的变化趋势。这些变化和趋势可能象征着此时的盆地水动力强度有规律地缓慢减弱,气候在稳定中转向干旱。

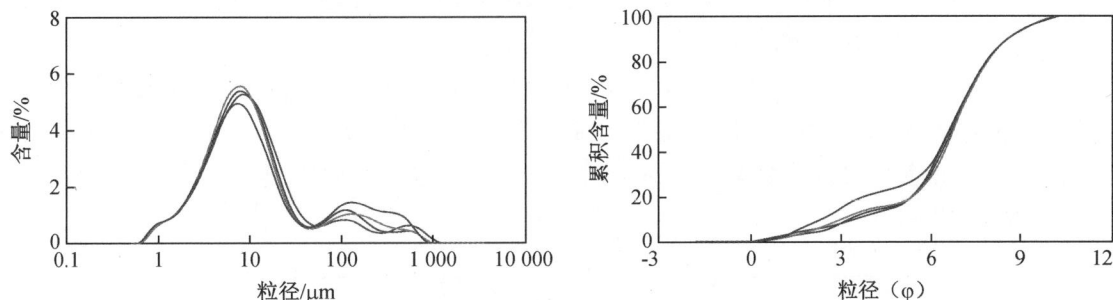

图4-12　阶段Ⅴ频率分布曲线与累积概率曲线

4. 粒度象分析

在粒度分析中,粒度象作为区分沉积环境的手段具有特殊指示作用,通过粒度象分析,可以很好地指示沉积搬运形式,从而分析粒度参数变化成因。通过选取沉积物中①M:中位数粒径(粒度累积至50%处的粒径);②C:粒度累积至1%处的粒径(等同于样品中最粗粒径);③A:<4 μm组分的质量百分数;④L:<31 μm组分的质量百分数;⑤F:<125 μm组分的质量百分数,并将这些参数用于区分沉积物沉积环境,取得了众多成果。

通过提取邛多江盆地各粒度参数值后,获得剖面的C-M图(图4-13),从图中可以看出,该剖面中大多数沉积物粒度参数分布较为集中,除120 cm处沉积物主要为滚动沉积物外,其余基本上都分布在Ⅷ区,属于悬浮沉积物,此外,在75~95 cm阶段的沉积物和少部分其余阶段沉积物在沉积成因出现明显区别,表现为浊流沉积,其沉积物粒度参数落入了以重力流为主要搬运形式的区域中,反映其水动力条件显著增强,暗示可能在该时期盆地出现明显的降水事件或持续降水过程。

	$C<1\,000$	$C>1\,000$
$M<15$	Ⅷ	Ⅳ
$15<M<100$	Ⅶ	
$15<M<100$	Ⅵ	Ⅲ
$100<M<200$	Ⅴ	Ⅱ
$200<M$	Ⅳ	Ⅰ

1. 牵引流沉积
2. 浊流沉积
3. 静水沉积

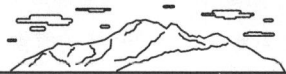

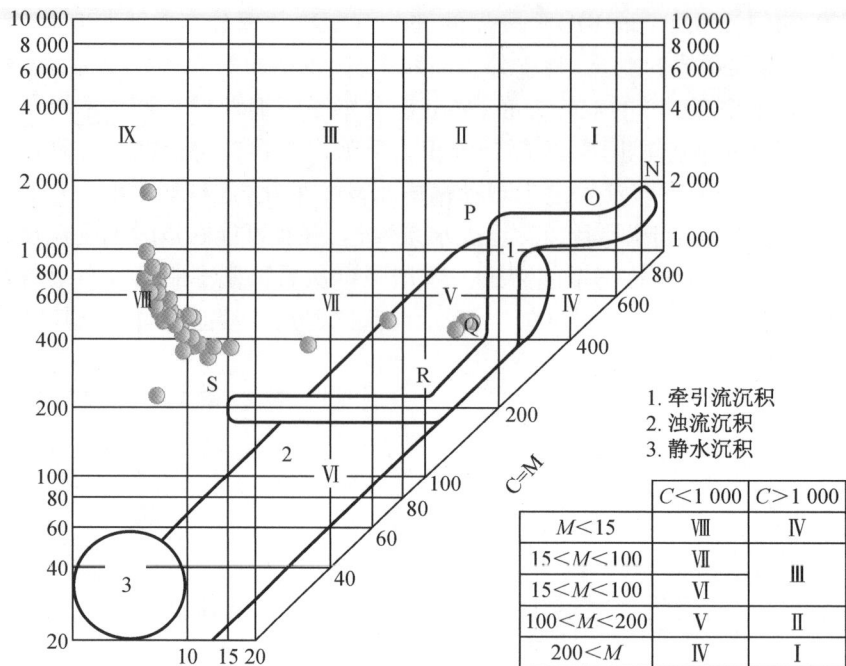

图4-13 邛多江盆地湖相沉积物 C–M 图（据成都地质学院陕北队,1978修改）（单位：μm）

5. 沉积物粒度四分位值分析

四分位值(Q_1、Q_2、Q_3)是反映沉积物特征的重要参数,通过这些参数可以观察四分位标准差、偏度等的变化,从而获得沉积环境的变化(谢远云,2004)。四分位值中,Q_1代表的是较小四分位数,是样品中粒度由小到大排列后第25%的数值;Q_3代表的是较大四分位数,是样品中粒度由小到大第75%的数值;Q_2表示中位数,代表的是样品中粒度由小到大排列后的第50%的数值。通过提取邛多江盆地沉积物粒度参数,获得其四分位值图(图4-14),由图4-14可以发现:

（1）在0~50 cm阶段中,Q_1、Q_2、Q_3的变化幅度基本不大,处于相对稳定的阶段,从图中可以看出除30 cm处有Q_1与Q_3呈现明显不对称地分布于Q_2两侧,其他层位都细微地表现出该阶段粒度频率曲线为不对称的偏态分布,Q_2更接近于粒度更细的Q_1,同样反映出气候转向干旱。

（2）在55~95 cm段,尤其在70~95 cm阶段中,Q_1、Q_2、Q_3值呈现明显波动,在整个剖面中表现的同样最为明显。相较于0~50 cm阶段,该阶段的四分位标准差值$[(Q_3-Q_1)/2]$要远远大于0~50 cm阶段沉积物样品的四分位标准差值,这表示该阶段分选明显差于0~50 cm阶段,表明可能在该阶段出现明显的水动力增强,从而带来明显的粗颗粒的沉积物。

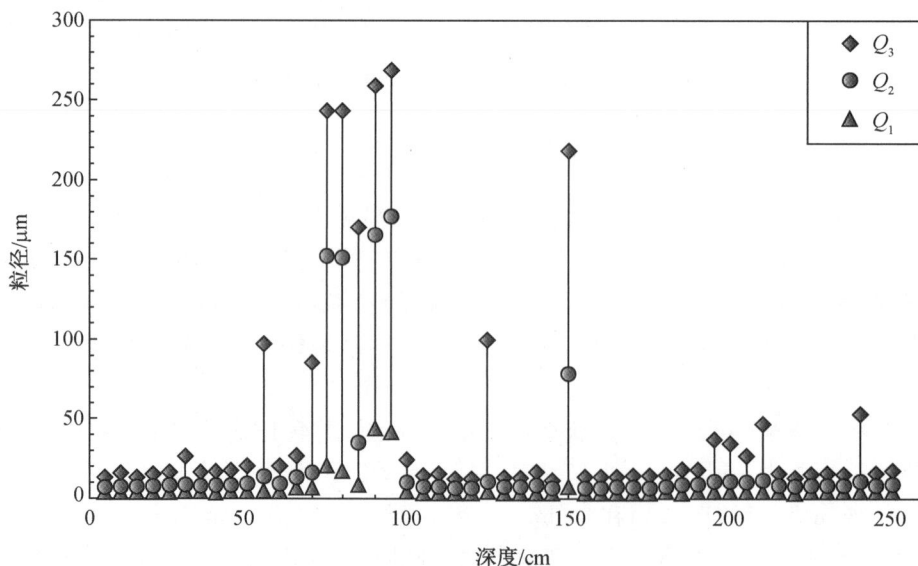

图4-14 邛多江盆地湖相沉积物四分位值图

（3）在100~185 cm阶段中，除个别样品反映出明显的分选差与不对称的偏态分布外，其余样品则表现出弱偏态分布。

（4）在185~250 cm阶段中，此时沉积物的四分位值特征表现出较为不稳定的一面，Q_1、Q_3表现出震荡的偏态分布，这暗示该阶段当时的沉积环境总体上虽然未发生明显改变，但还是在部分时期出现气候动荡，导致水动力发生改变。

综上，从四分位值图表明，由沉积物的粒度变化反映的气候变迁与沉积物粒度参数垂向变化分析具有较好的响应。

第五节 有机地球化学特征及其对古环境的指示

总有机碳、TOC/TN比值及$\delta^{13}C_{org}$值曲线随年龄变化曲线特征如图4-15所示。

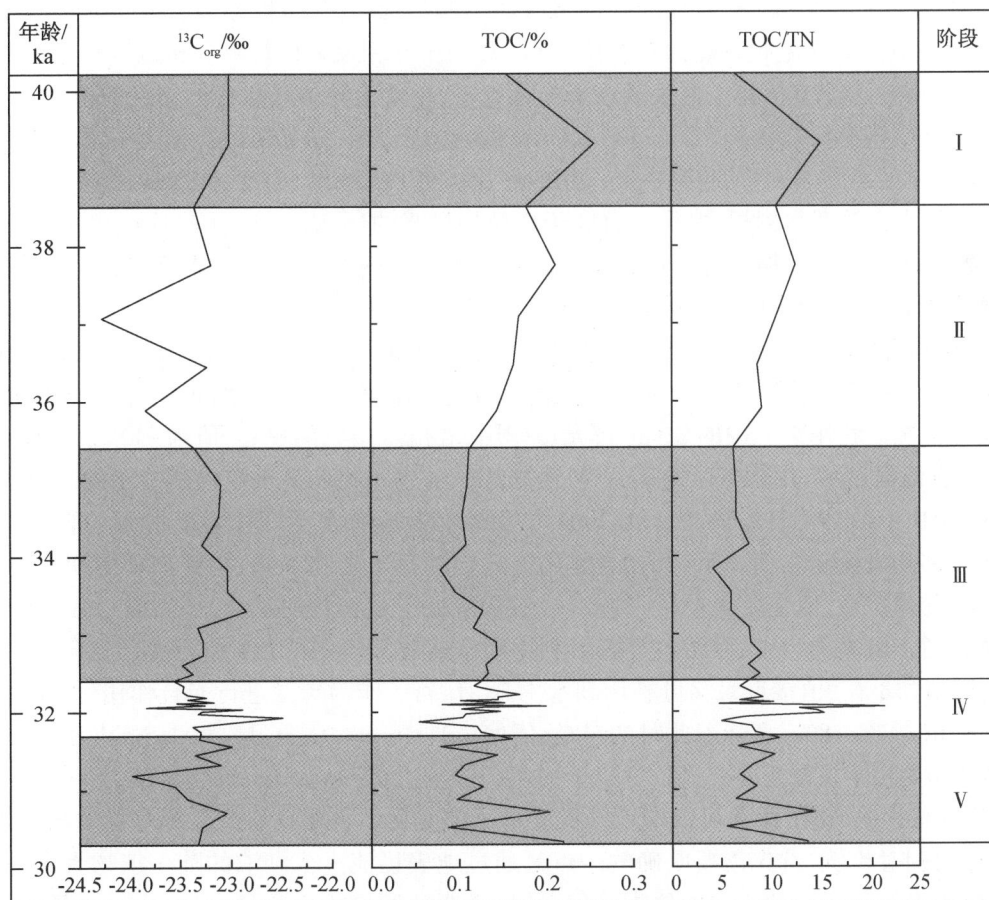

图4-15 有机地球化学指标在时域上的变化

一、湖泊沉积物TOC、TN含量的古气候意义

已有研究表明（Meyers et al., 1999），湖泊沉积物中总有机碳（TOC）含量主要来自外源陆生植物和内源水生植物。由于TOC含量多少主要是由有机质输入量及沉积环境对有机质保存能力决定的（陈敬安等，2002），因此，TOC含量是反映有机质含量的基本参数，对气候变化具有良好的指示意义（王苏民等，1999）。当沉积物中TOC值处于高位时，气候处于暖期；而当TOC值处于低位时，气候转入相对较冷的时期。TOC / TN比值通常可指示有机质的来源。陆生植物由于较高的腐殖质含量，其TOC / TN比值多大于20；内生植物有较高的蛋白质含量，其TOC / TN比值通常小于10（Meyers et al., 1999；Brahney J et al., 2008；吴健等，2010）。

二、邛多江盆地湖相沉积物有机地球化学特征

邛多江盆地沉积物TOC含量整体表现均较低，这可能与湖泊自身生产力较低有关，有机质的输入量也较少，因此，导致TOC含量为0.055%~0.256%。

邛多江盆地湖相沉积物TOC／TN平均比值约为8.94,比值大多小于10。因此,该地区湖相沉积物有机质主要是以内源水生植物为主。然而,内源水生植物主要受湖水营养物质状况及温度所控制(陈敬安等,2002)。因此,该比值的变化可以间接显示当时的气候变化,即当比值升高时,则表示气候趋于温暖,反之亦然。

三、 湖泊沉积物$\delta^{13}C_{org}$的古气候意义

沉积物中有机质碳同位素值变化可以反映古气候变化史,历来被人们用作解释古气候环境的重要代用指标。然而,由于有机碳同位素受到有机质来源、沉积环境气候以及大气压力等因素控制(余俊清等,2001;王秋良等,2003),导致在揭示气候演化史时存在多解性,并且往往出现明显矛盾(Degens E T et al.,1969;Stuiver,1975;Pearson et al.,1978)。

流域通过地表径流等方式可以将陆生植物携带至湖泊内部,因此湖泊沉积物有机质来源主要是陆源植物及内源水生植物。陆源植物按照类型可分为C_3、C_4以及CAM植物,三者的生活环境及保存碳方式不尽相同。C_3植物主要生活在低温湿润的环境中,有机碳同位素值往往偏负,其变化幅度较大,为-35‰~-21‰,均值则在-28‰左右;C_4植物一般生活在温暖干燥的环境中,与C_3植物正好相反。C_4植物有机碳同位素值为-9‰~-21‰之间,平均值约为-14‰。CAM植物主要生活在干旱环境中,主要为景天科酸代谢途径的植物。其有机碳同位素值变化较大,介于C_3植物与C_4植物之间。但是,CAM植物由于较少,在此不表。C_3植物和C_4植物的相对产率虽然受到环境和气候因素影响,但是起到决定作用的还是大气CO_2浓度、温度、湿度等因素。可见,当CO_2浓度上升时,C_3植物叶片光合效率得到提高,形成有利于C_3植物扩张的环境;反之,则形成C_4植物扩张的情况;当环境的温度有所增加时,此时C_4植物获得有利条件,而C_3植物生长受到抑制;此外,由于二者对水分的利用效率不同,二者所依赖的降水环境也不同;C_4植物更依赖于降水相对集中的夏季,C_3植物则相反。

湖泊沉积物中内源水生植物一般为藻类等低等植物,其有机碳同位素值一般偏正。其根据植物类型可主要分为挺水植物、沉水植物与浮游植物三种类型。其中,挺水植物根茎附着于湖底,而茎、叶出露水面。研究表明,挺水植物通常情况下利用大气中的CO_2进行光合作用,故挺水植物的$\delta^{13}C_{org}$值为-30‰~-24‰(Aravena R et al.,1992)。此外,有证据显示,在北半球地区,有机质来源于陆生植物和挺水植物所显示的$^{13}C／^{12}C$比值通常大于-28‰(Osmond CB et al.,1981;Lücke A et al.,2003)。沉水植物根部虽然同样附于水面之下,但与挺水植物不同的是,其植物整体均淹没于水面之下,其光合作用方式也与挺水植物不同,主要是利用湖水中的HCO_3^-作为碳源进行光合作用,其$\delta^{13}C_{org}$值主要集中在-20‰~-12‰,接近于C_4植物的$\delta^{13}C_{org}$平均值-14‰(Meyers PA et al.,1994)。浮游植物通常以藻类为主,浮游藻类既可利用湖水溶解大气中的CO_2作为进行光合作用的碳源(此时$\delta^{13}C_{org}$值与陆生C_3植物$\delta^{13}C_{org}$值接近);又可利用湖水中HCO_3^-离子作为碳源进行光合作用(此时$\delta^{13}C_{org}$的值比陆生C_3植物$\delta^{13}C_{org}$的值高7‰~8‰,意味着此时的$\delta^{13}C_{org}$值偏正)(Meyers PA et al.,1993;Smith BN et al.,1971)。还有数据显示,浮游植物由于更缺乏$\delta^{13}C_{org}$值,常小于-26‰,甚至达到-36‰(Lücke A et al.,2003)。

通过有机碳同位素的变化,往往可以指示有机质来源的变化。主要反映为陆源有机质与内源有机质在湖泊沉积物中保存的相对比例,首先需要明确的一点是通过地表径流进入湖泊的陆生植物大多为高等植物,其有机碳同位素值明显偏负。当有机碳同位素值偏负时,表明陆源有机质含量增加,代表的是地表径流水量增加,水动力增强,反映的是温暖湿润的气候;反之则代表寒冷干燥(沈吉等,2004;谢远云等,2006)。这在部分湖泊研究中也有所记录(Pearson F J. et al.,1978;吴敬禄等,2000;吕厚远等,2001)。其中,吕厚远等人在对青藏高原表土沉积物的有机碳同位素分析后发现海拔高度对同位素值存在明显影响(吕厚远等,2001),在3 500 m以上,同位素值随海拔的增加逐渐偏正,而在3 500 m以下则偏负,表明有机碳同位素气候解释的影响因子在高原上主要受大气气压影响,即在冷期碳同位素值偏正,而在暖期碳同位素偏负。

然而,利用有机碳同位素的组成提取古气候信息时,必须先确定有机碳同位素所反映的物源信息,即确定其有机质来源于陆生植物还是水生植物,这是利用有机碳同位素解释古气候环境的先决条件。当外源输入的有机质很少,沉积环境主要是干旱、半干旱环境,有机质来源主要是以内源水生植物为主时,有机碳同位素值与内源水生植物有关,与陆源植物无明显关系(JT Cao et al.,2001;王国安等,2003)。高湖面期,沉水植物得到充分生长,有机碳同位素值偏重;低湖面期,挺水植物获得有利生长条件后扩张,导致有机碳同位素值偏轻。

四、 邛多江盆地湖相沉积物$\delta^{13}C_{org}$变化特征

通过对TOC／TN比值分析,我们认为邛多江盆地湖相沉积物中有机质含量主要来源于内源水生植物,而

陆源植物的C_3植物和C_4植物几乎未见。因此,可以肯定的是,有机碳同位素值主要受内源水生植物影响。邛多江盆地湖相沉积物中$\delta^{13}C_{org}$值分布在$-24.27‰ \sim -22.5‰$,分布在浮游植物的$\delta^{13}C_{org}$值范围之内,结合TOC/TN比值,进一步得出邛多江盆地湖泊沉积物中有机质主要来源于内源藻类植物(图4-16)。$\delta^{13}C_{org}$平均值约为$-23.3‰$,结合TOC/TN平均比值约为8.94,暗示有机质的主要来源还是湖泊自身。部分层位样品物源显示更接近于C_3植物,这可能是因为水动力的增强导致外源补充的加强。

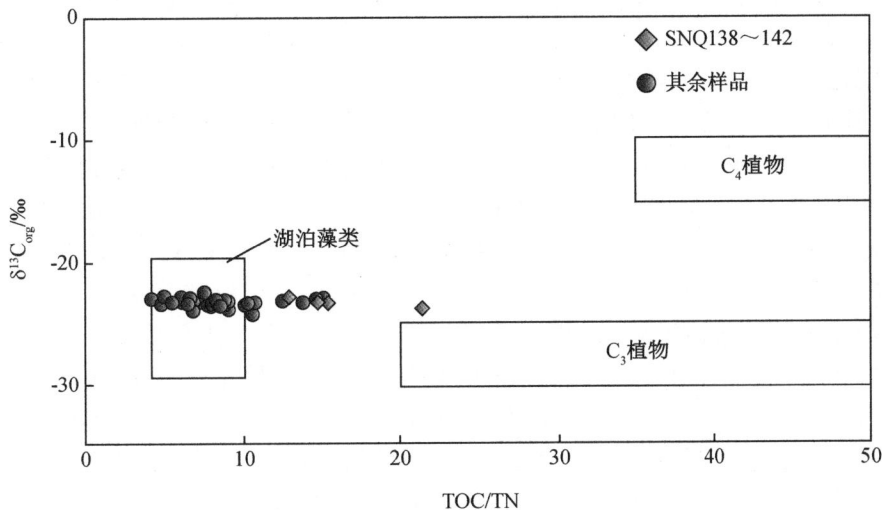

图4-16　湖泊有机质来源分析（据Meyers,1994修改）

结合有机碳、碳氮比、有机碳同位素组成等综合分析,可将剖面分为如下几个阶段。

(1) 250~240 cm(40.2~38.5 ka BP):此时碳同位素值为$-23.01 \sim -23.36‰$,虽然$\delta^{13}C_{org}$值略有偏负趋势,处于23.01‰~23.361‰,但从整体剖面上看,此阶段同位素值仍处于相对高值,表明此时气候仍处于相对湿润的阶段。结合TOC值来看,TOC含量在此时呈增加趋势,并且整体上处于相对高值,暗示此时邛多江地区气候以暖湿为主。

(2) 240~215 cm(38.5~35.4 ka BP):在该阶段,有机碳同位素更加偏负,并且在37.1ka BP时期,有机碳同位素降至剖面中最低值,达到$-24.27‰$,而在这之后,同位素值虽然有所偏正,但此时地区气候已经转变为干旱特征。TOC值在这时期持续走低,从0.21%降至0.11%,碳氮比同样表现出这一明显的走低趋势,从12.47下降至6.22,表明邛多江地区的气候特征为冷干。

(3) 215~155 cm(35.4~32.4 ka BP):总有机碳、碳氮比在这一阶段表现为较为稳定的走势,并未出现明显的起伏变化。有机碳同位素在这一阶段逐渐偏正,从$-23.095‰$转变至$-22.847‰$。结合粒度数据在210 cm处湖泊沉积物中的粒度出现明显的增长,代表明显的降水增强,而后又开始逐渐转向干旱。虽然这一过程并未被有机碳同位素所记录,但这可能是因为有机碳同位素的变化不仅受到大气降水的影响,还受到其他因素干扰,例如大气中CO_2浓度。邛多江盆地湖相沉积物有机质主要来源于浮游植物,而浮游植物以藻类生物为主。上文提到,浮游藻类既可利用湖水溶解大气中的CO_2进行光合作用,又可利用湖水中HCO_3^-离子进行光合作用。前人数据显示在35 ka以后,北纬30°的太阳辐射量达到峰值,而南纬30°的太阳辐射量持续增高(Berger A et al., 1991),这导致全球气候出现变暖,进一步增加大气中CO_2浓度,而CO_2浓度的增加会导致沉积物中有机碳同位素值偏正。因此,我们认为大气中CO_2浓度是导致邛多江盆地沉积物中有机碳同位素变化与粒度变化存在些许不一致的原因之一。

(4) 155~50 cm(32.4~31.7 ka BP):在该阶段,TOC、TOC/TN比值以及$\delta^{13}C_{org}$值均出现明显的动荡变化。其中,$\delta^{13}C_{org}$值主要分布于$-22.499‰ \sim -23.835‰$,TOC、TOC/TN比值同样变化明显,而这一动荡变化与沉积物中粒度参数变化近乎一致地吻合。综合以上数据,表明在这一时期邛多江盆地气候变化迅速,时而暖湿,时而冷干。

(5) 50~5 cm(31.7~30.3 ka BP):在经历了上一阶段的气候动荡变化后,在这一阶段,邛多江盆地气候开始趋于干旱并逐渐稳定。$\delta^{13}C_{org}$值显示从31.6 ka的$-22.991‰$降至30.3 ka的$-23.322‰$,TOC数据显示出逐渐增长的趋势,以上数据反映出邛多江盆地在这一时期受到暖干气候控制。

五、 频谱分析的运用

频谱分析在古气候变化中具有特殊意义。对研究时间-气候变化而言,研究的角度主要是以时间作为参

照坐标,但由于时间具有变化性,因此不容易从气候代用指标中获得精细的气候分期。然而,傅里叶变换(FFT)为气候变化事件/周期研究提供了另一种途径。利用傅里叶变换,可以很容易地从时域转换为频域,即将时间–气候变化研究转化成频域–气候变化研究。变换后可以发现,在图谱上横坐标转化成频率(1/周期)时,纵坐标则为频谱幅度,此时,当频谱超过一定值并且达到所设定的置信度和红噪声检查时,则可以认为在该峰值出现一明显的气候变化,通过对应其横坐标,可以得到该频率值,由于频率为周期的倒数,因此,可以很容易地得到该气候变化周期。此外,通过该时间节点与周期,与其他地区的气候事件乃至全球气候事件对比,可以获得较多的气候响应信息。

米兰科维奇轨道旋回是用来解释气候波动现象的重要理论之一,然而在研究古气候变化过程中,还存在着许多无法用米兰科维奇理论解释的现象。例如,Bond发现在全新世8.2 ka时期发生过一次全球性气候冷事件,并且在整个全新世气候变化中出现过多次冷事件,这些事件被全球各区域大量的气候信息载体所记录(金章东等,2004;金章东等,2007;董进国等,2013;王权等,2015;张银环等,2015;Wiersma A P et al.,2006;Hormes A et al.,2009;Lagrán G M D et al.,2015;Liu Y et al.,2016)。20世纪90年代,科学家发现除米兰科维奇旋回尺度之外,还存在"次米兰科维奇轨道"的冷暖交替,这种冷暖交替被称作冰阶(Stadials)与间冰阶(Interstadials),二者之间的旋回称为D/O旋回。D/O旋回是指在冰期内部的千年、百年尺度的旋回性事件,代表北半球环流系统在全球规模上的重组与整合,致使全球气候呈现较大的温度差异和降水量变化(张岩等,2009)。传统认为,这种旋回的循环周期表现为1 ka、1.5 ka和3 ka,这种旋回机制和周期在NGRIP和GISP海洋钻孔岩芯中有所表现,例如在暖阶9号峰至暖阶8号峰的H4事件是作为MIS3阶段气候最冷和持续时间最长的冷事件,在此事件之后,气候又逐渐转变为温暖。此外,在对冲绳海槽中部37 ka BP以来的古气候与古海洋环境重建研究中表明,1 115 a的周期能够较好地响应于100 ka以来NGRIP和GISP中所发现的这种旋回尺度,并且记录在岩芯中的氧同位素变化曲线中,并且还伴随有平均435 a的数个周期(余华,2006)。

为了观察气候的周期变化,选择对邛多江盆地湖泊沉积物的$\delta^{13}C_{org}$值进行频谱分析(图4-17)。从频谱分析中可以看出,超过95%红噪声水平检查有两个明显周期,分别为1 552 a和1 187 a;超过90%红噪声检查的周期则达到四个,分别为1 552 a、1 187 a、961 a和602 a。此外,还存在有538 a和492 a等周期。这一系列周期良好地对应了D/O旋回中1.5 ka和1 ka,而602 a、538 a以及492 a对应的可能是1 000 a的半谐周期,这在诸多研究中均有发现(韩淑媞等,1990;白世彪,2002;洪冰等,2004;方修琦等,2004;余华,2006;喻春霞等,2008;俞鸣同等,2009;金海燕等,2011)。方修琦等在统计10 000 a BP时期以来我国冷事件记录时发现气候冷暖变化在500 a和1 000 a、1 300 a的周期表现极为明显(方修琦等,2004);在南海北部晚第四纪以来100 ka以来的气候记录中显示,Ba/Ti和K/Al比值反映表层生产力与陆地化学风化的变化,其比值变化与太阳活动相关的百年尺度的变化周期有关,其中,太阳活动相关的变化周期分别为200 a和500 a左右(金海燕,2011);在青藏高原的泥炭记录中,TOC含量的频谱分析结果表明了512 a和255 a的准周期旋回,红原泥炭中的植物残体纤维素碳同位素获得的557 a(洪冰,2004),这与北大西洋热力环流存在不太稳定的512 a的周期相关(Stuvier et al.,1992)。

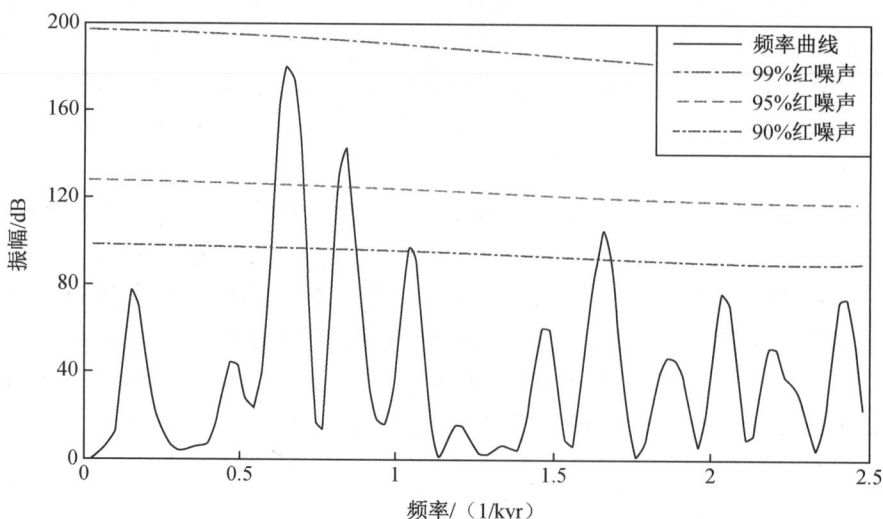

图4-17 $\delta^{13}C_{org}$的时间序列频谱分析

第六节　邛多江盆地气候变化与气候响应

一、 盆地气候演变史

基于上述分析,根据邛多江盆地湖相沉积物粒度、TOC、TN、TOC/TN以及有机碳同位素组成变化,可将邛多江地区近40 ka BP以来的气候环境演变划分为如下几个阶段。

1.气候暖湿期（40.2~38.5 ka BP）

粒度数据显示,在40.2~38.5 ka期间,粒径呈增长趋势,沉积物中粗颗粒粒径含量增加明显,从10.33%跃至23.97%。分析邛多江地区地理地貌等特征后,粒径增长对应的气候条件应该是湿润。因此,粒度在这一时期的增长可能反映出来的水动力条件是明显增强的,有机碳同位素在这一阶段同样处于整体偏正,二者都表明了这一时期邛多江地区湿润多雨。有机地球化学特征也显示出走高的趋势,研究表明当TOC含量处于高值时,对应的是温暖的气候特征。因此,综合所有数据来看,此阶段邛多江盆地气候整体特征为暖湿气候。

2.气候温干期（38.5~35.4 ka BP）

此阶段中,沉积物粒径开始表现出稳定的减小趋势,在黏土含量、粉砂含量都出现弱的增加趋势,分选系数、峰度和偏度表现均显示该阶段与上一阶段相比已经由湿润向干旱逐渐转变。稳定碳同位素研究中也显示出同位素值更加偏负,并且在37.1 ka BP达到全剖面最低值。结合TOC、TOC/TN比值来看,此时邛多江盆地气候特征已经有暖-湿转变向温-干气候的趋势。

3.气候过渡期（35.4~32.4 ka BP）

有机地球化学研究中,总有机碳、碳氮比在这一阶段开始趋于稳定,未出现明显的起伏变化,说明该阶段气候并未有较大幅度的冷暖变化。平均粒径和中值粒径的减小趋势表明了气候较上阶段更加干燥,指示降水量的减小和湖泊流域水量减小。有机碳同位素变化组成特征与粒度变化特征出现明显的吻合趋势,粒度和有机碳同位素值均表明在剖面210 cm（35 ka左右）处出现显示明显的降水增强事件的特征。特征显示,粒度的中值粒径和平均粒径出现明显增大,从7φ增加至6φ有余,$\delta^{13}C_{org}$值从-23.095‰偏正至-22.847‰。在这次事件之后,两种代用指标的参数均开始出现下降和偏负趋势。

4.气候动荡期（32.4~31.7 ka BP）

该时期是邛多江盆地40~30 ka期间以来最为动荡的气候变化时期。粒度特征表明该阶段沉积物平均粒径在3.56φ~5.43φ变动,中值粒径同样显示了不稳定的变化特征。将粒度与$\delta^{13}C_{org}$值变化特征对比发现,$\delta^{13}C_{org}$值在-22.5‰~-23.84‰变化,而TOC、TOC/TN比值显示出与$\delta^{13}C_{org}$值相似的变化规律,综合以上数据,说明此时期的邛多江盆地气候变化快速,时而暖湿、时而冷干。但是在这一系列动荡变化的过程中,邛多江盆地总体的气候变化趋势显示出偏向暖湿的特征。

5.气候转干期（31.7~30.3 ka BP）

在经历了上一阶段的动荡变化后,从31.7 ka开始气候逐渐稳定下来,而且与上一阶段偏暖湿的特征不同,此时气候表现为温暖-干旱的特点。TOC不稳定增长,$\delta^{13}C_{org}$值逐渐偏负。结合沉积物粒度逐渐减小,反映气候干旱少雨,水动力减弱,河流携带能力削弱,盆地受到暖干气候控制。

二、 区域与全球气候响应

在将各地区气候记录置于统一年代后,获得邛多江盆地湖相沉积物$\delta^{13}C_{org}$值变化曲线与其他区域气候变化曲线对比（图4-18）,对比后,我们发现邛多江盆地湖相沉积物$\delta^{13}C_{org}$值曲线具有相对良好的全球对比性。

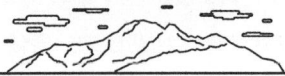

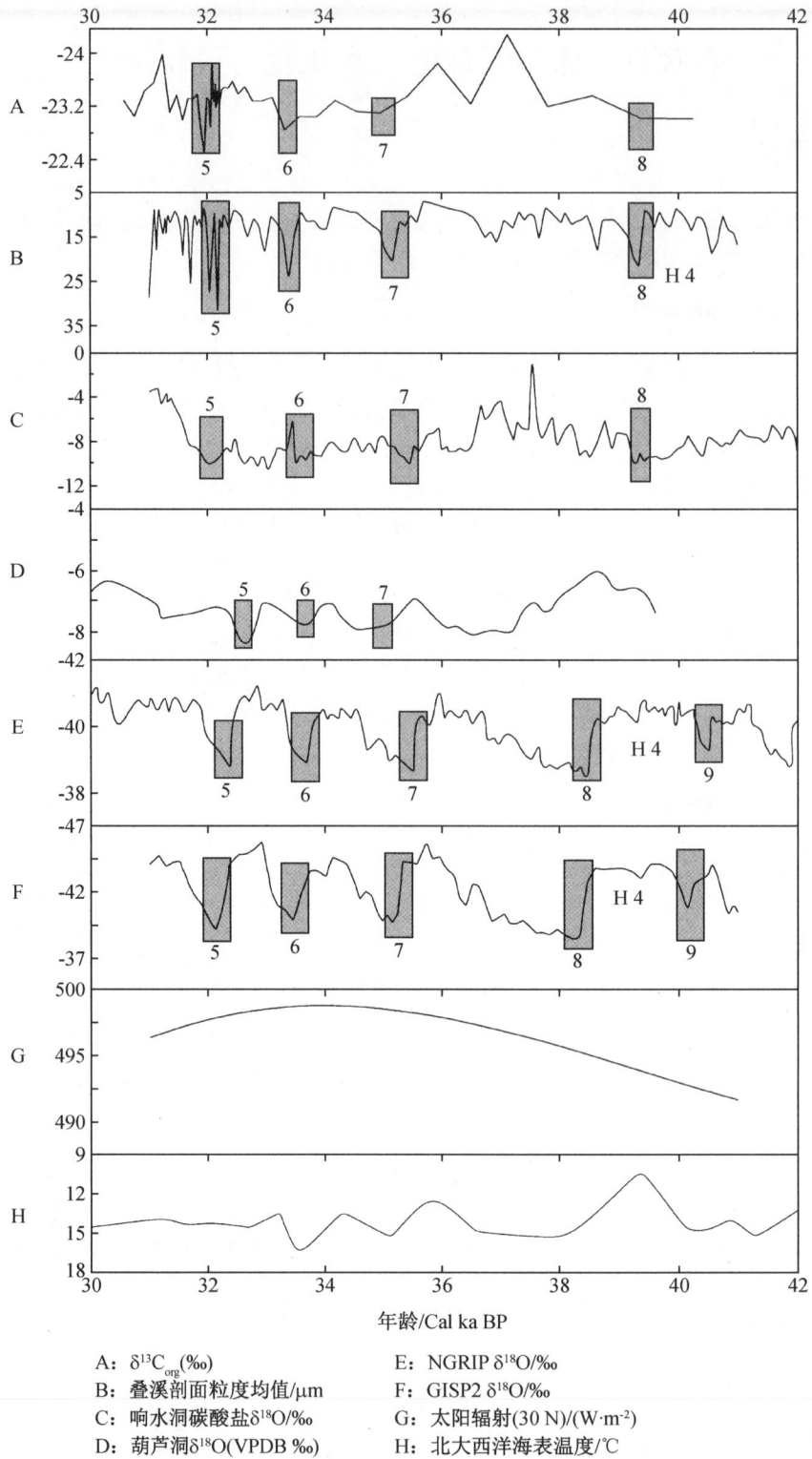

图4-18 气候变化与响应

A：$\delta^{13}C_{org}$(‰)   E：NGRIP $\delta^{18}O$/‰
B：叠溪剖面粒度均值/μm F：GISP2 $\delta^{18}O$/‰
C：响水洞碳酸盐$\delta^{18}O$/‰   G：太阳辐射(30 N)/(W·m^{-2})
D：葫芦洞$\delta^{18}O$(VPDB ‰)   H：北大西洋海表温度/℃

前人研究表明,石笋中氧同位素的变化与降水量的变化有关,与季风强度特征相关(Dykoski et al., 2005)。受到西南季风影响较为明显的桂林地区响水洞石笋,表现出与邛多江盆地湖相沉积物相似的气候变化。在格陵兰暖阶(GIS)7号峰处,$\delta^{13}C_{org}$值曲线与石笋碳酸盐氧同位素曲线在时间上有所偏差。这可能是因为邛多江盆地在冬季受到西伯利亚高压在青藏高原上空形成的强烈反气旋控制形成冷干气候,而在夏季受到赤道辐合带(ITCZ)北移的影响,此时,季风对流降雨量达到最大值,出现明显的降水事件。这在与具有相同气候系统控制因素的贵州七星洞的石笋氧同位素具有良好的对应性(张美良等,2004),而在响水洞地区则并未受多种气候系统干扰。

通过对比南京葫芦洞石笋 $\delta^{18}O$ 变化曲线后（Wang et al.，2001），我们发现葫芦洞与邛多江盆地湖相沉积物显示较为明显的错时气候响应，仅可以识别出 GIS5、GIS6 和 GIS7 号峰三个暖阶。这是因为葫芦洞主要是受东亚季风影响，因此导致 D/O 旋回在时间上有所偏差。虽然邛多江盆地湖相沉积物中未见 H4 事件，但在暖阶 8 号峰到 7 号峰之间，表现出了与深海岩芯较为类似的冷事件，这一点同样被响水洞石笋记录。在南京葫芦洞中，虽然石笋氧同位素逐渐偏正，显示出偏冷的气候，但是葫芦洞与响水洞、七星洞和邛多江盆地在气候变化上存在着明显的时间差异，这说明当时葫芦洞的气候变化受到了不同于后两者气候变化的主控因素驱动，从而表现出明显的时间序列差异。

目前，已有研究认为千年尺度上的气候变化驱动机制和温盐环流有关，而温盐环流模式又分为 3 种（Alley R B et al.，1999；王绍武等，2002）。前人的研究还表明，北大西洋海表温度与青藏高原气温既有同位相关系，也存在反位相，并且二者交替出现，从持续时间来说同位相时间也比反位相时间短（肖栋等，2014），这种交替关系的出现目前暂时还未有较好的解释。不过，需要考虑的一点是在发生 H 事件时，北大西洋中海水温度和盐度都开始急剧降低，导致北大西洋温盐环流无法下沉（张岩等，2009），温盐的持续降低影响到全球乃至青藏高原气候格局。然而，不可否认的是青藏高原因其特殊的地理位置和构造环境，它的隆升和变化对气候变迁具有深刻影响。目前相关的研究认为青藏高原的隆升是导致副热带高压增强的重要因素，高原隆升使得亚洲陆地上空的气旋环流加强，高原东侧季风逐渐向北迁移，西侧则是向南褪去。此外，高原的存在致使海陆热力差异进一步加强，并且在一定程度上重塑了整个亚洲季风系统（梁潇云等，2006；杨杰，2015），故高原的隆升同样会对高原内部气候变化产生深刻影响。而这种隆升所造成的气候改变很有可能是引起高原气候演化与全球气候变化整体协同、局部差异的重要因素。综上所述，本书认为大洋温盐环流与青藏高原自身二者的叠加影响可能是导致高原气候出现与全球气候记录略有不同和与北大西洋海表温度出现正、反位相交替的主要原因。

此外，有机碳同位素变化曲线显示出逐渐变暖的总体趋势，这与自 40 ka 以来太阳辐射量的增长密切相关。在 40~33 ka BP 期间，北纬 $30°$ 的太阳辐射量逐渐增长并达到最高值（Berger A et al.，1991），这种高热量投射至高原地表导致高原气候在这一时期逐渐变暖，降水量增多，冰川融水增加，这在邛多江盆地的粒度记录中有所表现。前人研究表明，影响印度季风强度的主要是太阳在南纬 $30°$ 辐射量的大小（Clemens S L et al.，1991）。根据资料显示，$30°S$ 太阳辐射量最大时在 32 ka BP 左右（Berger A et al.，1991），而这一时期 $30°N$ 的太阳辐射量开始下降。所以，这种太阳辐射量差异性的升降可能是导致邛多江盆地在 32.4~31.7 ka BP 期间出现气候强烈动荡的主要因素之一。

三、结论

通过对西藏邛多江盆地湖相沉积物粒度、TOC、TOC/TN 以及有机碳同位素组成分析，建立研究区 40~30 ka BP 以来古气候变化过程，并通过对比其他地区的气候记录，对盆地气候变化控制因素及驱动机制进行浅析，并得出以下结论。

（1）通过对各代用指标的分析，将邛多江盆地 40~30 ka BP 古气候变化特征分为如下几个阶段：气候暖湿期（40.2~38.5 ka BP）、气候温干期（38.5~35.4 ka BP）、气候过渡期（35.4~32.4 ka BP）、气候动荡期（32.4~31.7 ka BP）和气候转干期（31.7~30.3 ka BP）。

（2）通过粒度分析，发现 40~30 ka 期间邛多江盆地可能存在几次明显的气候事件，诸如 39.3 ka 短暂干旱事件、35 ka 降水增强事件等。

（3）通过对邛多江盆地湖相沉积物剖面中有机碳同位素变化特征分析，除温度和降水量两个影响因素外，大气中 CO_2 浓度可能也是导致该剖面有机碳同位素变化的原因之一。

（4）结合邛多江盆地沉积物有机碳同位素变化特征，发现其与全球其他区域具有明显的响应关系，并且在频谱分析中识别出 1 552 a、1 187 a、961 a 和 602 a，这一系列周期良好地对应了 D/O 旋回中 1.5 ka 和 1 ka，而 602 a、538 a 以及 492 a 对应的可能是 1 000 a 的半谐周期。

（5）在与主要受到东亚季风控制的南京葫芦洞石笋氧同位素变化曲线对比时发现，二者存在比较不协同的气候变化关系，初步认为是两个区域受到了不同的季风控制导致了这种差异。对比各区域气候记录后，发现盆地气候控制主要是受到西南季风的影响，而与东亚季风存在弱相关性。此外，通过与北大西洋深海沉积物气候记录所反映的气候事件对比，发现其具有良好的对应性，说明可能是受到温盐环流的因素驱动。然而，

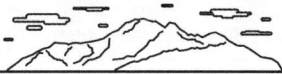

考虑到高原的特殊地理位置和大地地貌、构造等因素,认为温盐坏流和高原自身是影响邛多江盆地湖相沉积物气候参数变化的两个重要因素。

（6）结合40~30 ka BP以来的30°N和30°S的太阳辐射量变化,认为是由于受到太阳辐射量改变从而引起的气候与环境的改变,并且认为在32 ka BP左右由于南北纬太阳辐射量的差异变化,可能是邛多江盆地出现气候急剧动荡的主要原因之一。

（7）本次研究工作还存在着许多不足,仅利用AMS¹⁴C测年,并且没有获得邛多江盆地湖相沉积物剖面的碳库年龄,还需要做出更多精准定年工作。下一步工作可以利用部分层位的砂质样品及OSL测年技术,以期获得更加准确的年龄数据。

第五章 宁夏中南部对青藏高原东北缘隆升的响应

探讨青藏高原东北缘构造的形成、演化与高原扩展之间的关系,具有十分重要的研究价值。利用磁性地层学、磷灰石裂变径迹、构造变形、盆地分析、地貌分析等方法,对宁夏中南部地区的新生代地层和断裂,进行了深入研究。推测该地区新生代地层,寺口子组的沉积时代为始新世-晚渐新世,清水营组的沉积时代为晚渐新世-早中新世,彰恩堡组的沉积时代为早中新世-晚中新世,干河沟组的沉积时代为晚中新世-上新世。青藏高原EN向的扩展,在始新世就通过阿尔金断裂直接传递到宁夏中南部,并且在中新世晚期,以无序的形式对该地区进行大规模破坏,形成了现今的宁南弧形构造带。

印度板块与欧亚板块碰撞造成的青藏高原的隆升,是新生代以来最受瞩目的构造事件之一(郑文俊等,2016;Fan et al.,2019;Wang et al.,2021)。青藏高原东北缘是青藏高原的重要组成部分,也是高原生长和扩展的最前沿(雷启云等,2016;李新男等,2016)。相对于高原主体,高原边缘的研究可以从另一个角度,对青藏高原整体的隆升有更好的认识(郑文俊等,2016)。

宁夏中南部地区位于青藏高原最东北缘,东临鄂尔多斯地块,北接阿拉善地块。该地区新生代以来经历了多期构造变形,记录了新生代青藏高原向EN方向扩展的过程,是研究青藏高原东北缘隆升的良好区域(Shi et al.,2015a;吴小力,2017;刘晓波,2019;李明涛,2020)。

第一节 宁夏中南部地质概况

一、区域构造特征

宁夏中南部在新生代早期形成了一个盆地,即宁南盆地。始新世时盆地底部的正断层,控制着盆地第一套新生代沉积层的沉积(刘永前等,2009;Shi et al.,2015a)。中新世晚期以来,该盆地开始遭受青藏高原EN向扩展造成的破坏,加里东时期形成的弧形构造重新被激活。自此,宁夏中南部逐渐演化为,自西南向东北分别为海原-六盘山断裂带、香山-天景山断裂带、烟筒山-窑山断裂带和牛首山-罗山断裂带四条断裂带所组成的弧形构造带,在平面上呈扫帚型,目前已不具备盆地形态(邓辉,2014;Shi et al.,2015b;刘晓波,2019)。

1. 海原-六盘山断裂带

海原-六盘山断裂带是青藏高原东北缘构造变形最为显著的一条断裂带(Li,2019)。广义的海原断裂包括冷龙岭断裂、金强河断裂、毛毛山断裂、老虎山断裂等次级断裂,长度约500 km;狭义的海原断裂带指海原断裂东段部分,长度约200 km(Duvall et al.,2013)。六盘山断裂北段与海原断裂东段斜接,吸收了青藏高原块体和鄂尔多斯块体之间的复杂变形,通过强烈的逆冲与走滑运动来调节两大块体的应变(Li et al.,2018)。断裂带新生代经历了多期构造变形,中新世晚期受青藏高原EN向扩展的影响,向EN方向强烈逆冲,后期又经历了左旋走滑,并发育了一系列拉分盆地(刘康,2020)。

2. 香山-天景山断裂带

香山-天景山断裂带,东起张家堡子以南,经青疙瘩、红沟梁等终止于甘肃营盘水附近,全长约200 km(宁夏回族自治区地震局,1990)。香山-天景山断裂对青藏高原东北部的左旋滑动和地壳缩短变形,具有主要的调节作用,是青藏高原东北缘一条重要的左旋走滑断裂带(Li et al.,2017)。根据香山-天景山断裂的活动历史和几何形态,将断裂带分成东西两部分。西段走向近EW向,以左旋走滑为主,同时兼有正断或者逆冲性质;东段由NWW走向转为NNW走向,主要为逆冲性质并兼具走滑性质(李新男,2014)。

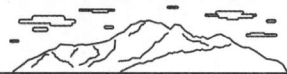

3. 烟筒山-窑山断裂带

与其他三条活动断裂带相比,该断裂带活动性整体较弱,前人对其研究最少,相关文献也最少,断裂带性质大致为逆冲兼具左旋走滑(赵扬等,2019)。烟筒山断裂带的主体分布在烟筒山东麓,北起余丁金沙牙石沟,向南经红山口子、九座坟及炭山西麓,在云雾山一带可能与牛首山-罗山断裂带合二为一(宁夏回族自治区地震局,1990)。

4. 牛首山-罗山断裂带

牛首山-罗山断裂带是青藏高原东北缘最外缘的一条断裂带,分割了青藏高原东北缘和鄂尔多斯地块两大构造单元(陈虹等,2013;Chen et al.,2015)。有学者提出该断裂在吉井子或元山子转向西北方向,与查汗布拉格断裂相连,最终与龙首山南缘断裂相接(张进等,2006;Zhang et al.,2010)。但是,最新的研究认为,河西走廊北侧的合黎山-龙首山断裂带是高原向北挤压扩展的前缘,与牛首山-罗山断裂带的运动学性质存在明显的差异(郑文俊等,2016),两条断裂带并不相连。同时,由于鄂尔多斯地块的逆时针旋转的影响,牛首山-罗山断裂带没有延续前三条断裂左旋走滑的构造运动,而是转为右旋走滑(雷启云等,2016)。

二、区域地层特征

宁夏中南部整体缺失古新统,早期的地质学家将该区古近系和新近系地层自下而上分为:固原群,包括寺口子组和清水营组;甘肃群,包括彰恩堡组和干河沟组(赵扬,2019)。随着区调和相关研究工作的进展,逐渐取消甘肃群和固原群,直接将各套地层划分为寺口子组、清水营组、彰恩堡组和干河沟组(Wang,2011;寇琳琳等,2021)。

1. 寺口子组

寺口子组是宁夏中南部第一套新生代地层,与下伏的白垩系呈不整合接触。该组主要分布在六盘山附近和同心至海原一带,中卫盆地边缘也有零星分布(宁夏回族自治区地质矿产局,1982)。岩性主要为紫红色中厚层砾岩,紫红色厚层砂岩(图5-1),以河流-湖泊相沉积为主。寺口子组的沉积表明,宁夏中南部在经历了古新世的剥蚀后,构造环境发生了很大的改变,并逐渐演化为一个沉积盆地。根据古水流和地球化学手段分析,寺口子组的物源主要来自EN方向,由被动大陆边缘提供,即鄂尔多斯地块西缘为寺口子组的沉积提供物源(赵杨,2019;李明涛,2020)。

a—寺口子组三段紫红色厚层块状砂岩;b,c—寺口子组二段紫红色中厚层块状砾岩、砂岩互层;d—寺口子组一段子紫红色厚层块状砾岩。

图5-1 丁家二沟地区寺口子组

同心丁家二沟地区的寺口子组,按照地层岩性特征可分为三段。一段为褐红色、紫红色块状粗砾岩,分选差。二段为紫红色块状砾岩与砂岩互层。三段为紫红色厚层块状砂岩。整体上表现为下粗上细的沉积特征。

2. 清水营组

清水营组主要分布在灵武清水营、同心贺家口子及固原寺口子等地,为咸水浅湖相沉积。与寺口子组相比,粒度更细,横向变化更小,沉积环境有较大的差别,表明宁夏中南部进入一个新的发展阶段(宁夏回族自治区地质矿产局,1982)。总体以紫红色泥岩、粉砂质泥岩和粉砂岩及灰白色泥质石膏岩为主(图5-2)。清水营组的物源与寺口子组相同,都来自EN方向(赵杨,2019;李明涛,2020)。

a,b—清水营组二段灰白色泥质石膏岩与紫红色泥岩不等厚互层;c,d—清水营组一段厚层紫红色泥岩。

图5-2　丁家二沟地区清水营组

同心丁家二沟地区的清水营组,按照地层岩性特征可分为上下两段。一段为厚层紫红色泥岩。二段为灰白、浅绿灰、浅紫红色泥质石膏岩与紫红色泥岩的不等厚互层。

3. 彰恩堡组

彰恩堡组原名红柳沟组,是宁夏地质矿产局在1970年于宁夏中宁县牛首山西麓的白马乡红柳沟所定下的名称(宁夏回族自治区地质矿产局,1982)。由于王景斌于1966年将新疆东部准噶尔地区志留系上部沉积定名为红柳沟组,因此依据命名先后原则,将宁夏中南部红柳沟组改为彰恩堡组。

彰恩堡组在宁夏中南部分布比较广,中宁红柳沟、同心丁家二沟以及南部的固原寺口子等地都有分布,厚度不等,为深湖相沉积(刘晓波,2019)。利用地球化学的手段分析,彰恩堡的物源与寺口子组和清水营组一样,主要来自EN方向(李明涛,2020)。宁夏中南部的彰恩堡组的年龄从南到北逐渐变新,这表明在彰恩堡组沉积时,可能已经有南部的物源参与其中(赵杨,2019)。

中宁白马新田地区的红柳沟剖面的彰恩堡组,岩性总体上为浅红、桔红、桔黄色泥岩,向上黏质砂土逐渐增多,底部含有薄层石膏,偶见泥灰岩团块或者条带。岩石固结程度较差、沉积地层宏观色调相较与下伏的清水营组与寺口子组浅的多,为桔红、桔黄色。

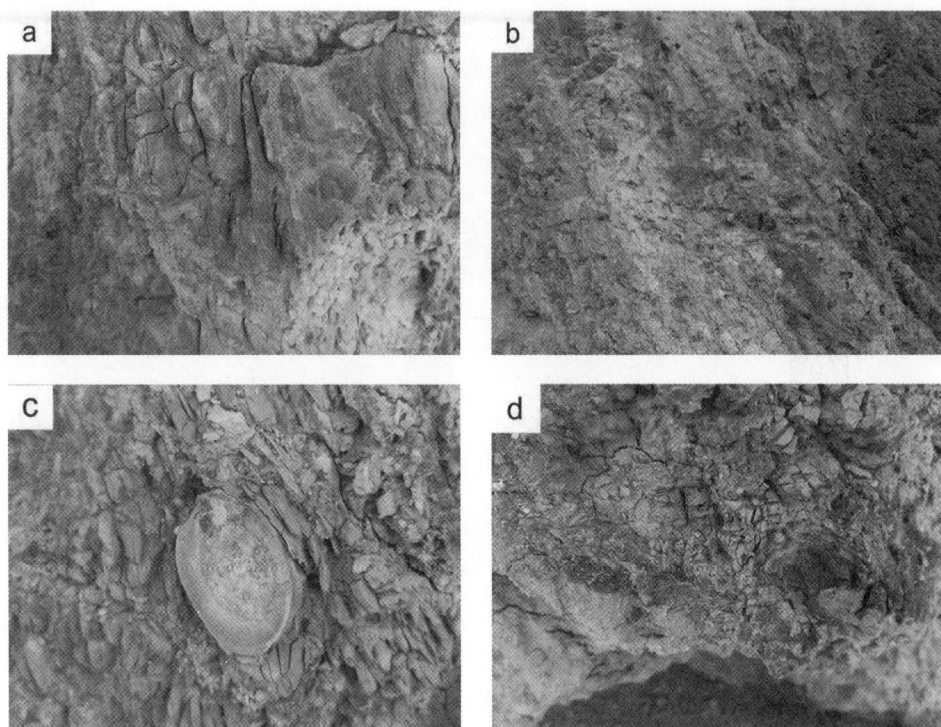

a,b—彰恩堡组棕红色泥岩夹青灰色条带状细砂岩或泥岩;c—彰恩堡组泥灰岩团块;d—彰恩堡组网脉状石膏。

图5-3　白马新田地区彰恩堡组

4. 干河沟组

干河沟组分布范围较彰恩堡组小,且该组厚度横向上变化比较大。岩性主要为土黄、土红、灰白色砾岩、砂砾岩和砂岩,岩层松散,固结程度差(图5-4)。干河沟组以河流相沉积为主,与彰恩堡组的岩性有较大差别,沉积相的改变也显示,在干河沟组沉积时,宁夏中南部发生了强烈的构造活动(宁夏回族自治区地质矿产局,1982)。利用地球化学的手段分析,干河沟组除了有来自EN方向的物源,还有来自SW方向的物源,即干河沟组沉积时,六盘山开始隆起并提供物源(李明涛,2020)。碎屑锆石测年的结果也显示,相比寺口子组,干河沟组明显多了190~210 Ma的年龄峰值,这说明两者之间存在明显的物源区差异(赵杨,2019)。

a,b—干河沟组三段灰白色-黄褐色砂砾石层与灰白色砂层互层;c—干河沟组二段桔红色泥岩;d—干河沟组一段灰白色石英砂岩。

图5-4　白马新田地区干河沟组

中宁白马新田地区的的干河沟组,总体上为中-粗砂砾石层与桔红色泥岩泥岩互层沉积,砂层以灰白色为主,少数为褐黄、黄绿色;砾石整体上以次棱角状为主,砾石间充填有含黏土的中、细砂。其按照岩性的不同特征可分为上下三段,一段为灰白色石英砂岩。二段为桔红色泥岩,三段为灰白色-黄褐色砂砾石层与灰白色砂层互层。

第二节　研究进展分析

一、宁夏中南部地区新生代地层定年

宁夏中南部新生代地层的精确定年,是确定青藏高原EN向扩展到达时限和形式的关键,目前很多研究人员都对该地区地层进行了精确定年(图5-5),但不同人员测出的结果有较大出入(申旭辉等,2001;程彧,2005;Jiang et al.,2007;韩鹏,2008;房建军,2009;Wang,2011;Liu et al.,2019;寇琳琳等,2021)。

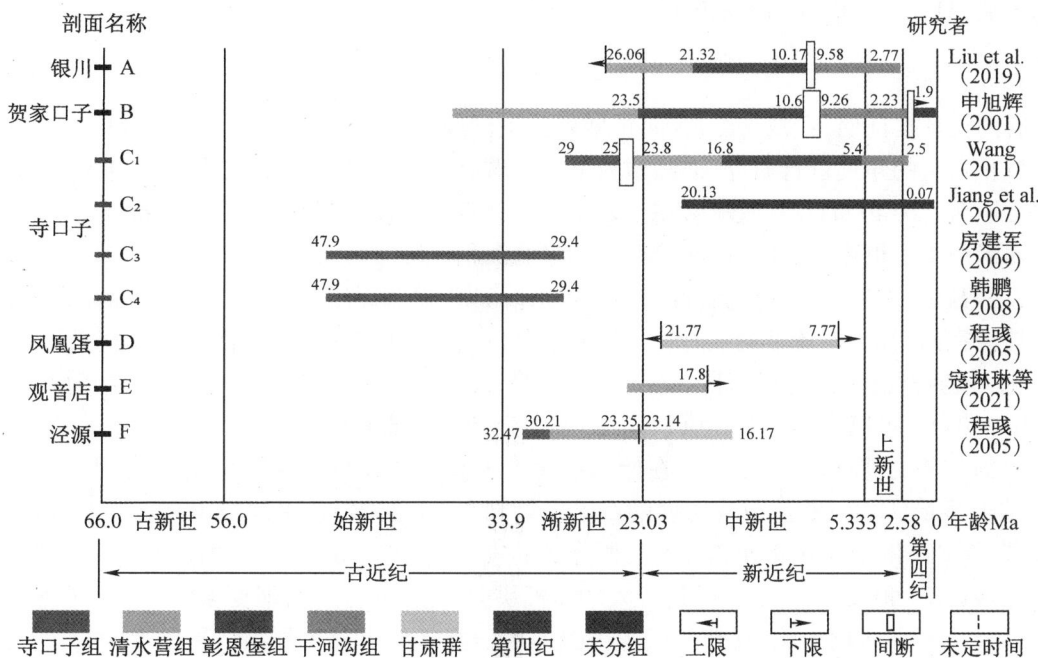

图5-5　宁南新生代地层时代对比（据房建军，2009修改）

1. 寺口子组

利用磁性地层学,测出寺口子组的年龄有以下几种结果:32.47~30.21 Ma(程彧,2005);47.9~29.4Ma(韩鹏,2008;房建军,2009);29~25 Ma(Wang et al.,2011);Jiang等人测出寺口子组的底界年龄为20.13 Ma(Jiang et al.,2007)。结合对宁夏同心地区的孢粉研究(孙素英,1982),寺口子组年龄可判定为始新世-晚渐新世。

2. 清水营组

清水营组通过磁性地层学测得的年龄有以下几种结果:38.5~23.5 Ma(申旭辉等,2001);30.21~23.35 Ma(程彧,2005);23.8~16.7 Ma(Wang et al.,2011);26.06~21.32 Ma(Liu et al.,2019);寇琳琳等人通过锆石碎屑测出清水营组的顶界年龄17.8 Ma(寇琳琳等,2021)。结合对宁夏同心地区的孢粉研究(孙素英,1982),清水营组的年龄可判定为晚渐新世-早中新世。

3. 彰恩堡组

彰恩堡组通过磁性地层学测得的年龄有以下几种结果:23~10 Ma(申旭辉等,2001);23.8~16.7 Ma(Wang et al,2011);21.32~10.17Ma(Liu et al,2019);程彧测得彰恩堡组的底界年龄为23.14 Ma(程彧,2005)。结合"同心动物群"的突然死亡事件(赵杨,2019),彰恩堡组年龄可判定为早中新世-晚中新世。

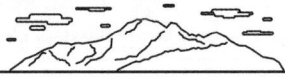

4. 干河沟组

干河沟组通过磁性地层学测得的年龄有以下几种结果：9.26~2.23 Ma（申旭辉等，2001）；5.4~2.5 Ma（Wang et al.，2011）；9.58~2.77 Ma（Liu et al.，2019）；程或测得干河沟组的顶界年龄为7.77 Ma（程或，2005）。结合距宁夏吴忠市30 km处发现的哺乳动物化石（邱占祥，1987），干河沟组年龄可判定为晚中新世-上新世。

总体上，寺口子组的沉积时代可判定为始新世-晚渐新世，清水营组为晚渐新世-早中新世，彰恩堡组为早中新世-晚中新世，干河沟组为晚中新世-上新世。

二、 青藏高原东北向扩展的到达时限

青藏高原EN向扩展到达宁夏中南部地区的时限，主要存在始新世与中新世两种争议（程或，2005；房建军，2009；刘永前等，2009；Zhang et al.，2010；Wang，2011；Duvall，2011；陈虹等，2013；邓辉，2014；Shi et al.，2015a；Zhang et al.，2016；Fan et al.，2019；贺赤诚等，2019；刘晓波，2019；李明涛等，2020）。根据新生代以来宁夏中南部的构造活动推测，宁夏中南部地区在始新世已经对印度-欧亚板块的碰撞做出响应，但由于太平洋板块向西俯冲的影响，只在牛首山等局部地区做出响应。

1. 始新世

目前主要有两类证据证明，青藏高原EN向扩展始新世已经到达宁夏中南部。

一类是以沉积盆地的角度进行研究，推测始新世时青藏高原EN向的扩展就已经到达宁夏中南部。印度-欧亚板块碰撞后不久（30~40 Ma），其效应就在宁夏中南部体现，形成了最早一期的山前挠曲盆地，盆地前隆部位即鄂尔多斯西缘产生了很多正断层，控制着寺口子组的沉积（Zhang et al.，2010）。

另一类是以六盘山、牛首山等地始新世的构造活动来证明，青藏高原EN向的扩展在始新世就到达宁夏中南部。六盘山地区在始新世-渐新世的顺时针旋转和强烈隆升（程或，2005；刘永前等，2009；王伟涛，2013）、牛首山在始新世末-渐新世的N-S向挤压逆冲变形（陈虹等，2013）、海原断裂带在始新世的顺时针旋转（G. Du-pont-Nivet et al.，2004）都可以作为青藏高原EN向扩展在宁夏中南部的响应。

与宁夏中南部相邻的其他构造单元，也在始新世对青藏高原EN向扩展做出响应。如西宁盆地新生代地层的锆石测年结果显示，印度-欧亚板块碰撞的影响在始新世50~44 Ma几乎同步出现西宁盆地，西宁盆地的形成和发展就是对印度-欧亚板块碰撞和青藏高原隆升的直接响应（Zhang et al.，2016）。马衔山断裂带及东侧的六盘山地区在古近纪（60~23 Ma）虽然受到了太平洋板块向西俯冲的影响，但更多的是来自青藏高原隆升的影响，是对印度-欧亚板块碰撞的响应（贺赤诚等，2019）。西秦岭的伊利石测年结果显示，西秦岭在始新世发生了强烈的构造活动，并据此推断在印度-欧亚板块碰撞的10 Ma内，青藏高原东北缘相当大一部分的压缩变形就已经开始（Duvall，2011）。

综合上述，宁夏中南部各地区在始新世的构造活动都显示，青藏高原EN向扩展在始新世已经到达青藏高原东北缘。

2. 中新世

支持青藏高原EN向扩展在中新世到达宁夏中南部的，推测宁夏中南部在始新世是一个受太平洋板块向西俯冲控制的断陷盆地，直到中新世晚期，青藏高原EN向的扩展才到达宁夏中南部，并开始破坏早期形成的宁南盆地。

宁南盆地底部出现大量的正断层，这些正断层控制着盆地早期的沉积，是太平洋板块向西俯冲的远程效应，一直到渐新世末期，正断层作用才开始停止，青藏高原向东北方向的扩展才开始影响到这些盆地（Fan et al.，2019）。中新世晚期盆地经历反转期，在中新世晚期由于NW-SE伸展变为NW-SE挤压而发生了沉积中断。在中新世晚期以后经历了造山运动和再变形，是青藏高原EN向扩展的结果（Wang，2011；Shi et al.，2015a；Shi et al.，2015b）。

宁南盆地在寺口子组沉积时，产生很多互不连通的小型断陷盆地；清水营组沉积时凹陷逐渐连为一体；彰恩堡组沉积时凹陷全部统一；干河沟组沉积时受青藏高原挤压，盆地逐渐消亡。与鄂尔多斯西南缘的断陷盆地沉积过程类似，应属由鄂尔多斯地块控制的断陷盆地，是太平洋板块向西俯冲的远程效应（韩鹏，2008；房建军，2009；邓辉，2014）。刘晓波通过对比银川盆地与宁南盆地的新生代地层，认为宁南盆地在始新世-中新世

与其北东方向的银川盆地贯通,直到中新世牛首山隆起后才分开开始独立演化(刘晓波,2019)。宁南盆地的沉降和其各次级沉积凹陷的连通,可以在古近纪晚期天景山断裂附近的贺家口子盐湖发现明显的沉积响应(吴小力,2017)。

以上,宁夏中南部在新生代早期,是一个受太平洋板块向西俯冲控制的断陷盆地,直到中新世晚期,青藏高原EN向扩展才到达宁夏中南部,对早期形成的盆地开始破坏,最终使盆地消亡,形成现在的弧形构造带。

三、 青藏高原东北向扩展的到达形式

青藏高原EN向扩展到达宁夏中南部的形式,主要存在渐进式、无序式以及直接式三种争议(程彧,2005;刘永前等,2009;Zhang et al.,2010;Wang,2011;雷启云等,2016;Lei et al.,2016)。根据新生代以来宁夏中南部的构造活动推测,青藏高原EN的扩展,在始新世就通过阿尔金断裂直接传递到该地区,并导致了牛首山等局部地区的构造活动。但直到中新世晚期才以无序的形式,对宁夏中南部造成大规模的破坏,导致新生代早期形成的沉积盆地演变成现今的弧形构造带。

1.渐进式

渐进式的扩展形式是目前支持率比较高的观点,推测中新世晚期以来,宁南弧形构造带四条断裂带的逆冲和走滑,是从WS向EN依次进行的。

海原断裂带的磷灰石裂变径迹结果和构造应力分析结果显示,海原断裂西段在约15 Ma开始活动,而东部断层末端在10~8 Ma开始活动(Duvall et al.,2013;Li et al.,2019)。中新世晚期以来海原断裂经历了两期构造变形,第一阶段的变形始于12 Ma,海原断裂带以东北方向的挤压为特征,这一阶段的变形被认为是青藏高原晚新生代的快速隆升和向东北方向扩展的响应;第二阶段的变形始于5.4 Ma,以不断增加的左旋走滑分量为特征(Wang,2011;施炜等,2013)。

与海原断裂斜接的六盘山断裂,在10~8 Ma时,由于青藏高原的扩展到达该地,使得六盘山开始隆起,并且在3 Ma由于在青藏高原扩展引起的持续挤压下,陇西地体保持向EN移动变得越来越困难,向EN的运动方向开始变为向E,海原-六盘山断裂带开始产生左旋走滑,而且这种左旋走滑是从西北向东南依次转移的(房建军,2009;Wang et al.,2021)。隆德观音店的锆石测年结果表明,青藏高原向EN方向的扩展作用在早中新世时期,已经开始影响海原-六盘山断裂带以西地区,时限大约为17.8 Ma(寇琳琳等,2021)。宁南寺口子盆地在6.4 Ma、4.6 Ma、1.2 Ma时经历了三期强烈的构造变形,其中6.4 Ma时期的构造变形表明,青藏高原东北方向的变形首次扩展到海原-六盘山断裂带以东的地区(王伟涛等,2010)。Xu等人对青藏高原东北缘新生代盆地的研究也表明,在23~17 Ma青藏高原东北缘新生代盆地广泛隆起,10~8 Ma沉积速率突然增大,显示周围山脉迅速隆起,3.6 Ma以后由于高原普遍隆升,盆地开始萎缩(Xu et al.,2018)。

整个香山-天景山断裂带并不是同时期形成,而是分为运动性质显著不同的两个阶段即:东段在古近纪-新近纪(5~2.6 Ma)为强烈的逆冲活动,在第四纪(26~1.8 Ma)转换为逆-左旋走滑;而西段在新近纪末-第四纪初,为正-左旋走滑,在中更新继续向西扩展,并表现为自东向西不断侧向扩展的形成演化模式(李新男等,2016)。

上新世,香山沿着香山-天景山断裂带向EN强烈逆冲,导致山前挤压下陷而形成中卫盆地。约在中更新世末期,中卫盆地EN侧的烟筒山断裂带开始强烈活动,结束了中卫盆地的沉积历程。香山-天景山断裂带和烟筒山-窑山断裂带的先后强烈活动反应青藏高原东北缘强烈的挤压变形是由西南往东北方向逐渐迁移的(张珂等,2004)。

高原扩展抵达到海原断裂、天景山断裂和三关口-牛首山断裂的时间分别为10 Ma,5.4 Ma,2.7 Ma,据此推断青藏高原东北缘弧形构造带的扩展是以次级地块分阶段逐次向外推挤而实现的(Lei et al.,2016)。秦翔等人基于SRTM.DEM(90 m)数据的地貌信息分析,定量化地提取宁南盆地4条弧形断裂带相关的42个汇水盆地的地形特征因子,结果表明宁南弧形构造带4条断裂带由西南向东北活动性依次减弱,并据此推测青藏高原东北向的扩展为渐进式(秦翔,2017)。

综合以上所述观点,海原-六盘山断裂、香山-天景山断裂、烟筒山-窑山断裂和牛首山-罗山断裂,中新世晚期以来,自西南向东北依次开始活动,由此推测青藏高原东北向的扩展形式为渐进式。

2.无序式

牛首山-罗山断裂目前的活动强度比海原-六盘山断裂弱,烟筒山断裂已不活动(张进等,2006)。香山地

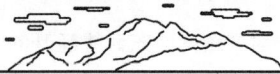

区在中新世的隆升时限可以看作印度–欧亚板块碰撞效应到达该地区的最早时限,比其WS方向的六盘山隆升的时间要早(林秀斌等,2009;Lin et al.,2010)。牛首山–罗山断裂带在始新世末–渐新世经历了N–S向挤压逆冲变形,中新世晚期–上新世NW–SE向挤压与左行走滑活动(陈虹等,2013)。中新世晚期,牛首山隆起分割了宁南盆地与银川盆地(刘晓波,2019)。这些活动都可以看作宁夏中南部对青藏高原EN向扩展做出的响应。

根据上述关于牛首山等地在始新世及中新世的构造活动来看,在现今宁南弧形构造带中的海原断裂带活动前,青藏高原东北缘最外缘的牛首山、香山等地区就已经对青藏高原EN向扩展做出了响应。综合来看,宁南弧形构造带的四条断裂并不是严格的按照由WS向EN依次活动,而是一种没有特定顺序的扩展。

3. 直接式

对宁夏同心地区丁家二沟剖面进行的精细古地磁研究发现,六盘山地区在晚始新世–早渐新世发生了约9°的顺时针旋转,推测是由于印度–欧亚板块碰撞变形的前锋沿阿尔金断裂先传递到了六盘山地区,导致新生代早期该区断陷沉积,开始接受山麓相碎屑沉积,形成了寺口子组砾岩(刘永前等,2009)。这一期旋转在海原断裂带也有体现,海原断裂带在始新世发生了一期旋转(G. Dupont-Nivet et al.,2004)。针对六盘山西麓盆地的研究显示,六盘山在32.47~31.63 Ma经历了一期强烈的隆升,推测是印度–欧亚板块的碰撞变形的前锋,沿阿尔金断裂先期传导到了六盘山,并造成了六盘山这一期的构造活动(程琭,2005)。

上述可得,在新生代早期,青藏高原EN向的扩展就已经通过阿尔金断裂传递到宁夏中南部,并造成了六盘山在新生代早期的构造活动。

第三节　讨论与结论

目前关于青藏高原东北缘隆升在宁夏中南部地区的响应达成了以下共识,即宁夏中南部在始新世是一个受盆地底部正断层控制的沉积盆地,中新世晚期受到高原EN向扩展的破坏,最终形成了现今的弧形构造带。但是,关于青藏高原EN向扩展到达宁夏中南部地区的时限与形式并未形成统一的共识,存在争议。根据搜集到的资料,对宁夏中南部地区对青藏高原东北缘隆升的响应,做出了如下推测。

宁夏中南部地区古近纪–新近纪的地层,与其SW方向的兰州盆地和其EN方向的银川盆地的地层类似(刘康,2020)。由此推测,在新生代早期银川盆地、宁夏中南部与兰州盆地,共同组成了一个巨型的兰银古盆地。太平洋板块向西俯冲的远程效应在兰银古盆地内形成正断层,并控制着这个巨型盆地的初始沉积。但是牛首山、香山、六盘山和海原断裂等地区,在始新世却对青藏高原EN向扩展做出了响应。即宁夏中南部始新世主要是太平洋板块向西俯冲的的远程效应,但局部地区也响应了青藏高原东北向的扩展。

直到中新世晚期,牛首山地区隆起分割了宁夏中南部与银川盆地,两个地区开始独立演化,银川盆地裂陷作用加剧,而宁夏中南部开始大规模受到青藏高原EN向扩展的影响。海原断裂剧烈活动,分割了宁夏中南部与兰州盆地。自此宁夏中南部地区独立,并在青藏高原EN向的扩展影响下开始形成现今的弧形构造带格局。

从中新世晚期以来断裂带强烈的逆冲活动和走滑活动来看,青藏高原EN向的扩展是以无序的形式进行。从整个新生代宁夏中南部的构造活动来看,青藏高原EN向扩展在始新世通过阿尔金断裂已经传递到了宁夏中南部,中新世晚期又以无序的形式对该地区进行大规模破坏。

第六章　酒西盆地新生代早期沉积特征及其地质意义

新生代以来,青藏高原在印度-欧亚板块的碰撞下,逐渐向北生长并朝NE方向不断扩展,在其北部形成了典型的"盆-岭"相间的地貌特征。酒西盆地作为青藏高原最北缘的山前盆地,盆内新生代地层沉积完整且连续,是研究青藏高原向北生长机制的极佳区域。对酒西盆地红柳峡、火烧沟剖面的始新世火烧沟组砂岩碎屑颗粒类型与形态研究,发现其岩屑主要来自变质岩和沉积岩为主的物源区输入;长石和石英颗粒具有明显的变质岩来源的特征;砾石成分统计显示,该组的砾石成分主要为变质岩。岩石学分析结果表明为火烧沟组沉积提供主要物源的源区岩性为变质岩,结合区域变质岩区特征及古水流方向,认为酒西盆地火烧沟组的物源应来自阿尔金山,证明新生代早期青藏高原向北生长引发的阿尔金左旋走滑断裂构造活动对酒西盆地有控制作用。

第一节　研究概况

青藏高原作为世界上平均海拔最高的高原,北部边界的地质构造和地貌特征复杂。65~63 Ma,印度与欧亚大陆于雅鲁藏布江缝合带中部发生正向碰撞,引起大面积的地表隆升(丁林等,2017;张怀惠等,2021;Yin et al.,2000),青藏高原逐渐形成。高原的抬升作用和周边造山带推进式逆冲作用造就了青藏高原的基本构造格局(朱利东,2004,a,b)。从可可西里到河西走廊地区的地貌呈多个"盆-岭"相间分布,也称"盆山耦合系统"(冉波等,2008;宋春晖,2006)。记录造山带构造演化最直接、最有效的证据是盆地内的沉积物,酒西盆地作为青藏高原最北缘的前陆盆地,其盆内沉积记录了青藏高原自形成以来其北缘对高原演化构造活动的响应,是研究青藏高原新生代早期隆升事件和印度-欧亚大陆碰撞应力传递的远程效应的良好区域。

一、研究背景

在碰撞汇聚后高原开始逐渐隆升,并不断向NE扩展,延伸至北祁连山区域,受到具有刚性基底的阿拉善板块的阻挡(郑文俊等,2021)。关于印度-欧亚板块汇聚相关的应力怎样传递到青藏高原北缘这一科学问题,冉波等(2013)认为酒西盆地晚始新世-渐新世早期的盆地演化主要是受到阿尔金断裂带及其前锋带的控制(覃素华等,2013),这与碰撞作用沿着青藏高原内部向北依次传递到青藏高原北缘的观点不同。宋春晖等(2001)和Bovet(2009)认为碰撞初期应力作用沿阿尔金走滑断裂快速传递到高原北部,且受到刚性基底的阿拉善板块阻挡,由于酒西盆地基底与阿拉善板块均为刚性基底,导致两刚性地体相互挤压,产生的强烈作用力沿盆地向南传递至盆地南部的北祁连山并将其激活,因北祁连山地体相对柔软,故受到挤压作用力后北祁连山开始向北逆冲推覆到盆地之上。

阿尔金走滑断裂带规模巨大,是青藏高原北部重要的组成部分,将青藏高原内部的昆仑山系分隔成东、西两部分,并且作为高原北部边界将塔里木地体与青藏高原分隔(邓斌等,2017;罗照华等,2001)。碰撞所产生的应力,是否通过阿尔金断裂的走滑机制向北的传递并导致高原北缘地壳的缩短(王萍等,2006),需要更多沉积学的证据。

在阿尔金断裂周缘古近纪盆地群中,由于酒西盆地南部邻近北祁连山断裂带,西邻阿尔金断裂;北部的北山-宽滩山-黑山断裂带将酒西盆地与刚性基底的阿拉善板块分隔,其对构造活动响应敏感,且盆地始新世-渐新世沉积地层发育连续(宋旭波,2017)。可见,盆地受碰撞应力影响并发生沉积响应的时间、状态以及沉积物源区具有重要的研究价值。由于各造山带、深大断裂带活动时代不同,对盆地物源主控的时限也就不同。因此,通过对酒西盆地新生代早期沉积特征的研究,约束新生代早期主控盆地物源输入的地质体,可以讨论青藏高原北缘对印度-欧亚板块碰撞的构造-沉积响应。

对于该问题,朱利东(2004a,2004b)认为渐新世早期是酒泉盆地走滑拉分阶段,盆地受阿尔金左行走滑断裂的控制;渐新世晚期-中更新世前陆盆地阶段(29.5 Ma),北祁连前陆开始逆冲推覆抬升,盆地受北祁连山前断裂控制,认为碰撞产生的应力沿阿尔金断裂带先于沿青藏高原内部向北依次传递到青藏高原北缘。宋旭波(2017)认为酒西盆地红柳峡剖面火烧沟组物源来自阿尔金山,认为酒西盆地始新统物源来自阿尔金山。邓斌等(2017)认为阿尔金断裂带最大左行走滑量>450 km(邓斌等,2017)。安凯旋(2019)认为盆地北部古近系火烧沟组和白杨河组物源来自盆地北缘的宽滩山-黑山-北山,后期的疏勒河组物源主要来自盆地南缘的北祁连山。宋春晖等(2001)和Bovet(2009)认为印度-欧亚板块碰撞产生的应力在新生代前期传递到青藏高原北缘受到刚性阿拉善地体阻挡,挤压力沿酒西盆地向南传递至北祁连山,其向北逆冲到酒西盆地。对于高原碰撞应力的传递、阿尔金走滑断裂带的活动及酒西盆地新生代早期沉积物源三者之间的关系,需要更细致的沉积学证据。

二、 研究区概况

酒西盆地中生代与新生代的构造特征明显不同(马丽芳等,2016)。古新世-始新世盆地为坳陷沉降阶段,该阶段盆地边界构造活动弱且不受周缘活动断裂控制,以低幅垂向沉降为特征(朱利东等,2004a;王成善等,2004)。虽然酒西盆地缺失古新世沉积(冉波等,2013;马丽芳,2015;方小敏等,2004),但从始新世开始沉积地层完整且连续。

渐新统由老到新为火烧沟组和白杨河组,火烧沟组主要沉积在盆地的西部红柳峡剖面和北部火烧沟剖面;盆地西部靠近阿尔金走滑断裂,北部紧邻宽台山-黑山断裂带。火烧沟组按岩性自下而上为骟马城段、乔家段、红柳峡段。其中骟马城段沉积相为山麓-扇三角洲沉积,下部为紫色砾岩(图6-1)与砂质泥岩,中上部为棕红色砂质泥岩与砂岩,发育有钙质结核。中段乔家段为河湖相沉积,岩性特征为浅红色砂岩,砂质泥岩夹灰白色细砾岩,发育钙质结核。上段红柳峡段为三角洲-河流相沉积,岩性特征为橘红色砂岩夹粉砂岩与细砾岩,底部为发育钙质结核的泥质砂岩。火烧沟组与下伏白垩系或上覆渐新世白杨河组均呈假整合或角度不整合接触(图6-2,图6-3)(冉波等,2008,方世虎等,2010)。

图6-1 酒西盆地红柳峡剖面火烧沟组底部砾岩层及砾石的叠瓦状排列

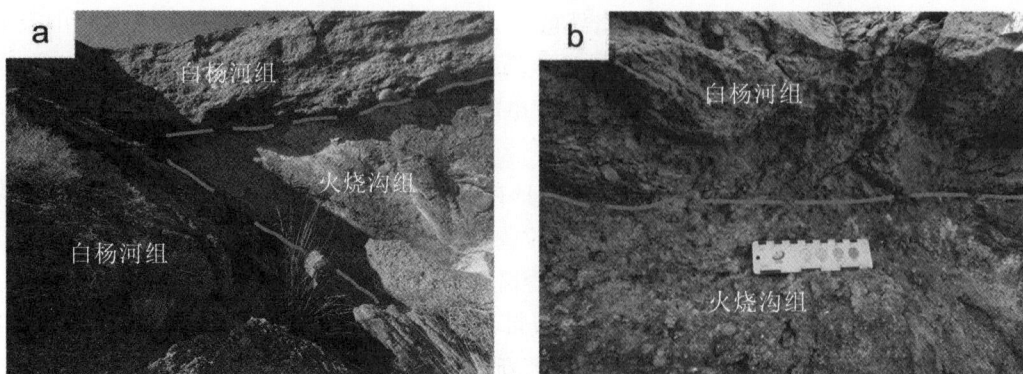

图6-2 白杨河组与火烧沟组接触关系、火烧沟组顶部的钙质结核

图6-3 酒西盆地红柳峡火烧沟组宏观特征

到渐新世晚期,祁连山前陆快速隆起开始控制酒西盆地(冉波等,2013)。北祁连山前陆的逆冲推覆时限为29.5 Ma(朱利东,2004a,b),显著地表隆升由南向北逐渐传递,在约17 Ma到达北祁连山前缘地区,开始主控酒西盆地的沉积。白杨河组在全盆地均有分布,其底部沉积特征与下伏火烧沟组的顶部沉积特征区别明显,在野外容易分辨,并含有大量石膏夹层(安凯旋,2019);下段间泉子段为橘红色风成砂岩夹红色泥岩,显示该沉积时期古环境气候炎热干旱(梅冥相等,2013);中段石油沟段为棕色泥岩夹石膏层与灰色砂岩条带;上段干油泉段为棕红色泥岩夹砂岩,底部为砾状砂岩,与上覆疏勒河组整合接触(安凯旋,2019)。

中新世疏勒河组在阿尔金断裂北部广泛分布,是新生代盆地内沉积分布最广的地层,疏勒河组的沉积特征反映出中新世酒西盆地南部祁连山向北的快速生长(朱利东等,2004a)。疏勒河组底部弓形山段和胳塘沟段岩性特征为中-薄层土黄色、灰绿色钙质粉砂岩与中-薄层红棕色钙质粉砂岩、泥岩互层;由于其颜色和岩性与下伏白杨河组差异明显,所以白杨河组和疏勒河组在野外易于分辨;疏勒河组下段牛胳套段沉积相为浅湖-前三角洲沉积组合(朱利东等,2004a;安凯旋,2019),上段为冲积扇远端沉积,岩性特征为黄色中-薄层含砾粗砂岩、砾岩与中-薄层砂岩互层,往上砂岩含量变少而砾岩含量增多(安凯旋,2019)。

疏勒河组与上覆玉门砾岩组界限仅在羊肠沟剖面可以清晰观察,玉门砾岩组为冲积扇扇中和扇根沉积,含极少量的砂岩。中更新世酒泉砾岩组为土黄色砾岩夹砂砾岩,其下段为巨厚层黄色、褐黄色中细砂及粉细砂夹薄层黄灰色黏土、亚黏土,与下伏玉门砾岩组呈角度不整合,砾石层主要分布在酒泉组的中部和下部。

第二节 沉积特征分析

选取酒西盆地西北部的火烧沟剖面的火烧沟组进行研究。火烧沟组与下伏白垩系呈角度不整合接触,与上覆白杨河组呈平行不整合接触(图6-2b)。该剖面靠近阿尔金山断裂带和宽滩山断裂,火烧沟组沉积厚度向东、向南厚度逐渐变薄直至尖灭,出露相对完整。在火烧沟剖面的火烧沟组,骟马城段岩性以含砾砂岩为主,底层含底砾岩、石英、变质砾岩,中部为紫红色砾岩(图6-4,图6-5b、c),粒径为5~10 cm,夹有石膏层,中上部为纯红色砂岩及含砾砂岩,含6~7层石膏层透镜体,顶部有一层厚约1.5 cm的石膏层;测得两组砾石的古水流向为265°与255°(图6-4)。乔家段底部发育有平行层理(图6-5d),中部发育有槽状交错层理并含有一层细砾红色砂岩(图6-5e、f),砾石整体分选性由下往上逐渐变好,磨圆度由次棱角状过渡为半圆状。红柳峡段有红色泥岩与石膏层互层,中下部含有钙质结核、变质砾岩及石英。

酒西盆地缺失古新世沉积,盆地内始新统火烧沟组为陆相沉积。下段骟马城段为山麓-扇三角洲相沉积,形成于干旱、半干旱气候及氧化环境,沉积物偏红色且分选性较差;骟马城段以含砾砂岩为主,并含有石膏夹

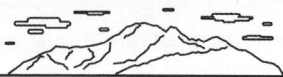

层(图6-5a)、紫红色砾岩(图6-5b、c)及变质砾岩,含少量石英。

火烧沟剖面火烧沟组中段乔家段为河流相沉积,以红色含细砾砂岩为主,砾石分选性由下至上逐渐变好,磨圆度由次棱角状或棱角状转变为次圆状,整体呈浅褐红色、灰绿色,并发育有平行层理、槽状交错层理(图6-5 e、f),说明该段为河流相的河床亚相。

火烧沟组上段红柳峡段为三角洲-河流相沉积,以红色泥岩为主,并含有石英质砾岩、石膏夹层及膏盐层透镜体(图6-5 g、h),砾石分选性不好且无定向性;顶部发育有钙质结核(图6-5i),以泥岩、含砾粉砂岩为主。根据岩性组合及沉积特征,可以推断该段形成于相对温暖潮湿的气候。

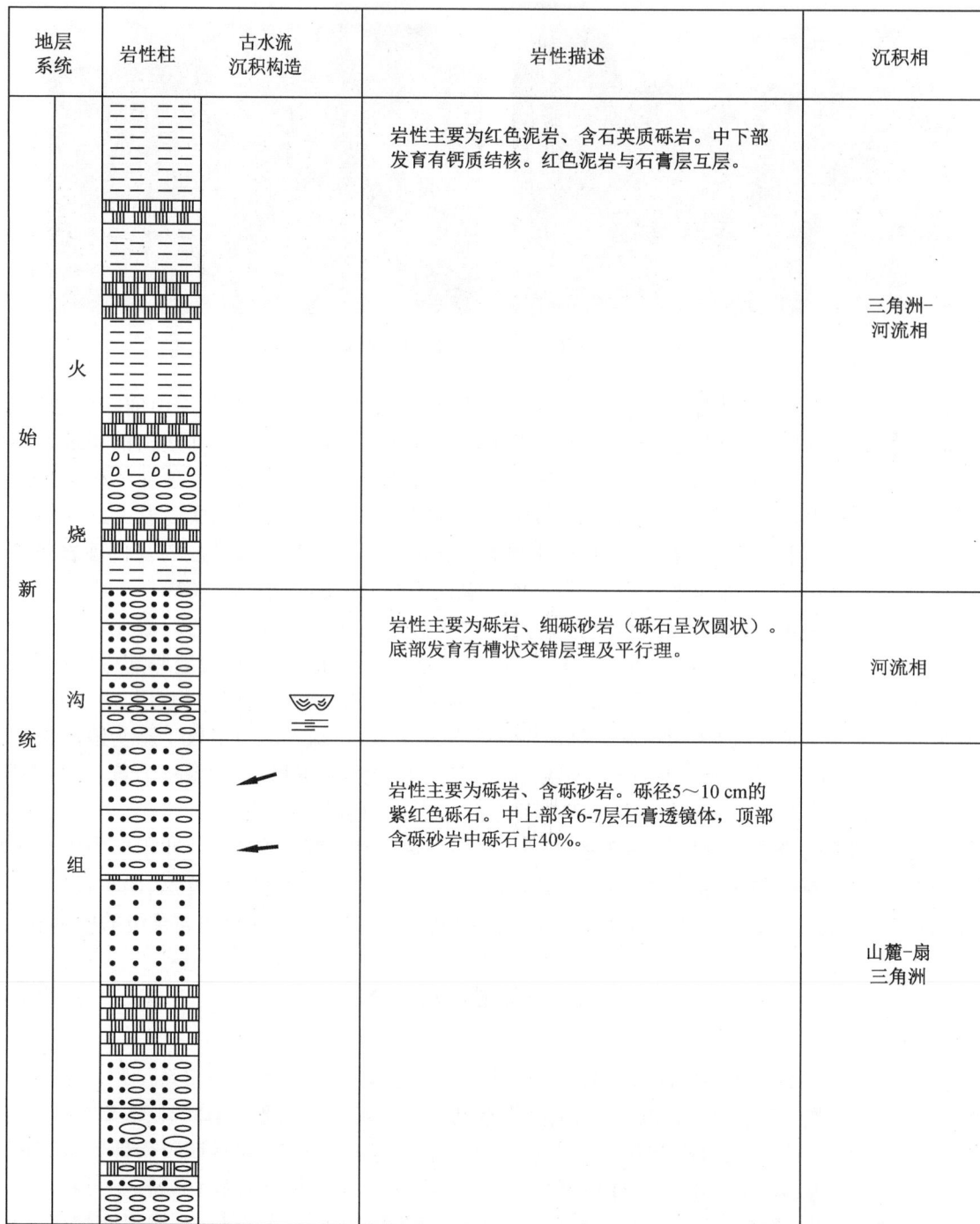

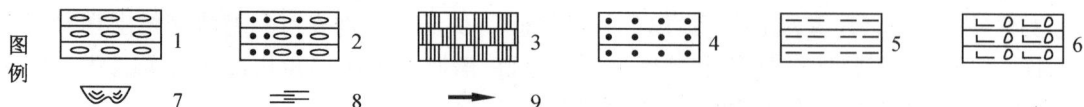

地层系统	岩性柱	古水流沉积构造	岩性描述	沉积相
始新统	火烧沟组		岩性主要为红色泥岩、含石英质砾岩。中下部发育有钙质结核。红色泥岩与石膏层互层。	三角洲-河流相
			岩性主要为砾岩、细砾砂岩(砾石呈次圆状)。底部发育有槽状交错层理及平行理。	河流相
			岩性主要为砾岩、含砾砂岩。砾径5～10 cm的紫红色砾石。中上部含6-7层石膏透镜体,顶部含砾砂岩中砾石占40%。	山麓-扇三角洲

图例　1—砾岩;2—含砾砂岩;3—石膏层;4—砂岩;5—泥岩;6—钙质结核;7—槽状交错层理;8—平行层理;9—古水流方向。

图6-4　酒西盆地始新世火烧沟组柱状图

a—石膏夹层；b,c—紫红色砾石；d—石膏夹层；e,f—槽状交错层理；g,h—膏盐层；i—钙质结核。

图6-5　火烧沟组地层特征

在组分分析方面，火烧沟剖面和红柳峡剖面中岩石碎屑以变质岩岩屑最多，其次为沉积岩岩屑，最少为岩浆岩岩屑。变质岩岩屑包括板岩、片岩、糜棱岩、石英岩和碎裂岩；沉积岩岩屑包括灰岩、泥岩、泥质粉砂岩和燧石岩；岩浆岩岩屑包括玄武岩、安山岩、花岗岩和凝灰岩（表6-1）。

表6-1　岩屑组分特征表

岩屑	单偏光	矿物组成	内部颗粒形态	颗粒接触边界	正交偏光	颗粒定向情况	蚀变	其他
片岩（图6-6 1,2）	灰白色-黄褐色，局部有裂纹和暗色不透明矿物。	主要由石英组成，可见绢云母、白云母。	石英形态不规则，但大多都顺岩屑长轴延伸；绢云母、白云母为鳞片状。	锯齿状，缝合线状接触。	石英和白云母均具有波状消光；各颗粒独立消光，且颗粒之间的界线与单偏光下看到的颗粒界线一致。	石英定向明显，白云母、绢云母定向。	局部可见绿泥石化。	整个岩屑的磨圆一般，次棱角-次圆状。
糜棱岩（图6-6 3,4）	灰白色，局部碎屑表面裂纹发育，局部比较干净，局部析出较多铁质。	主要由石英组成，仅局部可见绢云母或白云母。	石英拉长呈缎带状、透镜状，由于应力作用使得其变得细小，长短轴之比高，各个石英之间相互平行延伸；绢云母、白云母为鳞片状。	锯齿状、缝合线状，受石英拉长定向的影响，接触界线也具有方向性，顺着拉长石英的方向，接触界线呈弯曲状延伸。	石英和白云母均具有波状消光；各颗粒独立消光，且颗粒之间的界线与单偏光下看到的颗粒界线一致。	石英定向明显，白云母、绢云母定向。	局部可见绿泥石化、绢云母化。	整个岩屑的磨圆一般，次棱角-次圆状；岩屑中仅见碎基，未见碎斑。

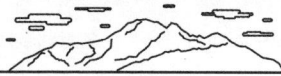

表 0 1(续 1)

岩屑	单偏光	矿物组成	内部颗粒形态	颗粒接触边界	正交偏光	颗粒定向情况	蚀变	其他
石英岩（图6-6 5,6）	灰白色，有些碎屑表面裂纹不发育，有些则发育较多的不规则裂纹。不规则裂纹将整个颗粒划分为多个小颗粒，各颗粒大小相近。	主要为石英，局部有蚀变而成的绢云母或碳酸盐化的方解石。	次一级边界将颗粒划分为多个小的石英颗粒，颗粒为等轴粒状，大小相似，分选较好，单向延长的较少。	颗粒之间存在有明显的次一级边界，大部分颗粒的次一级边界清楚，但有的颗粒次一级边界比较模糊。次一级边界简单、平直，并在重结晶作用下形成了典型的三边结构。	各颗石英独立的消光，且石英颗粒之间的界线与单偏光下看到的颗粒界线一致；仅少数具有波状消光。	无定向。	局部可见绢云母化。	整个颗粒磨圆较好，次圆状；见石英颗粒明显次生加大边；有的颗粒中变余砂状结构明显。
碎裂岩	灰白色，碎屑表面裂纹发育，局部析出较多铁质。	主要为石英。	颗粒大小相差较大，有时可大致分为两群：一群颗粒大，数目少，为拉长状或不规则状；另一群颗粒细小、杂乱。	大颗粒间界线清楚明显，细小颗粒界线不清楚。	大颗石英独立的消光，明显波状消光，小颗石也显示波状消光，但各颗粒间消光紊乱。	基本不显示定向性。	局部可见绢云母化。	整个岩屑磨圆度较差，一般为次棱角状-棱角状。
灰岩（图6-6）	灰白色，裂纹不发育，局部表面较脏，为泥晶。	主要为方解石，有少量的泥质。	颗粒大小较为一致，近于等轴粒状，无拉长，无破碎，仅少数颗粒可见极完全解理。	大部分颗粒间界线清楚，局部被泥质填充导致界线不清楚；各颗粒间多见点和线接触，无缝合线接触。	高级白干涉色，各颗粒独立消光，且颗粒间界线与单偏光下看到的颗粒界线一致，无波状消光，可见极完全解理。	无定向。	泥质部分可见绢云母化。	整个岩屑磨圆度一般，为次棱角状-次圆状。
泥岩（图6-6）	黑色到红棕色，当为黑色时，不透明；当为红棕色时，半透明。	石英、长石、绢云母、白云母、绿泥石、高岭土等，以细小石英最为常见。	颗粒均较为细小，偶有较大的石英颗粒，大多悬浮在泥质基质中，部分较大颗粒能见其棱角。	颗粒间互不接触，颗粒较细，边界不清楚，并且部分颗粒由于蚀变，边界与基质相混，不易区分。	由于基质过于细小，正交偏光下未见光性；细小的矿物颗粒各自消光，但具体光性不清楚。当含有较大石英时，可见波状消光。	一般无定向，有时由于颜色的深浅变化而显示出一定的方向。	绢云母化、绿泥石化、高岭石化。	整个岩屑磨圆较好，为次圆状。
燧石（图6-6 3,4）	无色透明，表面干净，有时具有裂纹。	由许多细小石英组成。	小米粒状，当结晶程度较高时，重结晶的石英为不规则状。	结晶程度较低的燧石，颗粒间为点、线接触；结晶程度较高的燧石，大多数由重结晶的石英组成，高倍镜下可见边界为缝合线状、锯齿状、凹凸状等，形态极不规则。	各颗粒独立消光，消光位互不影响，小米粒状消光。	无。	无。	整个岩屑磨圆度一般，为次棱角状-次圆状。
安山岩（图6-8 3-6）	灰绿色，局部为灰白色，纹较为发育。	主要由斜长石、石英、暗色矿物组成，蚀变后可见绿泥石，长石和石英颗粒为斑晶。	斜长石为宽板状，石英为不规则的充填状，绿泥石为细小的鳞片状，暗色矿物为半自形。	由于蚀变严重，大部分颗粒边界不清楚，个别矿物有暗色边。	石英无波状消光，长石可见聚片双晶，基质矿物过于细小，消光不清。	无。	绿泥石化。	整个岩屑磨圆度一般，为次棱角状-次圆状。

表 6-1(续 2)

岩屑	单偏光	矿物组成	内部颗粒形态	颗粒接触边界	正交偏光	颗粒定向情况	蚀变	其他
花岗岩 (图6-8 1,2)	灰白色,局部为褐色,裂纹较为发育,局部可见有铁质析出。	主要由石英、斜长石、条纹长石组成,长石颗粒较石英大,个别长石蚀变可见绢云母。	长石为宽板状,石英为不规则的充填状。	内部颗粒间边界清楚,呈镶嵌状接触。	石英无波状消光,斜长石可见聚片双晶,条纹长石可见格子双晶。	无。	个别长石发生绢云母化。	整个岩屑磨圆度一般,为次棱角状-次圆状。
凝灰岩 (图6-9 1,2)	灰白色,局部可见有铁质析出。	主要由石英、斜长石和火山灰组成,部分长石和火山灰蚀变为绢云母。	长石为宽板状、弧面棱角状,石英为弧面棱角状、不规则状。	除火山灰之外,内部颗粒边界大部分清楚,小部分模糊。	石英无波状消光,斜长石聚片双晶不清楚,火山灰基本无光性。	无。	局部火山灰发生绢云母化。	整个岩屑磨圆度较差,为次棱角状。

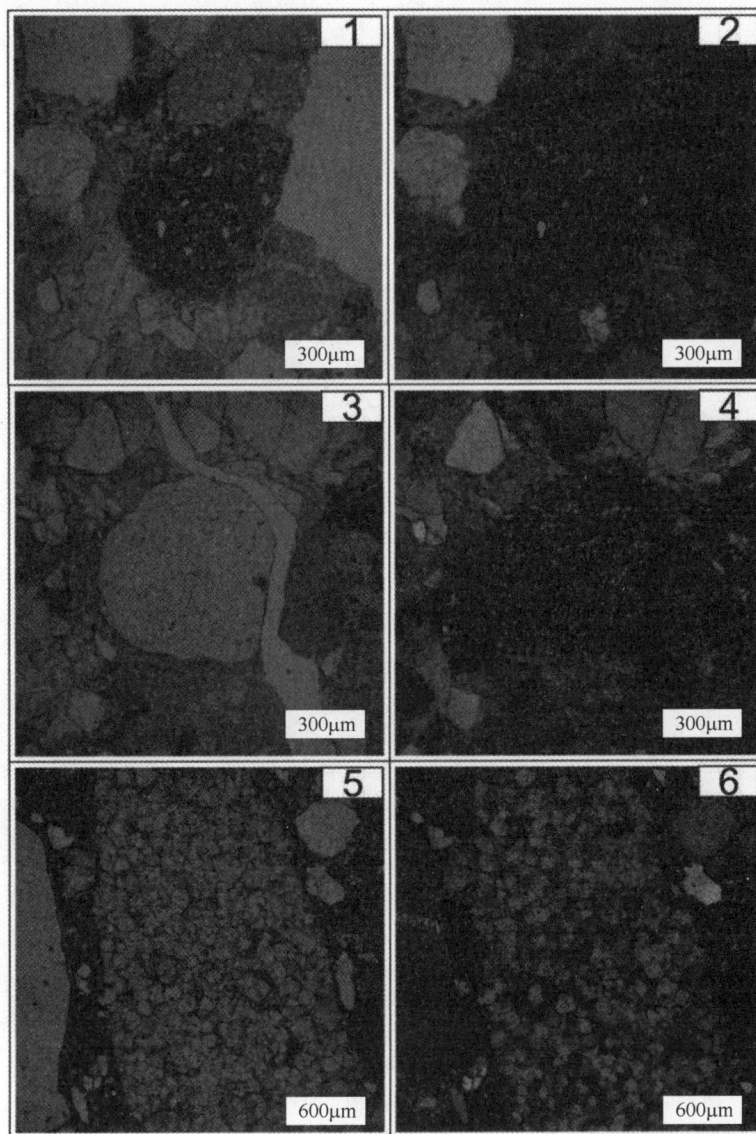

1,2—泥岩岩屑,HLX02-5-1B;3,4—燧石岩屑,HLX02-5-1B;5,6—灰岩岩屑,HSG-29B。

图6-6 砂岩碎屑组分图Ⅰ(左图为单偏光照片,右图为正交偏光照片)

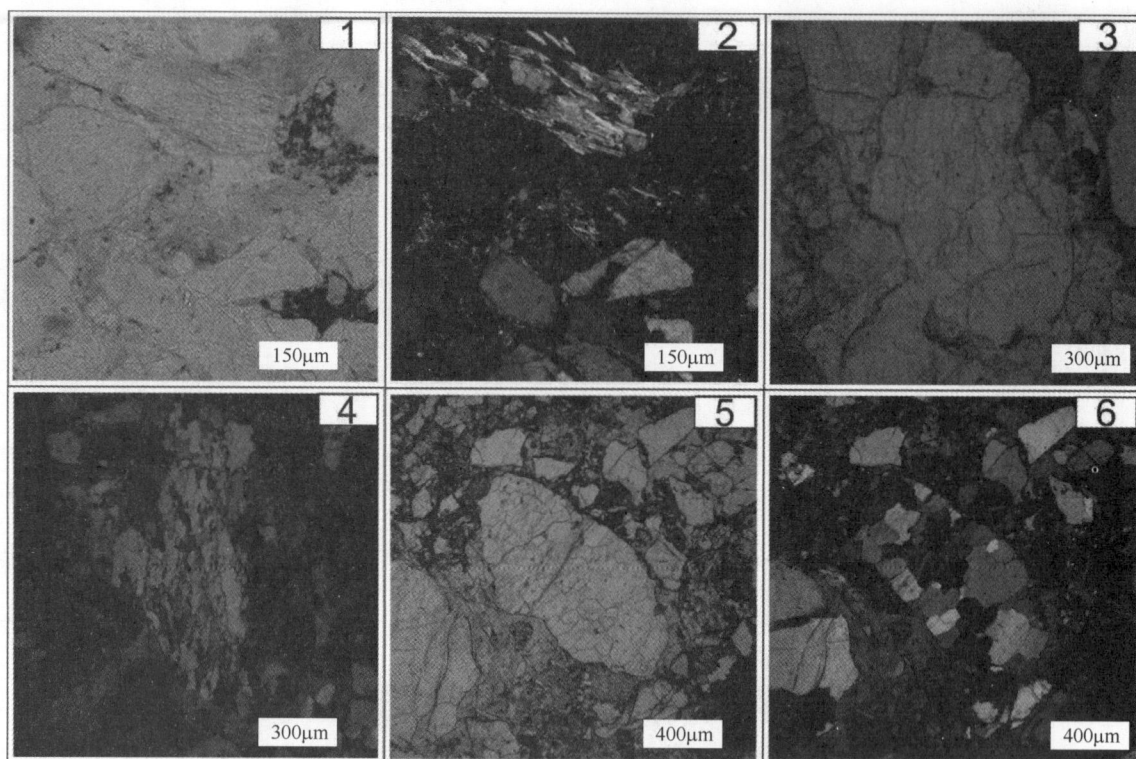

1,2—片岩岩屑,HLX02-7B;3,4—糜棱岩岩屑,HLX02-23-2B;5,6—石英岩岩屑,HSG-40B。

图6-7 砂岩碎屑组分图Ⅱ（左图为单偏光照片，右图为正交偏光照片）

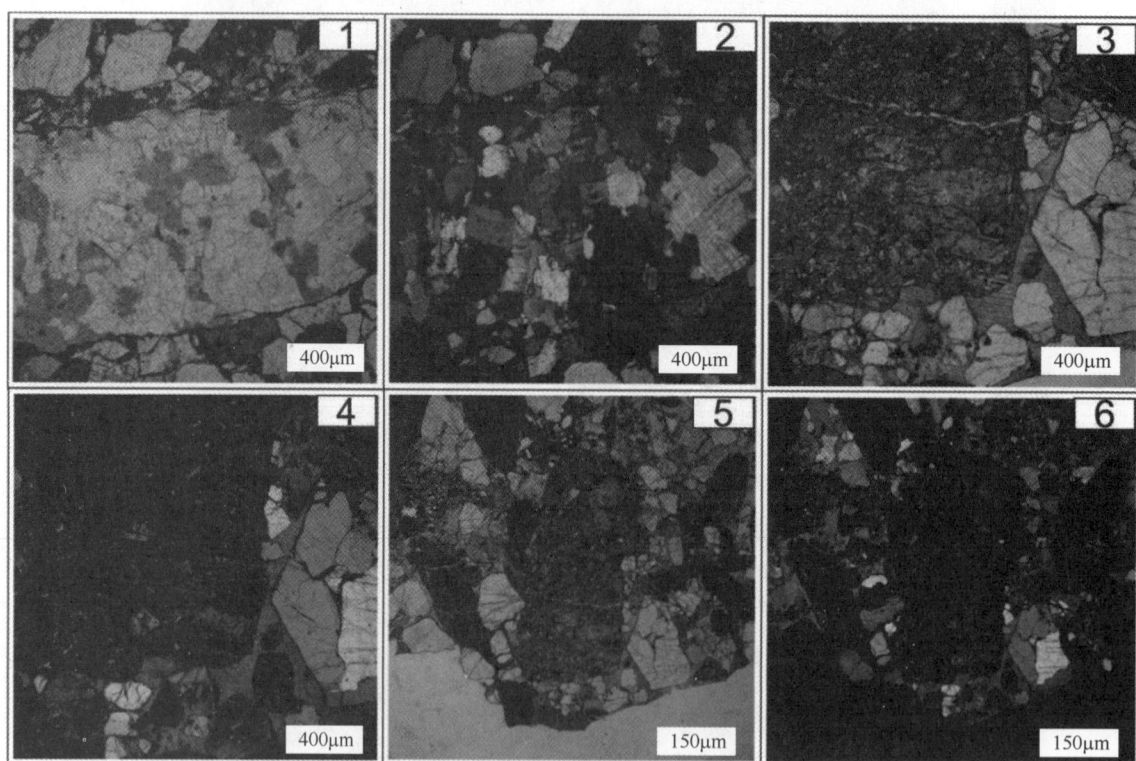

1,2—花岗岩岩屑,HSG-209B;3,4,5,6—安山岩岩屑,HLX02-17B。

图6-8 砂岩碎屑组分图Ⅲ（左图为单偏光照片，右图为正交偏光照片）

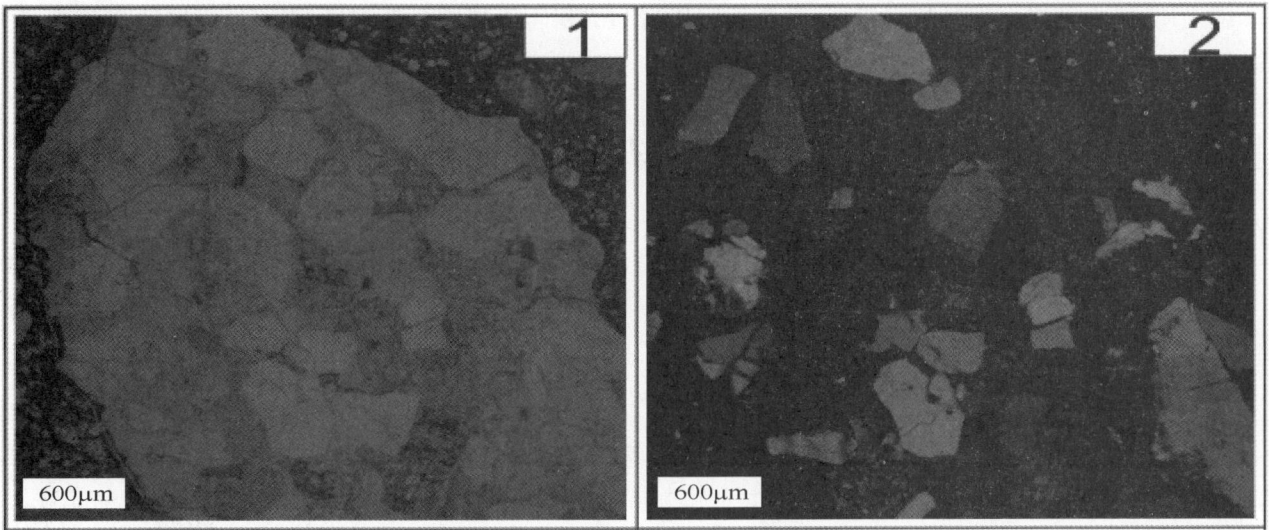

1,2—凝灰岩岩屑,HLX02-90B

图6-9　砂岩碎屑组分图Ⅳ（左图为单偏光照片,右图为正交偏光照片）

在碎屑组分含量变化方面,根据对红柳峡剖面和火烧沟剖面的详细镜下鉴定,并对两条剖面从下到上各取15块薄片进行统计,现将统计结果于图6-10、图6-11中展示。

如图6-10所示,在红柳峡剖面中,石英含量较高,占50%左右,岩屑和长石的含量较少。在岩屑中,缺乏岩浆岩,以板岩和泥岩为主,其余岩屑含量较低。从剖面的底部到顶部,单晶石英的含量呈逐渐降低的趋势,而板岩的含量呈逐渐升高的趋势,可表现出造山带隆升速率增加,不稳定组分含量随之升高。

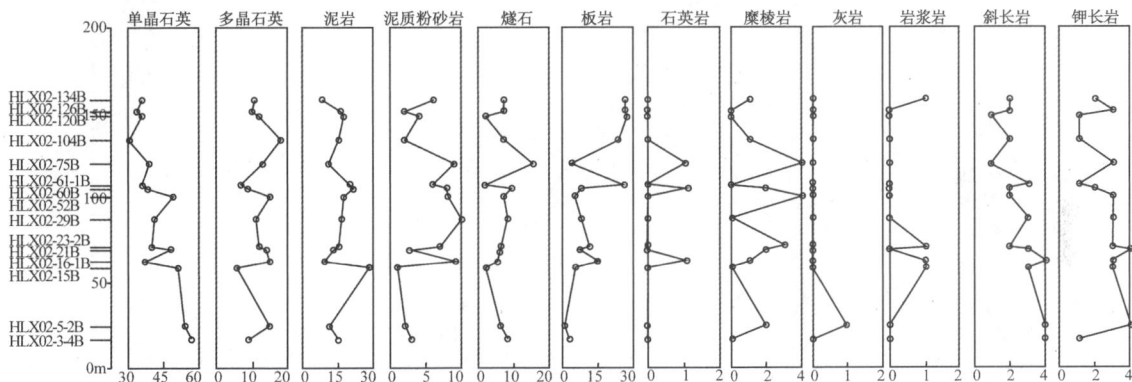

图6-10　红柳峡剖面碎屑含量纵向变化图

如图6-11所示,在火烧沟剖面中,石英的含量仍然较高,但比红柳峡剖面中石英含量有所下降,占45%左右,岩屑和长石含量有所增加。在岩屑中,同样缺乏岩浆岩,以泥岩、泥质粉砂岩和板岩为主,但含量比红柳峡剖面低。

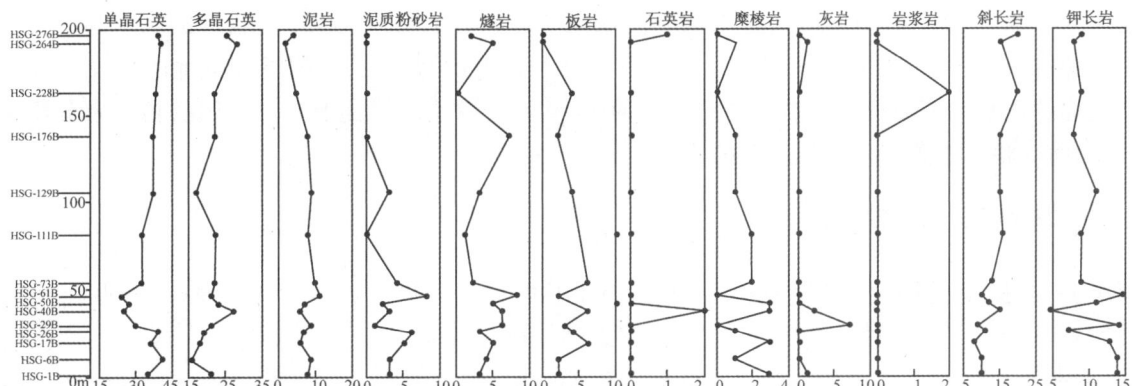

图6-11　火烧沟剖面碎屑含量纵向变化

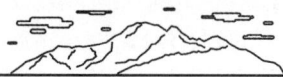

综上所述,在两条剖面的岩屑组分中,变质岩岩屑和沉积岩岩屑的含量较高,岩浆岩岩屑的含量低,表明两条剖面的物源区岩性以变质岩和沉积岩为主,缺乏岩浆岩。

第三节　结论与讨论

一、物源区分析

阿尔金山和祁连山的基底岩性存在较大差异,阿尔金山基底主要以变质岩为主,而祁连山基底则主要以岩浆岩为主。

如图6-12所示,在Qm-F-Lt图解中,白杨河组1段全部落入再循环造山带物源区中,燧石与石英之比较小;白杨河组2段大部分落入再循环造山带物源区中,少数进入混合物源区和大陆块物源区;肃北盆地的西水沟剖面大部分落入火山弧物源区,少数落入混合物源区和大陆块物源区;红柳峡剖面的火烧沟组全部落入再循环造山带物源区中,燧石与石英之比较白杨河组1段大;火烧沟剖面大部分落入混合物源区,少数落入火山弧物源区。

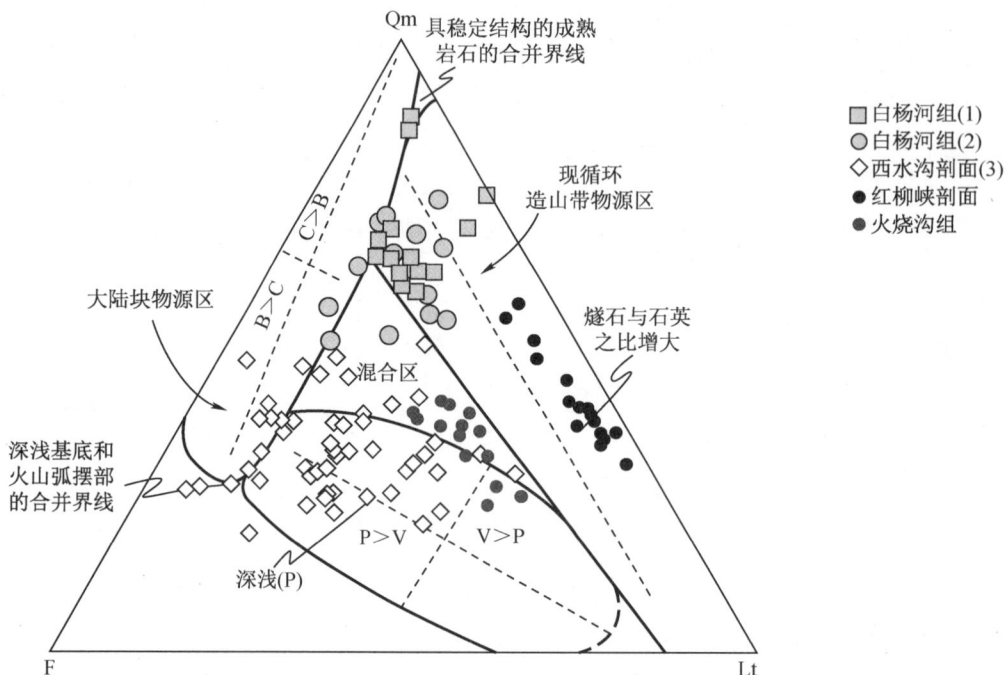

图6-12　白杨河组、西水沟剖面、红柳峡剖面和火烧沟剖面Qm-F-Lt图解

肃北盆地以北以阿尔金断裂带为界,南-南东部为沿逆掩断层隆起的祁连山基底。Ritts等人(2004)的研究表明,肃北盆地的古水流流向主要为北-北西向;盆地中的砾石岩性主要为深成的花岗岩、砂岩和少量的千枚岩、火山岩、碳酸盐、粉砂岩,与祁连山基底岩性一致;盆地的地层由下到上砾石组成基本不变,以上几点表明肃北盆地的物源主要来自于祁连山,这与Qm-F-Lt图解的投点结果一致。肃北盆地的西水沟剖面大部分落入火山弧物源区,而火烧沟组和白杨河组仅有个别点落入火山弧物源区,说明酒西盆地的火烧沟组和白杨河组与肃北盆地的西水沟剖面存在截然不同的两个物源,从而排除了酒西盆地火烧沟组的物源来自祁连山的可能性,而从侧面反映其物源来自于阿尔金山。

二、沉积区与物源区的耦合分析

如图6-13所示,在红柳峡和火烧沟剖面中,岩屑主要以变质岩和沉积岩为主,岩浆岩含量很低;两条剖面中的长石和石英的主要来源均为变质岩,以上证据表明物源为阿尔金山,而非祁连山。两条剖面在长石含量上的差异,表明火烧沟剖面所含的岩浆岩组分多于红柳峡剖面,说明二者输入的碎屑来自同一物源区的不同部位,火烧沟剖面的物源有一定的岩浆岩。

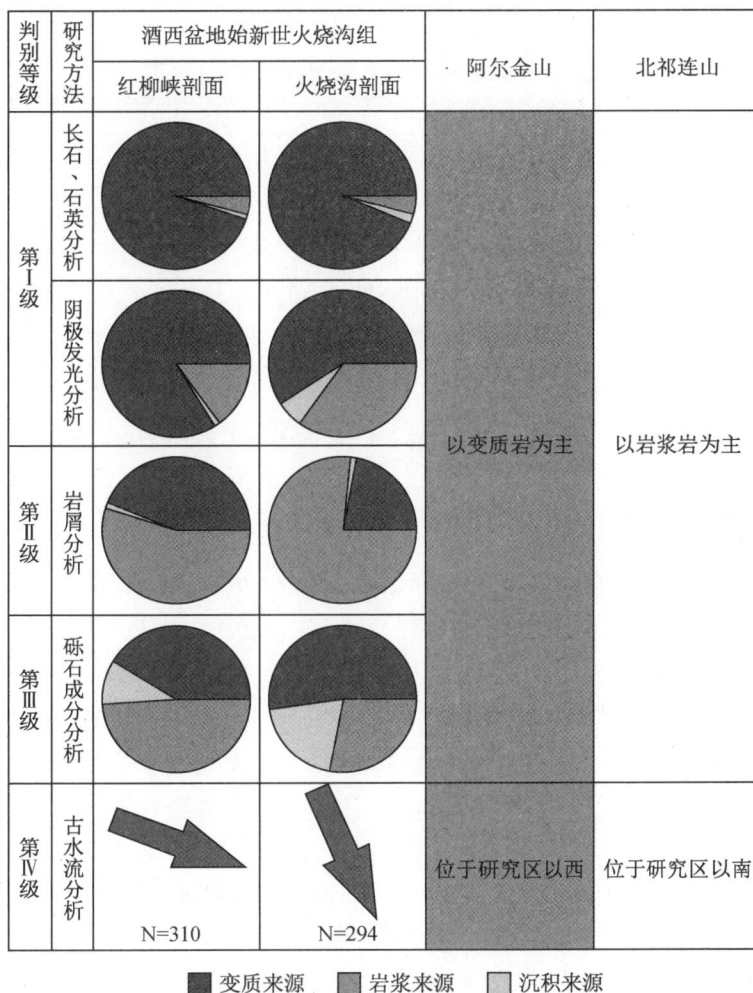

图6-13　红柳峡剖面和火烧沟剖面综合对比图

　　如图6-11所示,红柳峡剖面中的稳定组分较多,成分和构造背景属性较为简单;火烧沟剖面中的稳定组分较红柳峡剖面的少,成分较为复杂,这是由于两剖面在接受沉积时,二者的物源并不是来自阿尔金山的同一地区。红柳峡剖面的物源岩性较为简单;而火烧沟剖面的源区岩性稍微复杂,有岩浆岩发育,造成投点结果与红柳峡剖面不同。

　　如图6-13所示,在砾石成分上,红柳峡和火烧沟剖面总体上以沉积岩和变质岩为主,岩浆岩含量低,可以表明物源主要来自阿尔金山;在古水流方面,红柳峡和火烧沟剖面的流向总体为南-南东向,说明北-北西向为隆起高地,根据阿尔金左旋走滑这一大地构造背景,也可以表明物源区来自阿尔金山。从两条剖面砾石成分的差异上,表明火烧沟剖面所含的岩浆岩砾石较红柳峡剖面的多,说明二者虽然来自同一物源区,但各自的物质输入仍然有区别,即火烧沟剖面的物质输入含有更多的岩浆岩组分,其岩性组合更为复杂。

　　如图6-13所示,从石英阴极发光的结果来看,红柳峡和火烧沟剖面的大部分石英来自于变质岩,这些结果说明两条剖面的物源区岩性均以变质岩为主,表明物源来自阿尔金山。此外,火烧沟剖面发紫红色光的石英含量多于红柳峡剖面,说明火烧沟剖面的物质输入与红柳峡剖面有区别,火烧沟剖面的物源区岩性组合较红柳峡剖面复杂,表明二者来自同一物源区的不同部位,这也和之前的结果相吻合。

三、 对阿尔金左旋走滑距离的讨论

　　阿尔金左旋走滑断裂是地球上发育的最长的走滑断裂之一,也是青藏高原北-北东部的重要边界。对阿尔金断裂走滑距离的研究,可以很好地反映出印度板块向欧亚板块俯冲碰撞造山而导致青藏高原隆升使得高原内部物质向东发生逃逸的程度。现在,国内外学者对阿尔金走滑距离还存在较大争议(表6-2),但总的来说,多数学者认为位移距离在375±25 km。

　　如图6-14所示,阿尔金走滑断裂东西两侧有两条超高压变质带,由于阿尔金断裂的左旋走滑而发生错位,错位距离大于450 km。结合前人的研究结论,红柳峡和火烧沟剖面的物源来自阿尔金山,认为阿尔金断裂

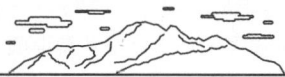

的走滑距离应大于450 km。

表6-2　前人对阿尔金断裂走滑距离的研究（李海兵等，2007）

走滑距离	地质标志	阿尔金断裂北西侧	阿尔金断裂南东侧	来源
1 200 km	古构造岩浆带	西昆仑加里东期构造岩浆带	祁连山加里东期构造岩浆带	张治洮，1985
1 050 km	混杂岩带逆断裂系	康西瓦断裂	南祁连冲断裂	崔军文，1999
500~750 km	古构造岩浆带	西昆仑华力西-印支构造岩浆弧	东昆仑华力西-印支构造岩浆弧	Tapponnier等，1982；Peltzer等，1988
	古构造岩浆带 古地块	西昆仑华力西-印支构造岩浆带 南塔里木盆地(地块)	东昆仑华力西-印支构造岩浆带 柴达木盆地(地块)	Peltzer等，1989
550 km	弧形构造带		阿哈提山-赛什腾山弧形构造	蔡学林等，1992
400 km	山脉	阿尔金山	祁连山	Molnar等，1975
	榴辉岩高压变质带及地质单元体	阿尔金早古生代榴辉岩高压变质带	柴北缘早古生代榴辉岩高压变质带	许志琴等，1999；Zhang Jianxin，2001
	古缝合带 古地块	北山奥陶纪缝合带 敦煌地块	内蒙古奥陶纪缝合带 阿拉善地块	Yue Yongjun等，1999；Yue Yongjun等，2001
300~500 km	古构造岩浆带 古生代地层	西昆仑华力西-印支构造岩浆带 西昆仑古生代地层	东昆仑华力西-印支构造岩浆带 东昆仑古生代地层	潘桂棠，1984
350~400 km	古缝合带	红柳沟-拉配泉早古生代缝合带	北祁连早古生代缝合带	车自成等，1996；车自成等，1998
	构造断裂带	巴什考贡断裂	黑河-托莱山北-昌马断裂	葛肖虹，1999
	中生代盆地	且末南侏罗纪盆地湖滨线	茫崖西侏罗纪盆地湖滨线	Ritts等，2000
	新生代盆地	塔里木盆地	柴达木盆地	Meng等，2001
200~300 km	古生代地层	西昆仑古生代地层	东昆仑古生代地层	Preisig等，1984
250 km	侏罗纪煤层	且末侏罗纪煤矿	吐拉东嘎斯侏罗纪煤矿	郑剑东，1991；郑剑东，1994
	塔里木盆地东南断块构造演化			康玉柱，1995
280 km	新生代逆冲断裂系	金雁山-索尔库里山逆冲断裂系	党河南山-野马南山逆冲断裂系	Yin等，1997；Yin等，1999
300 km	河流	车尔臣河	车尔臣河	Ding Guoyu等，2004
75 km	新第三纪以来沉积物、地貌	阿克塞县柳城子山地新第三纪以来沉积物、地貌	肃北县城新第三纪以来沉积物、地貌	国家地震局，1992
90 km	第三纪盆地	阿克塞西第三纪盆地	肃北-大别盖第三纪盆地	Wang，1997

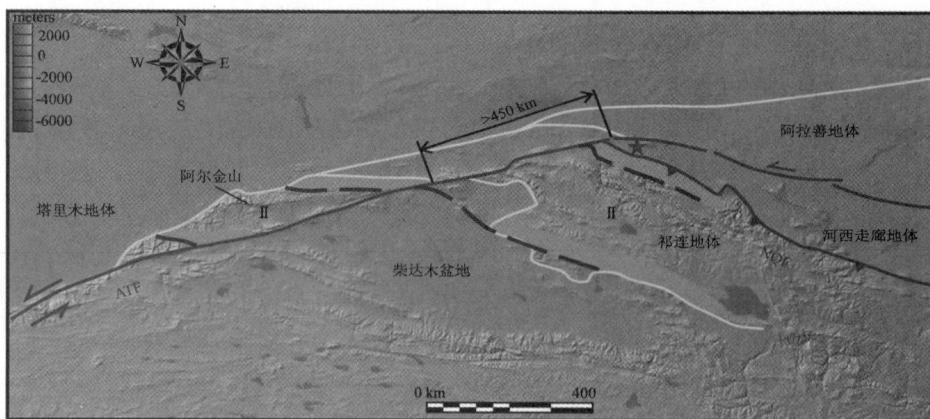

图6-14　阿尔金断裂走滑距离示意图(五角星为研究区)

酒西盆地在晚始新世-渐新世早期受阿尔金走滑断裂及其前缘控制。实验结果显示渐新世早期阿尔金走滑断裂控制了盆地的沉积作用,阿尔金山基底岩性主要以变质岩为主,研究表明火烧沟组大量细粒碎屑具有明显的变质岩来源特征(宋旭波,2017),揭示始新世-渐新世火烧沟组沉积受阿尔金断裂的控制(戴霜等,2005;陆洁民等,2004;冉波等,2008)。

可见,新生代酒西盆地的构造演化和盆内沉积物物源,先由盆地NNW向的阿尔金断裂所控制,继而由盆地北缘的宽滩山-黑山-北山断裂带和南缘的北祁连山的构造活动控制,直至北祁连山于17 Ma左右开始主导全盆地沉积。但新生代阿尔金断裂控制酒西盆地的具体时限仍存在较大争议,目前存在两种说法:(1)渐新世;(2)晚始新世。中始新世-中中新世酒西盆地接受盆地北缘宽滩山-黑山-北山为其提供的物源(安凯旋,2019),但宽滩山-黑山-北山是否是阿尔金断裂的延伸,或者是先存的薄弱构造带经阿尔金断裂新生代早期的激活开始为酒西盆地提供沉积物质? 有研究认为阿尔金断裂向东延伸扩展为阿拉善南缘断裂束,并推测随着阿尔金断裂的活动,未来可能和龙首山连在一起(张进等,2007);朱利东等(2005)认为阿尔金断裂在宽滩山附近分解成一系列马尾状次级走滑断裂,这些断裂均未切过花海盆地东缘的南北向正断层,而其中一条次级断裂与宽滩山-黑山断裂相连接。

　　总之,受印度-欧亚板块的碰撞挤压,青藏高原逐渐形成,产生的应力在新生代早期渐新世沿阿尔金走滑断裂传递到了青藏高原北缘,阿尔金走滑断裂的活动开始控制酒西盆地的沉积;大约29.7 Ma酒西盆地南缘的北祁连山断裂带对印度-欧亚大陆的碰撞开始产生响应,继而从酒西盆地的南部开始对整个盆地逐渐控制,直至17 Ma北祁连山主导酒西盆地的沉积。~29.7~17 Ma期间,酒西盆地的构造演化及盆地内的物源由阿尔金走滑断裂、宽滩山-黑山-北山断裂和北祁连山共同控制,或者仅由宽滩山-黑山-北山断裂和北祁连山控制,这一科学问题需进一步研究。

第七章　兰坪盆地古近系宝相寺组沉积地层分析

三江造山带位于新特提斯洋俯冲、陆陆碰撞带的侧方,青藏高原主体与三江构造带具有相似或相同的新特提斯洋俯冲历史。兰坪盆地是三江造山带内规模最大的中-新生代沉积盆地,其内保留了新特提斯洋俯冲、印度-欧亚板块碰撞及青藏高原隆升的沉积记录。兰坪盆地的演化与新特提斯洋的演化关系密切,但是相关沉积响应研究较少,这制约了三江地区的构造演化的认识。

兰坪盆地从白垩纪开始充填,至始新世(约 35 Ma)后出现巨厚砾岩层,盆地结束充填。上始新统宝相寺组为一套巨厚的巨砾岩,指示此时三江地区已开始发生大规模的地壳隆升(梁明娟,2016)。兰坪盆地是发育于古特提斯洋基底之上的晚中生代-早新生代陆相盆地。

运用层序地层学原理,对兰坪盆地中部古近系宝相寺组进行深入研究,划分出 1 个Ⅰ型层序及 3 个Ⅱ型层序界面。阐述了兰坪盆地中部古近系宝相寺组层序格架及砂体结构特征,建立层序地层格架演化模式图,反映了湖平面变化对砂体沉积结构的重要影响。低位体系域早期河流侵蚀强烈,多以中粒为主,晚期发育复合状砂体;湖侵体系域砂体多为细粒砂泥岩,呈孤立状形态;高位体系域砂体以席状砂体为主,主要由滨浅湖、半深湖和湖泊三角洲沉积体系构成。

第一节　研究概况

兰坪盆地地处滇西三江地区,属特提斯-喜马拉雅构造域东部,是冈瓦纳大陆和古欧亚大陆结合地带(刘家军等,2000;张峰等,2010)。盆地东侧以维西-乔后断裂为界,与扬子板块西南缘的金沙江-哀牢山造山带相接。西侧盆以澜沧江断裂为界,与碧罗雪山-临沧江造山带相接(图 7-1)。该盆地是一个多构造体系、多沉积类型、多旋回演化,多金属矿床富集的大型盆地(张乾,1993;张乾等,2002;曾荣等,2007)。目前,对于兰坪沉积盆地的构造演化划分的研究众多(何龙清等,2004;何明勤等,1998;刘登忠等,1999;陶晓风等,2002;牟传龙等,1999),但针对该盆地层层序级次划分、层序地层格架内砂体结构和演化研究还相对较少(朱利东等,2001)。以该盆地中部古近系宝相寺组腊岔箐剖面为基础,力图阐述兰坪盆地中部古近系宝相寺组层序地层格架、沉积相演化,建立层序地层演化模式,揭示层序地层格架内砂体结构的发育规律。

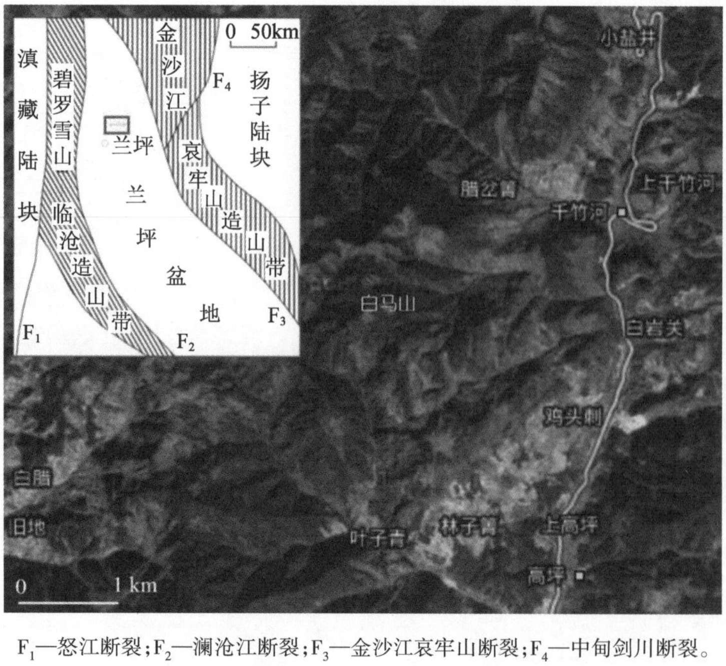

晚古生代至中生代初,除怒江外,滇西各陆块均联合为一体,构成三江联合地体,云南统一的大陆基本形成,兰坪盆地进入陆相盆地(从柏林等,1993)。中三叠世晚期到早侏罗世末期,由于印支主幕碰撞后的拉伸事件,沉积作用受澜沧江深断裂及金沙江-哀牢山深断裂的控制,盆地显示出大陆裂谷的特点。中侏罗世-晚侏罗世,兰坪盆地开始进入坳陷盆地阶段(付修根等,2005),盆地内沉积地层的岩性、岩相变化不大,断裂、火山活动也不明显。从早白垩世开始进入前陆盆地演化阶段,早白垩世-晚白垩世,由于东西两侧的断裂活动由弱变强,兰坪盆地经历了短暂的抬

F₁—怒江断裂;F₂—澜沧江断裂;F₃—金沙江哀牢山断裂;F₄—中甸剑川断裂。

图 7-1　兰坪盆地构造略图及工区位置图

升运动,盆地沉积的范围开始逐渐向东萎缩、变小,进而造成了部分地区晚白垩世地层的缺失。

新生代以来,由于印度板块对欧亚大陆的持续俯冲挤压,导致区内NNW向断裂发生走滑拉张(牟传龙等,1999),沉积中心发生侧向迁移,物源区和与之对应的沉积物被错开,盆地与造山带不断转换,其周缘地区开始整体快速隆升,断裂活动和侵蚀作用进一步增强,形成了现今的地貌格局。

研究区域位于兰坪盆地的中部(图7-1),古近系发育云龙组、果郎组、宝相寺组及E₃。其中宝相寺组形成于始新世,为一套厚度较大的粗碎屑沉积体系,碎屑物多数来源于附近各较老地层,冲刷面和斜层理普遍发育,岩性主要为褐黄色-黄白色粉砂岩、紫红色砂质泥岩、泥质粉砂岩,中-细长石石英砂岩、紫红色砂岩夹砂砾岩和砾岩,常含植物碎屑。砾石成分主要有硅质微晶灰岩、钙质砂岩、混合岩等。

第二节 层序地层学分析

以兰坪盆地中部古近系发育的宝相寺组露头剖面为基础,根据层序地层中发育的关键界面特点,运用层序地层学原理,将宝相寺组和果郎组归为1个二级层序,进而将宝相寺组划分为4个完整的三级层序(图7-2)。

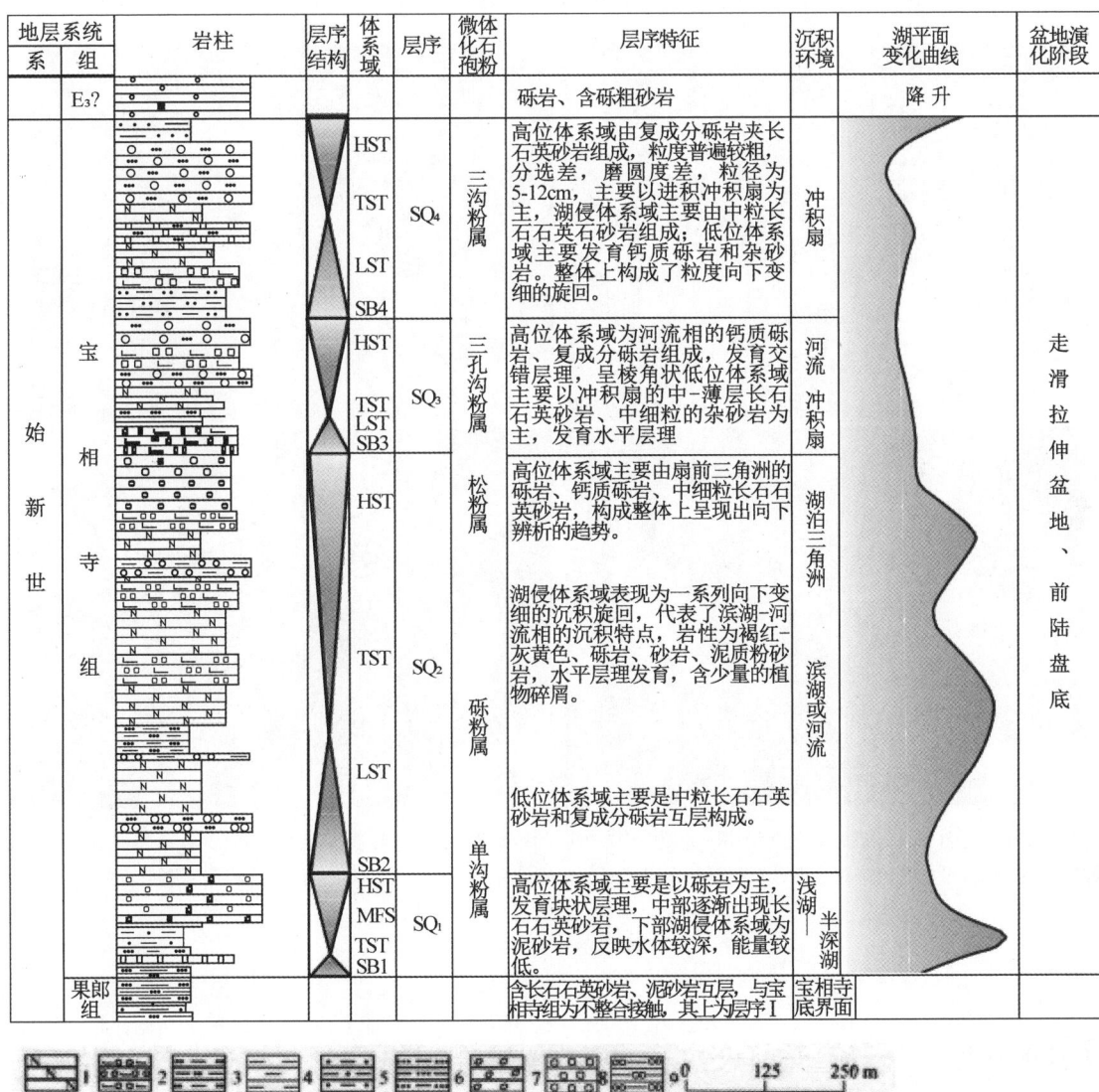

图7-2 云南腊岔箐宝相寺组剖面沉积层序

1—长石石英砂岩;2—钙质砾岩;3—复成分砂岩;4—泥岩;5—粉砂质;6—泥质砂岩;7—定向砾岩;8—砾岩;9—含砾泥岩.

一、层序界面的识别

沉积地层的不整合及超覆三级层序的界面与盆地同一演化阶段中的次级构造活动强度周期性幕式变化有关,表现为盆地内的次级构造不整合面及相对应的整合界面(解习农等,1993;朱志军等,2008)。其中SB₁为

Ⅰ型广泛隆升侵蚀不整合界面,研究区内表现为宝相寺组角度不整合于果郎组之上。SB$_2$为Ⅱ型岩性、岩相界面,研究区内表现为岩性在垂向上的突变(图7-3a),该界面之下主要为黄色中-细粒长石石英砂岩,该界面之上主要为杂色砂砾岩,砾岩主要是钙质砾岩和复成分砾岩,分选性和磨圆度较差,多为次棱角状。SB$_4$为Ⅱ型岩性、岩相界面,研究区内表现为底冲刷及岩性、岩相界面的垂向变化(图7-3b),界面上下地层的岩性和颜色均有明显的变化,形成了转化面,该界面之下地层呈灰白色,岩性主要为砂砾岩,但该界面之上地层则主要为紫红色,岩性主要为中-粗粒砂岩、粉砂岩。

河道冲刷面方面,由于沉积过程中强烈的冲刷、侵蚀作用所造成的冲刷界面,通常出现在河流沉积的底部由强烈的垂直侵蚀作用而形成(陈全红等,2007;杨明慧等,2007)。冲刷作用可以发生在冲积扇或三角洲前缘,界面起伏不平,界面上下岩性均有明显的差异,一般为上粗下细。其中SB$_3$界面表现为河流底冲刷作用的痕迹,该界面之上为钙质砾岩,但该界面之下主要为泥质粉砂岩、长石石英砂岩、复成分砾岩(图7-3c)。

最大湖泛面方面,最大湖泛面代表了最大海侵时期形成的界面,它分隔下部的湖侵体系域和上部的高位体系域(解习农等,1993)。腊岔箐宝相寺组SQ$_1$湖盆中部发育的泥岩是最大湖泛面,由深灰-灰红色泥岩,粉砂质泥岩组成,含黑色矿物质条带,由于长期处于浪基面以下,受波浪作用扰动较小甚至没有,沉积构造不明显,厚度可达5.6 m,为深湖相沉积,反映了水体相对较深与比较稳定的缺氧还原环境的特点(图7-3d)。

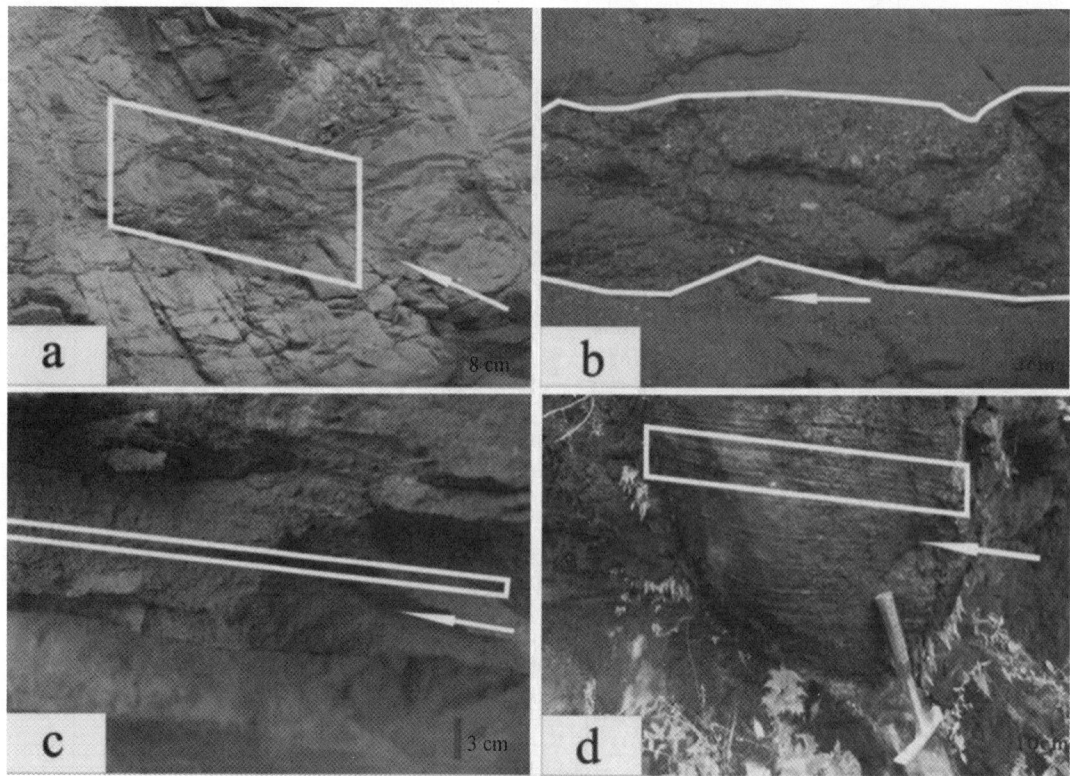

a—湖泊三角洲冲积形成的红紫色砂砾岩夹砂泥岩;b—进积冲积扇发育的砂砾岩、分选性较差,多为次棱角状,砾径2~6 cm,砾石成分复杂,多以钙质、硅质为主;c—浅湖低能带的褐黄色细粒长石石英砂岩夹黑色矿物条带,发育水平层理;d—滨湖或河流冲刷形成的灰白色中-细粒长石石英砂岩。

图7-3 云南腊岔箐宝相寺组沉积特征

二、层序地层特征

层序1(SQ$_1$)为由最大湖泛面(MFS)、湖侵体系域(TST)和高位体系域(HST)构成的一个完整层序。高位体系域(HST)主要由河流或滨湖冲积来的砾岩、中-细砂岩沉积组成,砂体厚度较大,占整个层序高位体系砂体的27%;湖侵体系域(TST)主要为深湖或半深湖的含黑色矿物条带的泥质粉砂岩、粉砂质泥岩、泥岩构成;SQ$_1$总体上反映了水动力较弱的深水环境,由于浅湖或半深湖处于浪基面以下,受波浪作用不明显甚至没有,沉积构造不明显,少见水平层理发育。

层序2(SQ$_2$)主要由钙质、复成分砾岩与中-细长石石英砂岩互层的结构模式叠置沉积组成,但砾岩与砂岩的比例各不相同,在SQ$_2$上部,随着湖平面上升到最高点或开始缓慢下降时,砾岩占成分比例大,随着水动力逐渐减弱,长石石英砂岩比例开始增加;在高位体系域(HST)的初期,湖平面上升变缓慢,湖侵结束,主要以加积作用为主,沉积物供给较低,构成了由上向下粒度逐渐变小的序列,发育席状砂体和湖泊三角洲;末期,相对湖平面上升接近于零,最终达到相对静止,地层以进积作用为主,砂质沉积混入比例提高,泥质含量也开始增加,形成曲流型分流河道,砂岩中发育交错层理、水平层理。在湖侵体系域(TST)期间,湖平面逐渐向大陆方向推移,可容空间增加的速率超过沉积物供给速率,沉积以薄层和中-细粒为主;低位体系域(LST)时,相对湖平面下降开始,河流侵蚀作用开始加强,可容空间/沉积物供给<1,沉积物供给较高,砂岩的比例增大,为细粒长石石英砂岩沉积,砾岩主要是杂砾岩,分选性和磨圆度中等,主要发育河流沉积体系。

层序3(SQ₃)由低位体系域(LST)、湖侵体系域(TST)和高位体系域(HST)构成的一个完整层序,下部为细粒长石石英砂岩、泥质粉砂岩,上部主要为钙质砾岩和复成分砾岩。低位体系域(LST)时期,湖平面开始下降,并逐渐向湖盆方向迁移,波浪能量也开始逐渐减小,远岸的中-粗粒砂岩在被搬运到不远处发生沉积。河流下切侵蚀河道的规模逐渐变大,主要发育冲积扇沉积体系,由中-粗粒长石石英砂岩、复成分砾岩组成,砾石的分选性和磨圆度较差,湖水对沉积物的改造和冲刷较为明显;湖侵体系域(TST)时期,随着相对湖平面上升速度加快,可溶空间逐渐增大,河道弯曲度增大,砂体主要变现为灰黄色、黄红色粉细砂岩为主,砂体厚度0~15 m,砂体的分选性和磨圆度随着湖平面的上升均变好。高位体系域(HST)为相对较粗的河流沉积体系组成,砂体类型主要以席状水下分流河道和曲流型分流河道沉积为主,反映了沉积物供给较少。

层序4(SQ₄)湖侵体系域下部主要为钙质砾岩和中粒长石石英砂岩,随着相对湖平面上升,能量减小,向上主要变为复成分砾岩和细粒长石石英砂岩,总体构成了向上变细的沉积序列。高位体系域主要由复成分砾岩组成,砾石分选性和磨圆度较差,冲刷和改造作用明显,厚度为28 m,占整个高位体系域砂体的25%。SQ₄低位体系域整体厚度在25 m左右,主要岩性为中砂岩、少量薄层粗砂岩。

三、 层序地层演化的模式

(1)低位体系域早期,相对湖平面开始下降,可容空间/沉积物供给A/S<1,陆上强烈河流下切的发育导致大量碎屑物质被搬运到湖盆区,受波浪作用影响较小,构造层理发育不明显,沉积砂岩叠置规模相对较小。低位体系域晚期,海平面开始缓慢的下降或上升,可容空间减小的速率较前期变慢或略有增加,下切侵蚀作用也开始减弱,分流河道主要以辫状性质为主,河流下切河道向盆地方向推进,规模不断增大。低位体系主要为向上变深变细的冲积扇和河流沉积体系(图7-4(a))。

(2)湖侵体系域,相对湖平面快速上升期,此时A/S>1,可容空间逐渐增大,湖岸线迅速向陆地迁移,水体变深,呈现退积序列,湖泊三角洲平原向三角洲前缘演化,岩性总体较细。由于湖平面的上升速率较低,水流仍以下切侵蚀河道为主,构成了曲流河沉积随着湖平面的上升砂体的分选性和磨圆度均变好。湖侵体系域主要由湖泊三角洲和发育含黑色矿物条带的滨浅湖沉积体系构成(图7-4(b))。

(3)高位体系域时期为湖平面上升的末期和下降的初期,在相对湖平面缓慢上升的末期,此时A/S>1,逐渐变为<1。由于湖平面向陆迁移达到最远位置,三角洲体系相对萎缩,以加积序列为主,伴有湖泊沉积,发育席状砂体和河口坝,晚期以进积序列为主,相对湖平面上升更加缓慢或达到下降初期,可容空间较早期变小,河道弯曲度增大,分选性增强,高位体系域为半深

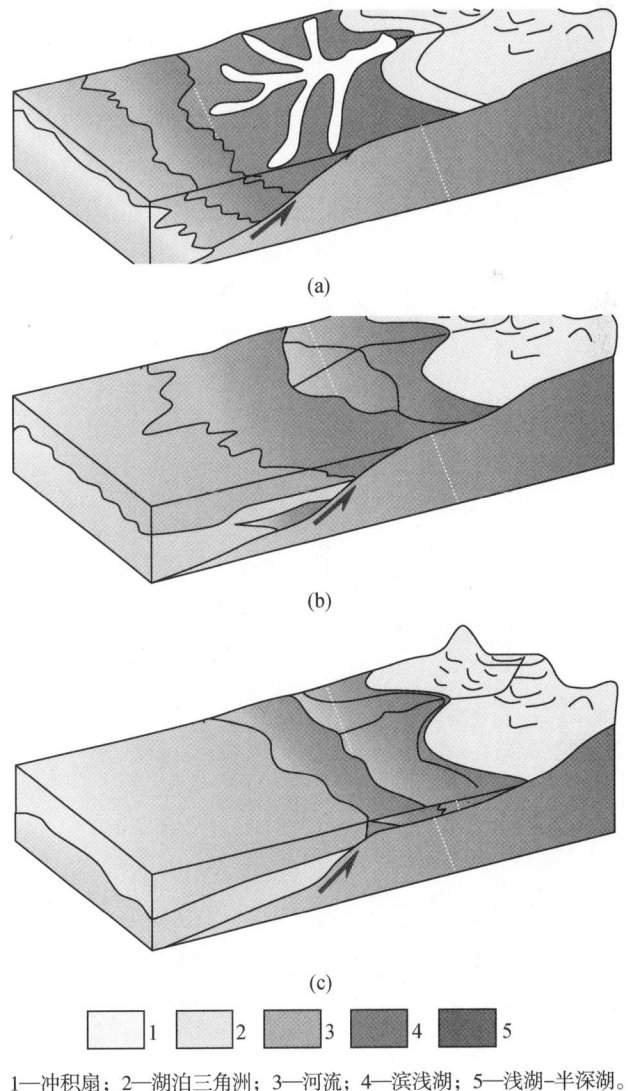

| | 1 | | 2 | | 3 | | 4 | | 5 |

1—冲积扇;2—湖泊三角洲;3—河流;4—滨浅湖;5—浅湖-半深湖。

图7-4　兰坪盆地始新世层序地层学演化模式

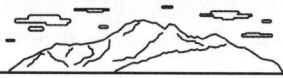

湖、滨浅湖或湖泊三角洲等一系列的向上变浅变粗的沉积(图7-4(c))。

四、结论

通过对兰坪盆地中部古近系宝相寺组露头层序地层学的研究,识别出了SB$_1$、SB$_2$、SB$_3$、SB$_4$共4个层序界面,SB$_1$为I型层序界面,其他3个为Ⅱ型层序界面,划分出4个三级层序以及相应的高位体系域,湖侵体系域,低位体系域;并在SQ$_1$中部识别出了一个最大湖泛面。

建立兰坪盆地始新世宝相寺组层序地层演化模式来反映沉积特征在纵向上的变化,沉积相发生了冲积扇-河流-三角洲-滨浅湖-半深湖的演化,湖盆层序的砂体结构主要受控于湖平面的变化。低位体系域早期河流侵蚀强烈,多以中粒为主,晚期发育复合状砂体;湖侵体系域砂体多为细粒砂泥岩,呈孤立状形态;高位体系域砂体以席状砂体为主,主要由滨浅湖、半深湖和湖泊三角洲沉积体系构成。

第八章　洞错盆地舍马拉沟辉长岩及辉绿岩研究

西藏舍马拉沟蛇绿岩是一套超镁铁质、镁铁质岩石组合,有橄榄岩、辉长岩、席状基性岩墙、基性熔岩和海相沉积物等。随着研究的深入,发现保存在缝合带中的多数蛇绿岩形成于俯冲带上的构造环境,包括火山弧、弧前、弧后盆地等,少数蛇绿岩为大洋扩张脊产物。张旗等认为蛇绿岩基本地球化学类型为岛弧型和洋脊型(张旗,2001)。班公湖-怒江蛇绿岩带是西藏一条规模巨大的蛇绿岩带,研究该蛇绿岩套中各个组成部分成因及构造背景,对探讨青藏高原早期构造演化具重要意义。目前,对该缝合带中-西段蛇绿岩研究较少,鲍佩声认为其形成于有大量富集地幔物质上侵的洋岛环境,并在堆晶橄长岩内获得锆石 SHRIMP U-Pb 年龄为132±3 Ma(鲍佩声,2007)。张玉修认为缝合带中-西段蛇绿岩形成于SSZ型构造环境,侵位时代为晚侏罗世早期(张玉修,2007),也有人认为该蛇绿岩形成于初始拉张洋盆环境(夏斌,1991)。本书对改则蛇绿岩中舍马拉沟辉长岩及辉绿岩进行地球化学分析,进一步讨论该蛇绿岩成因及形成环境。

第一节　地　质　概　况

舍马拉沟蛇绿岩位于洞错北部,缺少完整的蛇绿岩组合(图8-1)。蛇绿岩体岩体呈长条状或楔状的冲断片产出,NW-NWW 走向;舍马拉沟蛇绿岩与木嘎岗日群多呈断层接触。舍马拉沟蛇绿岩单元南面多被第四纪湖相沉积物覆盖,与围岩呈冲断层接触(西藏自治区地质矿产局,1993)。

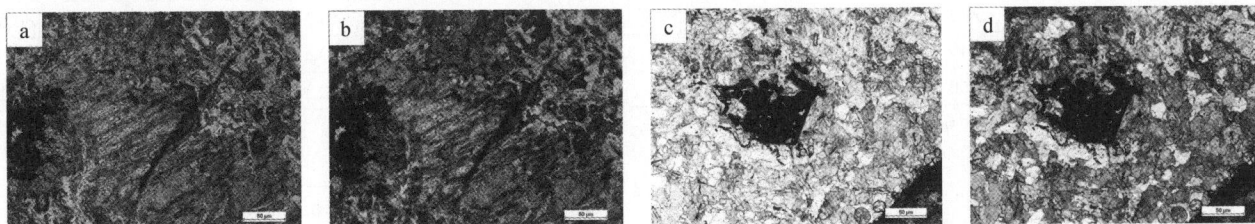

a,b—D3062-b2,硅化白云石化超基性岩;c,d—D3062-b2,硅化白云石化超基性岩。
图8-1　舍马拉沟火山岩系列显微特征

班公湖-怒江蛇绿岩带西起班公湖,呈 NWW 走向,经洞错北、东巧、丁青等地直到怒江。改则地区蛇绿岩位于缝合带中-西段,缺少完整蛇绿岩组合,蛇绿岩各单元分布于舍马拉沟、去申拉、拉他沟及那格沟等地。岩体呈长条状或楔状冲断片产出,呈 NW-NWW 走向。蛇绿岩不同单元与木嘎岗日群多呈断层接触。蛇绿岩体南面多被第四纪湖相沉积物覆盖,北部被班公湖-康托-兹格塘错断层分隔,与围岩呈冲断层接触。蛇绿岩常侵位于木嘎岗日群中,受北倾向南逆冲的推覆断裂影响,在断裂挤压及剪切作用下被分隔成很多块体,边界发育近 EW 向延伸片理,断层和片理面多倾向北。

舍马拉沟发现的蛇绿岩单元有地幔橄榄岩、辉绿岩、辉长岩等。舍马拉沟地幔橄榄岩出露宽度约 2 000 m;舍马拉沟辉绿岩床呈 EW 向分布,被白垩系去申拉组火山岩不整合覆盖(林文第,1990)。地幔橄榄岩主要为斜方辉石橄榄岩,具强蛇纹石化、碳酸盐化。其中蚀变橄榄石呈残余细粒半自形-它形粒状,粒径为1~3 mm,呈网格状不均匀分布,蚀变形成的胶状蛇纹石及白云石集合体不均匀分布于橄榄石颗粒间,裂缝中可见磁铁矿微粒,颗粒间界限清晰。粒径小于0.1 mm的橄榄石颗粒构成基质,含量55%~90%。斜方辉石为它形粒状,含量5%~25%,偶见他形粒状单斜辉石。少量铬尖晶石呈自形-半自形结构,呈星散状分布于各颗粒间,粒径0.2~0.4 mm。

舍马拉沟堆积岩分布范围较广,常呈单独块状产出,主要类型为含长纯橄岩-长橄岩或橄长岩-(橄榄)辉长岩和角闪辉长岩-斜长岩组合(西藏自治区地质矿产局,1993),厚3 000 m,具一定层状构造,可见含长纯橄岩-单辉辉石岩-长橄岩或橄长岩-辉长岩旋回组合。以辉长岩类为例,有辉长岩、橄榄辉长岩、角闪辉长岩及

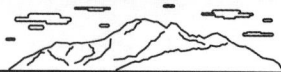

苏长辉长岩等。辉长岩多呈深灰、灰绿色,辉长结构,块状构造,粒径0.5~5 mm,属镁铁质堆晶岩类,主要含有基性斜长石、普通辉石。基性斜长石未发生蚀变,多为半自形粒状,粒径2~4 mm。半自形粒状辉石呈不均匀分布,普通辉石具一定程度次闪石化,含少量磷灰石、磁铁矿等副矿物。橄榄辉长岩显微镜下观察呈半自形粒状,橄榄石呈自形粒状,粒径2~3 mm,多具蛇纹石化。单斜辉石呈镶嵌状分布,斜长石呈半自形板状。

野外观察到舍马拉沟辉绿岩呈宽数米到数十米的单个岩墙穿插于辉长岩中,岩墙群出露整体宽300~500 m,岩墙有冷凝边,部分地段发育不对称冷凝边。辉绿岩呈灰绿色,辉绿结构,块状构造。斑晶主要为单斜辉石,呈自形-半自形粒状,粒径2~3 mm,斜长石斑晶相对较少。基质为辉长辉绿结构,由斜长石和辉石组成,基性斜长石多绿泥石化和绿帘石化,部分被黝帘石化、绢云母化,单斜辉石多被透闪石交代为假象,有少量残留。副矿物有磷灰石、钛铁矿及磁铁矿等。

第二节　地球化学特征

火成岩石化学数据的分析对确定岩石类型、岩石定名、分类、岩石系列及构造演化等有着重要作用。改则舍马拉沟蛇绿岩共采集8个样品,4个为辉长岩,4个辉绿岩,各类岩石主量元素分析结果见表8-1。原始数据中有些样品灼失量较大,最大达2.4%。因此,将分析数据中分析项目灼失量剔除后,重新换算成100%后,进行CIPW标准矿物计算和投图。蛇绿岩CIPW标准计算及特征参数见表8-2。在全碱-硅分类图解中(图8-2),辉长岩及辉绿岩均投影在亚碱性辉长岩区域。

表8-1　改则舍马拉沟蛇绿岩岩石的主量元素分析结果 (%)

原样编号	岩性	CaO	MgO	FeO	Fe_2O_3	MnO	Na_2O	K_2O	P_2O_5	LOI	TiO_2	Al_2O_3	SiO_2	H_2O^+	Mg#
D3062-b3	辉绿岩	7.64	7.16	7.17	3.11	0.16	3.78	0.35	0.08	2.40	0.79	15.55	51.64	2.02	56.4
D3062-b6	辉绿岩	11.30	6.56	7.66	2.43	0.15	2.95	0.22	0.08	1.77	0.86	15.91	49.28	1.35	54.5
D3062-b7	辉绿岩	9.51	6.37	7.70	4.16	0.18	3.46	0.51	0.08	1.21	1.18	14.53	50.36	0.09	50
D3062-b8	辉绿岩	10.13	6.92	6.48	4.00	0.16	3.28	0.37	0.08	1.32	0.89	15.03	50.82	1.13	55.3
D3063-b2	辉长岩	17.48	8.28	2.79	0.99	0.08	1.54	0.06	0.01	1.99	0.20	17.30	48.68	1.72	80.2
D3063-b7	辉长岩	15.87	7.82	2.54	0.88	0.06	1.67	0.05	0.01	2.07	0.14	20.97	47.20	1.44	80.8
D3063-b8	辉长岩	14.49	8.67	5.20	2.57	0.12	1.73	0.04	0.01	1.69	0.38	17.41	46.86	1.26	67.5
D3063-b9	辉长岩	15.60	7.18	2.31	0.97	0.06	1.95	0.14	0.01	2.34	0.16	20.61	47.86	1.64	80.1

注:主量元素由西南冶金地质测试中心采用等离子发射光谱法、质谱法测定。仪器为ICP-MS、ICP-OES等。

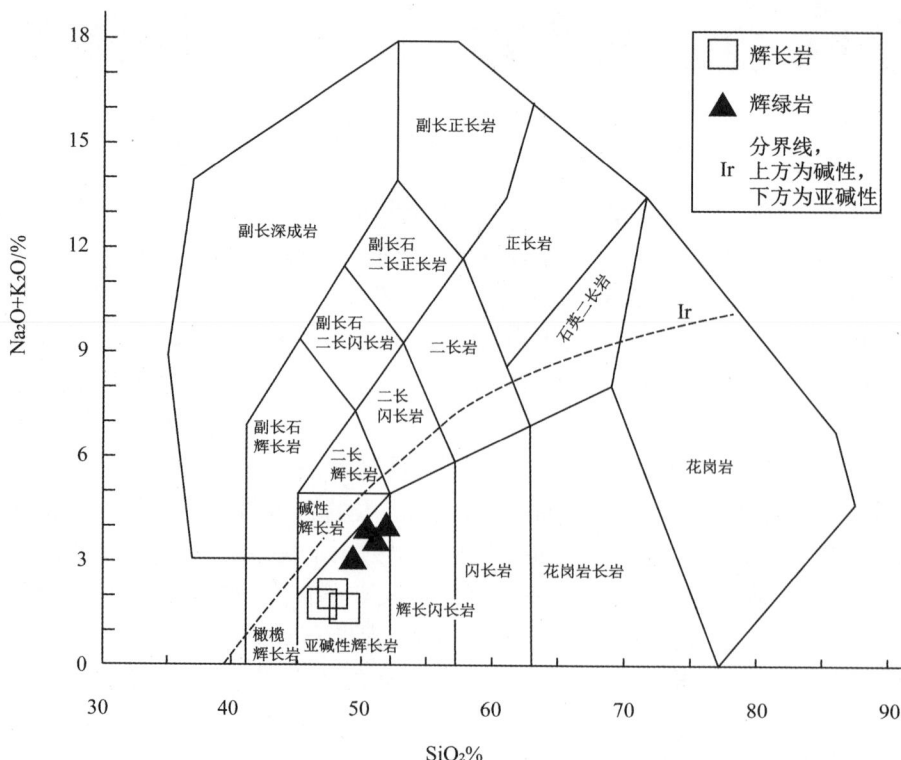

图8-2　舍马拉沟辉长岩及辉绿岩SiO_2-w(Na_2O+K_2O)图解

一、辉长岩地球化学特征

辉长岩SiO_2含量为46.86%~48.68%,平均47.65%。Al_2O_3含量为17.3%~20.97%,平均19.07%。MgO为7.18%~8.67%,平均7.98%。TiO_2为0.14%~0.38%,平均0.22%。K_2O为0.036%~0.14%,平均0.073%。CaO为14.49%~17.48%,平均15.86%。总体上,以高CaO、低K_2O、TiO_2为特征,CIPW标准矿物样品未出现石英,也未出现刚玉分子,说明SiO_2、Al_2O_3不饱和(表8-1、表8-2)。所有样品都出现橄榄石(Ol),且有一定含量(5.42%~11.49%),透辉石(Di)及紫苏辉石(Hy)也具一定含量。可见,辉长岩的CIPW标准矿物组合为An+Ab+Or+Ol+Di+Hy。DI为13.65%~17.53%,说明分异作用较弱,固结指数SI在47.81%~60.67%,平均56.5%,基性岩中固结指数高于40。铝饱和指数A/CNK变化于0.503~0.663,平均0.6。里特曼指数δ变化于0.39~0.73,平均0.58。在TiO_2-MnO-P_2O_5判别图及F_1-F_2图解中,多数样品落在岛弧拉斑玄武岩、钙碱性玄武岩(岛弧)区域,反映其具大洋底玄武岩特征(图8-3)。

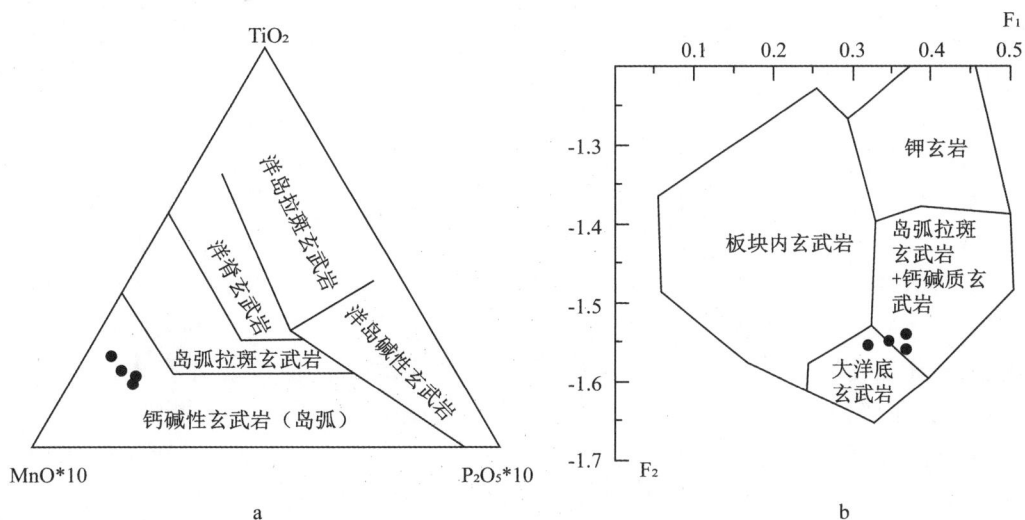

图8-3　舍马拉沟蛇绿混杂岩辉长岩TiO_2-$10MnO$-$10P_2O_5$和F2-F1图

辉长岩稀土元素总量为$7.93×10^{-6}$~$15.94×10^{-6}$,平均为$11.06×10^{-6}$,LREE/HREE为0.88~1.14,平均1,轻重稀土含量相差无几,稀土元素总量较低。δEu变化于1.44~1.92,均大于1,具不同程度正铕异常(表8-3),$(La/Yb)_N$值为0.3~0.55。稀土分布曲线为近平坦型模式,轻重稀土分馏不明显(图8-4),尤其是重稀土更具相似性,显示其稀土分异程度相当,具同源岩浆特征。与原始地幔配分曲线相比,所有样品稀土元素总量均呈亏损型,总体看,轻稀土相对重稀土略为亏损。辉长岩样品分布曲线位于橄榄岩上部(图8-4),比橄榄岩稀土总量高,总体与地幔橄榄岩具相似稀土分布形式,可能来自亏损的软流圈地幔源区,是玄武岩在中深部冷凝结晶的产物。

Eu的富集与亏损主要取决于含钙造岩矿物的聚集和迁移,含钙造岩矿物主要有偏基性斜长石、磷灰石和含钙辉石(赖绍聪,2003),这类矿物中Ca^{2+}离子半径与Eu^{2+}、Eu^{3+}相近,与Eu^{2+}电价相同,晶体化学性质决定了Eu以类质同像形式进入斜长石、磷灰石、单斜辉石等造岩矿物。因此,明显的正铕异常显然是分异结晶作用使斜长石堆积的缘故。

二、辉绿岩地球化学特征

舍马拉沟辉绿岩样品有4个,SiO_2含量平均50.52%,与MORB中SiO_2含量(49.8%)相当,低于特罗多斯上部枕状熔岩的53.27%和Semail玄武岩的53.21%(Pearce,1975;Thy P,1988;Cameron,1985;Alabaster T,1982)。MgO含量平均6.75%,低于大西洋洋中脊玄武岩平均含量9.04%,比洋脊玄武岩6.56%略高,明显高于Semail玄武岩的3.18%,略低于Troodos枕状熔岩的7.79%。$Mg^{\#}$为50~56.4,平均54.05,低于原生岩浆$Mg^{\#}$值范围(68~75)。辉绿岩中TiO_2含量平均0.93%,与大洋中脊玄武岩(1%~1.5%)接近。Na_2O为2.95~3.78%,平均3.36%,略高于洋脊玄武岩(2.75%)。FeO含量较高,为6.48%~7.7%。K_2O和P_2O_5含量较低,K_2O平均0.36%(略高于MORB的0.14%),P_2O_5平均含量0.08%,Na_2O含量明显高于K_2O。样品的CIPW标准矿物中未出现石英,也没有出现刚玉分子,分异指数DI平均31.36,固结指数SI为32,里特曼指数平均为1.7。总体上看,辉绿岩主量元素含量与

MORB主量元素含量相似。

稀土元素特别是重稀土元素受海水蚀变、热液交代或后期变质作用影响甚微，稀土分布型式能较好地反映岩浆形成时特点。辉绿岩稀土总量（$\sum$REE）为$45.58\times10^{-6}\sim66.55\times10^{-6}$，平均$54.1\times10^{-6}$，介于OIB（$79.65\times10^{-6}$）和N-MORB（$26.4\times10^{-6}$）间。LREE/HREE为$1.37\sim1.58$，平均1.45，轻、重稀土分异不明显，呈LREE弱富集现象。δEu平均1.08，具略微的Eu正异常。$(La/Yb)_N$值为$0.64\sim0.78$。在球粒陨石标准化稀土分布图中（图8-4），辉绿岩REE特征相似，曲线接近直线，分布型式为平坦型，具典型的MORB稀土元素地球化学特征，表明它们来自亏损的软流圈地幔。与原始地幔配分曲线相比，所有样品稀土元素总量均呈亏损型。

在TiO_2-MnO-P_2O_5判别图上，辉绿岩样品落在IAT内略靠近MORB一侧，在TiO_2-TFeO/MgO判别图上落于IAT与MORB间的过渡区域（图8-5），表明辉绿岩具MORB和IAT特征。这种特征表明其形成于消减带之上的弧后盆地扩张洋脊环境，通过类似于洋中脊的海底扩张作用产生（Bloomer S H，1989）。张旗等认为（张旗，2001），不成熟的弧后盆地玄武岩兼有IAT和MORB的特征。可能与洋内俯冲后期的不成熟的弧后盆地扩张有关，蛇绿混杂岩中的辉绿岩应是洋内岛弧之下，亏损的地幔再度熔融的产物。

MORB标准化微量元素蜘蛛图为非直线型（图8-4c），样品分布曲线显示大离子亲石元素Sr、K、Rb、Ba等元素富集，含量高于N-MORB但低于OIB，Nb、Ta明显亏损，与典型大洋中脊MORB型玄武岩有所不同。大洋中脊下的玄武岩区基本无水，通常不出现Sr、K、Ba等元素富集及Nb、Ta元素亏损现象，舍马拉沟辉绿岩特征显示其具岛弧火山岩烙印。

岛弧型蛇绿岩的玄武岩通常都是LREE亏损的，极少有LREE富集的报道，且该类型玄武岩还富集部分LILE（张旗，2001）。这是由于岛弧蛇绿岩位于消减带之上，由于消减带之上的地幔楔发生了地幔对流导致新洋壳的形成而出现的。岛弧洋壳之下的软流圈地幔是萃取出N-MORB之后留下来的方辉橄榄岩，比N-MORB源区的地幔更加亏损，因而是更难熔的；后有来自消减带的水的进入，降低其固相线，温度才使之再次发生部分熔融（赖绍聪，2003）。由于地幔源区强烈亏损，同时消减带中加入的水富集LILE，在这种情况下形成的玄武岩必定是富集部分大离子亲石元素（K-Rb-Ba），亏损轻稀土及Nb、Ta元素。

在岛弧区，普遍发生洋壳和沉积物向岩石圈深部的再循环，高场强元素倾向于留在难熔矿物相中，或在流体与上覆地幔楔相互作用中高场强元素具较其他不相容元素高的晶/液分配系数（赖绍聪，2003），造成高场强元素亏损。在舍马拉沟辉绿岩中，高场强元素Nb、Ta、Zr、Ti、Y等大多以低丰度为特征（图8-4c），其中Nb强烈亏损。在全球大地构造环境中，只有消减带之上的弧后盆地次级扩张产生的新洋壳才具亏损地幔源MORB和俯冲带物质参与的双重地球化学特征。因此，舍马拉沟蛇绿岩是非典型大洋中脊蛇绿岩，属岛弧蛇绿岩范畴。

表8-2　舍马拉沟辉长岩与辉绿岩CIPW标准分子（%）

参数/样品号	D3062-b3	D3062-b6	D3062-b7	D3062-b8	D3063-b2	D3063-b7	D3063-b8	D3063-b9
石英(Q)	—	—	—	—	—	—	—	—
钙长石(An)	25.05	30.27	23.08	25.68	41.18	51	40.69	48.61
钠长石(Ab)	32.8	25.64	29.87	28.31	13.2	13.93	15	16.24
正长石(Or)	2.15	1.36	3.08	2.24	0.35	0.27	0.22	0.87
霞石(Ne)	—	—	—	—	0.1	0.34	—	0.42
刚玉(C)	—	—	—	—	—	—	—	—
透辉石(Di)	10.9	21.91	20.04	20.37	37.97	23.77	26.64	24.82
紫苏辉石(Hy)	22.45	10.08	13.56	15.31	—	—	2.42	—
橄榄石(Ol)	0.29	5.24	2.5	1.57	5.42	9.16	11.49	7.46
钛铁矿(Il)	1.54	1.68	2.29	1.72	0.39	0.27	0.74	0.31
磁铁矿(Mt)	4.63	3.62	5.38	4.61	1.35	1.23	2.78	1.24
磷灰石(Ap)	0.18	0.18	0.2	0.19	0.02	0.03	0.02	0.03
合计	99.99	99.99	100	100	99.99	99.99	100	99.99
分异指数(DI)	34.95	27	32.95	30.55	13.65	14.54	15.22	17.53
A/CNK	0.759	0.62	0.618	0.621	0.503	0.663	0.596	0.65
SI	33.18	33.08	28.76	33.01	60.67	60.37	47.81	57.29
AR	1.43	1.26	1.4	1.34	1.1	1.1	1.12	1.12
σ43	1.8	1.4	1.96	1.57	0.39	0.56	0.64	0.73
F1	0.51	0.45	0.47	0.46	0.35	0.39	0.4	0.4
F2	-1.59	-1.59	-1.56	-1.58	-1.63	-1.61	-1.62	-1.6

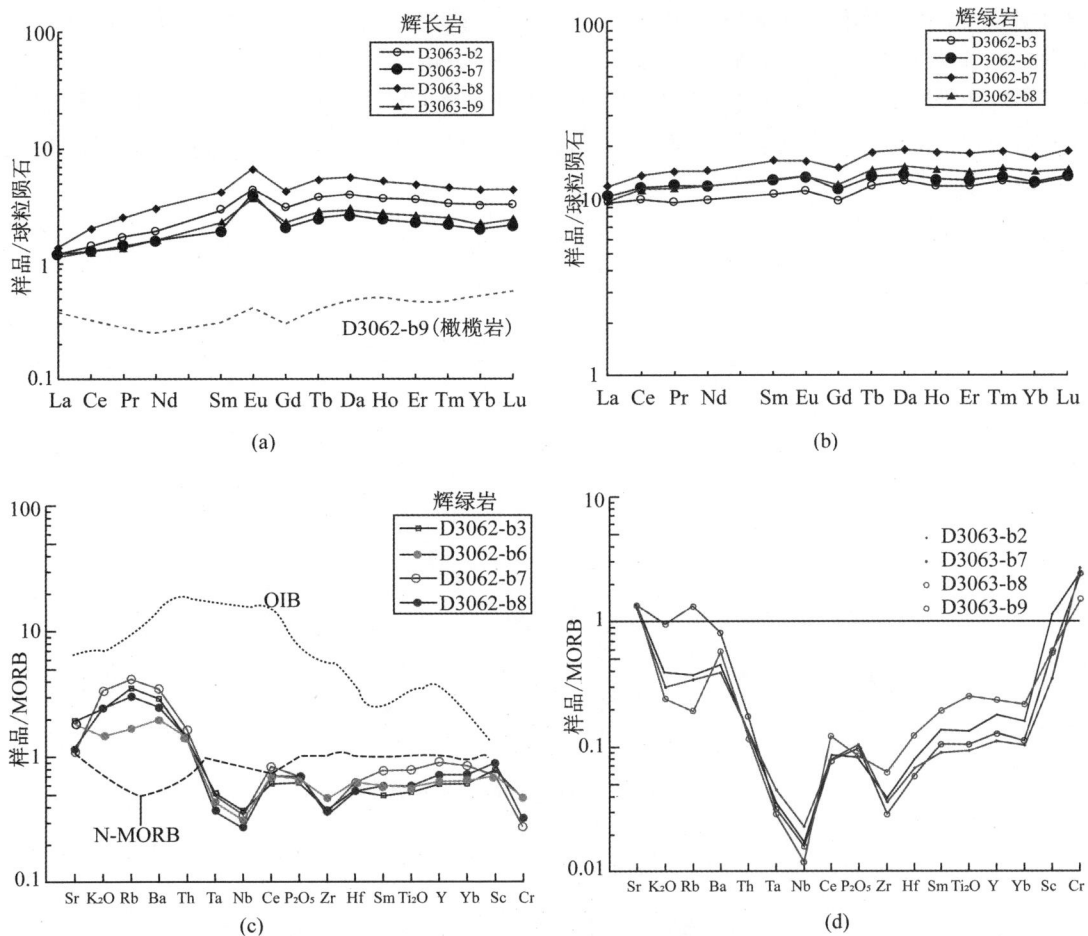

图8-4　舍马拉沟辉长岩、辉绿岩稀土元素配分图及辉绿岩微量元素MORB标准化蛛网图

（标准化数据分别据Sun，1989；Pearce，1982）

表8-3　舍马拉沟蛇绿岩稀土元素分析结果（μg/g）

样品号	La	Ce	Pr	Nd	Sm	Eu	Gd	Tb	Dy	Ho	Er	Tm	Yb	Lu	Y	ΣREE	LREE	HREE	L/H
D3062 -b3	2.249	6.134	0.919	4.632	1.639	0.648	2.005	0.445	3.252	0.674	1.986	0.328	2.083	0.342	18.23	45.58	16.22	11.12	1.46
D3062 -b6	2.484	7.163	1.144	5.527	1.958	0.780	2.338	0.501	3.540	0.733	2.113	0.346	2.149	0.348	19.12	50.26	19.06	12.07	1.58
D3062 -b7	2.799	8.377	1.366	6.850	2.554	0.959	3.120	0.692	4.888	1.050	3.018	0.484	2.93	0.474	26.98	66.55	22.91	16.67	1.37
D3062 -b8	2.325	6.973	1.109	5.586	1.959	0.791	2.464	0.557	3.888	0.838	2.398	0.387	2.463	0.381	21.98	54.11	18.75	13.38	1.4
D3063 -b2	0.277	0.871	0.160	0.889	0.451	0.252	0.638	0.140	1.015	0.208	0.593	0.085	0.537	0.082	5.381	11.59	2.9	3.3	0.88
D3063 -b7	0.281	0.791	0.133	0.728	0.296	0.222	0.423	0.092	0.668	0.137	0.376	0.055	0.346	0.054	3.32	7.93	2.45	2.15	1.14
D3063 -b8	0.331	1.228	0.242	1.421	0.640	0.392	0.870	0.198	1.416	0.292	0.791	0.116	0.742	0.112	7.145	15.94	4.26	4.54	0.94
D3063 -b9	0.280	0.758	0.132	0.749	0.346	0.220	0.466	0.106	0.763	0.15	0.427	0.063	0.377	0.063	3.876	8.78	2.49	2.42	1.03
D3062 -b9	0.089	0.204	0.026	0.117	0.048	0.023	0.061	0.015	0.123	0.028	0.075	0.012	0.089	0.014	0.655	1.59	0.51	0.42	1.21

注：稀土元素由西南冶金地质测试中心，质谱法ICP-MS测试，2011。

在微量元素 N-MORB 标准化配分图解上(图 8-4d),后半段显示明显的左倾斜亏损型模式,反映了亏损地幔源区特征,K、Ba、P 等有一定的隆起即低度富集,存在明显的 Nb、Ta 亏损,特别是 Nb,这区别于典型的 MORB 型特征,显示了俯冲带物质的参与特点。总之,既有亏损地幔源 MORB 特征,又有俯冲带物质的特征,与弧后盆地的扩张产生的新洋壳的地球化学特征类似。因此,其并非典型的大洋中脊型蛇绿岩单元,应属于俯冲带上的 SSZ 型蛇绿岩单元。

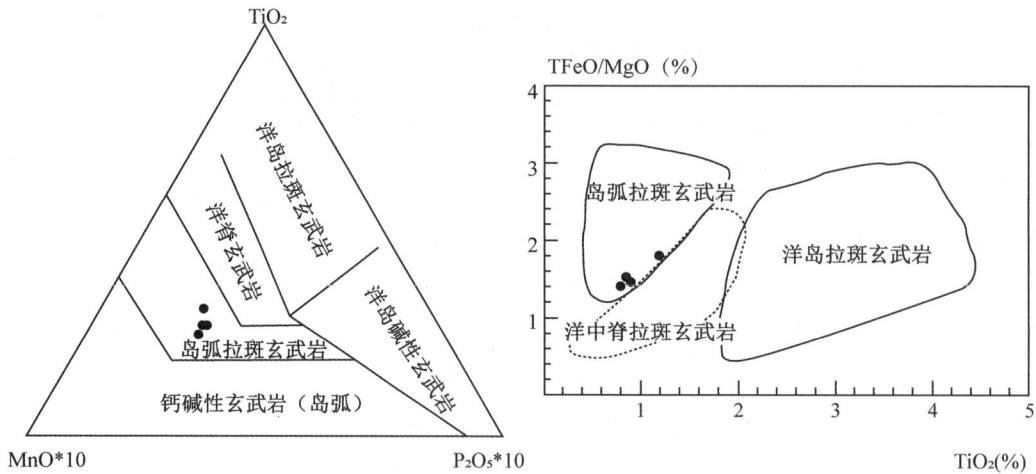

图 8-5 舍马拉沟辉绿岩构造环境判别图解

第三节 结 论

通过对舍马拉沟蛇绿岩的岩石学和地球化学特征分析,对蛇绿岩中辉长岩及辉绿岩成因进行了探讨,认为辉长岩属于亚碱性辉长岩,其稀土配分曲线位于橄榄岩的上部,总体与地幔橄榄岩具相似的稀土分布型式,显示二者来源上的相似性。

舍马拉沟辉长岩稀土元素与原始地幔配分曲线相比 ∑REE 呈亏损型,LREE 相对 HREE 略为亏损,为轻微的左倾型模式;正 Eu 异常是分异结晶作用使斜长石堆积的缘故,REE 配分曲线近乎平行,具有同源岩浆特征,与典型的 N-MORB 稀土元素地球化学特征类似,是玄武岩在中深部冷凝结晶的产物;微量元素 MORB 标准化配分曲线后半段为左倾斜亏损型模式,属于亏损地幔源区特征,存在明显的 Nb、Ta 亏损,又显示了俯冲带物质参与的特点。可见,辉长岩既有亏损地幔源 MORB 特征,又有俯冲带环境的印迹,与弧后盆地扩张产生的新洋壳地球化学特征一致,属于 SSZ 型蛇绿岩单元。

辉绿岩的主量元素含量与 MORB 相似,稀土元素分配型式为平坦型,具典型的 MORB 稀土元素地球化学特征,表明它们来自亏损的软流圈地幔;构造判别图显示辉绿岩兼具 MORB 和 IAT 特征;其微量元素 MORB 标准化配分型式也显示了 Sr、K、Rb 及 Ba 等大离子亲石元素富集,Nb、Ta 有明显亏损,Zr、Ti、Y 等含量很低,与典型的大洋中脊 MORB 型玄武岩有所不同,有一定的岛弧火山岩的痕迹。应形成于消减带上的弧后盆地扩张洋脊环境,与洋内俯冲后期不成熟的弧后盆地扩张有关。

总之,以上特征显示该蛇绿岩单元可能形成于弧后盆地环境,是特提斯大洋岩石圈在俯冲过程中引发弧后次级扩张的产物。辉长岩、辉绿岩地球化学特征显示了亏损地幔源 MORB 和俯冲带物质参与的双重特征,应形成于消减带上的弧后盆地扩张洋脊环境,属于 SSZ 型蛇绿岩一部分,与洞错蛇绿岩形成的构造环境相似。随着特提斯大洋岩石圈俯冲作用的进行,诱发拉张作用引起弧后扩张,形成一套弧后盆地的沉积物和蛇绿岩。舍马拉沟蛇绿岩、东巧-永珠蛇绿岩以及安多蛇绿岩块地球化学有一定的相似性,可能与这一时期区域构造演化即俯冲带附近的弧后扩张有关。(图 8-6、图 8-7)

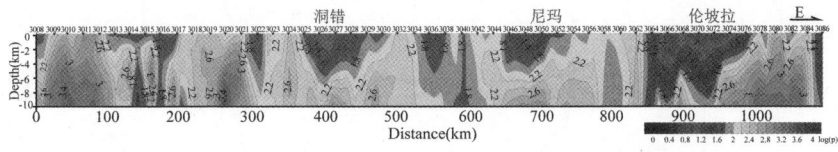

图 8-6　洞错盆地-尼玛盆地-伦坡拉盆地 MT 测量剖面电阻率断面图

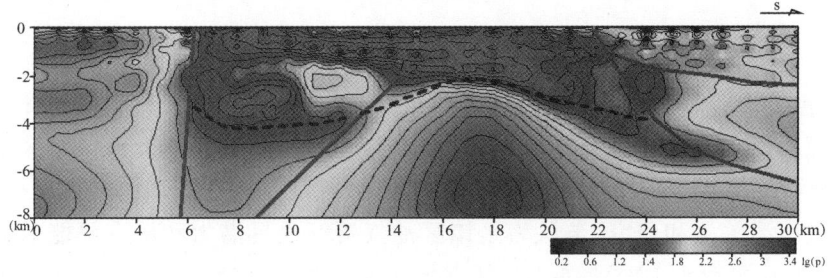

图 8-7　洞错盆地 MT 测量剖面电阻率断面图

第九章　羌塘盆地上三叠统菊花山组流体包裹体特征

　　青藏高原是当前我国陆地上油气资源勘探程度最低且富含油气资源的战略区,近年以来随着研究程度不断加深,该区油气资源勘探与调查受到高度重视(付修根,2008)。羌塘盆地大地构造区划处于特提斯构造域巨型油气富集带,羌塘盆地是青藏高原油气资源勘探的重要选区,是一个大型的晚古生代-中生代海相残留盆地,中生代盆地通常被广泛关注和研究,被认为是该区油气资源最具潜力和最有可能取得勘探突破的首选盆地。研究表明在盆地内发育有近10套烃源层,其中最主要的烃源层有4套,在盆地内部累计烃源岩厚度约300 m,初步估计:羌塘盆地的总生烃量大约为 $9\,930×10^8$ t,其油气资源总量大约为 $50×10^8$ t(宋春彦,2012)。

　　在航磁研究方面,区内东高西低的平稳降低磁场基本反映了具有一定磁性、时代介于元古界-前古生代之间的结晶基底变质岩相由东向西趋于隐伏、并埋藏不断加深的变化特征。依据青藏高原中西部1:100万航磁解释结果,磁性基底中西部埋深一般为0.5~2 km,南北两侧相对较深;羌中隆起带基底埋深仅0.5~1.0 km,部分已出露地表(周伏洪,2001),表明磁性基底岩相具有横向上由西向东逐渐抬起,纵向上两凹夹一隆的构造格局。而区内叠加的强度多变、方向各异的局部异常,反映后期伴随板块碰撞、俯冲和高原隆升等重大地质事件发生多向性的构造变异和岩浆活动特点。

　　羌塘盆地出露的最老岩石为中泥盆世的都古尔花岗岩(384 Ma),并认为中部的变质岩为上石炭统浅变质岩,未发现前古生代基底的存在(李才,2005,2003);Kapp认为羌塘地体存在早古生代镁铁质结晶基底(Kapp a,b,2003);另一种观点认为羌塘盆地存在前寒武纪刚性基底(王国芝,2001;黄继钧,2001),何世平(2011)最近在北羌塘昌都发现~4.0 Ga的碎屑锆石;Zhang(2007)认为羌塘地体存在冈瓦纳型早元古代结晶基底。

　　对于羌塘块体的归属,有人认为它属于冈瓦纳大陆的一部分,印支期开始裂离,在三叠纪末期拼贴到欧亚大陆;也有人认为羌塘块体和华北块体、塔里木块体、扬子块体一样,独立于冈瓦纳大陆之外。而解决此问题的关键是如何认识班公湖-怒江缝合带的性质。此外,羌塘中部有一个含榴辉岩和蓝片岩的变质带(中央隆起),李才等(1995)认为其可能是一条古特提斯缝合带,作为冈瓦纳大陆与欧亚大陆在古特提斯阶段的分界线;也有观点认为中羌塘的蓝片岩是东、西羌塘之间晚三叠世洋壳俯冲的增生杂岩和高压变质产物(李才,1997;邓希光,2002)。王立全(2008)通过对藏北羌塘中部果干加年山早古生代堆晶辉长岩的锆石SHRIMP U-Pb年龄研究,认为堆晶岩具有MORB的特征,代表了龙木错-双湖缝合带中残存的早古生代蛇绿岩。

　　羌塘盆地由于其特殊的地理位置,以及复杂的地质条件、恶劣的天气、交通不便等实际情况,对该区的油气资源勘探工作长久以来都没有实质性进展。因此,深入研究羌塘盆地油气成藏有助于查清盆地的石油地质背景,为油气资源勘探与开发奠定基础(宋春彦,2012)。

　　对流体包裹体详细研究是当前地球科学研究领域较活跃的热点之一,流体包裹体本身具有的特性,可以直接或间接地恢复流体作用时的T、P条件以及热液的成分特征。目前流体包裹体研究已被广泛应用到石油资源勘探、有机质热演化史、液体矿床成因及期次等方面(秦建雄,1992)。储集层流体包裹体由于其蕴藏了丰富的油气成藏信息,也同样被广泛应用于含油气盆地热史分析、油气成藏研究等领域(倪培等,2014)。以菊花山组地层为基础,在羌塘盆地上三叠统菊花山组流体包裹体特征方面进行研究,从流体包裹体岩相学特征、温度测试、盐度分析等方面入手,运用包裹体地球化学的理论和方法,详细地分析菊花山组流体包裹体的特征、均一温度、冰点温度、盐度等性质,对菊花山组储集层流体包裹体、油气成藏做深入探究。

第一节　研究概况

　　国外关于流体包裹体研究比国内早,研究手段更加成熟,研究水平更高。大致分为五个阶段。第一阶段:萌芽阶段(19世纪中叶),最初对流体包裹体的研究仅局限于观察描述、理论猜想,并未作较多实验测试和深入分析;第二阶段:温度测试阶段(1858—1953年),Sorby于1858年在论著中提出包裹体地质温度计原理和方法后,Richter在1953年设计制造出相关仪器,使得包裹体测温成为可能。第三阶段:成矿流体研究阶段(1953—1976年),成矿流体研究更加深入,于1960组建成立了国际成矿流体包裹体委员会(COFFI);第四阶段:地球化学研究阶段(1976—1984年),随着各项研究手段逐步完善,理论成果被广泛应用,包裹体研究蓬勃发展,成为了地球化学的分支;第五阶段:(1984年至今),国外多次关于流体包裹体学术会议召开,研究方法与物理化学相结合,运用计算机等高精端技术,对流体包裹体研究理论加以补充完善,取得了丰硕成果(卢焕章等,2004)。

国外对于流体包裹体研究比国内早,相当多的研究者将流体包裹体和稳定同位素相结合,对多金属矿床进行深入研究。Conliffe J(2013)通过稳定同位素、流体包裹体、定量流体包裹体气体分析,研究古元古界密西西比河峡谷Pb-Zn矿床的成因及特征;Bettencourt J S(2005)在研究巴西晚期奥斑岩型花岗岩与云英岩型多金属锡矿床的相互关系时,利用流体包裹体及稳定同位素特征;Napoleon Q H(2011)在研究西非马里莫里拉金矿时,联系造岩岩系流体包裹体特征、稳定同位素特征,从深部剪切带探究金矿的成因、特征。

部分学者将流体包裹体研究和岩体、多金属矿床相结合,取得一系列丰硕成果。Siahcheshm K(2014)通过寻找流体包裹体证据,探究伊朗东部Cu-Au矿床的热液演化过程;Moncada D(2012)在研究墨西哥瓜纳华托Ag-Au矿床时,利用岩石特征及流体包裹体岩相学特征进行深入探究;Bhattacharya S(2014)在研究南印度达瓦尔克拉通东部花岗岩侵入和后期演化时,利用流体包裹体做详细分析,取得进展;Mishra B(2005)研究南印度金矿流体包裹体特征,取得重要成果;Pal D C(2006)利用流体包裹体研究中印度巴斯塔东南部花岗岩特征。

我国关于包裹体的研究开始于20世纪60年代前后,最初仅局限于个别研究单位,诸如中国科学院、地质部、冶金部的教育部等,直到1972年以后才迅速发展。近几年来,流体包裹体研究成果已被广泛引用,国内尤其以油气包裹体和单个包裹体成分分析领域发展极为迅速,对于流体包裹体研究,主要运用于构造特征、固体矿床成因、油气成藏分析等多方面。

陈衍景等(2007)对不同类型热液金矿做了系统研究,将矿床地质与包裹体特征相联系,认为对于热液型金矿床,运用流体包裹体研究是较为准确的方法。李紫烨等(2014)通过激光拉曼光谱和显微测温等方法对赤城县梁家沟铅锌银多金属矿床矿石中的石英流体包裹体进行均一温度、盐度的测试分析,结合其他地质条件,最后厘定了矿床类型。吴胜华等(2014)运用流体包裹体测温方法,对江西香炉山矽卡岩型钨矿床进行系统研究,根据激光拉曼光谱测试,确定包裹体成分,查明矿床演化过程的温度变化。刘平等(2008)在研究北部湾盆地涠西南凹陷储集层流体包裹体时,通过划分流体包裹体期次,利用PVTsim软件模拟包裹体捕获当时的温度和压力,最后分析得出油气运移方向及成藏模式。鲁雪松等(2012)在研究塔中志留系油气成藏时,通过流体包裹体多种分析技术,确定流体包裹体期次及油气成藏过程。刘新社等(2007)利用流体包裹体均一温度方法,对鄂尔多斯盆地天然气成藏进行详细研究,认为鄂尔多斯盆地上古生界致密储层形成时间要早于油气藏形成时间。

在羌塘盆地三叠统流体包裹体方面,前人做过一系列研究。秦建中(2006)对羌塘盆地有机质热演化与成烃史进行详细研究,通过系统分析样品数据,得出结论:上三叠统烃源岩处于高成熟-过成熟阶段,结合烃源岩分析,探究对油气成藏勘探有利的储层。宋春彦等(2014)对羌塘盆地含烃类流体活动的基本特征及成藏进行详细研究,通过岩相学特征研究,划分流体包裹体类型,最后对油气成藏和生油史进行综合分析。卢国明等(2007)在对羌塘盆地油气运移史进行研究过程中,详细观察测试流体包裹体,确定流体包裹体组合类型和特征,定量研究了油气运移期次。

对流体包裹体的显微特征观察,主要通过实验室高倍显微镜下确定流体包裹体宿主矿物、包裹体类型、大小、形态等;对流体包裹体温度测试,主要通过加热台升高温度使包裹体变为均一相态,同时校正压力,使压力与包裹体形成时相当,此时就可以得到包裹体形成时的均一温度;通过冷冻法对测试包裹体冰点温度,并且根据冰点温度数据便可以参考公式计算出流体盐度,从而进一步探究流体活动时的物理化学条件(吴萌,2009)。

羌塘盆地流体包裹体研究上,主要通过观察显微镜下流体包裹体片,查明储集层内流体包裹体的类型、形态、大小及分布;然后利用冷热台测定包裹体的均一温度、冰点温度;最后结合所有实验数据,参考前人经验公式,推算古流体盐度。综合分析菊花山组流体包裹体特征,对菊花山组储集层中油气成熟度、生油期次、油气运移等一系列问题进行系统的、科学的论证以及理论分析。

此次研究,对于样品的选择,主要为裂缝充填方解石脉和原生矿物方解石。显微测温主要在成都理工大学油气藏地质及开发国家重点实验室完成,主要用到的仪器为Linkam Cooling Systems冷热台,型号:THMS600。薄片处理主要是将磨好的包裹体片采用专门的手段从载玻片上取下,以便在冷热台上能够直接对包裹体片进行温度测试;在高倍显微镜下观察流体包裹体片,找寻并圈定包裹体,对典型现象拍照、标注,然后用冷热台对流体包裹体均一温度测试,适当选取包裹体进行冰点温度测试;随后,进行照片处理、标注,对实验数据(主要为包裹

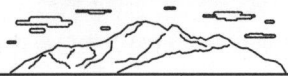

体温度数据)进行分析处理,参照前人经验公式,推算包裹体盐度、密度、古压力等物理化学信息,最后模拟埋藏史图,对研究储层油气成熟度、生油期次、油气运移等一系列问题进行系统的、科学的论证和理论分析。

第二节 区域地质背景

一、研究区地理位置

研究区地处青藏高原腹地,羌塘盆地北羌塘坳陷鲤鱼山-长梁山一带(朱利东,2014),地理坐标:33°38′00″~35°05′00″N;83°50′00″~86°30′00″E。研究区海拔高,严重缺氧,气候寒冷、恶劣,植被缺乏,交通困难,有察布乡到研究区南部约50 km的简易公路贯,区内没有道路,其余广大地区只能在封冻季节才能通行。

二、区域构造特征

1.大地构造分区及构造单元划分

前人对青藏高原做过很多研究,根据地球物理场、岩石层结构、地质构造特征等将青藏高原划分为5条缝合带以及5个相邻展布的地块,由北至南依次为:西昆仑-阿尔金-北祁连缝合带;昆仑地块、昆仑南缘缝合带、巴颜喀拉地块;可可西里-金沙江缝合带、羌塘-昌都地块;班公湖-怒江缝合带、拉萨地块;雅鲁藏布缝合带、喜马拉雅地块。

大量研究者通常将羌塘盆地划分为"二坳一带"的二级构造单元,自北向南分别为北羌塘坳陷、中央隆起带、南羌塘坳陷。盆地具有长期复杂的演化历史,其构造演化过程可分为前奥陶纪基底形成阶段、古生代被动大陆边缘演化阶段、晚三叠世-侏罗纪裂谷-北东大陆边缘形成阶段和白垩纪-新近纪陆相盆地形成、演化、改造阶段(王剑等,2009)。本次研究区归属于北羌塘坳陷,位于中央隆起带以北,北羌塘坳陷西部。

2.研究区构造纲要特征

研究区因其特殊的地理位置(藏北羌塘高原腹地)和恶劣的气候条所限制,一直是青藏高原地质调查研究程度最薄弱的地区。综合前人划分方案,根据本区实际构造、沉积建造、变形变质作用特征等情况,结合1:25万查多岗日幅区调报告,研究区可进一步划分:①大横山-弯岛湖构造带;②羌北甜水河陆块;③红脊山构造混杂岩带;④大熊湖-照沙山褶断带;⑤羌南查多岗日陆块。

(1)大横山-弯岛湖构造带

位于研究区北部,南以小尖梁-弯岛湖边界断裂与羌北甜水河陆块为界。呈近东西向宽条带状展布,(区内)南北宽5~30 km;横向上,断续为第四系及少量古近系掩盖。带内混杂岩发育,主要由蛇绿岩片、火山弧岩片、碳酸盐岩片及少量原地岩块(片)组成。该带内剪切带具多期活动特征,早期以塑性变形为主,曾先后(至少两次)经历过左旋逆冲、左旋走滑剪切运动;晚期以脆性变形为主,具压扭性,且曾一度遭受过塑性变形改造,表现为左旋走滑剪切活动。

(2)羌北甜水河陆块构造带

位于研究区中部,以近东西向自东而西楔入大横山-弯岛湖构造蛇绿混杂岩带、红脊山构造混杂岩带之间。由燕山期构造层、次为印支期构造层、喜山期构造层及华力西期构造层构成;另沿河湖沟谷、山间洼地分布有冲、洪积等成因的第四系松散堆积物。

(3)红脊山构造混杂岩带

分布于图区中西部红脊山-达坂湖一带,呈北西-南东走向展布,自大熊湖进入图区,经红脊山过图中湖。在区域构造格局中属龙木错-双湖缝合带向北西延伸的部分。该构造带主要地层包括红脊山岩组和猫耳山岩组。构造变形以发育构造混杂、韧性-脆韧性变形带为特色。带内地层(体)强烈构造混杂、垒叠,纵横向上严重无序,表现为透镜状、条块状构造"岩块或岩片",并发生旋转变形,其长轴均定向与构造带内区域性面理展布方向一致。岩块(片)间均为脆-韧性断层或剪切变形带分割。其中红脊山岩组内构造变形强烈,劈理、片理等构造面理、韧性剪切带发育,构造置换作用十分明显,表现为总体无序的岩层(地质)体。

(4)大熊湖-照沙山褶断带

位于研究区南东部拉雄错、照沙山一带,呈北西-南东走向展布。构造单元内由印支期构造层、燕山期构造层,次为喜山期构造层组成,另沿河湖沟谷、山间洼地分布有冲、洪积等成因的第四系松散堆积物。该构造单元以脆性变形为主,主要表现为断裂、褶皱。构造形迹多数继承先期构造形迹再度改造而成。

（5）羌南查多岗日陆块

位于研究区西南部,呈近东西向穹状展布,往南西(部分)延出研究区。本构造单元构造变形较为复杂,带内浅表构造层具两期构造变形活动。第一期主要发育于上石炭统擦蒙组、展金组及下二叠统曲地组后期变形叠加较弱部位,呈残片形式。第二期构造变形叠加于前期构造形迹之上,前期构造或进一步巩固加强或遭掩盖改造。该期构造变形具强弱之分,并相间排列,宽数厘米至数百米不等,一步巩固加强或遭掩盖改造。该期构造变形具强弱之分,并相间排列,宽数厘米至数百米不等,其主要类型有顺层(挤压型)轴面片理、劈理、糜棱面理、剪切面理、挤压型褶皱等。一步巩固加强或遭掩盖改造。该期构造变形具强弱之分,并相间排列,宽数厘米至数百米不等。

研究区内褶皱非常发育,褶皱总体为复式褶皱,褶皱幅度不大,轴向以北西-北西西为主,次为近南北向(表9-1)。主要发育陆块中部东端独雪山一带,以短轴状向斜为主,形态宽缓开阔,其形迹孤单、延展范围较局限。

表9-1　研究区褶皱构造特征一览表（据朱利东,2014）

序号	名称	轴向（度）	长/km	宽/km	组成地层		产状/（°）	形态特征
					核部	翼部		
1	鲤鱼山背斜	270～295	>125	15～18	J_3s		20～50	复式长轴状
2	南泉湖向斜	210～240	>50	15	J_3s		NW：38～50 SE：35～40	复式长轴状
3	独雪山向斜	近S-N	>10	5	J_1n		20～30	短轴状
4	照沙山向斜	290～310	>20	15	J_3s		NE：34～50 SW：40～55	不对称状

3. 研究区构造变形特征

研究区最老的地层热觉茶卡组表现为低绿片岩相的弱变质弱变形作用,岩石普遍变形改造不强;但因原岩特性不一样,其变质变形强弱差异较明显。在轻变质砂岩中,碎屑矿物如石英仅少数发生轻微细粒化重结晶,但矿物定向组构特征不明显,其间填隙物如绢云母、绿泥石等亦部分具细粒化重结晶并产生弱定向分布。在富含云母类矿物的变质砂质泥岩、泥岩中,片状构造较发育,但岩石矿物定向组构不强烈。岩石中片状矿物如云母、微粒状矿物如绿泥石等大多发生了较强地细粒化重结晶作用并沿一定方向聚集分布,其间粗颗粒矿物如石英仅少数发生细粒化重结晶且呈弱定向聚集分布。变形形成的构造形迹主要有顺层劈理、顺层千枚理及板理等面状构造,面理产状:168°～230°∠20°～80°,次为330°～55°∠17°～72°,因后期变形改造面理产状普遍变陡(倾角一般>50°)。研究区三叠系及其之上的地层未发生变质作用。

4. 研究区新构造特征

青藏高原开始形成的主要时期,即是新构造运动的开始时期,其时限从新近纪中新世晚期至现在,新构造断裂是叠加于不同时期构造带的基础上发展而来的,既有继承性的一面,又有新生性的一面。新构造运动的构造形迹主要表现为:第四纪断陷盆地的生成,中新世后岩浆、热液活动、地热(钙华、温泉)活动、地震活动等方面,高原地貌、活动断裂、第四纪堆积物的抬升直观地反映了高原新构造活动的特点及规律,是研究和确定新构造运动发生、发展的依据。

新生代以来,图区盆岭格局正逐步形成,新构造活动强烈,以北东-北东东向、北西-北西西向为主的走滑断裂及受其控制的走滑-拉分盆地发育:古近系盆地主要充填了古新世-始新世具磨拉石建造特征的牛堡组,地层沉积厚度2 500 m;说明该岩组为一套山麓冲积扇、河流相向干旱湖泊相转化的沉积序列。新近系盆地主要充填为具磨拉石建造特征的中新统康托组,由紫红色砾岩、含砾砂岩、细砂岩夹杂色粉砂岩及泥岩、局部夹膏盐岩组成,属山间河湖相沉积,反映了当时较为炎热干燥的气候环境。

青藏高原在近南北向长期的挤压应力作用下,以不均衡隆升为主要特点,其隆升形成大致经历了古新世-上新世晚期、更新世-至今两大发展阶段。

（1）古新世-上新世

由于印度板块由南向北往欧亚板块长期持续的推挤,引起内部各组成地块间的差异运动,从而产生强烈

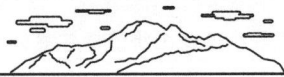

地挤压作用,形成一系列走滑–逆冲断裂、褶皱及推覆构造等,使地壳大规模缩短、增厚,导致青藏高原持续缓慢抬升。研究区古近系牛堡组、中新世康托组具磨拉石建造特征的多期、多层巨厚砾石层的形成,亦是该阶段抬升的表现;与此相对应的有二期走滑–逆冲作用,即始新世晚期、中新世晚期,使新生代盆地内充填的地层强烈褶皱冲叠,并经走滑抬升隆起。

（2）更新世–现今

区内多级湖积阶地、多级夷平面、第四纪活动断裂、多期不同级别的地震活动、与多级河流阶地相对应的多期冲洪积物的堆叠等,反映了该期以断裂活动为主,高原整体呈现快速不均衡地隆升。

三、区域地层概况

羌塘盆地内地表出露地层大多为侏罗系和少量上三叠统、白垩系地层,中、下三叠统零星分布于盆地的南北边缘,以断块状产出,其中侏罗系最大厚度约5 000 m,以中、西部最厚,向南、北两侧和东部逐渐减薄。羌塘盆地地层划分及相邻区域对比见表9–2。

表9–2　羌塘盆地地层划分及相邻区域对比

年代地层			若拉岗日	北羌塘				南羌塘	改则-东巧
白垩系	上统	马斯特里赫特阶	错居日组	阿布山组				阿布山组	?
		坎潘阶							
		桑顿阶							
		科尼亚克阶							
		土伦阶							
		塞诺曼阶							
	下统	阿尔必阶		雪山组	索瓦组上段	白龙冰河组	扎窝茸组	?	
		阿普提阶							
		巴列姆阶							
		欧特里沃阶							
		凡兰吟阶							
		贝里阿斯阶							
侏罗系	上统	提塘阶		索瓦组					沙木罗组
		基默里阶							
		牛津阶							
	中统	卡洛夫阶		夏丽组					
		巴通阶		布曲组					
		巴柔阶						色哇组	木嘎岗日群
		阿伦阶							
	下统	托尔阶		雀莫错组				曲色组	
		普林斯巴赫阶							
		辛涅谬尔阶							
		赫塘阶							
三叠系	上统	瑞替阶	巴塘群	那底岗日组				日干配错组	确哈拉群
		诺利阶	若拉岗日群						
		卡尼阶						?	
	中统	拉丁阶	D-T 蛇绿岩混杂岩	藏夏河组	肖茶卡组	上门格拉组	结扎群		
		安尼西阶		康南组				欧拉组	
	下统	奥伦尼格阶		硬水泉组					
		印度阶		康鲁组					
下伏地层		长兴阶		热觉茶卡组				吉普日阿组	

〜〜〜〜 角度不整合　— — — — — 平行不整合　· · · · · · · 接触关系不明

本书主要研究层位为上三叠统菊花山组,考虑到地层上下接触关系,现就二叠系、三叠系、侏罗系各地层的特征进行描述。

1. 二叠系热觉茶卡组（Pr）

研究区二叠系是一套陆源碎屑浊积岩夹碳酸盐岩,前人在1:100万区调及后来的各种成果报告中皆将研究区二叠系划归到中二叠统,先后命名为围山湖组、叶桑岗组、黄羊岭群、红脊山岩组、热觉茶卡组。

热觉茶卡组岩石组合特征主要为灰质碎屑岩、泥微晶灰岩、砂屑灰岩、微晶灰岩等(图9-1)。经镜下鉴定,其岩石学特征简述如下。

灰质碎屑岩:碎屑结构,灰质胶结,灰质成分约35%,杂基含量约7%,碎屑颗粒约58%,碎屑颗粒以石英为主,少量长石。分选性和磨圆性差,成分成熟度低。

泥微晶灰岩:岩石为微晶结构,微晶颗粒主要成分为方解石,约占90%,石英占2% 云母鳞片占1%,白云石占3%,生物矿屑占3%,褐铁矿、微粒金属矿物约占1%。方解石晶粒一般为0.01 mm。

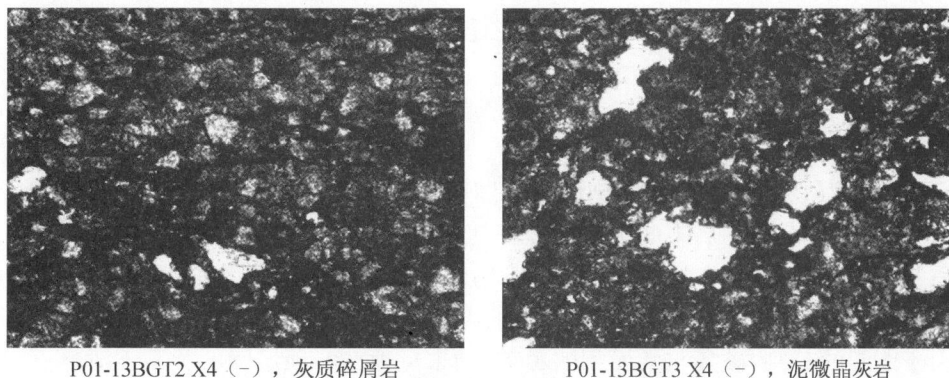

P01-13BGT2 X4（-）,灰质碎屑岩　　　P01-13BGT3 X4（-）,泥微晶灰岩

图9-1　热觉茶卡组显微照片（单偏光）

（据朱利东,2014）

2. 上三叠统图中湖组（T₃t）

图中湖组为广西壮族自治区地质调查研究院2006年新建的组级岩石地层单位,指晚三叠世沉积的一套夹硅质岩、灰岩、轻变质碎屑岩夹火山岩的岩石组合。

据前人1:25万区域地质调查资料显示:图中湖组产 *Triassocampe* sp.、*Tritortis* sp. 为代表的中-晚三叠世放射虫,顶部产珊瑚 *Axosmilia* sp.,*Stylosmilia* sp.;腕足类 *Rhaetinopsis* cf. *zadoensis*,R. sp.,*Amphiclina* sp.,*Excavatorhynchia* sp.,*Costochoncha* cf. *lintiformis*,? *Dierisma simplexa*,*Timorhynchia sulcata*。珊瑚 *Stylosmilia* 在区域上仅分布于上三叠统,而腕足类 *Rhaetinopsis* cf. *zadoensis*,*Amphicjina* sp. A. *intermedia*,等为偌利阶常见分子,同时在该组中的玄武岩前人测得同位素年龄值(K-Ar法)为213 Ma,火山岩时代与古生物时代一致,为偌利期。

研究区图中湖组岩石组合主要为一套碎屑岩夹火山岩,主要发育变质不等粒石英砂岩。变余砂状结构,石英含量约50%,灰质成分为35%~40%,岩石具有明显的定向性。裂隙发育并充填石英脉如图9-2所示。

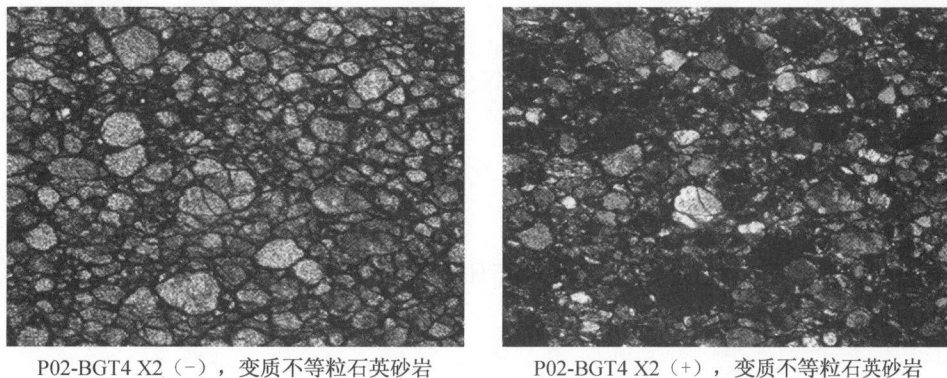

P02-BGT4 X2（-）,变质不等粒石英砂岩　　　P02-BGT4 X2（+）,变质不等粒石英砂岩

图9-2　图中湖组显微照片

（据朱利东,2014）

3. 上三叠统菊花山组（T₃j）

研究区内菊花山组为浅海台地相沉积的一套碳酸盐岩,在工区拉雄错附近出现灰白色厚层块状细-中晶

白云岩,在黑龙山、照沙山等地偶夹褐黄色薄层状泥质粉砂岩、砂岩,控制厚度大于999 m。

4. 上侏罗统索瓦组（J₃s）

索瓦组由白海生1989年命名,命名地点位于青海省格尔木市唐古拉乡雀莫错东南7 km。索瓦组指整合于中侏罗统夏里组之上的晚侏罗世地质体,其岩性组合为一套灰色、灰黄色、灰紫色、灰黑色含生物碎屑灰岩、结晶灰岩、泥质灰岩、泥晶灰岩、鲕粒灰岩构成的碳酸盐岩,产珊瑚、双壳类等化石,其地质时代为晚侏罗世。

工作区索瓦组广泛出露于的北部及东部的拉雄错一带,是区内侏罗纪地层、也是五龙川-布若错地层小区的主要构成,其底以大套灰岩出现为标志,与以碎屑岩或以碎屑岩为主的下伏地层夏里组相分,以灰岩的消失与上覆的雪山组碎屑岩分界,为整合于上覆、下伏地层之间的一套碳酸盐岩与碎屑岩组合。索瓦组为一套以三角洲、开阔台地为主的海陆交互相沉积,形成于晚侏罗世早中期。

第三节　菊花山组地层与沉积特征

一、菊花山组的划分及分布

菊花山组由吴瑞忠等（1986）命名,建组剖面位于图区南东相邻的菊花山,代表中央隆起带北部以碳酸盐岩为主的菊花山型晚三叠世沉积。后来的工作者多将其定名或划归肖茶卡群或肖茶卡组。

本次工作通过调查分析,结合南东相邻的1:25万玛依岗日幅区调对肖茶卡群（组）的分解方案,恢复使用菊花山组一名。菊花山组分布于研究区东南部的拉雄错、照沙山、黑龙山一带（照沙山-大熊湖地层小区内）,出露面积较大,由于断裂的分割、破坏与大面积的覆盖,均未见顶、底,地层间的关系不清楚。

二、菊花山组实测地层剖面

1.剖面列述

西藏北羌塘大熊错上三叠统菊花山组实测地层剖面,剖面代号PM04,位于大熊错东北约8 km葫芦沟附近,结合实际地质特征,该剖面均未见顶、底,根据野外地质事实,对该剖面进行分层,部分层位采集样品。后期做出数据处理,绘制地层剖面图（图9-3）。

剖面起点坐标:34°11′42.9″N;　　　85°40′13.2″E;

剖面终点坐标:34°14′02″N;　　　85°25′34″E。

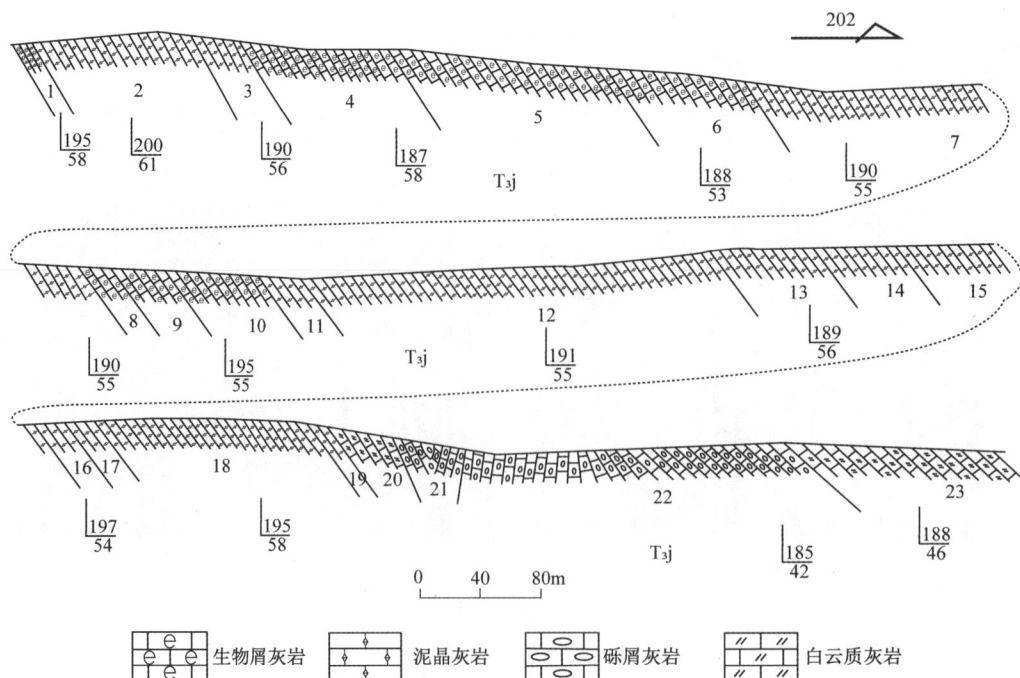

图9-3　西藏北羌塘大熊错上三叠统菊花山组实测地层剖面图

（据朱利东,2014,修改）

114

（未见顶）

层23	浅灰色中层白云质灰岩	59 m
层22	浅灰色中-厚层砾屑灰岩	79.4 m
层21	浅灰色中-厚层砾屑灰岩	44.6 m
层20	浅灰色中层白云质灰岩	19 m
层19	浅灰色中-厚层泥晶灰岩	7.7 m
层18	灰-灰白色中-厚层泥晶灰岩	93.9 m
层17	灰-灰黑色薄-中层泥晶灰岩	18.1 m
层16	灰-灰白色薄-中层泥晶灰岩	15.8 m
层15	灰-灰黑色薄-中层泥晶灰岩	54.5 m
层14	灰白色中-厚层泥晶灰岩	44.4 m
层13	灰黑色中-厚层泥晶-微晶灰岩	47 m
层12	灰白色-灰褐色中-厚层泥晶灰岩	204.7 m
层11	灰白色薄-中层微晶灰岩	22.9 m
层10	浅灰色中层生物屑灰岩	45.8 m
层9	深灰-灰黑色厚层块状生物屑灰岩	25.5 m
层8	深灰-灰黑色中-厚层生物屑灰岩	19.3 m
层7	深褐色中-厚层微晶灰岩	164.5 m
层6	浅灰色中-厚层生物碎屑灰岩	77.4 m
层5	浅灰-灰褐色巨厚层块状生物屑灰岩	121.8 m
层4	浅灰色中-厚层生物屑灰岩	79 m
层3	浅灰色巨厚层块状微晶灰岩	24.4 m
层2	浅灰色中-厚层微晶灰岩	91.3 m
层1	深灰-灰黑色中-厚层泥晶生物屑灰岩	9.3 m

（未见底）

2. 岩石地层综述

菊花山组主要为一套碳酸盐岩,岩石组合主要为生物碎屑灰岩、含生物泥晶灰岩等(图9-4)。其岩石学特征具有生物碎屑结构,粒度在0.3~0.5 mm之间的鲕粒泥晶灰岩碎屑星散分布于碎屑之间,缝合线发育。充填胶结物以亮晶方解石为主,局部亮晶方解石胶结物可以见两组世代。岩石中偶见三组不同方位方解石脉。

菊花山组生物化石丰富,主要有腕足类、双壳类、腹足类、介形虫、有孔虫、棘皮类及珊瑚、海绵、水螅、层孔虫和藻类,少部分岩中还产骨针、牙形石、鱼骨等,为多门类组合(图9-5)。部分岩中珊瑚、海绵、水螅、层孔虫和藻类极其丰富,建造形成生物礁。产珊瑚 *Cerioheterastraea*,*cerioidea*,*Margarosmilia zieten*,*M. zogangensi*,*Promargarosmilia markamensis*,*Volzeia chagyabensis*,*Submargarosmilia riwoqeensis*,*Stylosmilia*？ sp.,*Toechastrasa*？ sp.,*Distichophyllia*？ sp.,*Prcyclolites*？ sp.;腕足类 *Amphicjina* sp.,*A. intermedia*,*Koninckina leonhardi*,*Paralaballa zangbeiensis*,*Sacothyris* cf. *sinosa*,*Zeilleria lingulata*,？ *Lammellokoninckina* cf. *yunnanensis*;牙形石 *Neohinleodella kobayashii*,*Xaniognathus deflecteas*,*Neohindeolla triassica*,*Neospathodus* sp.,*Ozarkodina* sp.;双壳类 *Halobia fallax Mojsisovics*,*Indopecten* sp.,其所含 *Neohinleodella kobayashii* 等牙形石,*Indopecten* sp. 等双壳类,*Margarosmilia zieten*-*Volzeia chagyabensis* 组合之珊瑚分子,多为上三叠统的常见分子;而珊瑚 *Margarosmilia*、*Stylosmilia* 在区域上仅出现于上三叠统,*Margarosmilia* 等在中特提斯区分布广泛;*Rhaetinopsis* cf. *zadoensis*,*Amphicjina* sp.,*A. intermedia*,*Koninckina leonhardi*,*Zeilleria lingulata* 等,为澜沧江-金沙江-昌都地区偌利阶腕足类 *Rhaetina caucasica*-*Sacothyris sinosa* 组合中的主要分子,该组形成于晚三叠世诺利克期。

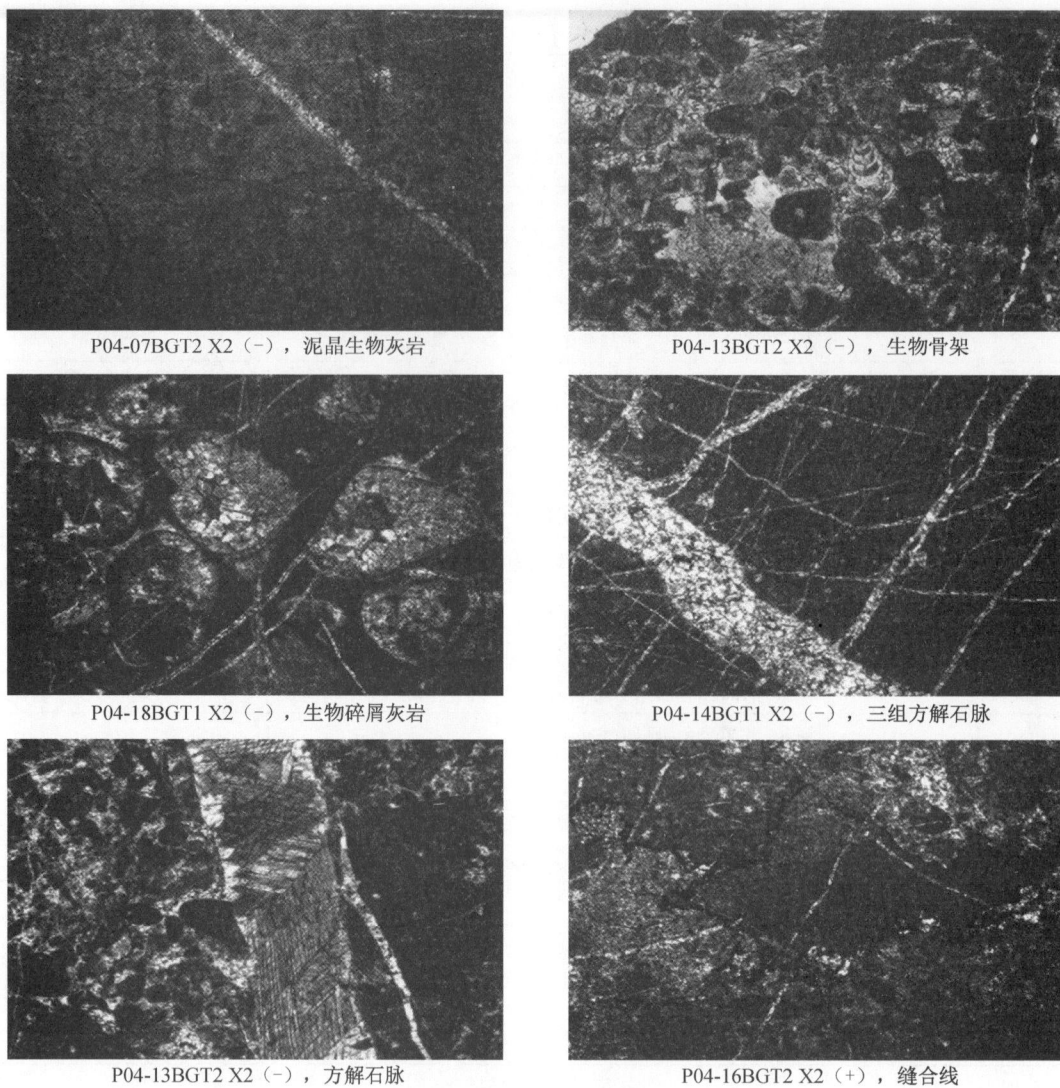

P04-07BGT2 X2（-），泥晶生物灰岩　　　　　P04-13BGT2 X2（-），生物骨架

P04-18BGT1 X2（-），生物碎屑灰岩　　　　　P04-14BGT1 X2（-），三组方解石脉

P04-13BGT2 X2（-），方解石脉　　　　　P04-16BGT2 X2（+），缝合线

图9-4　菊花山组显微照片

（据朱利东,2014）

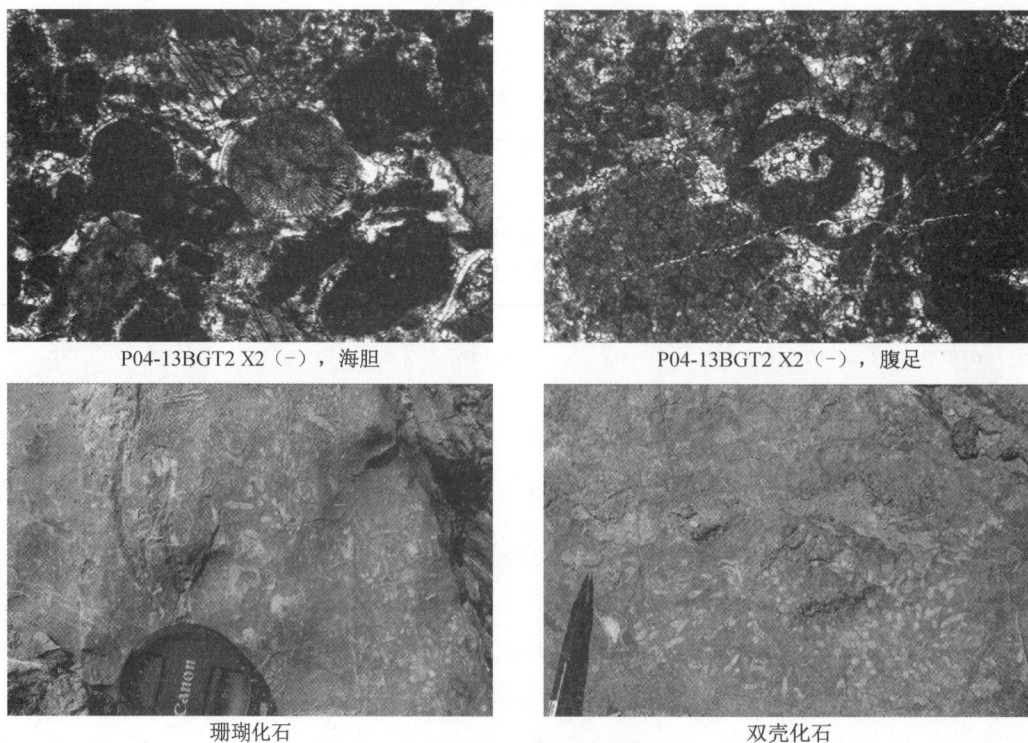

P04-13BGT2 X2（-），海胆　　　　　P04-13BGT2 X2（-），腹足

珊瑚化石　　　　　双壳化石

图9-5　菊花山组灰岩中珊瑚等化石

（据朱利东,2014）

三、 菊花山组沉积特征

结合实测地层剖面,菊花山组顶部及底部均以灰色、灰白色厚层块状灰岩为主,夹少量灰、深灰色中、厚层状颗粒灰岩、(含)粒屑微晶灰岩,偶夹砾屑灰岩。浅色厚层块状灰岩包括结晶灰岩、粉晶灰岩、微晶灰岩、(含)颗粒微晶灰岩、生物屑微晶灰岩、海绵生物屑灰岩、生物礁灰岩,以(结晶)生物礁灰岩、结晶灰岩为主、为特色。中部是以深色薄-厚层状颗粒灰岩为主的一套碳酸盐岩组合,夹微晶灰岩、(含)粒屑微晶灰岩,偶夹泥灰岩、泥质灰岩、含泥微晶灰岩、含硅质团灰岩及褐黄、黄灰色薄层状泥质粉砂岩、石英砂岩、砾屑灰岩;局部夹与顶、底部相同的厚层块状灰岩、生物礁灰岩。

岩石组合构成向上变厚变粗的沉积旋回,少部分形成向上由粗-细-粗、厚-薄的沉积旋回,为向上变浅的进积型旋回组合。其中局部水平层理发育,部分岩石中具生物钻孔、生物搅动及溶孔构造,介壳灰岩、介壳含泥生物屑微晶灰岩还具有定向排列构造。

结合岩相古地理分析原理,参照威尔逊碳酸盐标准相带模式,对菊花山组进行沉积相、亚相划分。菊花山组整体为浅海台地相沉积,底部厚层块状灰岩为主,夹少量中、厚层状颗粒灰岩、(含)粒屑微晶灰岩,偶夹砾屑灰岩,具有相对宁静的沉积环境,并且水深大致为浅海,干扰较小,代表开阔台地相沉积;中部生物碎屑灰岩,代表稍强水动力条件,海平面变化大,为局限台地;厚层泥晶灰岩代表宁静水环境,水动力条件较弱,为开阔台地相;上部出现厚层块状灰岩包括结晶灰岩、微晶灰岩、(含)颗粒微晶灰岩、生物屑微晶灰岩、海绵生物屑灰岩,以(结晶)生物礁灰岩,砾屑灰岩,代表较强的水动力条件,海平面变化大,为局限台地相;顶部出现白云质灰岩,表现为蒸发台地相(图9-6)。

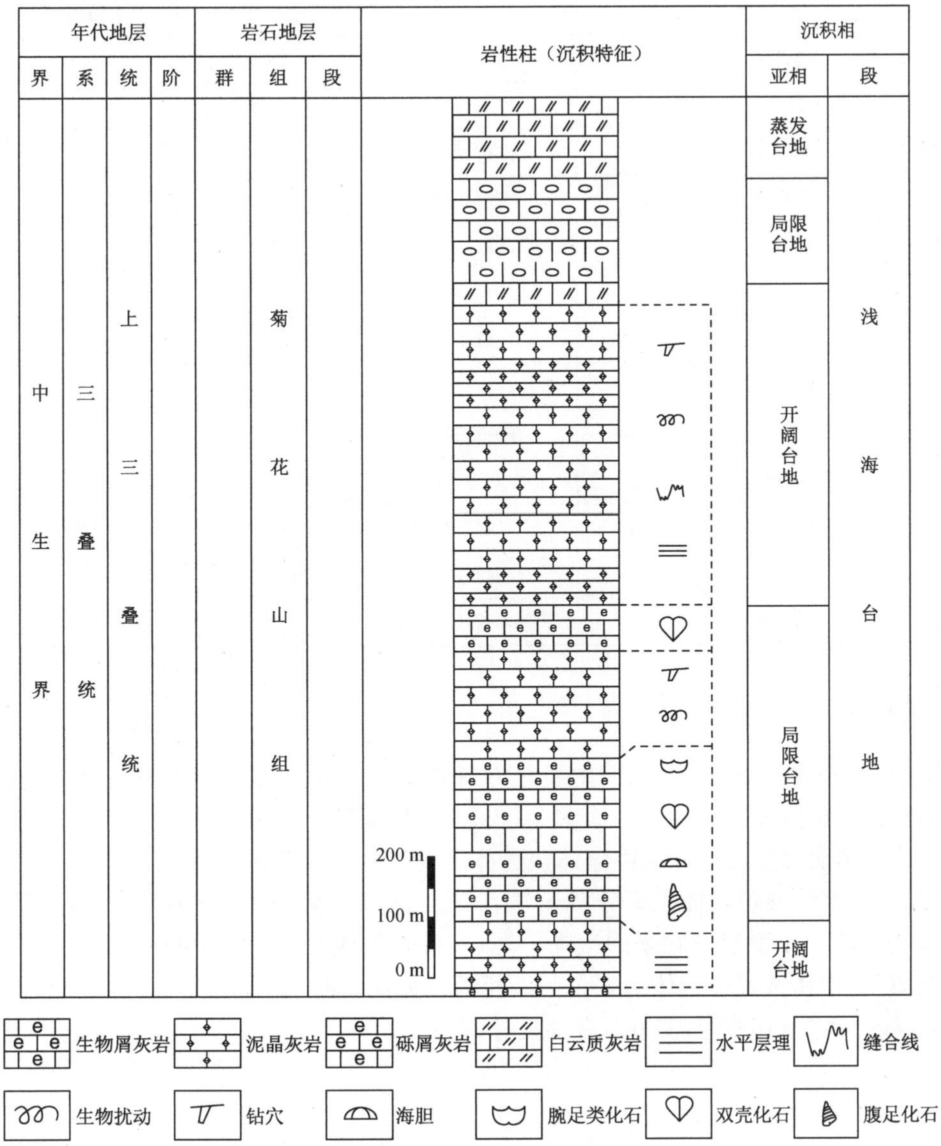

图9-6　菊花山组地层柱状图及沉积特征

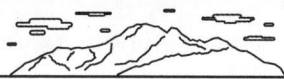

第四节　菊花山组流体包裹体特征

一、流体包裹体岩相学特征

参照前人研究方法及原理,流体包裹体岩相学是研究流体包裹体的基础,更是流体包裹体研究过程必不可少的研究内容。研究流体包裹体岩相学主要目的在于查明包裹体产出状态、划分流体包裹体类别、确定流体包裹体期次、探究包裹体形态特征、测试包裹体温度(均一温度和冰点温度)等。

1.流体包裹体描述

笔者在研究区大熊错附近P04实测地层剖面共采集20块包裹体样品,样品所处地层为上三叠统菊花山组,岩性主要为泥晶灰岩、生物屑灰岩、砾屑灰岩。经过室内加工、磨片等后期处理,首先在普通岩矿鉴定显微镜下挑选出包裹体,并且利用锥光镜对目标包裹体作出圈定、标记;然后借助实验室资源,用丙酮将载玻片上的包裹体片泡取下来,便于冷热台测试;最后参照前人研究方法,对流体包裹体进行显微观察以及冰点温度、均一温度测试。

流体包裹体描述主要在成都理工大学油气藏地质及开发工程国家重点实验室偏光显微镜单偏光下进行。主要的研究内容有:产出状态、宿主矿物、包裹体形状、大小(μm)、类型、颜色、分布形式等(表9-3)。

表9-3　羌塘盆地菊花山组盐水包裹体各项参数分析数据

层位	编号	形态	尺寸/μm	宿主矿物	均一温度/℃	冰点温度/℃	盐度/%
T_3	B09-1	椭圆形	5.6	方解石颗粒	108.6	-7.3	10.86
T_3	B09-2	圆形	7.2	方解石脉	149.9	-6.9	10.36
T_3	B11-1	月牙形	4.0	方解石脉	140.7	—	—
T_3	B12-1	五边形	4.3	方解石脉	112.8	-7.3	10.86
T_3	B12-2	椭圆形	8.3	方解石颗粒	148.7	-7.2	10.73
T_3	B13-1	椭圆形	5.5	方解石颗粒	98.3	—	—
T_3	B16-1	椭圆形	5.5	方解石脉	109.2	-7.7	11.34
T_3	B28-1	椭圆形	7.1	方解石颗粒	121.4	-6.8	10.24
T_3	B28-2	椭圆形	6.1	方解石颗粒	143.2	—	—
T_3	B28-3	长条形	6.0	方解石颗粒	169.3	-7.0	10.49
T_3	B29-1	椭圆形	4.3	方解石脉	110.1	-7.2	10.73
T_3	B29-2	月牙形	5.0	方解石颗粒	138.2	—	—
T_3	B29-3	椭圆形	4.4	方解石颗粒	152.4	-6.8	10.24

2.流体包裹体显微特征

本次挑选的包裹体宿主矿物为方解石,主要是方解石颗粒和构造裂隙中方解石脉。流体包裹体大小约4-9 μm,最小4.3 m,最大8.3 μm,形态多样,大多为椭圆形,少数为圆形、五边形、月牙形。根据室温(25 ℃)下的成分相态特征,确定本次菊花山组样品中流体包裹体主要为盐水溶液包裹体。

本次研究样品中盐水溶液包裹体主要分布于方解石脉、方解石颗粒中(图9-7),在高倍镜10×50单偏光镜下观察,典型特征为中心一小型黑点在来回滚动,黑点实质是气泡,气泡大小可以估测包裹体气液比(许建华等,2003)(也叫充填度,指在常温下包体内气相与液相的百分比,即气体体积/(气体体积+液体体积)),本次试验挑选的包裹体气液比大多<10%,大多呈孤立零星分布。

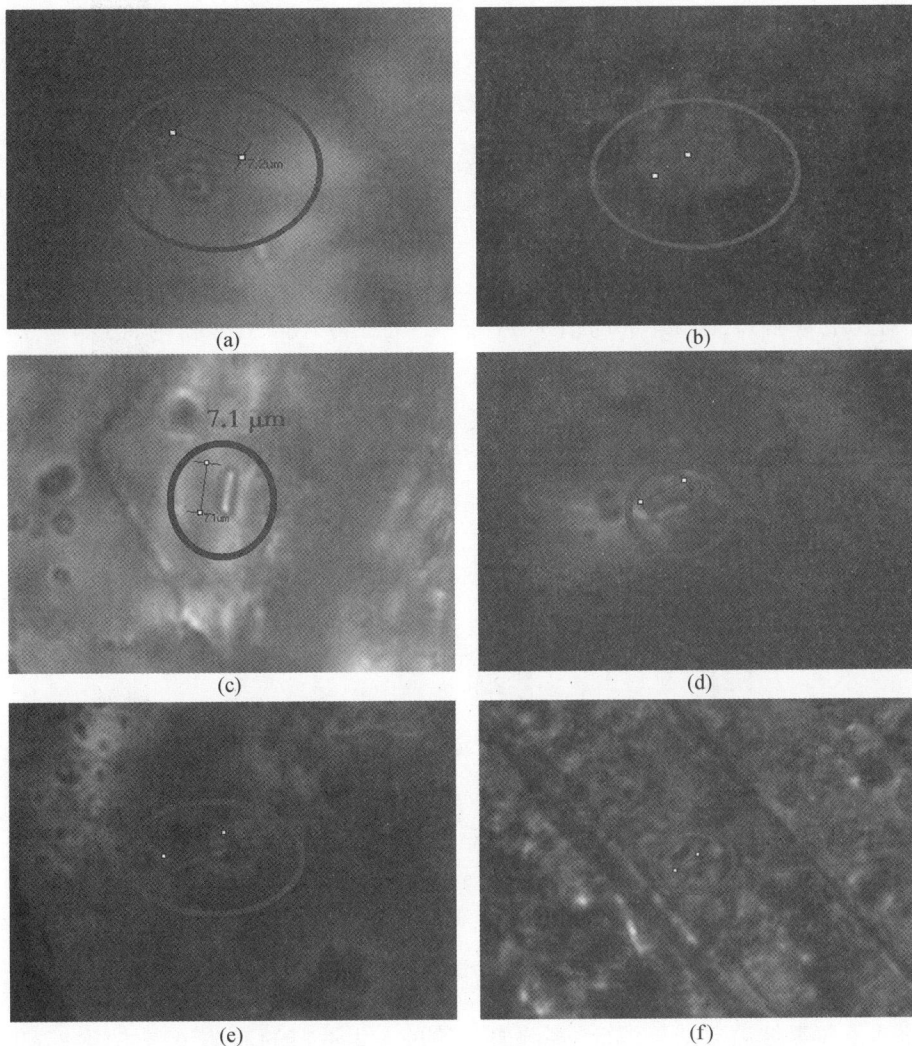

图9-7　盐水包裹体显微特征

二、流体包裹体温度特征

对流体包裹体进行温度测试,是当前流体包裹体研究最流行、应用最广泛的非破坏性分析方法,也是包裹体地球化学学科中研究最早、发展最快的一部分,是流体包裹体研究中最重要的内容(刘德汉,1995)。参考前人理论技术指导,对于盐水溶液包裹体进行显微测温,包括均一温度、冰点温度。

显微温度测定在成都理工大学油气藏地质及开发工程国家重点实验室-激光拉曼光谱室完成。使用仪器为英国产 Linkam Cooling Systems,型号 THMS600 型冷热台,测试前均用标样标进行了标定,对均一温度进行了压力校正。技术参数为:铂电阻传感器,测温范围-196～600℃,温度显示0.1℃,控制稳定温度0.1℃。

1. 均一温度（Th）

均一温度,又叫均一化温度。地球化学研究表明,流体包裹体在形成时是均匀体系,随着温度和压力的下降,包体内流体收缩分离而成气、液两相。室内可以通过在显微镜下利用加热台对包体逐步升温使其变成均一相,恢复到形成时的温度,这时的温度就叫均一化温度,一般可视为成矿温度的下限值,因此包裹体的均一化温度是充填矿物形成温度的反映(卢国明等,2007)。

在本次显微测温实验过程中,仍然存在较多难题。由于本次采样地层岩性主要为泥微晶灰岩,方解石结晶程度较低,低倍镜下几乎看不清矿物颗粒;寄宿于方解石中的包裹体更加微小,大多在4~8μm之间,尽管物镜放大到50倍,对包裹体寻找仍然有相当的难度;但是由于本次样品中发育较多方解石脉,部分薄片可见晶形较好、较大的方解石,赋存在此类方解石上面的包裹体相对容易鉴别;本次研究的盐水包裹体气液比较小,普遍<10%,当温度升高后,气泡体积不断变大,直至液体成分全部被气化,此时包裹体由两相变成单一相,在液体消失瞬间的温度即为均一温度。本书测得菊花山组温度数据13个(表9-4)。

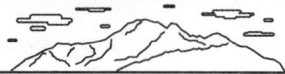

表9-4　菊花山组流体包裹体均一温度数据（由低到高排序）

样品编号	B13	B09	B16	B29	B12	B28	B29	B11	B28	B12	B09	B29	B28
均一温度/℃	98.3	108.6	109.2	110.1	112.8	121.4	138.2	140.7	143.2	148.7	149.9	152.4	169.3

本次测得温度数据，最低98.3 ℃，最高169.3 ℃。总共13个数据，呈现一定规律性：局部区间汇聚，个别零散分散，汇聚区间100~120 ℃，有4个；区间140~160 ℃，有5个，其他数据较为分散。根据统计学分析原理，绘制均一温度频率直方图。

如图9-8所示，"双峰"特征明显，对峰值区间内温度数据求取算术平均值，在100~120 ℃区间内，主要有108.6 ℃、109.2 ℃、110.1 ℃和112.8 ℃，平均值为110.2 ℃；在140~160 ℃区间内，分布有140.7 ℃、143.2 ℃、148.7 ℃、149.9 ℃和152.4 ℃，平均值为146.9 ℃。

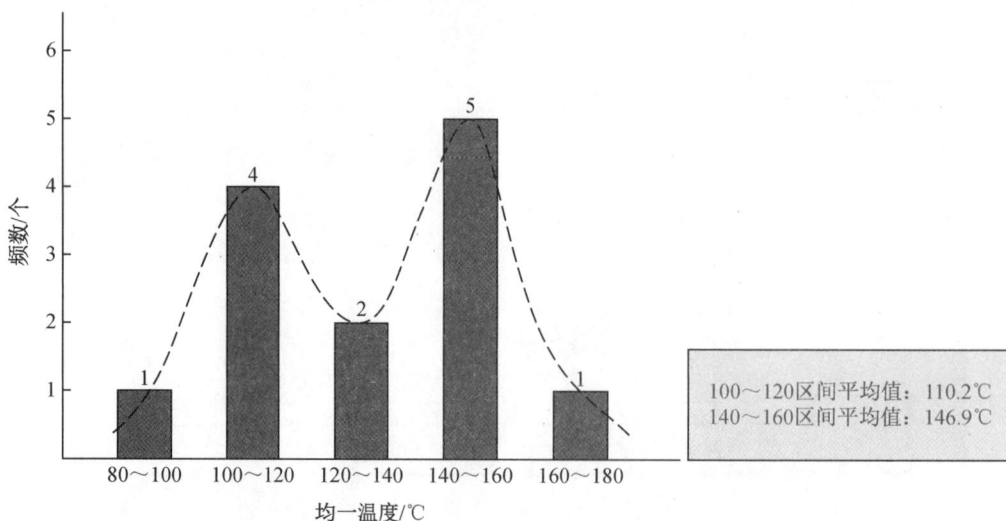

图9-8　菊花山组盐水包裹体均一温度频率分布直方图

据我国主要盆地由包裹体测温结果统计，烃源岩开始进入生油窗的流体包裹体均一温度在80 ℃左右，油气大量生成阶段的流体包裹体均一化温度为100 ~ 140 ℃，凝析油阶段的流体包裹体温度为140 ~ 180 ℃，干气阶段的流体包裹体均一化温度在160 ~ 250 ℃。由此推测本书研究区域，在晚三叠世时期经历过两期较大的油气充填，第一期主要为油气大量生成阶段，温度为110.2 ℃；第二期主要为凝析油阶段，温度为146.9 ℃（刘德汉，1995）。

考虑到本次实验数据有限，查阅、收集前人研究成果，特别是涉及羌塘盆地流体活动、油气成藏等方面的资料，筛选资料中关于流体包裹体的研究数据，汇总如下（表9-5），并和本书数据做对比参照。

表9-5　羌塘盆地流体包裹体数据对比

层位	矿物	相态	均一温度/℃	冰点温度/℃	资料来源
T₃		气液两相	109	−8.6	1
		气液两相	178	−7.4	
T₃	方解石脉	—	130（平均）	—	2
T₃	—	—	110（平均）	—	3

注：1据宋春彦，2014；2据许建华，2003；3据卢国明，2007

可以看出宋春彦等人在对T₃层位流体包裹体研究过程中，选取宿主矿物主要为方解石脉，包裹体呈气液两相，均一温度大致表现为110 ℃、130 ℃和178 ℃，冰点温度−8.6 ℃和−7.4 ℃。对比发现，本书研究与前人成果有相似实验数据，这将为本书合理性进行深入指导。

2. 冰点温度（Tm）

冷冻法，作为研究流体体系成分及盐度的基本方法之一，将包裹体薄片样品放在冷台上冷冻致完全冻结，然后再让其慢慢回温，直到最后一块冰消失，此时的温度即为冰点温度（吴萌，2009）。本次实验利用液态氮（N_2，沸点−196 ℃）作为冷冻剂，在测试完均一温度后，选取合适的包裹体进行冰点温度测定，本书测试菊花山组流体包裹体冰点温度数据9个（表9-6）。

表9-6　菊花山组流体包裹体冰点温度

样品编号	B09	B09	B12	B12	B16	B28	B28	B29	B29
冰点温度/℃	-7.3	-6.9	-7.3	-7.2	-7.7	-6.8	-7.0	-7.2	-6.8

从表格数据不难发现,本次试验测试冰点温度数据较为集中,分布于-7.7 ℃~6.8 ℃,最低-7.7 ℃,最高-6.8 ℃。由于冰点温度能直接计算流体盐度,故不对冰点温度数据求平均值,对应盐度计算将在下节重点列述。

三、盐度特征

利用冷冻台对流体包裹体进行冰点温度测试,然后参照前人的实验相图或经验公式就可以计算出流体的盐度,提出$H_2O-NaCl$体系盐度-冰点公式:

$$W=0.00+1.78Tm-0.0442Tm^2+0.000557Tm^3$$

其中,W为NaCl的重量百分数,Tm为测试的冰点温度(℃)。

值得注意:在实际研究过程中,往往会出现NaCl浓度在23.3%～26.3%的流体包裹体,这是就应该根据水石盐的最终熔化温度,在图9-9曲线EF上求出NaCl的浓度。本书所得流体浓度均<23.3%,不涉及EF段上求解。

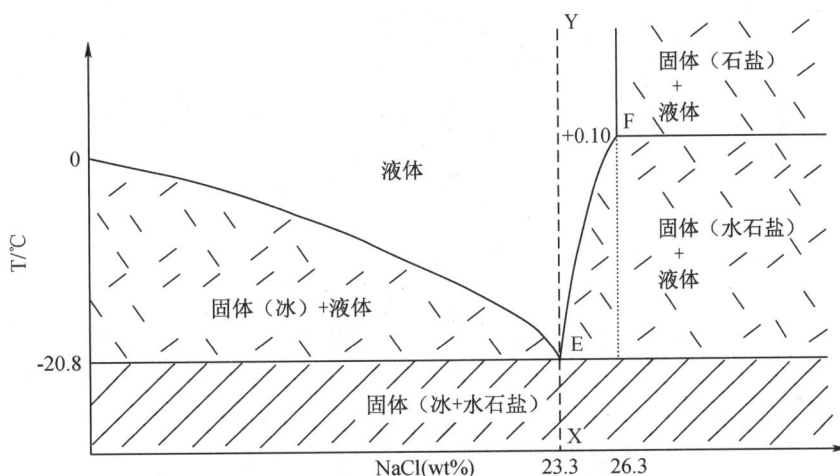

图9-9　盐水体系主要相-温度-成分图解

1993年,Bodnar根据以上公式总结得出了盐度-冰点温度关系表(表9-7),这样只要测得冰点温度值,便可以快速查得流体体系盐度的近似值。

表9-7　流体包裹体冰点温度与盐度关系表

冰点温度/℃	-0.0	-0.1	-0.2	-0.3	-0.4	-0.5	-0.6	-0.7	-0.8	-0.9
-0	0.00	0.18	0.35	0.53	0.71	0.88	1.06	1.23	1.40	1.57
-1	1.74	1.91	2.07	2.24	2.41	2.57	2.74	2.90	3.06	3.23
-2	3.39	3.55	3.71	3.87	4.03	4.18	4.34	4.49	4.65	4.80
-3	4.96	5.11	5.26	5.41	5.56	5.71	5.86	6.01	6.16	6.30
-4	6.45	6.59	6.74	6.88	7.02	7.17	7.31	7.45	7.59	7.73
-5	7.86	8.00	8.14	8.28	8.41	8.55	8.68	8.81	8.95	9.08
-6	9.21	9.34	9.47	9.60	9.73	9.86	9.98	10.11	10.24	10.36
-7	10.49	10.61	10.73	10.86	10.98	11.10	11.22	11.34	11.46	11.58
-8	11.70	11.81	11.93	12.05	12.16	12.28	12.39	12.51	12.62	12.73
-9	12.85	12.96	13.07	13.18	13.29	13.40	13.51	13.62	13.72	13.83
-10	13.94	14.04	14.15	14.25	14.36	14.46	14.57	14.67	14.77	14.87
-11	14.97	15.07	15.17	15.27	15.37	15.47	15.57	15.67	15.76	15.86
-12	15.96	16.05	16.15	16.24	16.34	16.43	16.53	16.62	16.71	16.80
-13	16.89	16.99	17.08	17.17	17.26	17.34	17.43	17.52	17.61	17.70
-14	17.79	17.87	17.96	18.04	18.13	18.22	18.30	18.38	18.47	18.55

表9-7(续)

冰点温度/℃	-0.0	-0.1	-0.2	-0.3	-0.4	-0.5	-0.6	-0.7	-0.8	-0.9
-15	18.63	18.72	18.80	18.88	18.96	19.05	19.13	19.21	19.29	19.37
-16	19.45	19.53	19.60	19.68	19.76	19.84	19.92	19.99	20.07	20.15
-17	20.22	20.30	20.37	20.45	20.52	20.60	20.67	20.75	20.82	20.89
-18	20.97	21.04	21.11	21.19	21.26	21.33	21.40	21.47	21.54	21.61
-19	21.68	21.75	21.82	21.89	21.96	22.03	22.10	22.17	22.24	22.31
-20	22.38	22.44	22.51	22.58	22.65	22.71	22.78	22.85	22.91	22.98
-21	23.05	23.11	23.18							

注：表内数值为 NaCl 重量百分数。

根据本书所测得的冰点温度数据，查询上述表格，能够较快得到流体盐度值(表9-8)。

表9-8　菊花山组部分流体包裹体冰点温度与盐度关系

样品编号	B09	B09	B12	B12	B16	B28	B28	B29	B29	均值
冰点温度/℃	-7.3	-6.9	-7.3	-7.2	-7.7	-6.8	-7.0	-7.2	-6.8	—
盐度/%	10.86	10.36	10.86	10.73	11.34	10.24	10.49	10.73	10.24	10.65

从表上可以得出：在冰点温度相对集中的情况下，计算出的盐度值也相对集中。最低为10.24%，最高为11.34%，差值仅为1.1%，对所有盐度值求取算术平均值，得到平均盐度10.65%，故此得出结论：本次研究包裹体中盐水体系为低盐度流体。上文提到，在晚三叠世时期，研究区有过两期油气充填，对应温度分别为110.2 ℃和146.9 ℃。结合盐度值计算，可以推测在晚三叠世时期，可能有两期流体活动，两期流体盐度相当，都约为10.65%，并且流体活动伴随着油气充填。

四、讨论

上三叠统菊花山组作为研究层位，主要为微泥晶灰岩，本研究主要是对碳酸盐岩储集层流体包裹体特征进行研究。参考前人研究，储集层流体包裹体中蕴藏了众多的油气成藏信息，对于碳酸盐岩储集层流体包裹体研究有较大的地质意义。

结合区域地质背景，联系羌塘盆地大地构造运动，羌塘盆地长期以来一直受到印支运动(275~205 Ma)影响。二叠纪末羌塘地体与可可西里-巴颜喀拉地体开始对接碰撞，菊花山组大多分布于羌塘盆地北部，三叠纪时仅为古特提斯的残留海，随着羌塘地体与可可西里-巴颜喀拉地体进一步相互作用，三叠纪末古特提斯彻底消亡关闭，从而结束了海侵发育史而进入陆内改造阶段，使得羌塘盆地部分地区三叠系与侏罗系地层出现角度不整合接触(和钟铧等，2002；龚建明等，2014)。

因此，推测晚三叠世流体活动、油气充填与当时地质作用有密切联系，尤其是受印支运动影响，北羌塘古特提斯残留海在晚三叠世逐渐关闭、消亡。新近纪以来，羌塘盆地经历了以区域断裂、冲断走滑、推覆与隆升剥蚀的改造过程，同时羌北坳陷尚伴有火山喷发热事件。

对菊花山组岩石镜下观察发现，生物骨架结构清晰明显，理论上应该是良好的油气储层；但是在生物骨架内也具有方解石的胶结和重结晶作用胶结物，这些作用都会导致粒间孔隙减少，而不利于储层发育。同时，菊花山组岩石中发育有缝合线构造，形成与溶蚀作用有关，也可能与压实-压溶作用有关，呈弯曲不规则状，连通性较好，不仅可大幅度提高储层的渗透性。

北羌塘坳陷菊花山组晚三叠世流体活动是伴随构造活动、火山热事件。复杂的构造作用，形成较好的裂隙、通道，使流体能够进入裂隙，油气随着流体也进入构造裂隙。在岩石沉积、成岩过程中，后期充填的方解石便捕获热液流体形成包裹体被保存下来。

在本次研究中，菊花山组流体包裹体个体小，最小4.0 μm，最大8.3 μm；形态多样，大多呈现椭圆形，少数出现圆形、月牙形、长条形，多数呈孤立零星分布。通过在冷热台下对包裹体进行均一化温度测试，发现菊花山组流体包裹体均一温度表现典型的"双峰"特征，峰值区间内平均值分别为110.2 ℃和146.9 ℃。结合我国主要盆地由包裹体测温结果统计，烃源岩开始进入生油窗的流体包裹体均一温度在80 ℃左右，油气大量生成阶段的流体包裹体均一化温度为100~140 ℃，凝析油阶段的流体包裹体温度为140~180 ℃，干气阶段的流体包裹体均一化温度在160~250 ℃(刘德汉，1995)。对部分流体包裹体进行冰点温度测定可知，冰点温度数据较为集中,分布于-7.7 ℃~-6.8 ℃。参照前人经验公式,计算出流体盐度,最低为10.24%,最高为11.34%,差值仅为1.1%,对所有盐度值求取算术平均值,得到平均盐度10.65%。

第五节　结　　论

结合实验操作和理论分析,初步研究菊花山组流体包裹体各项特征,并参照前人研究成果,最终得出以下几点认识。

(1)本次研究菊花山组流体包裹体主要为盐水溶液包裹体,宿主矿物为构造裂隙中的方解石脉,包裹体数量整体较少,部分样品未发现包裹体,所观测的包裹体较小,大多为4~8 μm,最小4.0 μm,最大8.3 μm;形态多样,大多呈现椭圆形,少数出现圆形、月牙形、长条形,多数呈孤立零星分布。

(2)利用冷热台对包裹体进行均一温度测定,得到13个均一温度数据,根据统计学分析原理,制作频率分布直方图,发现包裹体均一温度数据表现出典型的"双峰"特征,峰值区间内平均温度分别为110.2 ℃和146.9 ℃。

(3)对部分流体包裹体进行冰点温度测定,冰点温度数据较为集中,分布于-7.7 ℃~-6.8 ℃。参照前人经验公式,计算出古流体盐度,最低为10.24%,最高为11.34%,差值仅为1.1%,对所有盐度值求取算术平均值,得到平均盐度10.65%,为低盐度。

由此推测:北羌塘地区在晚三叠世时期至少经历过两期伴随流体活动的油气充填,并且两期流体均为低盐度,第一期为油气大量生成,温度为110.2 ℃;第二期为凝析油阶段,温度为146.9 ℃。

第十章　洞错盆地蛇绿岩研究

面积约 1.27 万 km² 的洞错盆地位于班公湖-怒江缝合带中-西段结合部,属于中生代-新生代的河湖相沉积盆地,盆地内分布有数千米厚的砂砾岩,包括北部的康托坳陷、中部隆起和南部的扎西错坳陷。盆地经历青藏高原内部多期次的拉张、挤压等构造演化及多次改造,盆地分布形态总体上受东西向断裂带的控制,分布的中生界和新生界地层也大致为东西走向。南部一带发育岩性为石英岩屑砂岩、砂质板岩的三叠系巫嘎组,扎弄尼勒一带发育岩性为碎屑灰岩、白云质灰岩的白垩系郎山组;北部的布扎拉-扎刚尼一带主要发育侏罗系木嘎岗日岩组;在巴尔勒一带广泛分布着火山岩(蛇绿岩、玄武岩、安山岩);盆地内的覆盖层主要为第四系粉砂质泥岩和新近系康托组砂砾岩。

目前,对班公湖-怒江洋盆的性质、规模及俯冲方向还存在争论。为解决上述问题和薄弱环节,在前人研究的基础上,在改则的洞错等地,开展了详细的野外调查,测量了蛇绿岩及构造剖面,采集了大量的相关样品。所有岩石样品磨制薄片,进行详细的岩石学和岩相学研究,强调构造地质学、岩石学、主微量地球化学、地质年代学的紧密结合。将现代高精度研究手段和传统地质学手段紧密结合,强调详尽的野外地质工作获得大量第一手资料,强调科研工作的定量化研究。这些有助于探讨青藏高原中部地质演化在青藏高原形成中的地位,有助于为班公湖-怒江缝合带中西段的研究提供思路。

洞错蛇绿岩是 MOR 型(俯冲带)还是 SSZ 型(洋中脊)蛇绿岩值得研究,蛇绿岩的成因类型代表着不同的构造意义。混杂其中的岩石是否都是蛇绿岩成员,有必要加以鉴别,进而对不同混杂岩块产出的构造背景加以判别。在这个目的下,系统研究了洞错蛇绿岩组合、元素地球化学性质,在此基础上,深入讨论了洞错蛇绿岩的成因类型、地幔源区性质以及形成构造环境和时代,对认识班公湖-怒江缝合带的构造演化历史具有重要意义。

第一节　地　质　概　况

洞错蛇绿岩是班公湖-怒江缝合带中西段出露规模较大的典型岩体,岩石组合相对齐全。从洞错蛇绿岩向西,能延伸至日土班公湖一带,向东经由直若错、赞宗错至东巧均有蛇绿岩分布,该区域的蛇绿岩体多数呈现长带状、楔状的冲断片产出,走向大体为 NW-NWW。洞错蛇绿岩整体呈楔状、不规则狭长带状,不连续分布,沿北倾向南逆冲的断裂带整体呈 NWW 向扩展,NW 长 50 km,最宽处为 5 km,具体分布于洞错以北,去申拉以南的区域,有去申拉、舍马拉、那格沟、拉他沟、直若错及洞错北等单元。地球物理研究表明,洞错盆地表现为"两凹一隆"的特征,其中最深凹陷位于盆地北部,基底最大深度近 4 km,南部凹陷略浅,规模也小于北部,中部基底出现隆起,最小埋深近 2 km,盆地边界均为断裂控制,南部可能存在地层向北逆冲超覆的现象。

在构造关系上,洞错蛇绿岩各组成部分与木嘎岗日群(JM)呈断层接触。洞错裂陷盆地是在早期 EW 向构造软弱带和 EW 向褶皱隆起带上发生区域性表壳伸展作用下形成的,盆地的展布受先存基底软弱带,特别是 NEE、NWW 及 E-W 向破裂网络控制。所以,在岩体南面,多被新生代以来的沉积物所覆盖,南部晚侏罗世沙木罗组碎屑岩和蛇绿岩被改则南-热嘎巴断裂带间隔;在岩体北部,蛇绿岩各组成单元与南羌塘地体的色哇组碎屑岩被康托-日俄东断裂间隔,与围岩主要呈冲断层接触(西藏自治区地质矿产局,1993)。洞错蛇绿岩侵位于木嘎岗日群中,受到北倾向南逆冲的推覆断裂作用影响,由于构造应力作用,岩体被分隔为数个单元。以往研究认为洞错蛇绿岩形成于早白垩世以前,主要依据为早白垩世去申拉组不整合覆盖于洞错地幔橄榄岩之上;该组玄武质凝灰岩的全岩 Rb-Sr 年龄为 111 Ma(西藏自治区地质矿产局,1993),并发现侏罗纪放射虫化石。

洞错蛇绿岩断层和片理面多倾向北,倾角较陡。蛇绿岩和围岩接触带附近有一定宽度变质带和构造破碎带(图10-1d,f),发育构造角砾岩、糜棱岩等,变质作用可能与班公湖-怒江结合带的洋盆俯冲消减及蛇绿岩套的构造侵位有关。蛇绿岩套的超基性岩多分布于区域内的西部和东部,基性岩主要分布于中部和东部,含有枕状玄武岩块体(西藏自治区地质矿产局,1993);木嘎岗日群沉积韵律发育,由轻变质的砂岩、页岩、硅质岩夹薄层灰岩组成,被早白垩世郎山组不整合覆盖(西藏自治区地质矿产局,1993)。

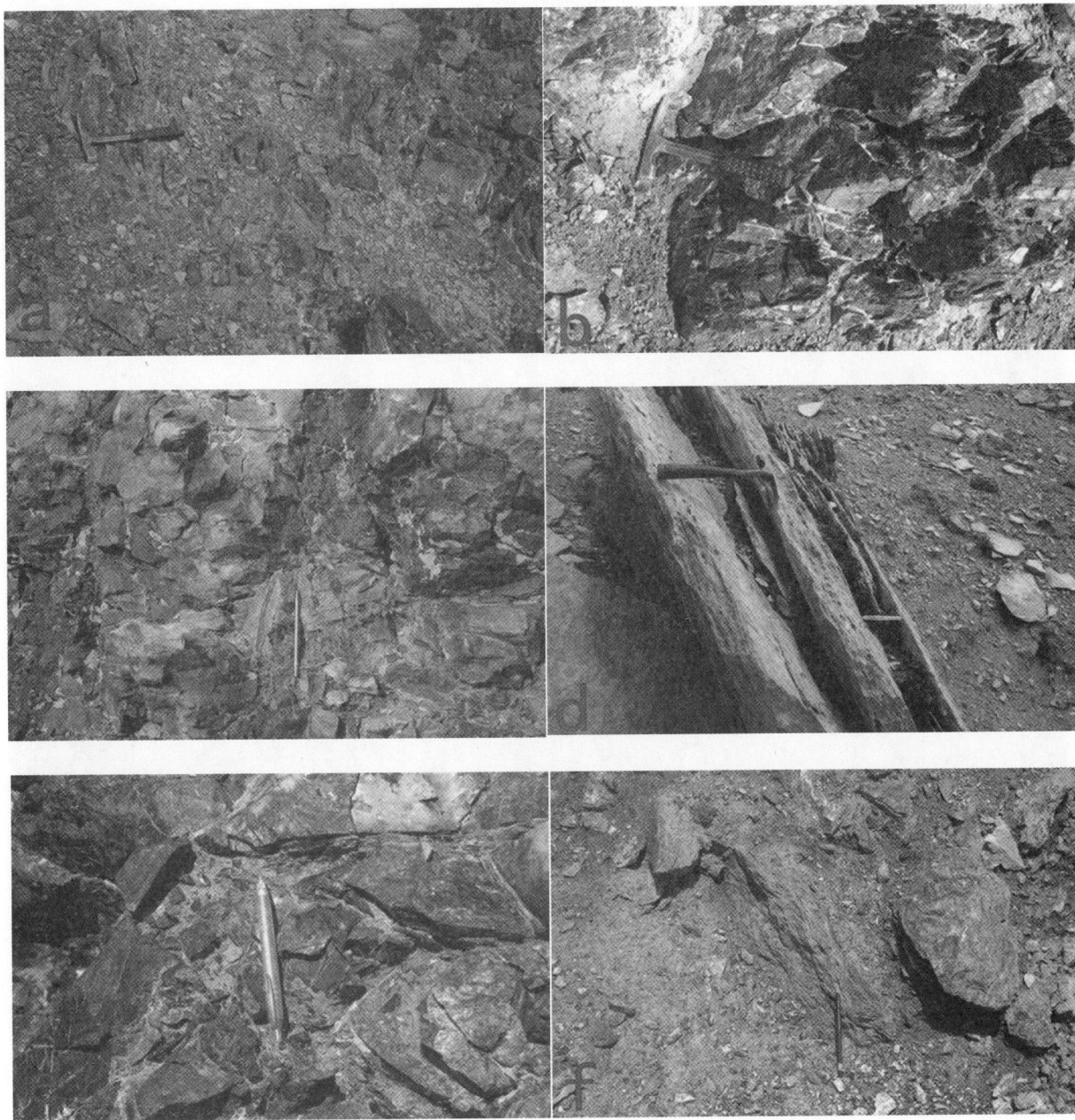

a,b—蛇纹石化橄榄岩及橄榄玄武岩;c,e—墨绿色橄榄玄武岩;d,f—厚层变砂岩。

图10-1　西藏改则洞错乡才隆拉剖面的蛇纹石化橄榄玄武岩

　　在蛇绿岩组成单元的分布方面,洞错蛇绿岩很少有完整序列的蛇绿岩组合,多出露下部单元,以构造岩片产出(图10-2,a,b,c),有不同程度的蛇纹石化,乃至成为蛇纹石片岩,常与火山岩、砂岩、灰岩、硅质岩等组成的混杂堆积。例如,舍马拉沟蛇绿岩位于西段东端,缺乏完整的蛇绿岩套剖面,通常仅见包含1~2个蛇绿岩岩石单元。在超镁铁岩方面,拉果错北、去申拉的那格沟、拉他沟、直若错多有方辉橄榄岩、二辉橄榄岩、斜方辉石岩,在去申拉一带产出有地幔橄榄岩,宽度约2 km,并与厚度大于1 km的枕状熔岩呈断层接触;镁铁质堆晶岩分布在去申拉、扎西错和直若错等地,多为橄榄辉长岩、辉长岩等,在舍马拉沟可见独立产出的堆晶岩块体,厚约4 km;岩床和岩墙单元方面,去申拉南西方向的那格沟辉绿岩岩墙穿插在层状堆晶岩中,去申拉南东的舍马拉沟辉绿岩床呈东西向分布,单个岩床(墙)宽度不大,并被白垩系去申拉组火山岩不整合覆盖;在直若错可见

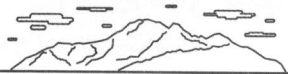

到辉绿岩细脉穿插在玄武岩底层,但未见辉绿岩岩墙穿插在枕状熔岩中。枕状熔岩(玄武岩)分布在去申拉、扎西错等地区,以去申拉的舍马拉沟为代表(西藏自治区地质矿产局,1986)。

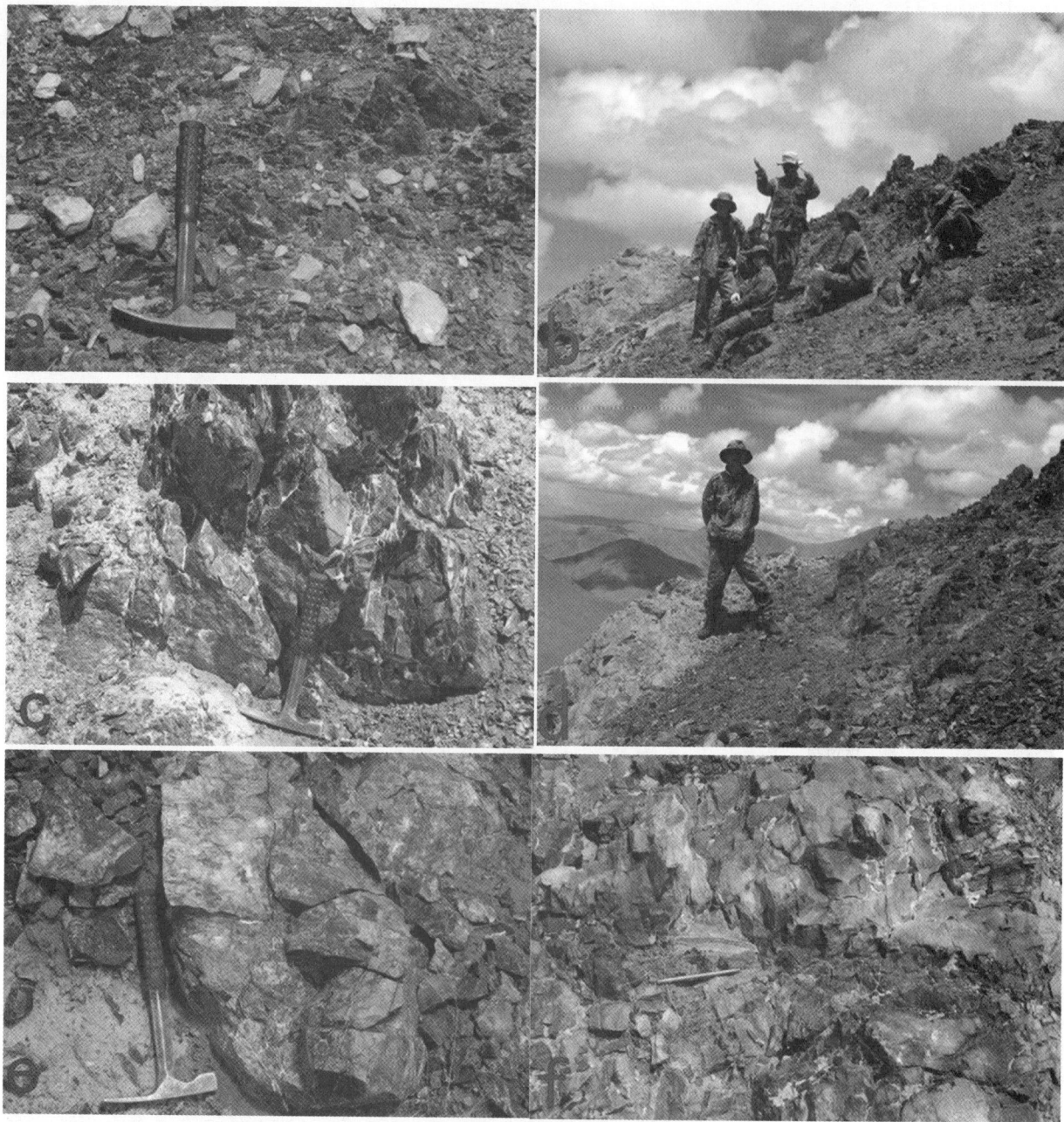

a,e,f—蛇纹石化橄榄岩及橄榄玄武岩;b,d—所测剖面露头照片。

图10-2　西藏改则洞错乡才隆拉剖面的蛇纹石化橄榄玄武岩

洞错才隆拉橄榄岩实测剖面位于洞错乡北侧才隆拉沟中,剖面露头良好,岩层分界基本清楚,但蛇纹石化严重。剖面所测地层近EW走向,南北向冲沟横穿不同地质体,剖面近南北向测制,剖面长1 180 m,实测地层厚度625 m。剖面柱状图显示(图10-3),剖面所测范围内岩性变化大,有大理化灰岩、大理岩、变质砂岩、橄榄玄武岩及橄榄岩,橄榄玄武岩与其他岩石块体均为断层接触,为后期构造楔入产物,变质作用明显。

在超基性岩航磁特征及分布特点方面,区内超基性岩比较发育,超基性岩大部属蛇绿岩型,呈古洋壳碎块或残片沿深大断裂带或结合带断续出露。野外岩石物性调查显示区内超基性岩普遍具有磁性,且大部具有强磁性,因此航磁调查均有不同程度的反映。一般剖面形态多呈孤立的强磁异常,或线性升高强磁异常带、或面型强磁异常群;平面形态多为浑圆状、串珠状、条带状或不规则状展布。依据ΔT化极和化极垂导磁场图特征醒目、清晰,边界易于辨认。依据航磁异常特征和地质构造环境,区内印证和圈定超基性岩体呈条带状或串珠状沿班公湖-怒江缝合带及其旁侧断裂侵出(中国地质调查局成都地质调查中心,2010)。

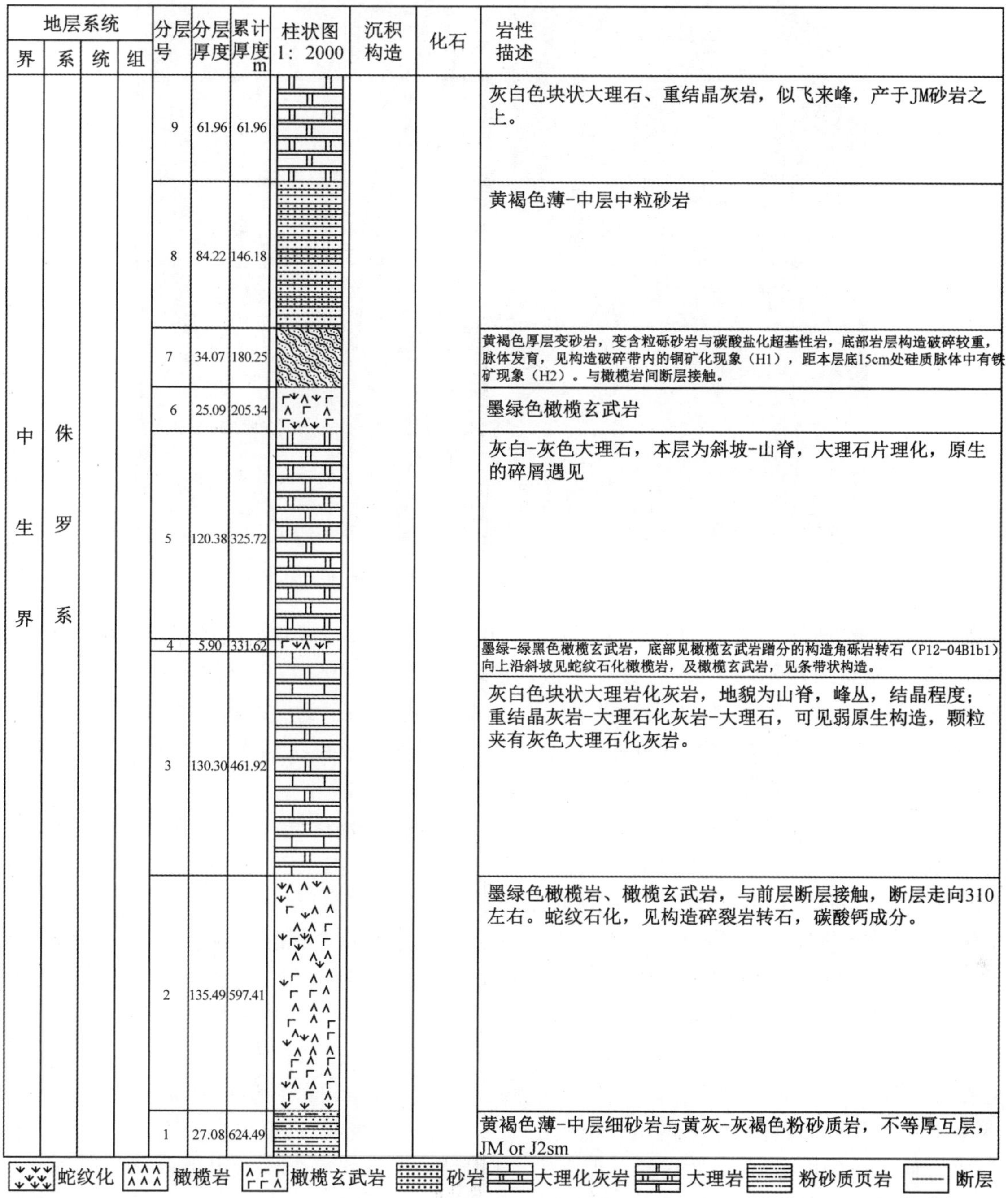

界	系	统	组	分层号	分层厚度	累计厚度m	柱状图1:2000	沉积构造	化石	岩性描述
中生界	侏罗系			9	61.96	61.96				灰白色块状大理石、重结晶灰岩，似飞来峰，产于JM砂岩之上。
				8	84.22	146.18				黄褐色薄-中层中粒砂岩
				7	34.07	180.25				黄褐色厚层变砂岩，变含粒砾砂岩与碳酸盐化超基性岩，底部岩层构造破碎较重，脉体发育，见构造破碎带内的铜矿化现象（H1），距本层底15cm处硅质脉体中有铁矿现象（H2）。与橄榄岩间断层接触。
				6	25.09	205.34				墨绿色橄榄玄武岩
				5	120.38	325.72				灰白-灰色大理石，本层为斜坡-山脊，大理石片理化，原生的碎屑遇见
				4	5.90	331.62				墨绿-绿黑色橄榄玄武岩，底部见橄榄玄武岩踏分的构造角砾岩转石（P12-04B1b1）向上沿斜坡见蛇纹石化橄榄岩，及橄榄玄武岩，见条带状构造。
				3	130.30	461.92				灰白色块状大理岩化灰岩，地貌为山脊，峰丛，结晶程度；重结晶灰岩-大理石化灰岩-大理石，可见弱原生构造，颗粒夹有灰色大理石化灰岩。
				2	135.49	597.41				墨绿色橄榄岩、橄榄玄武岩，与前层断层接触，断层走向310左右。蛇纹石化，见构造碎裂岩转石，碳酸钙成分。
				1	27.08	624.49				黄褐色薄-中层细砂岩与黄灰-灰褐色粉砂质岩，不等厚互层，JM or J2sm

图例：蛇纹化 橄榄岩 橄榄玄武岩 砂岩 大理化灰岩 大理岩 粉砂质页岩 断层

图10-3 西藏改则县洞错乡才隆拉橄榄岩柱状图

第二节 岩石学特征

一、地幔橄榄岩

地幔橄榄岩是蛇绿岩中的主要构成部分，在洞错地区地幔橄榄岩中主要以蛇纹岩、蚀变超基性岩和方辉橄榄岩为主（图10-4）。鲍佩声（2007）在洞错蛇绿岩中，将地幔橄榄岩分为低辉方辉橄榄岩（Opx=5%~15%）、高辉方辉橄榄岩（Opx=15%~25%）及少量的纯橄岩，并发现不一致熔融相转变结构和后成合晶结构等熔融残余成因结构，是熔融残余的标志；随着Opx的含量降低，矿物成分更富镁或铬。未见二辉橄榄岩，部分因构造挤压剪切作用变成蛇纹石片岩。

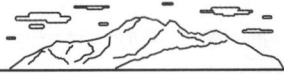

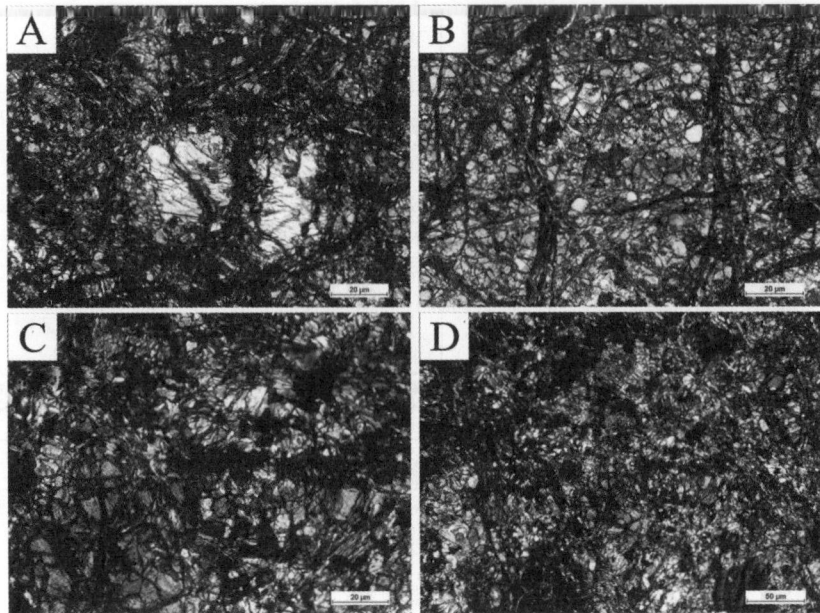

图10-4 洞错蛇绿岩中的方辉橄榄岩显微特征（P09-1b1，正交偏光）

其中，斜方辉石橄榄岩蛇纹石化、碳酸盐化强烈，其中的蚀变橄榄石呈现残余的细粒半自形-他形粒状，粒径为1~3 mm，呈网格状结构不均匀分布，蚀变形成的胶状蛇纹石及白云石集合体不均匀分布于橄榄石颗粒间。裂隙中可见磁铁矿微小颗粒，颗粒间的界限清晰；粒径小于0.1 mm的橄榄石颗粒构成基质，含量在55%~90%之间；斜方辉石为他形粒状结构，含量在5%~25%之间，偶见他形粒状结构的单斜辉石；少量的铬尖晶石呈自形-半自形结构，呈星散状分布于各颗粒之间，粒径为0.2~0.4 mm。

以样品P12-2b1为例，样品为蛇纹石化斜方辉石橄榄岩，具有网格状结构形态。岩石手标本遭受强烈的蛇纹石化，多数斜方辉石蚀变为绢石，橄榄石蚀变为网格状蛇纹石。肉眼观察可见分布有纤维状蛇纹石细脉及叶蛇纹石，蛇纹石也可呈片状、纤维状，并残留有橄榄石；橄榄岩为半自形-他形粒状结构，含量在60%以上。当斜方辉石比例增加时则向橄辉岩过渡。镜下观察可见绢石为斜方辉石蚀变残余，不均匀分布于各颗粒之中，呈他形、不规则形状，粒径一般为1~5 mm；铬尖晶石呈自形、半自形分布，粒径在0.3~0.5 mm之间，棕褐色，不均匀分布于橄榄石或辉石颗粒之间，也可见少量磁铁矿，而微粒磁铁矿呈星散状分布。

此外，蚀变超基性岩还有白云石化现象发生，在舍马拉沟和去申拉沟都有发现。以样品D3050-b2为例，主要为残余网状结构，遭受强烈蚀变。蚀变成的矿物成分主要为白云石，含量在60%~65%，白云石颗粒呈半自形-他形粒状，白云石集合体在残余网格状结构中呈不均匀分布组成，局部见白云石集合体具有绢石假象；石英含量<8%，粒径在0.05~0.4 mm之间的石英多呈半自形-他形粒状集合体状出现；石英呈脉状穿插在岩石中；样品中还含有金属矿物铬尖晶石，含量1%，直径0.6~0.8 mm，一般为半自形晶，为褐红色，半透明，其边缘常具暗红色；淋滤作用产生的次生褐铁矿多沿残余网状裂隙不均匀分布。可能由于气液作用，产生极强的碳酸盐化，以致碳酸盐全部替代了橄榄石或辉石，成为碳酸盐交代岩，后由于构造作用，形成了许多定向的裂隙或空隙，然后再次发生硅化，形成了定向的石英脉。少量的蛇纹岩多呈墨绿色，呈网状结构、假象结构及块状构造，几乎全由蛇纹石组成，原岩组构及矿物成分基本消失，原岩中的橄榄石全部蛇纹石替代，仅有橄榄石的假象，原岩应为纯橄岩。

二、堆晶岩类

郑海翔（1988）认为，洞错堆积杂岩的岩石组合从下部纯橄岩、异剥橄榄岩、含长纯橄岩经层状长橄岩、橄榄辉长岩过渡到层状辉长岩和粗粒层状辉长岩、斜长岩。林文弟和陈德泉（1990）将洞错北堆积岩分为超基性岩堆积岩、基性堆积岩。舍马拉沟出露的堆积岩厚度超过3 000 m，为含长纯橄岩-（含单辉）长橄岩、橄长岩-（橄榄）辉长岩、角闪辉长岩-斜长岩的组合类型；在拉他沟，层状堆积岩组成岩石为含长纯橄岩-含长橄榄岩-橄长岩及辉长岩，较好的韵律特征。去申拉南部的超基性堆积岩有二辉岩和单辉岩，基性堆积岩有苏长辉长岩、角闪辉长岩和辉长岩等。总之，洞错的堆积杂岩可以归纳为含长纯橄岩-单辉辉石岩-长橄岩、橄长岩-辉长岩、角闪辉长岩-斜长花岗岩组合类型（张玉修，2007；西藏自治区地质矿产局，1986，1993）（图10-5）。

野外地质结合室内薄片鉴定堆积岩由一套橄长岩、橄榄辉长岩、单辉橄榄岩及辉长岩组成,具明显的层状构造,但缺失韵律,辉长岩较常见。以辉长岩样品为例,岩石呈灰色,细粒半自形粒状结构,辉长结构,块状构造。矿物成分中,基性斜长石含量约50%,以粒度在1~2 mm之间的拉长石为主,多为半自形晶粒状,常有卡氏双晶-卡钠双晶,还有肖钠双晶,双晶纹较宽,粒度在2~4 mm之间;单斜辉石含量约40~45%,为半自形粒状,一般与基性斜长石呈镶嵌状分布,有少量绢云母鳞片。岩石中还含有少量的橄榄石及磷灰石。

D3048-b1样品为橄榄辉长岩,内部颗粒呈半自形粒状,块状构造。主要由橄榄石、辉石和斜长石组成。橄榄石呈自形粒状,大小为2~4 mm,常被蛇纹岩、包林皂石和透闪石交代,网状裂纹发育,部分呈假象产出,含量约25%;辉石主要为单斜辉石,大小一般为2~5 mm,镶嵌状分布,局部斜方辉石呈包体状分布于单斜辉石中,局部呈出条纹状分布于单斜辉石内,辉石含量为25~30%;斜长石呈半自形板状,含量45%~50%;副矿物主要为镁铁质矿物。

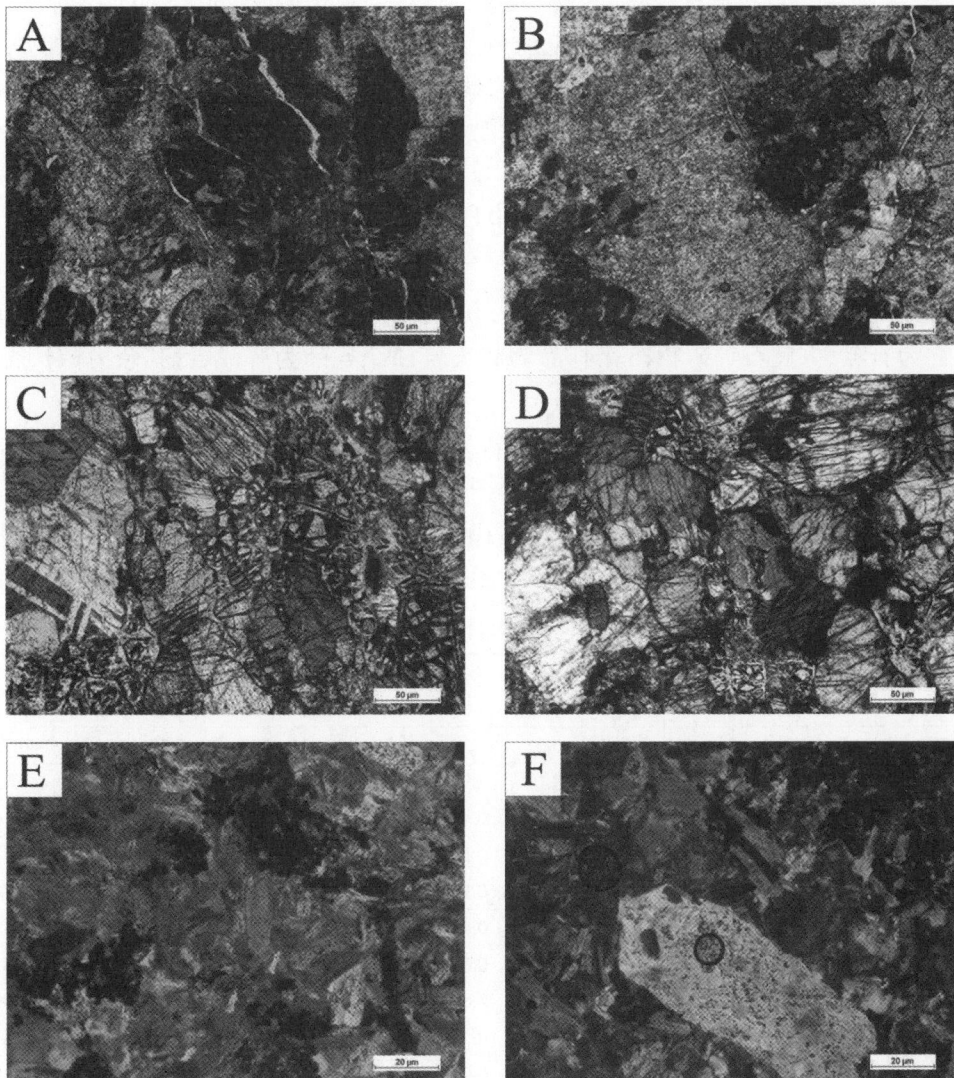

A,B—P09-6b1,蚀变细粒辉长岩;C,D—D4001-b2,橄榄辉长岩,正交偏光,特征见正文;E,F—P09-5b1,斜长岩。

图10-5　洞错蛇绿岩中的堆积岩的显微特征

D4001-b3为单辉橄榄岩,岩石呈深灰色,中-细粒半自形粒状结构,块状构造。主要由橄榄石、单斜辉石和斜长石组成。橄榄石含量约60%,粒度为1~4 mm,部分呈假象产出,析出的镁铁矿物呈网状分布,呈自形半自形粒状,少量被蛇纹石、包林皂石等交代;辉石为单斜辉石,它形粒状,呈填隙状分布,大小一般为2~6 mm,局部被滑石、方解石和透闪石交代,含量为20%~25%;斜长石呈半自形-他形粒状,其边部多有黝帘石交代,含量约10%;副矿物主要为磷灰石,次生矿物有透闪石、方解石、包林皂石、滑石、绿泥石及黝帘石等。堆晶岩单元以整体显示为层状构造发育特征,且暗色橄长岩中斜长石的填间结构、橄长岩中的堆积结构及单斜辉石的嵌晶包含结构,显示熔浆堆晶作用产物的典型特征。

三、辉绿岩

主要分布于去申拉沟口,岩性有辉长辉绿岩、辉绿岩等。基性岩床(墙)由辉绿岩、石英辉绿岩和粒玄岩组成,广泛穿入橄长岩和层状辉长岩中。岩墙群被第四系覆盖,近东西向展布,单个岩墙厚度一般为35~60 cm,岩墙可见冷凝边。以辉绿岩样品 D3048-b5、D3048-b8 为例,岩石主要由粒度在0.2~0.6 mm之间的拉长石、次闪石等呈辉绿结构不均匀分布组成,块状构造,拉长石含量约50%,次闪石含量也较高,拉长石略受蚀变,分布少量绢云母鳞片。斑晶主要为单斜辉石,自形-半自形粒状,粒径在2~3 mm之间,有的呈假象产出;暗色矿物多蚀变为次闪石集合体,局部可见辉石残晶。此外,还有粒度在0.05~0.15 mm之间的金属矿物(钛铁矿)及少量磷灰石等呈星散分布。总体上,基性斜长石呈自形-半自形板条状,被黝帘石和绢云母交代,有的呈假象产出,斜长石斑晶含量较少。总之,洞错辉绿岩中的辉石主要为单斜辉石,成为斑晶的主体矿物,内部常有半自形斜长石包体;基质为辉长辉绿结构,主要由微粒斜长石(25%~30%)和辉石(55%~60%)组成,副矿物主要有镁铁矿、磷灰石和钛铁矿。Stewartt(2002)认为,密度较低的岩浆有较低的Fe、Mg含量和较高的Al、Ca含量,主要形成喷出岩;密度较大的岩浆主要形成岩墙,即岩浆密度大,扩张速度慢,岩墙才得以发育。其中,发育不对称冷凝边(单向)是产于扩张脊岩墙群的重要标志,被构造肢解的蛇绿岩,可以以这样的岩墙来辅助确定蛇绿岩(周国庆,2008)。

第三节 地球化学特征

在洞错去申拉沟、才隆拉附近中采集了21个样品,其中6个样品为橄榄岩类;3个样品为玄武岩,由于气孔发育,气孔充填物为石英、方解石等矿物;5个样品为辉长岩;2个样品为辉绿岩,其余为橄长岩、玄武安山岩、安山岩等。

岩石化学数据的分析对确定岩石类型、岩石定名、分类、岩石系列及形成环境及构造演化等有着重要作用。21个样品岩石化学分析结果见表10-1。原始数据中有些样品的灼失量过大,最大可达36.02%。因此,将分析数据中的分析项目灼失量剔除之后,重新换算成100%,后进行CIPW标准矿物计算和投图。洞错蛇绿岩CIPW标准计算及特征参数见表10-2。

表10-1 改则洞错去申拉蛇绿岩岩石的主量元素分析结果 (%)

样品号	岩性	CaO	MgO	FeO	Fe$_2$O$_3$	MnO	Na$_2$O	K$_2$O	P$_2$O$_5$	LOI	TiO$_2$	Al$_2$O$_3$	SiO$_2$	m/f	Mg$^{\#}$
D3001-h2	橄长岩	12.32	13.95	2.19	0.84	0.05	1.00	0.05	0.01	3.84	0.01	22.50	42.42	8.38	0.895
D3048-b1	橄榄辉长岩	16.02	8.33	1.70	1.15	0.05	1.34	0.21	0.01	2.94	0.12	21.17	46.78	5.38	0.846
D3048-b5	辉绿岩	11.92	7.41	7.08	4.06	0.19	2.97	0.09	0.08	1.26	1.02	14.67	49.42	1.22	0.554
D3048-b6	橄榄辉长岩	11.96	22.02	4.53	3.04	0.13	0.46	0.01	0.01	5.31	0.11	8.57	43.20	5.36	0.845
D3048-b8	辉绿岩	11.88	7.48	6.66	3.85	0.15	2.56	0.09	0.08	1.25	0.94	14.90	49.54	1.31	0.571
D3048-b9	方辉辉长岩	17.11	11.34	2.60	1.18	0.07	0.75	0.06	0.01	3.66	0.18	13.96	48.34	5.47	0.848
D3050-b2	白云化橄榄岩	21.73	14.02	0.06	5.82	0.07	0.05	0.03	0.03	32.46	0.00	0.54	24.58	4.7	0.826
D3050-b4	白云化橄榄岩	23.47	15.89	0.23	9.72	0.11	0.04	0.03	0.05	36.02	0.00	0.49	13.32	3.15	0.761
D4001-b1	玄武安山岩	7.97	7.30	5.34	3.13	0.14	3.83	0.21	0.06	4.84	0.57	15.54	50.92	1.58	0.617
D4001-b2	橄榄辉长岩	12.61	19.64	4.02	2.38	0.11	0.54	0.01	0.01	4.78	0.10	11.41	43.64	5.64	0.852
D4001-b3	单辉橄榄岩	2.36	32.04	4.50	8.97	0.19	0.04	0.01	0.01	10.15	0.07	3.48	37.46	4.52	0.821
D4002-b3	安山岩	6.44	2.15	2.43	2.84	0.08	3.61	1.56	0.31	4.13	0.77	15.18	59.72	0.764	0.437
D4007-b3	蚀变玄武岩	10.21	6.32	5.00	9.58	0.17	3.37	2.12	0.42	2.68	4.21	11.31	43.98	0.825	0.455
D4007-b8	蚀变玄武岩	11.24	8.51	7.59	8.11	0.19	2.79	0.58	0.69	3.84	4.31	11.70	39.82	1.016	0.507
P09-1b1	方辉橄榄岩	0.11	37.29	1.55	7.32	0.06	0.04	0.01	0.01	14.20	0.01	0.64	37.98	8.187	0.892
P09-5b1	石英闪长岩	1.39	1.04	0.64	0.86	0.02	7.76	0.58	0.07	2.63	0.12	15.21	69.14	1.305	0.57
P09-6b1	辉长岩	7.09	7.81	2.83	1.43	0.08	1.49	2.06	0.00	10.79	0.14	16.88	48.62	3.35	0.773
P09-6b3	方辉橄榄岩	0.14	37.71	1.76	5.79	0.09	0.04	0.02	0.01	17.81	0.00	0.54	35.68	9.61	0.907
P12-2b1	方辉橄榄岩	0.39	36.95	1.23	6.33	0.05	0.08	0.01	0.01	13.25	0.01	0.79	39.94	9.532	0.906
D4006b1	杏仁状玄武岩	15.23	2.81	4.69	5.34	0.12	4.34	1.22	0.40	9.91	2.93	11.75	40.54	0.526	0.347
D317b4	辉石橄长岩	7.27	7.83	9.52	4.73	0.22	3.34	0.39	0.66	8.68	3.48	13.99	39.34	1.006	0.506

注:由西南冶金地质测试中心采用等离子发射光谱法、质谱法测定。仪器为ICP-MS、ICP-OES等。

表10-2　改则去申拉蛇绿岩CIPW标准分子（%）

样品	D3001-H2	D3048-b1	D3048-b5	D3048-b6	D3048-b8	D3048-b9	D3050-b2	D3050-b4	D4001-b1	D4001-b2	D4001-b3
Q	—	—	—	—	0.37	—	—	—	0.23	—	—
An	59.55	52.81	26.71	22.67	29.43	36.12	1.76	1.74	25.88	30.35	10.48
Ab	7.25	11.71	25.44	4.12	22.1	6.66	—	—	34.08	4.87	0.37
Or	0.31	1.25	0.52	0.09	0.55	0.36	—	—	1.31	0.08	0.07
Ne	0.86	—	—	—	—	—	0.34	0.32	—	—	—
Lc	—	—	—	—	—	—	0.17	—	—	—	—
Kp	—	—	—	—	—	—	—	0.09	—	—	—
C	—	—	—	—	—	—	—	—	—	—	—
Di	3.57	23.04	26.38	31.95	24.36	41.54	1.35	—	12.34	28.33	2.06
Hy	—	0.32	8.74	2.34	15.95	11.49	—	—	20.1	3.03	19.29
Wo	—	—	—	—	—	—	—	—	—	—	—
Ol	27.2	9.33	4.43	35.56	—	1.78	45.13	61.48	—	30.51	62.71
Cs	—	—	—	—	—	—	49.07	57.02	—	—	—
Il	0.02	0.23	1.97	0.22	1.83	0.35	0.01	0.01	1.14	0.2	0.15
Mt	1.25	1.27	5.62	3.02	5.21	1.67	2.06	2.68	4.78	2.58	4.81
Ap	0.02	0.03	0.18	0.03	0.19	0.02	0.12	0.17	0.16	0.02	0.05
Cm	0.02	0.06	0.03	0.29	0.04	0.08	0.28	0.36	0.03	0.32	0.45
合计	100.06	100.05	100.02	100.29	100.03	100.07	100.29	123.87	100.05	100.29	100.44
DI	8.42	12.96	25.96	4.21	23.02	7.02	0.51	0.41	35.62	4.95	0.44
g/cc	2.91	2.91	3.04	3.17	3.04	3.03	3.33	3.39	2.95	3.11	3.34
H_2O	0.15	0.28	0.38	0.19	0.42	0.42	0.11	−0.97	0.68	0.19	0.11
A/CNK	0.934	0.671	0.55	0.381	0.575	0.431	0.014	0.011	0.739	0.479	0.798
SI	77.38	65.61	34.32	73.52	36.28	71.2	71.94	63.46	36.86	74.05	71.27
AR	1.06	1.09	1.26	1.05	1.22	1.05	1.01	1.01	1.41	1.05	1.02
σ43	0.81	0.48	1.37	0.08	0.98	0.1	—	—	1.71	0.11	—
σ25	0.06	0.11	0.38	0.01	0.29	0.03	—	—	0.63	0.02	—
R1	2492	2593	1911	2667	2101	2961	2204	988	1832	2686	2402
R2	2572	2625	1952	2705	1972	2790	4560	5294	1600	2699	2158
F1	0.43	0.39	0.42	0.32	0.43	0.33	−0.12	−0.29	0.49	0.34	0.41
F2	−1.67	−1.6	−1.61	−1.81	−1.6	−1.65	−1.9	−2.01	−1.61	−1.77	−1.93
F3	−2.67	−2.62	−2.42	−2.42	−2.42	−2.5	−2.29	−2.21	−2.51	−2.47	−2.29
A/MF	0.57	0.85	0.43	0.13	0.45	0.41	0.01	0.01	0.52	0.2	0.04
C/MF	0.57	1.17	0.64	0.33	0.65	0.92	0.92	0.81	0.48	0.39	0.04

样品	D402-b3	D407-b3	D4007-b8	P09-1b1	P09-5b1	P09-6b1	P09-6b3	P12-2b1	D4006b1	D317b4
Q	18.39	—	—	—	18.15	4.35	—	—	—	—
An	21.68	9.83	18.57	0.56	5.14	37.68	0.78	1.77	10.06	24.28
Ab	32.1	15.29	12.09	0.21	67.77	14.23	0.2	0.75	9.07	26.03
Or	9.72	12.97	3.57	0.12	3.56	13.74	0.14	0.71	8.04	2.51
Ne	—	7.75	6.88	—	—	—	—	—	17.37	2.74
Lc	—	—	—	—	—	—	—	—	—	—
Kp	—	—	—	—	—	—	—	—	—	—
C	—	—	—	0.48	—	—	0.31	—	—	—
Di	8.1	32.34	28.58	—	1.24	1.74	—	0.33	25.27	8.79
Hy	4.27	—	—	30.01	2.52	25.64	21.04	35.21	—	—
Wo	—	—	—	—	—	—	—	—	17.08	—
Ol	—	4.5	12.73	65.41	—	—	74.82	58.35	—	19.45
Cs	—	—	—	—	—	—	—	—	—	—
Il	1.54	8.29	8.59	0.01	0.24	0.29	0.01	0.03	6.24	7.29
Mt	3.45	7.99	7.28	3.29	1.21	2.34	2.81	2.91	5.8	7.2
Ap	0.75	1	1.68	0.03	0.16	0.01	0.02	0.04	1.04	1.69
Cm	0.02	0.01	0.02	0.54	—	0.04	0.43	0.48	0.01	0.01
合计	100.0	99.96	99.99	100.66	99.98	100.05	100.56	100.58	99.99	99.99

表10-2(续)

样品	D402-b3	D407-b3	D4007-b8	P09-1b1	P09-5b1	P09-6b1	P09-6b3	P12-2b1	D4006b1	D317b4
DI	60.21	36.01	22.54	0.33	89.48	32.32	0.34	1.46	34.48	31.28
g/cc	2.8	3.1	3.18	3.34	2.67	2.87	3.33	3.3	3	3.08
H_2O	1.95	0.18	0.11	0.16	3.58	0.82	0.13	0.21	0.17	0.13
A/CNK	0.785	0.428	0.456	2.481	0.956	0.961	1.778	0.832	0.325	0.731
SI	17.15	24.34	31.24	81.68	9.57	50.03	84.03	83.55	15.42	30.37
AR	1.63	1.68	1.34	1.11	3.02	1.35	1.12	1.36	1.52	1.42
$\sigma43$	1.49	12.32	-10.32	—	2.61	1.34	—	0.01	16.12	52.22
$\sigma25$	0.78	1.57	0.74	—	1.6	0.54	—	—	1.9	0.92
R1	2285	781	1054	2712	1727	2387	2668	2827	601	962
R2	1150	1689	1946	2220	515	1670	2332	2214	2239	1587
F1	0.58	0.36	0.33	0.39	0.65	0.55	0.37	0.39	0.25	0.42
F2	-1.38	-1.44	-1.6	-2.05	-1.56	-1.37	-2.09	-2.03	-1.54	-1.6
F3	-2.53	-2.42	-2.39	-2.41	-2.73	-2.55	-2.45	-2.44	-2.51	-2.44
A/MF	1.21	0.32	0.27	0.01	3.28	0.66	0.01	0.01	0.57	0.36
C/MF	0.94	0.53	0.48	—	0.55	0.5	—	0.01	1.34	0.34

一、地幔岩

蛇绿岩的地幔橄榄岩常被称为构造橄榄岩,或变质橄榄岩,主要是方辉橄榄岩,即"洋下地幔"。洞错地幔岩的SiO_2的原始含量变化于13.32%~39.94%,平均为30.3%。MgO含量变化于14.02%~37.71%,平均为28.37%。除去两个白云石化的样品(D3050-b2、D3050-b4),扣除烧蚀量重新换算后,其主要类型方辉橄榄岩MgO含量平均达到41%以上,明显高于模拟地幔岩的MgO(37.67%)。一般认为,SSZ型地幔橄榄岩类型主要为方辉橄榄岩,而MORB型地幔橄榄岩类型主要为二辉橄榄岩。SSZ型地幔橄榄岩与洞错蛇绿岩中地幔岩的类型相一致,并且呈LREE富集、略呈U型配分模式(Pearce,1984)。

洞错蛇绿岩中的地幔橄榄岩投点多落在方辉橄榄岩和少量纯橄榄岩中(图10-6),表10-2也显示从高辉方辉橄榄岩至低辉方辉橄榄岩,随着Opx的含量的降低,矿物成分更富镁或富铬,与地幔岩随部分熔融程度依次增高矿物成分的逐渐变化一致。

1—纯橄岩;2—斜方辉石橄榄岩;3—二辉橄榄岩;4—易剥橄榄岩;
5—橄榄斜方辉石岩;6—橄榄二辉岩;7—橄榄单斜辉石岩;

图10-6 洞错超镁铁质岩分类命名图解

与模拟地幔岩成分相比,洞错方辉橄榄岩SiO_2明显偏低,Al_2O_3、Na_2O、CaO、K_2O及TiO_2也显著偏低,具有贫铝、钙、碱的特点。根据地幔橄榄岩成分统计和m/f值(表10-1、表10-3),除少量蚀变超基性岩m/f值<6.5(m/f值=$x(Mg^{2+}+Ni^{2+})/x(Fe^{2+}+Fe^{3+}+Mn^{2+})$属于镁铁质超基性岩外,其余绝大多数在8.2~9.6之间,为镁质超基性岩,说明研究区地幔橄榄岩属于镁质超基性岩范畴。CIPW标准矿物无Q,表明SiO_2为不饱和状态,出现大量的橄榄石分子Ol,含量变化58.35%~74.82%(表10-2)。

表10-3 班公湖-怒江西段洞错方辉橄榄岩平均岩石化学成分 (%)

样品	岩性	CaO	MgO	FeO	Fe_2O_3	MnO	Na_2O	K_2O	P_2O_5	TiO_2	Al_2O_3	SiO_2	m/f	Mg#
P09-1b1	方辉橄榄岩	0.12	40.6	1.69	7.97	0.06	0.02	0.02	0.01	0.01	0.69	41.39	8.18	0.892
P09-6b3	方辉橄榄岩	0.157	42.4	1.98	6.51	0.1	0.02	0.02	0.01	0.00	0.607	40.13	9.61	0.907
P12-2b1	方辉橄榄岩	0.44	41.7	1.38	7.15	0.05	0.09	0.11	0.01	0.01	0.89	45	9.532	0.906
模拟地幔岩		3.1	37.7	8.1	0.46	0.14	0.57	0.13	0.06	0.72	3.57	45.48	—	0.89

注:Mg# = MgO/(MgO+FeO+0.9 Fe_2O_3);考虑到西藏蛇绿岩多数有程度不同的蛇纹石化蚀变,为比较起见,表10-3中所列的数据均为扣除挥发份换算成干组分后的岩石化学数据及特征值。

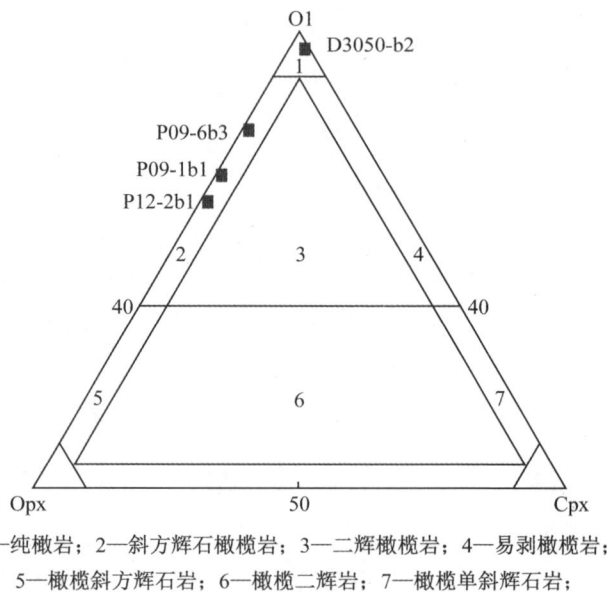

地幔橄榄岩中MgO质量分数的高低、Mg#值大小是地幔亏损程度或部分熔融程度的标志,Mg#值越大或MgO质量分数越高,CaO、Al₂O₃、SiO₂等易熔组分质量分数越低,说明其局部熔融程度越高(Hartmann G,1993)。在上地幔熔出玄武岩浆过程中,CaO、Al₂O₃、SiO₂等易熔组分容易进入熔体,熔出玄武岩浆越多,残留的地幔橄榄岩越富镁,地幔亏损程度越高(邱瑞照,2005)。从研究区方辉橄榄岩中MgO平均质量大于41%,高于模拟地幔岩(37.67%)(Ringwood,1975);Mg#值分别为0.907、0.906、0.892,高于模拟地幔,说明洞错蛇绿岩带都具有较高的地幔亏损程度或部分熔融程度。MORB型地幔橄榄岩岩石组合为二辉橄榄岩型(LOT),SSZ型为方辉橄榄岩型(HOT),而研究区地幔橄榄岩以方辉橄榄岩为主,在Al₂O₃-CaO-MgO关系图上(图10-7)都落在SSZ蛇绿岩区,暗示洞错地幔岩可能产于消减带之上的环境。

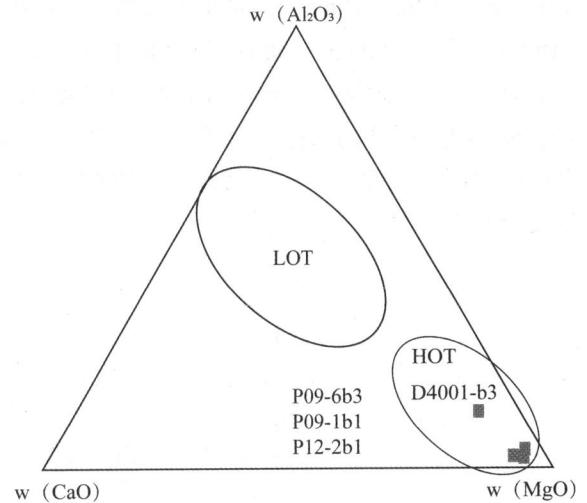

图10-7 地幔橄榄岩的Al₂O₃-CaO-MgO关系图

地幔橄榄岩的稀土总量(∑REE)普遍较低(表10-4),与原始地幔比较稀土总量明显亏损。变化于0.33~6.07×10⁻⁶,平均为1.96×10⁻⁶,仅有一个样品大于球粒陨石稀土含量(3.95×10⁻⁶);LREE/HREE在4.2~8.68变化,平均为6.55。δEu变化于0.43~0.89之间,具有负异常,斜长石的不平衡熔融可导致残留相Eu负异常。在其稀土配分图中(图10-8),配分曲线右倾,轻稀土分馏程度相对重稀土好,轻稀土相对富集。其中,大部分样品∑REE低于球粒陨石(∑REE=3.95×10⁻⁶),高于球粒陨石的为P12-2b1。(Ce/Yb)ₙ比值1.82-6.26变化范围大,但轻稀土元素相对富集强度略低于班公湖岩带的11.16-19.66(邱瑞照,2005)。王希斌(1996)将变质橄榄岩稀土配分型式分为U型、LREE富集型及亏损型、烟斗型和平坦型五种,洞错地幔岩与阿尔卑斯方辉橄榄岩的"U"字型有所区别,与LREE富集型也有区别,与烟斗型相似。从La→Er(Dy)呈单斜右倾式,Er→Lu变为左倾,且稀土元素总量低。地幔交代作用可能是引起洞错LREE富集的原因,而与蚀变作用(蛇纹石化)关系不大。SF模式认为(Song,1989)认为,橄榄岩的REE型式取决于熔融程度及初始残余和富集熔体形成时的矿物学,本质上,烟斗型、U型及LREE富集型的差异为不同熔融程度和不同数量混合(残留体+熔体)的结果。当部分熔融程度较大时,富含稀土元素的主要矿物相(石榴石、单斜辉石)已全部进入熔体,从而导致稀土元素总量亏损(邱瑞照,2005),证明洞错地幔岩为熔融程度较高的地幔熔融残余物质,以方辉橄榄岩为主的岩石学特征及MgO的高含量也证明这一点。但洞错地幔橄榄岩中LREE相对富集,可能受后期交代作用影响,在洋壳俯冲消减过程中释放出的含水流体是富含轻稀土元素及LILE离子,它的加入可能致使轻稀土元素富集相对增加(邱瑞照,2005),这也证明了地幔岩形成于俯冲消减的SSZ环境,地幔楔是这一构造环境的最佳场所。

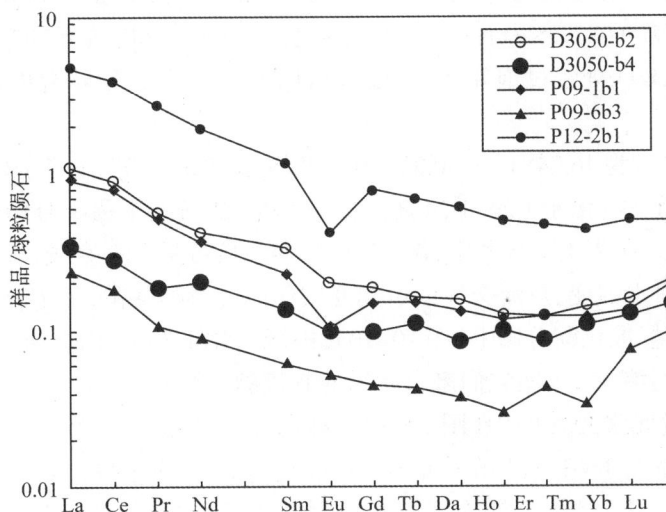

图10-8 洞错蛇绿岩中方辉橄榄岩、橄榄岩稀土元素配分图

(球粒陨石标准化值据C1球粒陨石)

方辉橄榄岩中 Sr、Ba、Ta 微量元素含量极低,分别低于 4.5×10^{-6}、12×10^{-6}、0.03×10^{-6};5 个橄榄岩 Ti/Y 值为 72.6、120.4、126.1、196.6 及 330.9;Ti/V 值为 0.3、0.5、0.59、1.23、3.26,小于原始地幔的 17。总体显示了 Sm($0.02-0.18 \times 10^{-6}$)、Ti、Y($0.05-0.68 \times 10^{-6}$)、Yb($0.013-0.087 \times 10^{-6}$)等强不相容元素亏损的特点,可能暗示其曾被交代作用影响,与交代地幔岩类似(图10-9),这与稀土元素受交代作用影响的结论相一致,显示了洞错变质橄榄岩形成于 SSZ 构造环境的信息。此外,洞错变质橄榄岩样品有一定的 Nb-Ta 负异常。此外,将 MgO 的含量、轻稀土的富集程度与典型的产于 SSZ 环境的特罗多斯(Troodos)蛇绿岩的相关指标对比,发现十分一致,也证明了其形成于 SSZ 环境。

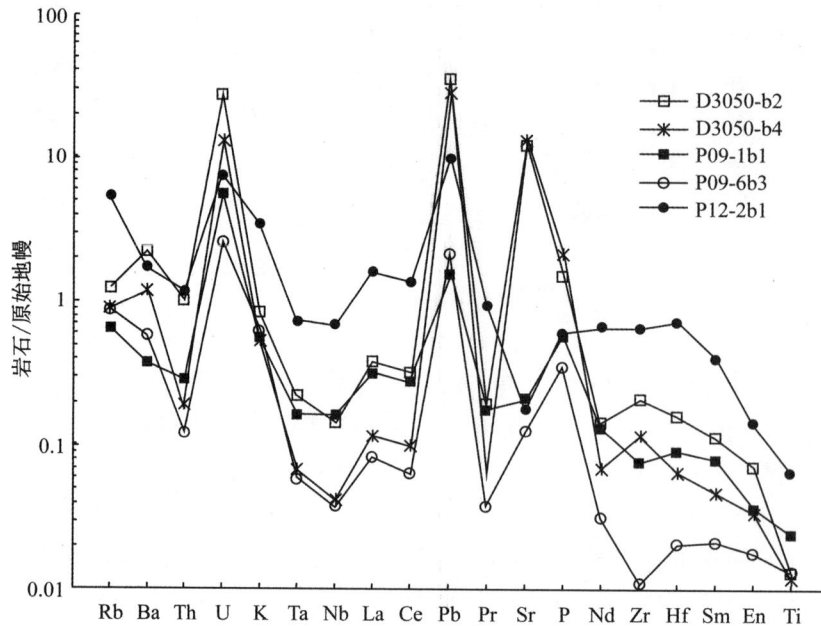

图10-9 洞错地幔岩微量元素蛛网图

二、辉绿岩

洞错辉绿岩样品仅有 D3048-b5、D3048-b8。SiO_2 为平均 49.48%,与 MORB 中 SiO_2 的含量(49.8%)相当,低于特罗多斯上部枕状熔岩的 53.27%(Pearce,1975;Cameron,1985;Thy et al.,1988)和 Semail 玄武岩的 53.21%(Alabaster,1982)。MgO 平均为 7.44%,低于大西洋洋中脊玄武岩的平均含量 9.04%,比洋脊玄武岩 6.56% 高,明显高于 Semail 玄武岩的 5.18%,与 Troodos 枕状熔岩的 7.79% 相当;$Mg^{\#}$ 为 55.4~57.1,低于原生岩浆范围的 $Mg^{\#}$(68-75)(Wilson,1989)。辉绿岩中的 TiO_2 含量平均为 0.98%;Na_2O 在 2.56~2.97%,平均值为 2.76%,与洋脊玄武岩(2.75%)很接近;FeO 较高,在 6.66%~7.08% 之间,低 K_2O 和 P_2O_5,K_2O 为 0.09%(低于 MORB 的 0.14%),P_2O_5 含量为 0.08%,K_2O/Na_2O 在 28~33 之间。CaO/Al_2O_3 为 0.797~0.815。D3048-b8 样品的 CIPW 标准矿物中出现石英,SiO_2 处于过饱和状态,没有出现刚玉分子 C,分异指数 DI 为 24.49,固结指数 SI 为 35.3,$\delta43$ 为 1.175。

辉绿岩稀土总量($\sum REE$)为 46.74×10^{-6}~50.32×10^{-6},平均为 48.53×10^{-6},介于 OIB(79.65×10^{-6})和 N-MORB(26.4×10^{-6})之间。LREE/HREE 变化于 1.26~1.24 之间,平均为 1.25,轻、重稀土分馏程度相当,δEu 为 1.09~1.1 之间,具略微的 Eu 的正异常。在稀土配分图中(图10-10),曲线接近呈一条直线,稀土分馏不明显。由于稀土元素,特别是重稀土元素受海水蚀变、热液交代或后期变质作用的影响甚微,稀土分配型式能较好的反映岩浆形成时的特点。在球粒陨石标准化配分图上(图10-10),辉绿岩 REE 特征相似,分配型式显示为平坦型,具典型的 MORB 稀土元素地球化学特征,表明它们来自亏损的软流圈地幔。

在 MORB 标准化的微量元素蜘蛛图中(图10-12),样品分布曲线显示大离子亲石元素 Sr、K、Ba 等元素富集,含量高于 N-MORB,而低于 OIB;高场强元素 Ta、Ti、Y 等元素分布特征与 N-MORB 相似,明显不同于 OIB 的特征。通常,大离子亲石元素在后期热液蚀变过程中是活泼的,大离子亲石元素相对于 MORB 的相对富集可能是后期蚀变作用引起,因而不活泼的高场强元素反映了本区辉绿岩具有与 MORB 相似的地球化学特征。

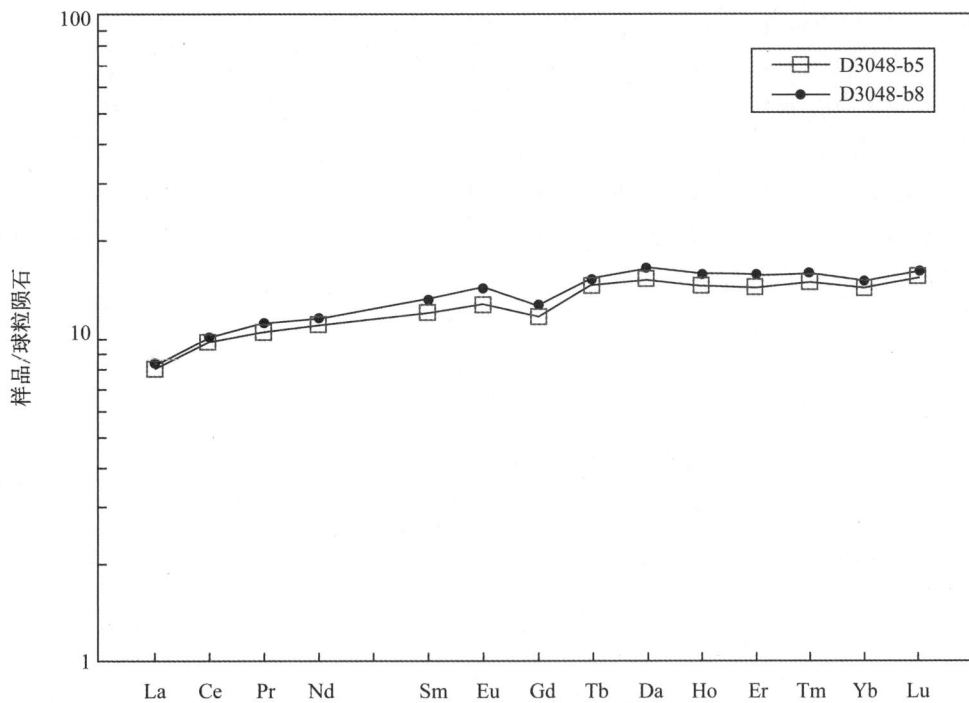

图 10-10　洞错辉绿岩稀土元素配分图

（球粒陨石标准化值据 Haskin,1968）

但是，在 $TiO_2-MnO-P_2O_5$ 判别图上辉绿岩样品落在 IAT 内（图 10-11），在 TiO_2-TFeO/MgO 判别图上落于 IAT 与 MORB 之间的过渡区域,表明辉绿岩兼具 MORB 和 IAT 特征。张旗（2001）等认为,不成熟的弧后盆地玄武岩兼有 IAT 和 MORB 的特征。这可能与洋内俯冲后期的不成熟的弧后盆地扩张有关,洞错蛇绿混杂岩中的辉绿岩可能是是洋内岛弧之下亏损的地幔再度熔融的产物。

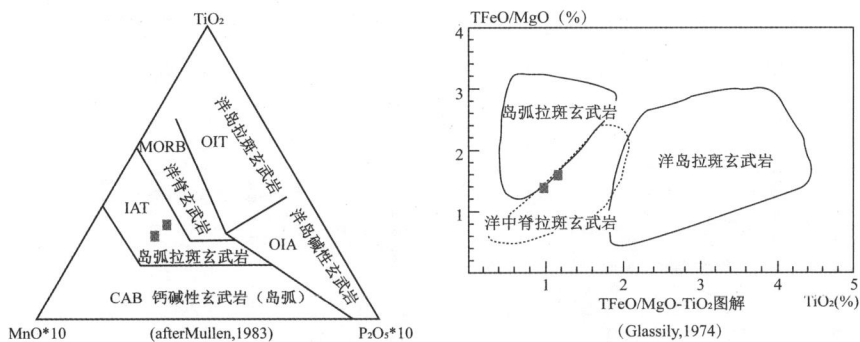

图 10-11　洞错蛇绿混杂岩辉绿岩构造环境判别图解

三、辉长岩

蛇绿岩套可以缺失某些端元的组分,但堆积杂岩绝不可缺少,因此,鉴别蛇绿岩的关键在于堆积杂岩,可以通过其地球化学指标进行鉴别。张旗发现（2001）,蛇绿岩基本地球化学特征可分为岛弧型（岛弧拉斑玄武岩-IAT）与洋脊型（洋脊拉斑玄武岩-MORB）,消减带的岛弧和弧前环境形成 IAT 和玻安岩,成熟弧后盆地为 MORB 型;IAT 和 MORB 也可出现于岛弧蛇绿岩,指示弧间盆地环境。

辉长岩 SiO_2 含量在 43.2%~48.62% 之间,平均为 46.1%;Al_2O_3 含量变化于 8.57%~21.17%,平均为 14.39%,MgO 变化于 7.81%~22.02%,平均为 13.8%,TiO_2 在 0.1%~0.18%,平均为 0.13%,K_2O 在 0.01%~2.06%,平均为 0.49%,CaO 在 7.09%~17.11%,平均为 12.96%,$Mg^\#$ 平均为 83.28。总体看以高 CaO、MgO,低 K_2O、TiO_2 为特征,CIPW 标准矿物大部分样品没有出现石英,也没有出现刚玉分子 C,说明 Al_2O_3 不饱和。岩石所有样品都出现了橄榄岩（Ol）,且含量较高（1.78%~35.56%）,透辉石（Di）及紫苏辉石（Hy）也有一定含量。可见,辉长岩的 CIPW 标准矿物组合为 An+Ab+Or+Ol+Di+Hy。

固结指数 SI 在 50.03%~74.05%,平均为 66.9%,基性岩中的固结指数要高于 40,本区样品特征数值与典型

样品也是吻合的。铝饱和指数 A/CNK 变化于 0.381~0.961，平均为 0.67，值较低。里特曼指数 δ43 变化于 0.08~1.34，平均为 0.42。其稀土元素总量在 $5.68×10^{-6}$~$9.54×10^{-6}$ 之间，平均为 $7.39×10^{-6}$，LREE/HREE 在 0.77~1.55 之间，平均为 1.1，稀土元素总量很低，$(Ce/Yb)_N$ 比值在 0.39~0.88 之间，$(La/Yb)_N$ 比值在 0.3~0.77 之间；δEu 变化于 1.22-1.84，皆大于 1，具有铕不同程度的正异常。在稀土元素球粒陨石标准化图中（图 10-13），橄榄辉长岩的曲线位于辉长岩（P06-6b9、D3048-b9）曲线下方，说明其稀土总量要低于辉长岩的稀土总量。总体看，曲线显示出近左倾型，轻重稀土分馏都不明显，多为重稀土富集，为轻稀土亏损型分布模式，具有典型的 N-MORB 稀土元素地球化学特征，可能来自亏损的软流圈地幔。

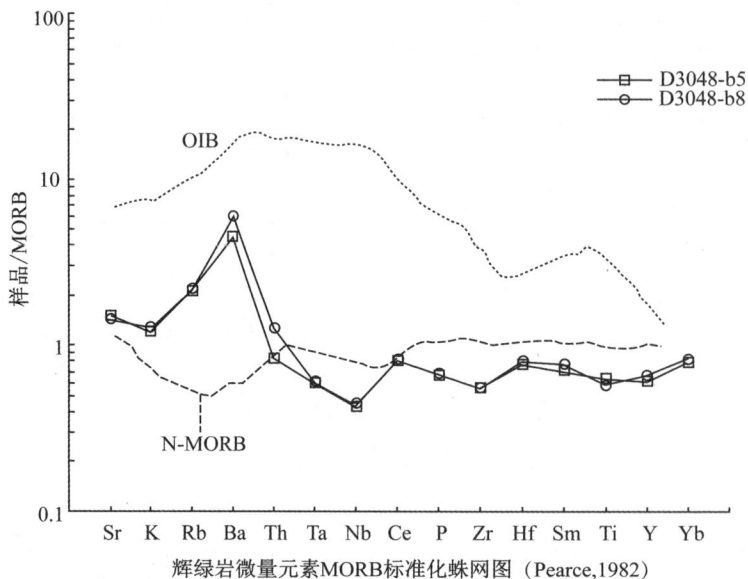

图 10-12　洞错辉绿岩微量元素蛛网图（球粒陨石标准化值据 C1 球粒陨石）

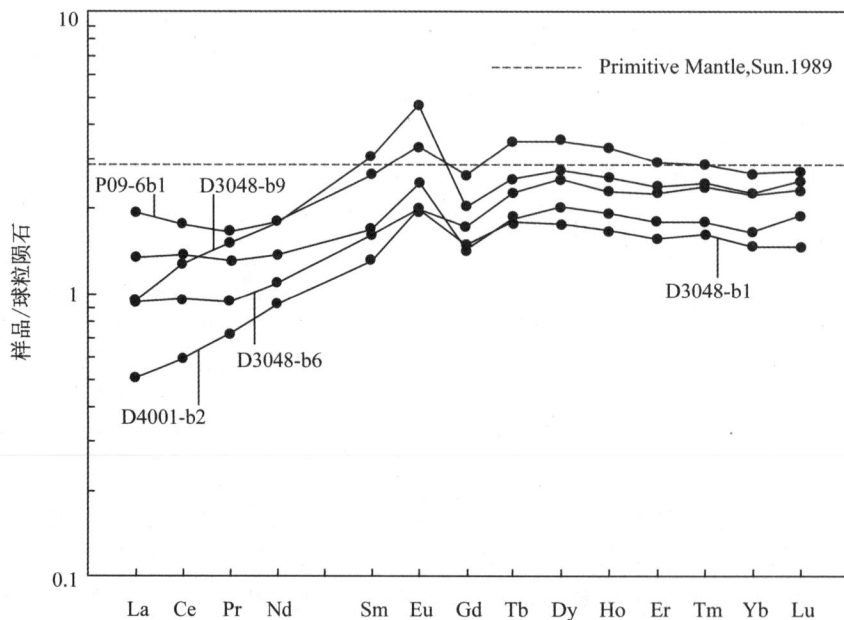

图 10-13　洞错辉长岩稀土元素配分图

　　辉长岩从矿物学、地球化学角度看，Eu 一般为正异常或平坦型，但由于辉长岩类广泛存在堆晶效应，能产生浅色辉长岩和暗色辉长岩，并对全岩的 SiO_2 含量、斜长石 An 值等产生影响（赖绍聪，2003）。岩石中稀土元素 Eu 的富集与亏损主要取决于含钙造岩矿物的聚集和迁移，而这又受造岩作用的条件制约。含钙的造岩矿物主要有偏基性的斜长石、磷灰石和含钙辉石。这类矿物中 Ca^{2+} 离子半径与 Eu^{2+}、Eu^{3+} 相近，且与 Eu^{2+} 电价相同，故晶体化学性质决定了 Eu 主要以类质同像的形式进入斜长石、磷灰石、单斜辉石等造岩矿物。因此，辉长岩较高的 CaO 含量，而 Di 含量平均为 25% 左右，高含量的单斜辉石可能造成了 Eu 的正异常。

总体看,辉长岩稀土元素总量很低,这与地幔橄榄岩相似,都显示了稀土的强烈亏损,但辉长岩比地幔橄榄岩含量略高;地幔橄榄岩多为Eu的负异常,而辉长岩为Eu的正异常,可能是地幔岩部分熔融程度较大时,富含稀土元素的主要矿物相(石榴石、单斜辉石等)进入熔体,从而导致辉长岩稀土元素总量略高于地幔橄榄岩,而单斜辉石等富集MREE的矿物进入熔体,导致辉长岩的Eu正异常,表明辉长岩来自地幔源区,是在中深层侵入条件下结晶冷凝的产物。辉长岩稀土总量高于球粒陨石1~3倍,都有正铈异常显然是分离结晶作用使富MREE的矿物堆积的缘故。5件堆积岩(辉长岩)对球粒陨石标准化后所得稀土配分曲线(图10-13),与原始地幔配分曲线相比,所有样品稀土元素总量均呈亏损型,均呈轻稀土相对重稀土亏损型,曲线为左倾型,稀土配分曲线类似N-MORB配分曲线。重稀土配分曲线平坦。4件辉长岩样品对原始地幔标准化后蛛网图上(图10-14),大离子亲石元素Rb、Ba、Sr大多比原始地幔富集;Th和高场强元素中Zr、Nb、Hf、Ta相对于原始地幔相对亏损,Ti负异常,样品具有明显的Ta-Nb-Ti(TNT)负异常。

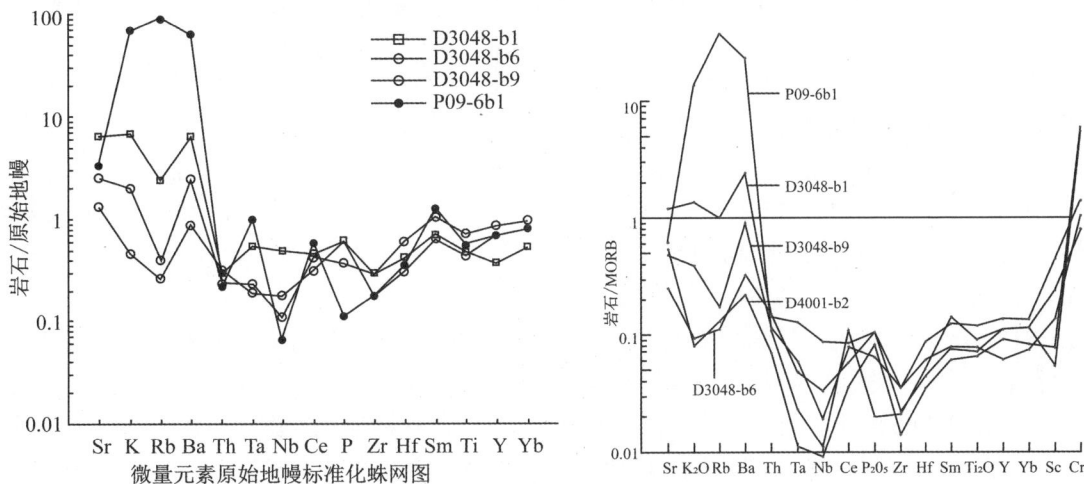

图10-14　洞错辉长岩微量元素蛛网图

在MORB标准化图解中(图10-14),显示为轻微的左倾亏损型分布,尤其是后半部分Zr-Yb左倾明显,为亏损地幔源区的地球化学特征,K、Rb、Ba等隆起,Nb、Ta亏损,有岛弧火山岩的特征,与典型的大洋中脊N-MORB有区别。结合前文分析,本区岩石组合既有亏损地幔源MORB特征,也显示了俯冲带物质参与,只有消减带上弧后盆地次级扩张产生的新洋壳才有此特征。洞错蛇绿岩中的地幔岩和堆积岩的地球化学特征,说明地幔岩经部分熔融抽出玄武质熔体形成难熔固相残余-变质橄榄岩,辉长岩类是玄武质岩浆在中深层侵入条件下结晶冷凝产物,橄榄岩与辉长岩可能有成因上的联系,支持蛇绿岩的地幔-岩浆说,洞错堆积岩显示接近原始地幔到N-MORB的地球化学特征,洞错堆积岩也应该形成于SSZ构造环境。

四、洞错去申拉沟中生代OIB型玄武岩

在洞错蛇绿岩套的研究中发现了一套中生代OIB型火山岩和灰岩。前人研究中对此已有注意,班公湖-怒江缝合带多玛枕状玄武岩、塔仁本玄武岩浆活动时代为早白垩世中晚期(110Ma),表现出OIB而不是MORB型地球化学特征,可与夏威夷碱性玄武岩相比,形成以洋壳为基底的洋岛环境,并推测班公湖-怒江洋壳在110 Ma时尚未消亡(朱弟成,2006);张玉修(2007)也获得了同样的证据。前人对该地区研究中的LREE强烈富集型的壳层熔岩可能即是这套OIB型火山岩(夏斌,1991)。西藏自治区地质矿产局(1993)发现洞错北的玄武岩有P型洋脊玄武岩和洋岛碱性玄武岩两类,P型洋脊玄武岩可能是蛇绿岩的壳层熔岩,后者应该是上述的早白垩世OIB型玄武岩。洞错地区的蛇绿混杂岩中的岩石未必都是蛇绿岩成员,有必要将其加以鉴别,厘定不同混杂岩块产出的构造背景及成因。本书通过对部分蛇绿混杂岩中的玄武岩进行地球化学特征分析,认为洞错蛇绿混杂岩中玄武岩单元可与多玛和塔仁本OIB玄武岩对比。

在洞错去申拉沟获得玄武岩有的枕状玄武岩、块状玄武岩及气孔玄武岩和杏仁玄武岩等。枕状玄武岩以发育典型枕状构造,由多个岩流单元组成,从上到下枕状体大小不一,长轴范围在0.1~1 m,下部岩石总体结晶较差;中部多为块状玄武岩,岩石结晶程度较好;顶部枕状玄武岩枕状体发育,但枕体较小,多成近圆形,岩枕通常具冷凝边。枕状玄武岩呈斑状结构,由斑晶(单斜辉石)及基质组成。以去申拉沟玄武岩样品D4007-b3

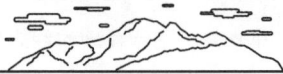

为例,岩石具有残余火山结构,由细小蚀变斜长石及普通辉石微粒等组成,蚀变生成的白钛石不均匀分布,斜长石晶体遭受了钠黝帘石化,占60%,可蚀变为钠长石及绿黝帘石集合体;有0.2~0.6 mm的气孔呈不均匀分布,气孔呈不规则椭圆形,内充填绿泥石等,占5%,普通辉石占30%。而杏仁玄武岩D4006-b1样品具有雏晶结构,杏仁状构造,由细小的钠更长石(50%)及雏晶状长石辉石集合体(27%)组成火山结构,蚀变的白钛石星散不均匀分布;钠更长石板条分布有黝帘石微粒,可能是基性斜长石蚀变而来。发育气孔构造,0.6~1.5 mm的气孔呈星散不均匀分布,呈椭圆形,内充填方解石、石英集合体。手标本上可见后期方解石脉穿插岩石分布,脉宽0.8~5 mm。

从表10-4可知,洞错3个玄武岩原始SiO_2含量变化于39.82%~43.98%,平均为41.44%,过低可能与烧蚀量过大等有关;Al_2O_3含量变化于11.31%~11.75%;CaO含量变化于10.21%~15.23%,平均为12.22%,接近OIAB(10.33%);MgO平均为5.88%,低于MORB(9.67%),与OIAB(5.18%)十分接近;

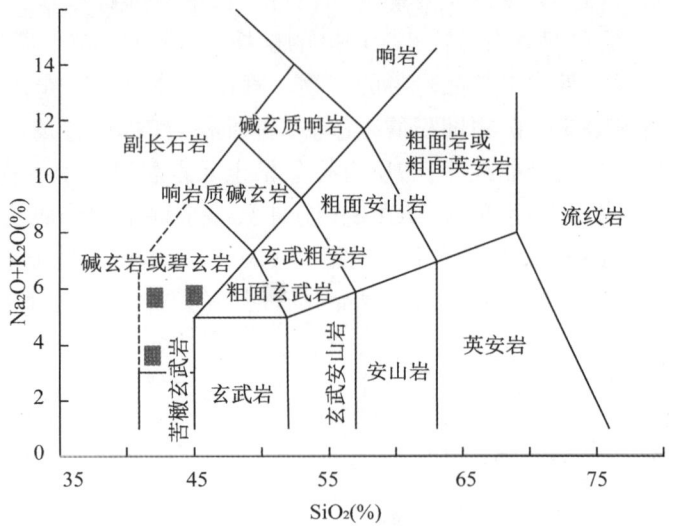

图10-15 洞错玄武岩的 (K_2O+Na_2O)–SiO_2图

(据Le Bas et al., 1986)

TiO_2平均为3.81%;全碱含量变化于3.37%~5.56%,平均为4.8%,碱含量较高,Na_2O/K_2O比值均大于1.5,说明岩石钾质含量低。同时,钛(TiO_2:2.93 %~4.31%)、磷(P_2O_5:0.4%~0.69%)较高,明显高于N-MORB(1.15%,0.09%),而与OIAB(3.29%,0.68%)相似。在SiO_2–(Na_2O+K_2O)岩浆系列判别图上(图10-15),3个玄武岩样品均落入碱性玄武岩区。在TiO_2-MnO-P_2O_5×10判别图上也大部分落在洋岛玄武岩区(图10-16),与岛弧火山岩(IAT)和洋中脊(MORB)存在显著差异(Mullen,1983)。

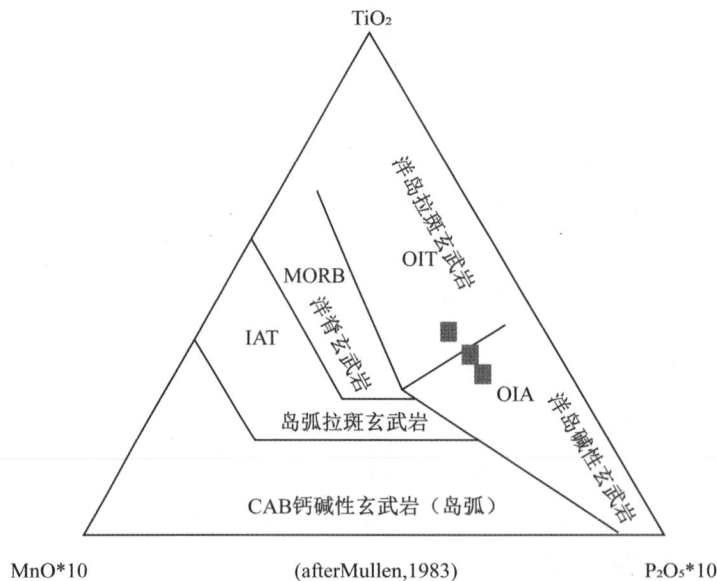

图10-16 洞错去申拉玄武岩构造环境判别图解

玄武岩的Al_2O_3含量均低于N-MORB(15.9%)和OIB;$Mg^\#$在34~50.7之间,反映岩浆分离结晶作用程度较低,具有初始岩浆的特点(Wilkinson,1982)。总体上具高Ti、P及贫Al的特征。CIPW标准矿物(表10-2),所有样品均未出现刚玉分子C,部分出现了橄榄石Ol,并出现了霞石分子Ne,表明Al_2O_3、SiO_2为不饱和状态。分异指数DI变化于22.54~36.01之间,平均31;SI变化于15.42~31.24,平均为23.66。碱度率(AR)变化于1.34~1.68之间;铝饱和指数A/CNK变化于0.325~0.456之间。

玄武岩的REE含量较高,其ΣREE变化于163.08×10^{-6}~299.78×10^{-6},平均为231.9×10^{-6},比球粒陨石的REE高出很多;轻、重稀土比值LREE/HREE变化于6.86-8.42之间,平均为7.65,表明属轻稀土富集型。δEu在

0.96~1之间,趋近于1,表明Eu基本正常,铕异常不明显,源区无或者含有少量的斜长石,斜长石分离结晶不明显。在稀土配分图曲线中(图10-17),曲线大至呈40°的右倾斜,轻稀土富集。$(La/Yb)_N$值达8.28~12.5,表明轻重稀土分馏明显,具有与洋岛玄武岩相近的稀土元素地球化学特征,虽然REE绝对丰度偏低,但其球粒陨石标准化REE曲线与夏威夷碱性玄武岩大致平行。对球粒陨石标准化的稀土元素配分型式呈现轻稀土明显富集的右倾型式,与OIB的REE配分型式基本一致,明显不同于N-MORB和E-MORB的稀土配分型式。洞错玄武岩一个最重要特征是HREE含量很低($Yb=1.32×10^{-6}$、$2.49×10^{-6}$、$3×10^{-6}$)暗示岩浆源区残留有石榴石。

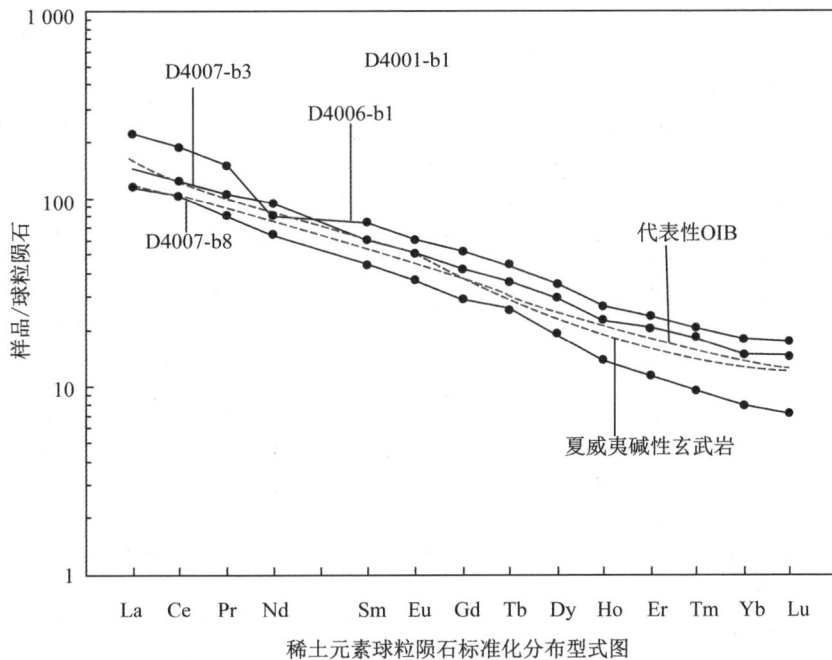

稀土元素球粒陨石标准化分布型式图

图10-17 洞错玄武岩稀土元素配分图

(球粒陨石标准化值据Haskin,1968)

在对MORB的相应丰度进行标准化的蛛网图上(图10-18),3个样品的配分曲线协调一致,显示富集Ba、Sr等大离子亲石元素和Ta、Sm、Ti等高场强元素,总体上类似于OIB的分布模式。如Ba含量在$150×10^{-6}$~$404×10^{-6}$,远高于洋脊玄武岩(小于$50×10^{-6}$);洋壳形成时Ta为高度不相容元素,故在蛛网图上表现出明显的高丰值(Holfmann,1988)。洞错基性熔岩无Ta、Ti的亏损,故也区别于岛弧火山岩(IAB),所以洞错玄武岩具有与洋岛玄武岩非常相近的痕量元素地球化学性质(Wilson,1989)。

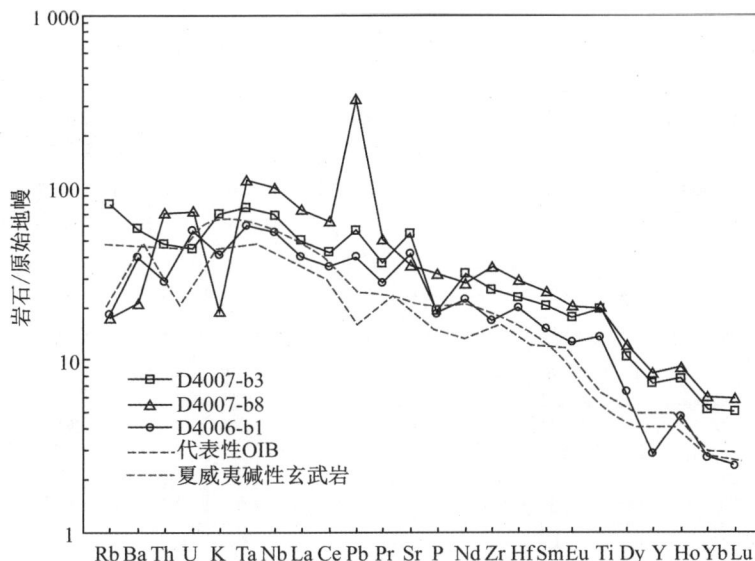

图10-18 洞错玄武岩微量元素MORB标准化蜘蛛图

(标准化数据及OIB等据Sun,1989)

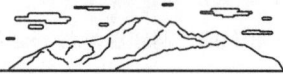

表10-4 改则洞错蛇绿岩稀土元素(μg/g)分析结果

样品号	La	Ce	Pr	Nd	Sm	Eu	Gd	Tb	Dy	Ho	Er	Tm	Yb	Lu	Y	ΣREE	LREE	HREE	L/H
D3 001-H2	0.35	0.76	0.08	0.30	0.06	0.04	0.06	0.01	0.05	0.01	0.03	0.00	0.03	0.01	0.24	2.03	1.60	0.2	8.03
D3 048-b1	0.32	0.85	0.12	0.64	0.26	0.15	0.30	0.07	0.45	0.10	0.26	0.04	0.25	0.04	1.83	5.68	2.34	1.51	1.55
D3 048-b5	1.89	6.04	1.00	5.14	1.85	0.74	2.39	0.55	3.89	0.82	2.37	0.38	2.42	0.39	16.85	46.74	16.67	13.22	1.26
D3 048-b6	0.22	0.58	0.09	0.51	0.25	0.12	0.35	0.09	0.64	0.13	0.38	0.06	0.39	0.06	3.33	7.19	1.77	2.1	0.84
D3 048-b8	2.00	6.22	1.05	5.47	2.02	0.83	2.60	0.57	4.20	0.89	2.58	0.41	2.54	0.41	18.54	50.32	17.59	14.19	1.24
D3 048-b9	0.23	0.79	0.14	0.84	0.41	0.19	0.54	0.13	0.90	0.19	0.49	0.07	0.46	0.07	4.10	9.54	2.60	2.84	0.91
D3 050-b2	0.26	0.56	0.05	0.19	0.05	0.01	0.04	0.01	0.04	0.01	0.02	0.00	0.03	0.01	0.23	1.51	1.13	0.15	7.71
D3 050-b4	0.08	0.17	0.02	0.09	0.02	0.01	0.02	0.00	0.02	0.01	0.01	0.00	0.02	0.00	0.13	0.62	0.39	0.09	4.2
D4 001-b1	2.03	5.26	0.81	4.05	1.29	0.52	1.56	0.33	2.42	0.51	1.47	0.24	1.49	0.25	13.85	36.09	13.97	8.28	1.69
D4 001-b2	0.12	0.36	0.07	0.43	0.20	0.12	0.30	0.07	0.52	0.11	0.30	0.05	0.28	0.05	2.72	5.69	1.29	1.68	0.77
D4 001-b3	0.15	0.29	0.06	0.30	0.12	0.06	0.16	0.03	0.26	0.06	0.17	0.03	0.17	0.03	1.49	3.38	0.98	0.91	1.08
D4 002-b3	31.97	62.68	6.99	26.34	4.36	1.28	3.86	0.59	3.40	0.62	1.75	0.26	1.57	0.25	17.17	163.08	133.62	12.29	10.87
D4 007-b3	34.01	74.56	9.94	43.14	9.12	2.93	8.53	1.32	7.56	1.26	3.33	0.46	2.49	0.37	33.15	232.16	173.71	25.31	6.86
D4 007-b8	51.47	114.61	13.89	37.30	11.14	3.45	10.50	1.65	8.79	1.48	3.86	0.52	3.01	0.44	37.67	299.78	231.86	30.25	7.66
P09-1b1	0.22	0.49	0.05	0.18	0.04	0.01	0.03	0.01	0.03	0.01	0.02	0.00	0.02	0.01	0.16	1.27	0.98	0.13	7.59
P09-5b1	1.55	2.94	0.38	1.52	0.37	0.12	0.34	0.06	0.39	0.08	0.24	0.04	0.24	0.04	2.00	10.3	6.88	1.42	4.83
P09-6b1	0.46	1.09	0.16	0.84	0.47	0.27	0.42	0.09	0.69	0.15	0.40	0.06	0.39	0.06	3.298 7	8.86	3.293 72	2.27	1.45
P09-6b3	0.06	0.11	0.01	0.04	0.01	0.00	0.01	0.00	0.01	0.00	0.01	0.00	0.01	0.00	0.053 7	0.33	0.234 11	0.05	5.11
P12-2b1	1.11	2.37	0.26	0.91	0.18	0.02	0.16	0.03	0.15	0.03	0.08	0.00	0.09	0.01	0.675 6	6.07	4.840 4	0.56	8.68
D4 006-b1	27.30	61.45	7.67	29.87	6.69	2.11	5.96	0.93	4.77	0.77	1.88	0.24	1.32	0.18	12.794	163.9	135.083	16.05	8.42
D317-b4	63.26	123.31	12.98	29.22	9.20	2.75	8.62	1.32	6.92	1.16	3.00	0.41	2.41	0.37	26.947	291.88	240.721	24.22	9.94

样品号	Gd-Y	LR/Gd-Y	δEu	δCe	La/Sm	La/Yb	Ce/Yb	Eu/Sm	Sm/Nd	$(La/Yb)_N$	$(Ce/Yb)_N$	$(Sm/Eu)_N$	ΣEr-Lu	ΣSm-Ho	ΣLa-Nd
D3001-H2	0.44	3.66	1.9	0.98	5.62	13.27	28.95	0.64	0.21	8.15	7.23	0.59	4	13	83
D3048-b1	3.34	0.7	1.59	0.94	1.22	1.26	3.39	0.56	0.41	0.77	0.88	0.68	15	34	51
D3048-b5	30.07	0.55	1.09	0.94	1.02	0.78	2.5	0.4	0.36	0.47	0.65	0.94	19	34	47
D3048-b6	5.42	0.33	1.22	0.9	0.9	0.57	1.51	0.48	0.49	0.35	0.39	0.79	23	41	36
D3048-b8	32.73	0.54	1.11	0.91	0.99	0.79	2.45	0.41	0.37	0.48	0.63	0.92	19	35	46
D3048-b9	6.94	0.37	1.27	0.91	0.55	0.5	1.73	0.47	0.49	0.3	0.45	0.79	20	43	37
D3050-b2	0.38	3	0.79	0.98	5.21	9.94	20.96	0.24	0.26	6.15	5.31	1.63	4	12	84

表 10-4(续)

样品号	Gd-Y	LR/Gd-Y	δEu	δCe	La/Sm	La/Yb	Ce/Yb	Eu/Sm	Sm/Nd	$(La/Yb)_N$	$(Ce/Yb)_N$	$(Sm/Eu)_N$	ΣEr-Lu	ΣSm-Ho	ΣLa-Nd
D3050-b4	0.23	1.74	0.84	0.98	3.91	3.76	7.98	0.28	0.22	2.27	2.1	1.38	9	16	75
D4001-b1	22.13	0.63	1.12	0.9	1.57	1.37	3.54	0.4	0.32	0.83	0.92	0.94	16	30	54
D4001-b2	4.39	0.29	1.44	0.85	0.6	0.42	1.27	0.57	0.47	0.25	0.33	0.66	23	44	33
D4001-b3	2.4	0.41	1.39	0.67	1.25	0.85	1.7	0.52	0.39	0.52	0.43	0.72	21	36	43
D4002-b3	29.47	4.53	0.94	0.89	7.33	20.37	39.95	0.29	0.17	12.34	10.33	1.29	3	10	87
D4007-b3	58.46	2.97	1	0.88	3.73	13.66	29.95	0.32	0.21	8.28	7.75	1.17	3	15	82
D4007-b8	67.92	3.41	0.96	0.93	4.62	17.1	38.08	0.31	0.3	10.36	9.85	1.22	3	14	83
P09-1b1	0.29	3.34	0.58	1.01	6.26	9.32	20.66	0.17	0.2	5.58	5.55	2.25	5	11	84
P09-5b1	3.42	2.01	1	0.82	4.19	6.57	12.51	0.32	0.24	3.97	3.22	1.18	7	16	77
P09-6b1	5.57	0.59	1.84	0.88	0.99	1.2	2.83	0.58	0.56	0.73	0.73	0.65	16	38	46
P09-6b3	0.1	2.35	0.89	1	5.91	4.37	8.75	0.32	0.23	2.83	2.33	1.25	8	12	80
P12-2b1	1.23	3.92	0.43	0.95	6.22	12.71	27.22	0.13	0.2	7.79	6.98	2.76	4	11	85
D4006b1	28.84	4.68	1	0.92	4.08	20.62	46.4	0.31	0.22	12.5	12	1.2	2	14	84
D317b4	51.16	4.71	0.93	0.91	6.88	26.29	51.25	0.3	0.31	15.94	13.26	1.26	2	11	87

注：球粒陨石标准化值据 Haskin，1968。

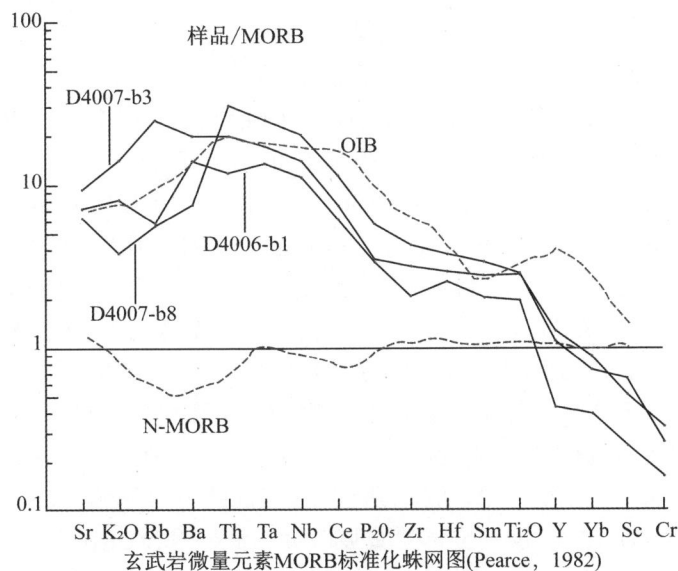

图 10-19 洞错玄武岩微量元素 MORB 标准化蜘蛛图

（标准化数据据 Pearce，1983）

高场强元素 Nb、Ta、Zr、Hf 在蚀变和变质等过程中具有很好的稳定性，因此是岩石成因和源区性质的示踪剂，岛弧玄武岩和部分亏损型洋中脊玄武岩(N-MORB)的 Ta、Nb 丰度分别不大于 $0.7×10^{-6}$ 和 $12×10^{-6}$，Nb/La<1，Hf/Ta>5，La/Ta>15，Ti/Y<350；而板内玄武岩、过渡型洋中脊玄武岩和富集型洋中脊玄武则正好相反。洞错 OIB 玄武岩的 Ta 丰度($2.45×10^{-6}$~$4.51×10^{-6}$)和 Nb 丰度($38.76×10^{-6}$~$71.47×10^{-6}$)很高，Nb/La 比值为均大于 1，Hf/Ta<3，La/Ta<13，暗示该玄武岩成因环境可能与 WPB 构造环境有关。Nb/Y-Zr/TiO₂ 图解也显示洞错火山岩属碱性玄武岩(图 10-20)。

玄武岩明显富集 Nb、Ta 等元素，与代表性 OIB 和夏威夷碱性玄武岩相比(图 10-18)，尽管玄武岩的微量元素绝对丰度略高，总体上与夏威夷碱性玄武岩在高场强元素段(Nd→Lu)近似平行，以其更高的 Nb、Ta、Zr、Hf 而不同于代表性 OIB 和峨眉山高 Ti 玄武岩。火山岩 MgO 含量低(前述)，Mg# 范围也不大，相容元素 Cr、Ni 含量都很低(分别为 $40×10^{-6}$~$80×10^{-6}$；$51×10^{-6}$~$80×10^{-6}$)，明显低于原生玄武岩浆范围，表明火山岩经历了明显的橄榄石、单斜辉石等镁铁质矿物的分离结晶。

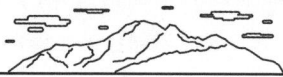

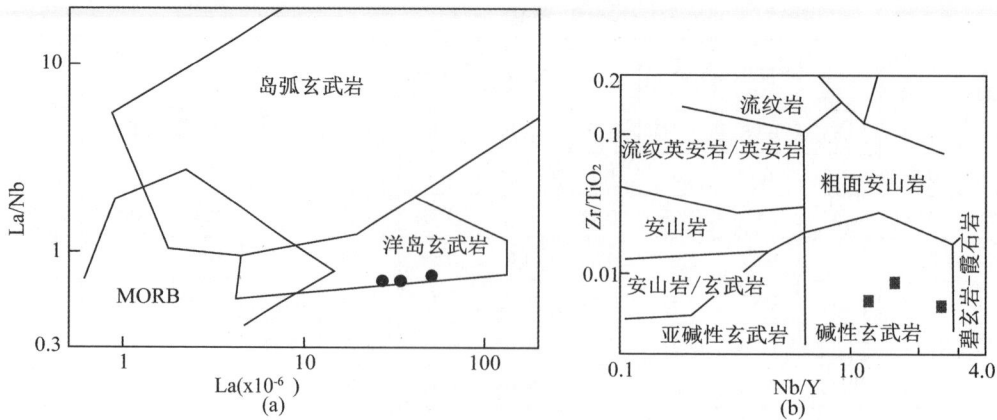

图10-20　洞错中生代玄武Nb/Y–Zr/TiO$_2$图解

洞错玄武岩具有高Ti特征,REE和微量元素分布形式与OIB相似的,在TiO$_2$-MnO-P$_2$O$_5$×10判别图上也大部分落在洋岛玄武岩区和碱性玄武岩区,这些特征说明了玄武岩产于板内洋岛环境。洋岛火山岩和海山是"热点"或地幔柱产生的,因此玄武岩成因可能与来自地幔深部的"热点"作用有关,并非蛇绿岩的成员。而洞错玄武岩中碱质含量较高,而碱性玄武岩、洋岛拉斑玄武岩和岛弧钙碱性玄武岩一般不是蛇绿岩成员,但扩张脊叠加地幔柱作用或岛弧被拉张时,也可能出现在蛇绿岩中(周国庆,2008)。

可以用蚀变火山岩有效的地球化学判别图解如Nb/Th-Nb和La/Nb-La图解(图10-20)等,来分析本书涉及的洞错中生代玄武岩浆形成的构造背景。玄武岩类似于夏威夷碱性玄武岩的地球化学特点及OIB型玄武岩,可能暗示其形成于以洋壳为基底的洋岛环境。班公湖-怒江缝合带内早白垩世洞错、塔仁本和多玛洋岛玄武岩的进一步确认,可能表明那时班公湖-怒江洋壳尚未彻底消亡,可能暗示班公湖-怒江洋盆的关闭时间明显晚于晚侏罗世-早白垩世早期闭合;或与冈底斯弧后裂谷作用有关。

在源区的性质方面,分析洞错中生代玄武岩的地幔源区性质,必须评估地壳物质影响程度。Neal(2002)认为,与地幔热柱有关的玄武岩,其(Th/Ta)$_{PM}$、(La/Nb)$_{PM}$比值均小于1。从图10-21可知,没有或很少受到岩石圈地幔或地壳物质混染的洞错玄武岩主体投点均位于(Th/Ta)$_{PM}$ < 1和(La/Nb)$_{PM}$ < 1的范围内,丽江苦橄岩和丽江玄武岩(张招崇等,2004)、夏威夷拉斑玄武岩和碱性玄武岩也在区内;但是,被地壳混染的Rajmahal玄武岩则有靠近中上地壳的趋势,表明该判别方法能有效地识别玄武岩中地壳物质的贡献。本书涉及的OIB型玄武岩,均具有(Th/Ta)$_{PM}$、(La/Nb)$_{PM}$比值小于1的特点,其数据点均位于未受到大陆地壳物质混染区域(图10-21),表明这些玄武岩没有遭受地壳混染。虽然(Th/Ta)$_{PM}$-(La/Nb)$_{PM}$图解可以有效地识别幔源岩浆中是否存在混染的地壳物质,但不能识别陆下岩石圈地幔(SCLM)组分。可以利用Nb/Th- Ti/Yb图解进行研究,Nb/Th- Ti/Yb比值对幔源岩浆是否受到地壳混染十分灵敏,可有效地识别出玄武岩中的地壳物质和陆下岩石圈地幔物质的贡献(Li,2002)。从图10-21可知,班公湖-怒江缝合带洞错(红圆)、多玛及塔仁本(黑圆)OIB型玄武岩具有相对恒定的Nb/Th比值,投点位于夏威夷碱性玄武岩和MORB成分点之间(图10-21,右),并未

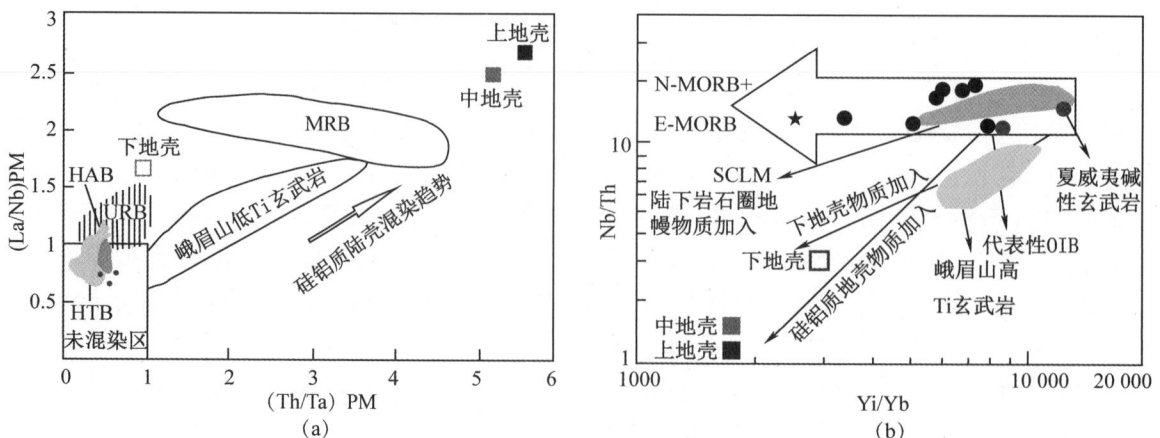

图10-21　藏北中部中生代玄武岩地壳混染判别图解

(底图据朱弟成,2006;红色为洞错样品,左图投点于未混染区,右图投点靠近夏威夷碱性玄武岩;未受地壳混染(URB)的和受地壳混染(MRB)的Rajmahal玄武岩;夏威夷拉斑玄武岩(HTB)和夏威夷碱性玄武岩(HAB)

显示陆下岩石圈地幔物质加入的趋势。这说明陆下岩石圈物质在这些玄武岩成因中的作用不明显,可能并不存在陆下岩石圈;该种玄武岩的成因可能与地幔柱/热点与软流圈的相互作用有关,这些未受到地壳物质影响或受到较微弱陆下岩石圈物质影响的玄武岩成分或许能代表青藏高原早白垩世地幔源区(或中生代特提斯地幔)的组分特点。在蛇绿混杂岩带中的玄武岩为 OIB 而不是 MORB 型地球化学特征,可能形成于以洋壳为基底的洋岛环境。

五、 结论

洞错蛇绿岩中地幔橄榄岩为方辉橄榄岩、碳酸盐化超基性岩等岩石组合,方辉橄榄岩 $Mg^\#$ 高,Al_2O_3、Na_2O 、K_2O、TiO_2 相对于模拟地幔也显著偏低;$\sum REE$ 强烈亏损,LREE 相对富集,稀土元素配分型式为烟斗型,代表熔融程度较高、中等至较强亏损的残留地幔,具有 Nb-Ta 负异常及强不相容元素亏损的特点;岩石化学富 MgO、轻稀土元素富集等特征及方辉橄榄岩型的岩石类别(HOT),显示其形成于俯冲消减环境(SSZ),属于 SSZ 型蛇绿岩的一部分。

洞错辉绿岩各样品的稀土元素特征相似,分配型式显示为平坦型,具典型的 MORB 稀土元素地球化学特征,显示其来自亏损的软流圈地幔;微量元素 MORB 标准化图解中 Sr、K、Ba 等元素富集,Ta、Ti、Y 等高场强元素分布特征与 N-MORB 相似;洞错辉绿岩兼有 IAT 和 MORB 的特征,其可能形成于洋中脊(洋内弧后盆地扩张中心)环境,与洋内俯冲时的不成熟的弧后盆地扩张有关。

辉长岩稀土配分曲线显示出近左倾型,轻重稀土分馏不明显,为轻稀土亏损型分布模式,相对原始地幔,样品 $\sum REE$ 呈亏损型;辉长岩的地球化学特征具有典型的 N-MORB 稀土元素地球化学特征,表明其与地幔橄榄岩有亲缘性,可能是玄武质岩浆在中深层侵入条件下结晶冷凝产物,可能与消减带上弧后盆地次级扩张有关;微量元素中 K、Rb、Ba 等富集,Nb、Ta 亏损,有岛弧火山岩的特征,又与典型的 N-MORB 特征有区别,显示了俯冲带物质的参与。

洞错玄武岩在 $SiO_2-(Na_2O+K_2O)$ 判别图上落入碱性玄武岩区;在 $TiO_2-MnO\times10-P_2O_5\times10$ 判别图中也属于洋岛玄武岩;LREE 富集,具有与 OIB 相近的稀土元素地球化学特征,稀土元素配分曲线与夏威夷碱性玄武岩大致平行;微量元素 MORB 标准化图解显示富集 Ba、Sr 等大离子亲石元素和 Ta、Sm、Ti 等高场强元素,类似于 OIB 的分布模式,洞错玄武岩显示 OIB 而不是 MORB 型地球化学特征。这与班公湖-怒江缝合带内的早白垩世多玛玄武岩、塔仁本玄武岩及夏威夷碱性玄武岩地球化学特征类似,形成于以洋壳为基底的洋岛环境,未受到地壳物质混染,表明班公湖-怒江洋壳当时尚未彻底消亡,也可能是与蛇绿岩单元在板块汇聚过程中一起构造侵位于班公湖-怒江缝合带中。

总体上,洞错蛇绿岩地球化学性质显示为 MORB 型,蛇绿岩显示了 SSZ 型构造环境信息,具体的构造环境应该是俯冲带之上不成熟的弧后盆地。构造位置类似于藏北面状蛇绿岩中安多蛇绿岩和东巧蛇绿岩的构造环境,代表弧后岩石圈的扩张(Pearce,1988;中-英青藏高原综合科学考察队,1990)。洞错蛇绿岩的岩石组合、岩相学以及地幔橄榄岩、辉长岩和辉绿岩的地球化学特征均显示为其为 SSZ 型蛇绿岩。

第十一章 革吉盐湖盆地I-型花岗岩年代学和地球化学研究

第一节 地 质 概 况

班公湖-怒江缝合带(BNS)是近E-W缝合带(Wu et al., 2003),对了解特提斯洋的演化具有重要意义。BNS位于拉萨地区和羌塘地区之间,延伸了2 000多千米,是班公湖-怒江特提洋的残余(Yin A and Harrison T M 2000; Zhu,2013)。班公湖-怒江特提洋的演化仍在以下方面存在争议:(1)关于其打开时间,存在中二叠世晚期(Zhu,2011)、三叠纪(Ren J S and Xiao L W, 2004; Kapp P et al., 2003a)、早侏罗世(邱瑞照等,2004)和中-晚侏罗世(Wang X B et al., 1987; Zhang Y X et al., 2007; Wang W L et al., 2008);(2)晚侏罗世和白垩纪被认为是特提斯洋的关闭时间(Yin A and Harrison T M, 2000; Wang ZH et al., 2005;李金祥等,2008);在俯冲极性方面,存在向北俯冲(Matte P et al., 1996; Kapp P et al., 2003b; Li S M et al., 2014)、向南俯冲(Geng Q R et al., 2009)和双向俯冲(Hsu KJ et al., 1995; 曲晓明,2009)。由于花岗岩可以提供关于缝合带构造演化和热事件的有效信息(Condie,2013),可以通过锆石LA- ICP-MS U-Pb测年和花岗岩的岩石地球化学来约束盐湖地区班公湖-怒江洋西段的俯冲时间。

所研究的花岗岩单元处于班公湖-怒江缝合带西段的革吉县盐湖乡。研究区位于宽20 km的班公湖-怒江缝合带内,缝合带以NWW走向贯穿整个研究区,研究区南部为冈底斯地块,北部为羌塘地块,区内含一个较大的挤压构造带,内部包括盐湖、纳屋错两个压陷盆地及一个断隆区。花岗岩主要分布在盐湖区南缘,并以岩基和岩株的形式出现。花岗岩呈NWW-SEE走向,露头面积约为850 km²。根据岩性差异,盐湖花岗岩可分为闪长玢岩、石英闪长岩、花岗闪长岩、花岗岩和花岗斑岩。

研究区内中生界-新生界分布广泛,古生界出露很少。如上三叠统地层为日干配错群(T_3r),主要出露于缝合带的北部边缘;侏罗系木嘎岗日岩群所包含的深水环境的复理石沉积分布于该区的中部两侧,并与其他地层呈断层接触;在研究区中南部,早白垩世的去申拉组(K_1q)呈EW向展布,多条断层穿插其内部;在北部局部地区,有少量上白垩统竟柱山组(K_2j)出露,并与木嘎岗日岩群呈断层接触;新生界古近系牛堡组($E_{1-2}n$)地层在缝合带南部有零星出露;第四系分布广泛,作为沉积盖层形成于班公湖-怒江洋闭合之后。

闪长玢岩(AK01)主要分布在盐湖中部,侵入木嘎岗日群和去申拉组(K_1q),具有斑状结构和块状构造,斑晶体主要是斜长石,在镜下呈斑晶状及发育环带结构。闪长玢岩由斜长石(55-60%)、石英(5-13%)、钾长石(13-17%)、角闪石(12-20%)、黑云母(2%)、橄榄石(3%)组成。主要副矿物为磷灰石、锆石和楣石。

ZK01号闪长玢岩体侵入于去申拉组,少部分与东巧蛇绿岩套呈侵入接触;闪长玢岩以岩株状产出,部分岩石呈现块状构造及斑状结构特征(图11-1(c))。组成闪长玢岩的主要矿物是斜长石(45%~55%)、钾长石(20%~25%)、角闪石(10% ~15%)、石英(5% ~10%)和黑云母(<5%)等。其中,斜长石类型主要为中长石,在镜下呈斑晶状及发育环带结构,外形为自形板状(图11-1(d)),石英约50~100 um,以它形粒状散布于主要矿物周边。此外,还发现有少量锆石及楣石等组分。闪长玢岩遭受较弱蚀变作用,出现绿泥石及绿帘石化。

石英闪长岩主要出现在盐湖南部边缘,细-中粒,含有斜长石(50%)、石英(10%)、钾长石(30%)、角闪石(9%)、黑云母(1%)。主要副矿物为磷灰石、锆石、辉石等。花岗闪长岩,具有深色闪长岩捕房体(图11-1(b)),主要出露在盐湖地区南部边缘,中-粗粒斑晶(斜长石或角闪石),矿物组合为斜长石(45%~52%)、石英(20%~30%)、钾长石(20%)、角闪石(2%~5%)、黑云母(3%);主要副矿物为磷灰石、锆石和辉石。花岗岩或花岗斑岩也出露于盐湖南部边缘,呈中-粗粒斑晶(主要为石英),矿物组合为斜长石(28%~30%)、石英(30%~35%)、长石(35%~40%)、黑云母(2%);主要副矿物为磷灰石、锆石。

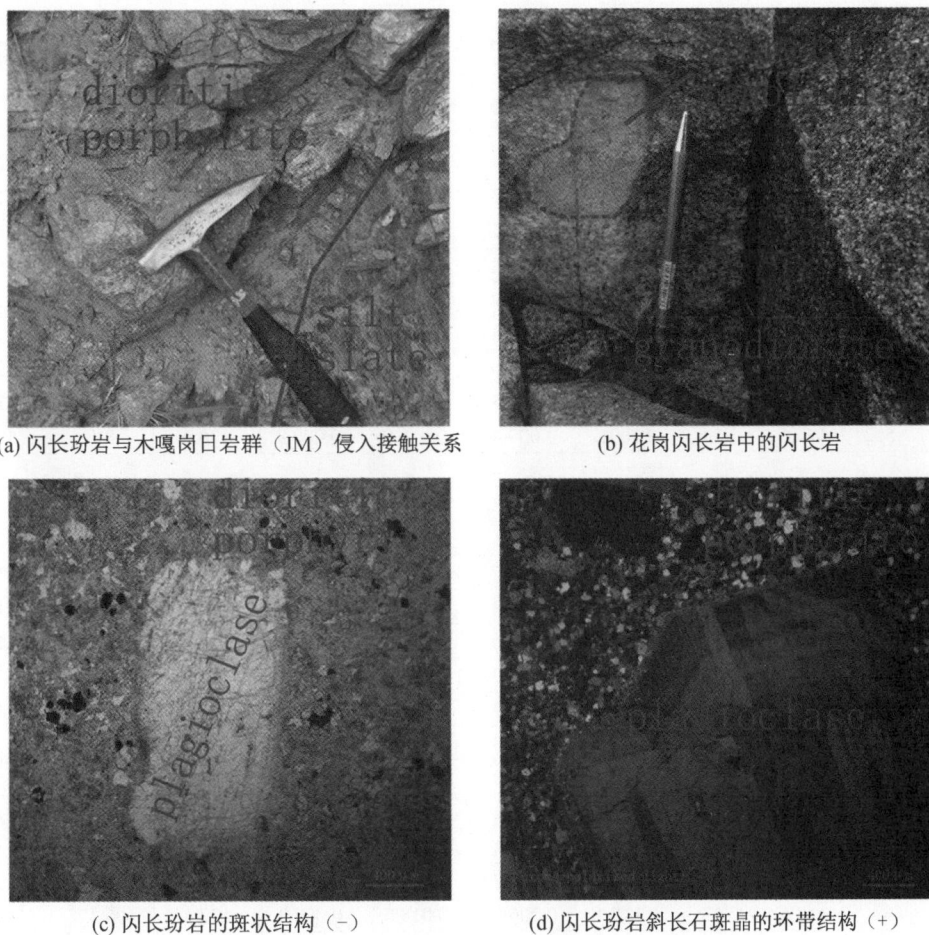

(a) 闪长玢岩与木嘎岗日岩群（JM）侵入接触关系

(b) 花岗闪长岩中的闪长岩

(c) 闪长玢岩的斑状结构（-）

(d) 闪长玢岩斜长石斑晶的环带结构（+）

图11-1　班公湖-怒江缝合西段盐湖花岗岩的野外照片和显微照片。

第二节　年代学与地球化学分析

用常规方法将样品粉碎至100目,分选后,镜下挑出代表性的锆石,后将被测锆石矿物与标准样品放置于环氧树脂内,磨薄、抛光及镀金后制备样品靶,进行透射光、反射光照相获取微观矿物图像,阴极发光图像在电子探针显微分析实验室内获取(图11-3)。锆石U-Pb同位素年龄在地质过程与矿产资源国家重点实验室采用激光剥蚀电感耦合等离子体质谱法测得,激光剥蚀系统(LA)具体为Geo-Las2005ArF,193μm波长,频率为8Hz,激光束斑24~32μm,20~40μm剥蚀深度,He作为载气,依据成熟流程进行分析(Yuan et al.,2004)。U-Pb同位素测年及微量元素测定所用的ICP-MS仪器是Agilent7500a,锆石91500std作为外标,^{29}Si为内标元素进行校正,每间隔4个点测定标样进行校正。数据处理采用ICPMSDataCal(Liu et al.,2008;Liu et al.,2010a,b)和ISOPLOT 3.0程序(Ludwig K.R et al.,2003)样品详细分析结果见表11-1。

表11-1　LA-ICP-MS锆石U-Pb分析结果

测点	Pb(ppm)	Th(ppm)	U(ppm)	Th/U	$^{207}Pb/^{235}U$	±(1δ)	$^{206}Pb/^{238}U$	±(1δ)	$^{207}Pb/^{235}U$ age (Ma)	±Ma(1δ)	$^{206}Pb/^{238}U$ age (Ma)	±Ma(1δ)
Sample Ak01												
1.1	58	1 194	573	2.08	0.144 4	0.008 6	0.018 9	0.000 4	136.9	7.7	120.4	2.7
2.1	51	303	287	1.06	0.894 2	0.038 1	0.025 3	0.000 6	648.6	20.4	161.0	3.6
3.1	34	587	395	1.49	0.142 3	0.014 1	0.017 9	0.000 4	220.3	11.5	114.4	2.4
4.1	103	2 215	864	2.56	0.089 1	0.009 4	0.018 4	0.000 4	158.6	8.1	117.7	2.3
5.1	68	1611	765	2.11	0.115 9	0.006 9	0.017 7	0.000 4	111.3	6.3	113.2	2.5
6.1	136	476	750	0.63	0.617 9	0.022 8	0.083 7	0.001 0	488.6	14.3	518.3	6.2
7.1	33	601	425	1.42	0.151 5	0.010 2	0.019 7	0.000 4	143.3	9.0	125.8	2.7
8.1	32	567	389	1.46	0.141 7	0.015 2	0.019 2	0.000 4	203.3	12.6	122.5	2.6
9.1	34	677	418	1.62	0.089 8	0.013 6	0.018 7	0.000 4	159.2	11.8	119.5	2.5
10.1	444	2 758	2811	0.98	0.374 7	0.009 7	0.053 5	0.000 6	323.1	7.1	336.1	3.6

表 11-1(续 1)

测点	Pb(ppm)	Th(ppm)	U(ppm)	Th/U	$^{207}Pb/^{235}U$	±(1δ)	$^{206}Pb/^{238}U$	±(1δ)	$^{207}Pb/^{235}U$ age (Ma)	±Ma(1δ)	$^{206}Pb/^{238}U$ age (Ma)	±Ma(1δ)
11.1	60	1 131	669	1.69	0.151 6	0.010 6	0.020 6	0.000 4	143.3	9.4	131.3	2.5
12.1	187	518	528	0.98	1.070 8	0.035 9	0.125 9	0.001 6	739.1	17.6	764.5	9.4
13.1	13	242	241	1.01	0.123 8	0.017 5	0.020 0	0.000 6	188.3	14.7	127.6	3.6
14.1	20	235	221	1.06	0.437 0	0.036 5	0.022 2	0.000 8	368.2	25.8	141.3	4.9
15.1	20	376	265	1.42	0.137 2	0.015 8	0.019 0	0.000 5	199.6	13.2	121.1	3.1
16.1	51	894	496	1.80	0.136 6	0.014 9	0.019 2	0.000 4	199.1	12.4	122.6	2.3
17.1	20	380	294	1.29	0.109 6	0.015 8	0.018 7	0.000 6	176.3	13.5	119.7	3.6
18.1	31	535	432	1.24	0.094 1	0.014 0	0.019 1	0.000 4	163.0	12.1	121.8	2.8
19.1	246	440	438	1.01	1.861 1	0.054 5	0.179 3	0.002 0	1067.4	19.4	1063.4	11.0
20.1	89	1 562	1 015	1.54	0.109 3	0.009 4	0.018 9	0.000 3	176.0	8.1	120.6	1.9
Sample Zk01												
1.1	71	683	1 422	0.48	0.113 6	0.005 7	0.017 9	0.000 2	118.3	5.1	114.5	1.4
2.1	56	382	1 354	0.28	0.128 9	0.006 1	0.019 4	0.000 2	114.0	5.5	123.7	1.5
3.1	35	236	880	0.27	0.113 0	0.007 7	0.017 3	0.000 2	135.7	6.9	110.3	1.5
4.1	47	307	1 142	0.27	0.125 2	0.008 2	0.018 2	0.000 3	146.5	7.2	116.0	1.6
5.1	48	376	1 139	0.33	0.113 9	0.009 6	0.018 4	0.000 2	136.5	8.5	117.4	1.6
6.1	31	187	1 032	0.18	0.117 9	0.006 9	0.017 8	0.000 2	122.2	6.2	113.7	1.5
7.1	39	341	613	0.56	0.119 4	0.009 9	0.018 3	0.000 4	141.4	8.7	116.6	2.3
8.1	44	361	679	0.53	0.178 5	0.015 3	0.022 0	0.000 5	166.7	13.2	140.3	3.0
9.1	27	195	611	0.32	0.126 1	0.010 0	0.019 2	0.000 4	147.3	8.8	122.3	2.5
10.1	102	1041	1 474	0.71	0.125 8	0.006 1	0.017 8	0.000 2	129.3	5.5	113.5	1.3
11.1	54	462	1 126	0.41	0.116 0	0.008 4	0.018 1	0.000 3	120.5	7.5	115.8	1.7
12.1	43	329	483	0.68	0.146 3	0.011 8	0.019 3	0.000 4	164.8	10.2	123.0	2.5
13.1	68	639	1 206	0.53	0.118 1	0.006 8	0.018 6	0.000 3	122.4	6.2	118.7	1.7
14.1	40	283	1 129	0.25	0.115 8	0.007 5	0.018 7	0.000 3	120.4	6.8	119.1	2.0
15.1	54	415	1 249	0.33	0.128 6	0.011 9	0.019 3	0.000 4	149.5	10.4	123.3	2.6
16.1	62	547	1 424	0.38	0.105 5	0.007 3	0.017 7	0.000 3	129.0	6.5	112.9	2.0
17.1	86	807	1 396	0.58	0.116 1	0.009 2	0.018 6	0.000 4	138.4	8.2	119.1	2.5
18.1	42	312	1 189	0.26	0.112 0	0.007 0	0.018 0	0.000 3	116.9	6.3	115.0	1.8
19.1	29	283	348	0.81	0.130 5	0.013 7	0.019 1	0.000 5	168.5	11.8	121.9	2.9
20.1	47	218	413	0.53	0.303 7	0.021 8	0.021 2	0.000 5	269.3	17.0	135.0	3.0
Sample D3658												
1.1	172	1747	1106	1.58	0.1379	0.008 0	0.018 1	0.000 3	131.2	7.1	115.7	2.0
2.1	128	991	816	1.21	0.145 7	0.011 6	0.020 6	0.000 6	138.1	10.3	131.5	3.9
3.1	77	475	1 717	0.28	0.141 8	0.012 2	0.020 3	0.000 5	134.7	10.8	129.5	3.1
4.1	150	1 250	2 469	0.51	0.142 4	0.017 0	0.019 8	0.000 4	135.2	15.1	126.3	2.5
5.1	181	1 602	1 103	1.45	0.141 2	0.020 6	0.019 6	0.000 4	134.1	18.3	125.4	2.8
6.1	133	1 485	1 091	1.36	0.108 5	0.030 1	0.016 5	0.001 2	104.6	27.6	105.6	7.8
7.1	106	1 050	869	1.21	0.113 6	0.034 6	0.015 9	0.001 2	109.3	31.6	101.5	7.9
8.1	143	1 439	1 089	1.32	0.127 0	0.015 4	0.017 1	0.000 6	121.4	13.8	109.1	3.6
9.1	353	3 732	2 099	1.78	0.123 2	0.007 1	0.016 9	0.000 3	117.9	6.4	108.3	1.8
10.1	125	1 295	1 166	1.11	0.1269	0.014 5	0.016 9	0.000 5	121.4	13.1	108.2	3.0
11.1	118	1 158	911	1.27	0.135 4	0.030 7	0.017 3	0.000 8	128.9	27.5	110.5	5.0
12.1	161	1 224	833	1.47	0.136 9	0.023 0	0.020 7	0.000 7	130.2	20.5	132.3	4.2
13.1	115	1 174	923	1.27	0.130 2	0.014 2	0.018 8	0.000 4	124.3	12.8	120.0	2.5
14.1	292	2 755	1 822	1.51	0.115 1	0.006 3	0.018 0	0.000 3	110.7	5.7	115.3	1.8
15.1	385	4 086	2 449	1.67	0.119 6	0.008 6	0.017 0	0.000 4	114.7	7.8	108.7	2.3
16.1	85	742	717	1.04	0.151 3	0.013 8	0.018 0	0.000 5	143.1	12.1	114.7	3.4
17.1	228	2 309	1 417	1.63	0.127 4	0.009 0	0.017 9	0.000 3	121.7	8.1	114.1	2.0
Sample D0050												
1.1	118	1 129	1 108	1.02	0.114 7	0.010 4	0.017 1	0.000 4	119.3	9.4	109.2	2.4
2.1	84	842	791	1.06	0.114 5	0.018 8	0.017 6	0.000 6	119.1	16.9	112.5	3.9
3.1	87	763	738	1.03	0.125 9	0.009 1	0.018 7	0.000 5	129.4	8.2	119.4	3.3
4.1	110	598	2 951	0.20	0.106 1	0.014 6	0.015 9	0.000 7	111.5	13.3	101.9	4.3

表 11-1(续 2)

测点	Pb(ppm)	Th(ppm)	U(ppm)	Th/U	$^{207}Pb/^{235}U$	±(1δ)	$^{206}Pb/^{238}U$	±(1δ)	$^{207}Pb/^{235}U$ age (Ma)	±Ma(1δ)	$^{206}Pb/^{238}U$ age (Ma)	±Ma(1δ)
5.1	233	1 822	3 349	0.54	0.109 7	0.005 6	0.017 8	0.000 2	114.8	5.1	113.5	1.4
6.1	237	2 620	2 516	1.04	0.098 8	0.008 5	0.014 7	0.000 5	104.9	7.8	94.2	3.0
7.1	37	197	1 563	0.13	0.103 3	0.016 4	0.015 7	0.000 6	109.0	15.0	100.1	3.6
8.1	134	1 533	1 769	0.87	0.096 2	0.009 0	0.014 4	0.000 3	102.5	8.2	92.2	1.7
9.1	66	463	1 617	0.29	0.108 6	0.006 2	0.015 9	0.000 3	113.8	5.6	102.0	1.9
10.1	115	1 072	1 145	0.94	0.110 2	0.011 2	0.016 4	0.000 5	115.3	10.1	105.1	3.0
11.1	134	935	2 479	0.38	0.113 1	0.005 6	0.017 4	0.000 2	117.9	5.1	111.2	1.5
12.1	111	808	1 626	0.50	0.119 9	0.008 0	0.018 0	0.000 3	124.0	7.2	115.0	2.0
13.1	124	1 348	1 487	0.91	0.091 8	0.006 2	0.014 9	0.000 3	98.4	5.7	95.1	1.8
14.1	94	976	903	1.08	0.105 4	0.031 0	0.016 3	0.000 9	110.9	28.2	103.9	5.4
15.1	155	1 818	1 876	0.97	0.089 5	0.010 6	0.013 5	0.000 4	96.3	9.8	86.4	2.5
16.1	106	1 094	911	1.20	0.115 8	0.027 0	0.016 8	0.000 9	120.3	24.4	107.6	5.5
Sample D1393												
1.1	52	505	557	0.91	0.118 6	0.017 9	0.017 9	0.001 0	118.4	16.2	114.2	6.0
2.1	134	1232	948	1.30	0.114 5	0.017 0	0.017 2	0.000 6	114.6	15.4	110.1	3.9
3.1	42	430	498	0.86	0.123 0	0.014 9	0.017 4	0.000 7	122.3	13.4	111.4	4.6
4.1	97	741	584	1.27	0.124 7	0.035 1	0.018 1	0.003 1	123.8	31.5	115.8	19.4
5.1	53	460	568	0.81	0.135 5	0.030 6	0.019 1	0.001 3	142.3	27.0	122.0	8.3
6.1	73	689	557	1.24	0.137 4	0.028 1	0.017 6	0.001 0	144.0	24.8	112.8	6.1
7.1	168	1 684	964	1.75	0.120 5	0.038 6	0.016 6	0.000 7	120.0	34.8	106.3	4.2
8.1	330	3 859	1 505	2.56	0.110 0	0.006 2	0.015 8	0.000 3	110.5	5.6	100.8	1.7
9.1	56	373	593	0.63	0.123 5	0.017 2	0.018 2	0.001 3	122.7	15.5	116.3	8.0
10.1	34	329	442	0.74	0.137 5	0.015 6	0.016 3	0.000 5	152.9	13.6	104.5	3.3
11.1	96	1 041	764	1.36	0.129 5	0.019 8	0.017 6	0.001 0	128.1	17.7	112.4	6.3
Sample D3660												
1.1	153	1 601	1281	1.25	0.113 8	0.010 0	0.016 4	0.000 5	104.1	9.0	105.2	2.9
2.1	78	806	720	1.12	0.117 9	0.013 3	0.016 7	0.001 0	108.6	11.9	106.6	6.6
3.1	150	1 792	1483	1.21	0.098 2	0.006 6	0.015 2	0.000 3	95.2	6.1	97.5	1.9
4.1	34	367	480	0.76	0.118 7	0.011 9	0.017 6	0.000 9	116.5	10.5	112.3	5.4
5.1	112	1 148	1 141	1.01	0.108 7	0.009 8	0.016 3	0.000 4	104.3	8.9	104.0	2.8
6.1	138	1 328	1 632	0.81	0.116 8	0.007 3	0.017 1	0.000 3	107.5	6.6	109.0	2.0
7.1	80	824	703	1.17	0.120 6	0.026 2	0.016 9	0.001 2	108.4	23.7	107.9	7.7
8.1	243	2 553	2 288	1.12	0.100 5	0.005 6	0.015 4	0.000 3	108.1	5.1	98.8	1.8
9.1	97	764	879	0.87	0.120 3	0.008 7	0.017 9	0.000 3	134.6	7.7	114.7	2.1
10.1	76	1 026	998	1.03	0.107 1	0.016 4	0.015 9	0.000 7	77.9	15.0	101.4	4.4
11.1	130	1 421	1 159	1.23	0.109 1	0.016 7	0.015 7	0.000 5	101.7	15.2	100.7	3.3
Sample D3065												
1.1	315	3 125	42 67	0.73	0.108 4	0.004 3	0.016 5	0.000 2	104.5	3.9	105.3	1.2
2.1	492	4 177	4 640	0.90	0.107 5	0.005 4	0.016 4	0.000 2	130.8	4.8	104.7	1.2
3.1	131	1 392	1 165	1.20	0.111 6	0.008 6	0.016 6	0.000 3	125.5	7.7	106.0	1.9
4.1	433	4 157	5 860	0.71	0.102 3	0.004 0	0.016 1	0.000 2	98.9	3.7	102.8	1.2
5.1	1 000	11 569	3 915	2.95	0.105 8	0.004 4	0.015 8	0.000 2	102.2	4.1	101.3	1.2
6.1	189	1 915	2 796	0.69	0.118 5	0.005 2	0.017 0	0.000 2	113.7	4.7	108.8	1.3
7.1	210	2 128	1 454	1.46	0.116 3	0.007 9	0.016 0	0.000 3	111.7	7.2	102.5	1.9
8.1	133	1 182	883	1.34	0.114 1	0.008 3	0.016 9	0.000 4	118.7	7.5	108.2	2.3
9.1	116	1 041	1 193	0.87	0.112 9	0.008 2	0.016 5	0.000 3	108.6	7.4	105.4	2.2
10.1	319	3 667	3 677	1.00	0.099 1	0.004 3	0.015 5	0.000 2	95.9	4.0	99.4	1.2
11.1	243	2 286	2 550	0.90	0.115 3	0.005 4	0.016 7	0.000 2	110.8	5.0	107.0	1.4
12.1	109	1 003	1 603	0.63	0.117 8	0.007 0	0.016 4	0.000 3	113.1	6.4	104.5	1.8
Sample D3093												
1.1	127	1 316	1 773	0.74	0.105 3	0.008 7	0.014 9	0.000 4	110.8	7.9	95.1	2.3
2.1	77	905	1 126	0.80	0.083 4	0.010 6	0.012 5	0.000 5	90.7	9.8	80.0	3.3
3.1	60	689	1 170	0.59	0.081 7	0.011 3	0.013 7	0.000 6	89.1	10.5	87.9	3.5
4.1	161	2 049	1 375	1.49	0.093 7	0.009 9	0.014 1	0.000 4	100.2	9.1	90.4	2.3

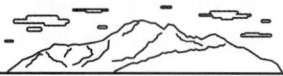

表 11-1(续3)

测点	Pb(ppm)	Th(ppm)	U(ppm)	Th/U	$^{207}Pb/^{235}U$	±(1δ)	$^{206}Pb/^{238}U$	±(1δ)	$^{207}Pb/^{235}U$ age (Ma)	±Ma(1δ)	$^{206}Pb/^{238}U$ age (Ma)	±Ma(1δ)
5.1	79	799	1 259	0.63	0.096 2	0.007 6	0.014 8	0.000 3	102.5	7.0	94.5	1.9
6.1	216	2 342	1 541	1.52	0.098 8	0.007 7	0.014 9	0.000 3	104.8	7.0	95.5	2.2
7.1	140	1 436	1 120	1.28	0.090 5	0.015 4	0.014 4	0.000 6	97.2	14.2	92.2	4.0
8.1	354	4 269	2 525	1.69	0.099 7	0.006 2	0.015 0	0.000 4	105.7	5.6	96.0	2.5
9.1	247	6 617	1 823	3.63	0.092 8	0.008 2	0.014 1	0.000 5	99.4	7.5	90.0	3.0
10.1	120	1 263	1 126	1.12	0.104 1	0.014 1	0.015 5	0.000 6	109.7	12.8	98.9	4.0
11.1	115	1 291	1 461	0.88	0.094 1	0.007 9	0.014 6	0.000 3	100.6	7.2	93.4	1.9
12.1	76	776	845	0.92	0.116 4	0.016 9	0.015 5	0.000 7	120.9	15.2	99.0	4.6
13.1	230	2 544	2 144	1.19	0.092 1	0.008 0	0.015 1	0.000 3	89.5	7.4	96.8	2.0
14.1	268	2 854	3 271	0.87	0.085 1	0.007 0	0.014 5	0.000 2	92.3	6.5	93.0	1.5
15.1	305	3 755	1 579	2.38	0.085 1	0.007 1	0.014 3	0.000 3	92.2	6.6	91.3	1.7

　　主量及微量元素分析在西南冶金地质测试院进行。其中,主元素含量用XRF方法测定,所用仪器为Axios X荧光光谱仪;微量元素分析所用的仪器为NexLON 300x,自激式射频发生器频率为40.68 HMz,主四极杆扫描速度不低于5000 amu/sec。

一、锆石U-Pb年龄

　　测定了盐湖地区花岗岩样品(包括3个闪长玢岩样品、1个石英闪长岩样品、2个闪长岩样品、1个花岗岩样品和1个花岗斑岩样品),用于分析花岗岩岩浆作用的时间。LA-ICP-MS锆石U-Pb年龄数据见表11-1。

　　闪长玢岩样品AK01中的锆石非常相似,具有半自形特征,长度为50~250 um,长/宽比在1:1-2:1之间。Th和U的浓度分别为242~2 215 ppm和220~2 811 ppm。Th/U的比值(0.63-2.56>0.1)表明它们是典型的岩浆成因锆石(Hoskin, 2003)。AK01-6.1、10.1、12.1和19.1测点$^{206}Pb/^{238}U$年龄为(518.3±6.2)Ma,(336.1±3.6)Ma,(764.5±9.4)Ma和(1 063.4±11.0)Ma。这些测点位于锆石中心,CL图像呈深色,无明显的振荡分区;结合半自形到自形的晶体形状,将其解释为继承锆石(图11-3a)。样品AK01锆石其他14个测点几乎一致,得到加权平均值$^{206}Pb/^{238}U$的年龄为(121.0±2.7)Ma(图11-2b)。

　　闪长玢岩ZK01的锆石具半自形到自形(图11-3),长度为50~300 μm,长/宽比在2:1和5:1之间;Th和U的浓度分别为218~1 041 ppm和347~1 423 ppm。Th/U比值(0.18-0.81,>0.1)表明它们是典型的岩浆锆石。ZK01-8.1和20.1测点的$^{206}Pb/^{238}U$年龄为(140.3±3.0)Ma、135.0±3.0 Ma。这些测点位于锆石中心,有放射性铅丢失,且ZK01受热液改造,故这些年龄可能受到变质流体的轻微影响(图11-2c)。ZK01其他18个测点几乎一致,得到$^{206}Pb/^{238}U$的加权平均值年龄为(116.6 ± 2.0)Ma(MSWD = 4.8)(图11-2d)。

　　闪长玢岩样品D0050中锆石为自形,长度为50~400 μm,长/宽比在1:1-6:1之间。Th和U的浓度分别为196~2 620 ppm和737~3 349 ppm。Th/U比值(0.13~1.20,>0.1)表明它们是典型的岩浆锆石。这16个分析点落在$^{207}Pb/^{235}U$-$^{206}Pb/^{238}U$谐和曲线图上,$^{206}Pb/^{238}U$加权平均年龄为(104.9±5.1)Ma(MSWD=17)(图11-2e)。

　　石英闪长岩样品D3658中的锆石为半自形,长度为50~200 μm,长/宽比在1:1~3:1之间。Th和U的浓度分别为474~4 085 ppm和716~2 469 ppm。Th/U比值(0.28~1.63,>0.1)表明它们是典型的岩浆锆石。这17个分析点分布在$^{207}Pb/^{235}U$-$^{206}Pb/^{238}U$图上,$^{206}Pb/^{238}U$加权平均值年龄为(116.0±3.9)Ma(MSWD=7.9)(图11-2f)。

　　花岗岩样品D1393中的锆石为半自形到自形状,长度为50~250 μm,长度/宽比在2:1~3:1之间。Th和U的浓度分别为430~3 858 ppm和442~1 504 ppm。Th/U比值(0.63~2.56,>0.1)表明它们是岩浆锆石。11个测点分布在$^{207}Pb/^{235}U$-$^{206}Pb/^{238}U$图上,$^{206}Pb/^{238}U$加权平均年龄为(105.4±3.8)Ma(MSWD=2.2)(图11-2g)。

　　花岗岩样品D3660中的锆石从半自形到自形,长度为50~200 μm,长/宽比在1:1~5:1之间。Th和U的浓度分别为367~2 553 ppm和480~2 288 ppm。Th/U比值(0.76~1.21,>0.1)表明它们是岩浆锆石。这11个分析点分布在$^{207}Pb/^{235}U$-$^{206}Pb/^{238}U$图上,$^{206}Pb/^{238}U$加权平均年龄为(104.2±4.3)Ma(MSWD = 5.5)(图11-2h)。

　　花岗岩样品D3093中的锆石为半自形到自形,长度为50~200 μm,长/宽比在1:1到4:1之间。Th和U的浓度分别为689~6 617 ppm和844~2 525 ppm。Th/U比值(0.59~3.63,>0.1)表明它们是岩浆锆石。在加权均值的计算中,将点D3093-2.1排除在外,其余14个分析点$^{206}Pb/^{238}U$加权平均年龄为(93.6±1.5)Ma(MSWD = 1.2)(图11-2j)。

　　花岗斑岩样品D3065中的锆石为自形晶,长度为100~200 μm,长/宽比在1:1~2:1之间。Th和U的浓度分别在 1 002~11 569 ppm 和 1 164~5 859 ppm 之间。Th/U 比率(0.71~2.95,>0.1),表明它们是岩浆锆石。12 个分析点几乎一致落在 $^{207}Pb/^{235}U-^{206}Pb/^{238}U$ 谐和图上,$^{206}Pb/^{238}U$ 加权平均年龄为 104.2±1.9 Ma(MSWD =4.3)(图 11-2i)。

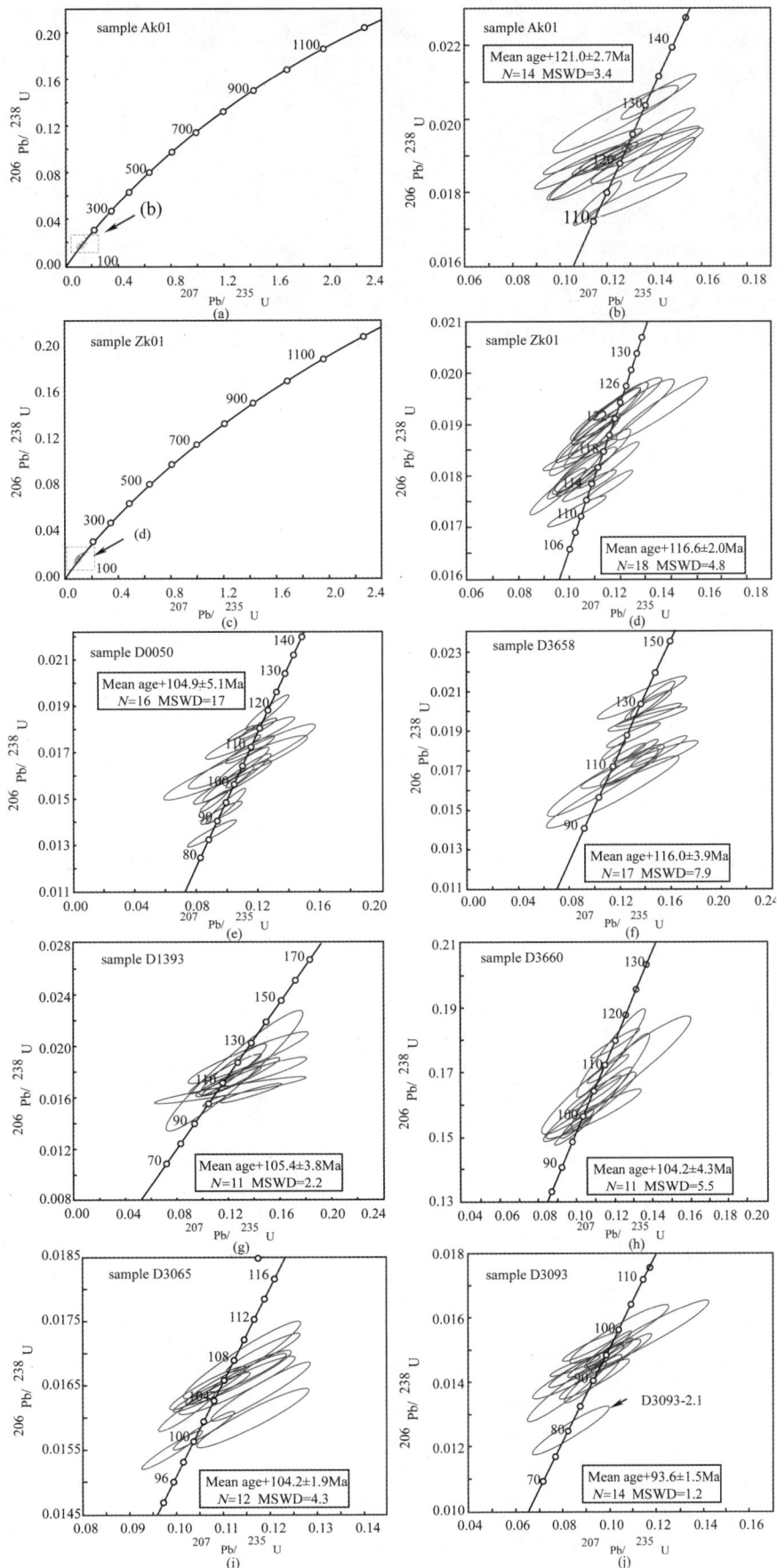

图 11-2　盐湖地区花岗岩锆石 U-Pb 年龄谐和图

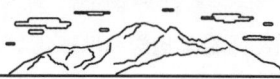

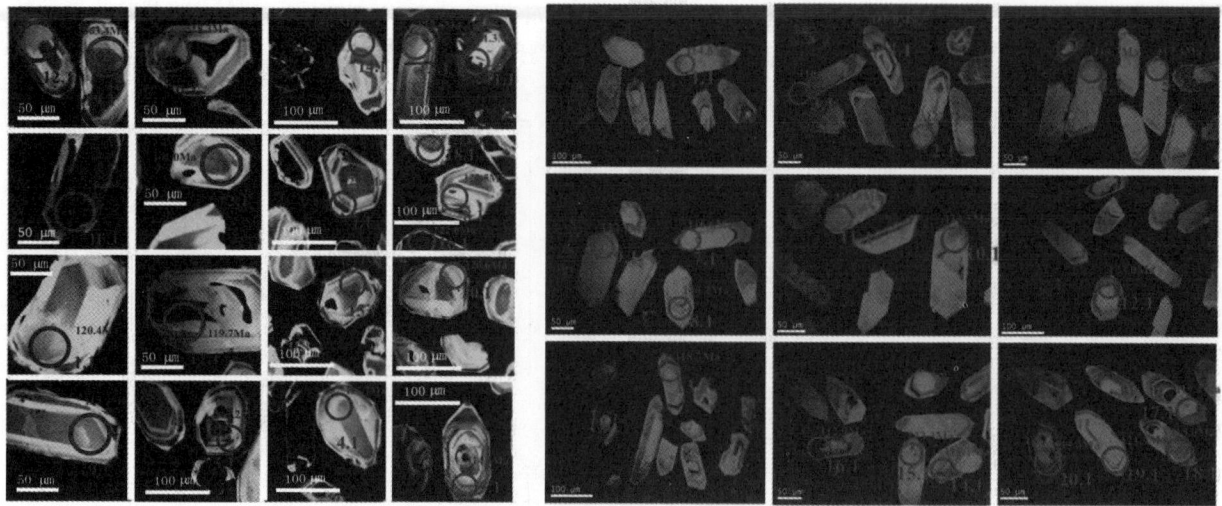

图11-3 闪长玢岩锆石特征及测点位置（样号AK01左；样号ZK01右）

在常量和微量元素方面，分析了花岗岩中8个样品（包括3个闪长玢岩样品、1个石英闪长岩样品、2个花岗闪长岩样品、1个花岗岩样品和1个花岗岩斑岩样品），数据如表11-2和图所示（图11-4、图11-5、图11-6）。

表11-2　盐湖岩体全岩地球化学数据

样品	AK01	ZK01	D3658	D1393	D3660	D3065	D0050	D3093
岩石类型	闪长玢岩	闪长玢岩	石英闪长岩	花岗岩	花岗岩	花岗斑岩	闪长玢岩	花岗岩
(wt%)								
SiO_2	59.43	61.70	58.58	70.80	65.31	76.98	56.57	73.90
TiO_2	0.90	0.69	0.51	0.34	0.62	0.10	0.81	0.21
Al_2O_3	17.90	16.19	16.37	14.24	15.85	12.20	17.29	13.22
TFe_2O_3	5.71	4.85	7.27	3.47	4.86	1.72	8.75	2.85
MnO	0.15	0.10	0.14	0.08	0.07	0.05	0.25	0.07
MgO	1.54	3.05	2.82	0.67	1.91	0.13	2.69	0.41
CaO	5.02	5.38	5.39	1.67	3.64	0.27	5.74	0.77
Na_2O	4.98	3.84	3.78	4.00	4.09	3.61	3.73	3.87
K_2O	2.96	2.06	2.97	4.37	2.68	4.71	2.77	4.37
P_2O_5	0.29	0.20	0.25	0.11	0.19	0.03	0.29	0.08
LOI	1.65	1.77	1.33	0.76	0.81	0.68	1.46	0.96
Total	100.53	99.83	99.41	100.51	100.03	100.48	100.35	100.71
A/CNK	0.87	0.88	0.85	0.99	0.98	1.06	0.88	1.06
DI	67.9	62.2	60.9	86.2	71.7	95.7	56.6	91.2
(ppm)								
Li	19.68	22.53	27.45	27.38	35.03	6.43	2.95	14.88
Be	1.29	1.34	1.39	1.96	1.39	2.48	0.12	2.63
Sc	9.52	10.37	15.17	3.33	8.24	2.87	1.10	3.53
V	126.20	109.70	193.66	33.06	94.90	6.99	8.45	17.98
Cr	6.58	8.25	10.11	4.90	15.96	3.60	9.06	6.31
Co	10.33	10.79	19.14	2.98	9.68	1.02	0.95	2.65
Ni	9.36	11.36	8.26	2.07	18.58	1.66	3.79	3.42
Cu	27.48	18.22	115.50	4.69	13.50	4.56	20.96	42.34
Zn	52.28	48.29	93.46	35.92	40.51	18.23	10.88	21.06
Ga	17.64	16.57	19.90	15.09	16.69	13.31	21.65	14.29
Rb	91.2	111.7	104.6	148.9	93.9	184.7	66.6	183.3
Sr	652.0	406.8	515.9	239.8	456.9	94.5	549.5	150.9
Y	27.17	19.66	16.07	27.16	18.47	12.74	23.45	24.88
Zr	228.1	188.5	184.5	201.9	129.8	80.0	151.5	120.2

表 11-2(续)

样品	AK01	ZK01	D3658	D1393	D3660	D3065	D0050	D3093
岩石类型	闪长玢岩	闪长玢岩	石英闪长岩	花岗岩	花岗岩	花岗斑岩	闪长玢岩	花岗岩
Nb	23.66	19.55	17.33	21.17	15.08	25.20	17.71	27.43
Ba	683.7	508.0	435.6	602.1	441.9	216.5	271.3	353.7
La	45.40	31.25	32.86	45.40	33.60	42.20	43.91	40.41
Ce	73.58	54.97	52.76	64.30	62.40	48.50	64.78	56.72
Pr	11.19	6.88	7.08	9.10	7.40	7.29	8.29	8.71
Nd	43.30	27.80	27.30	36.60	30.00	27.10	30.50	34.11
Sm	8.78	5.27	4.60	6.43	5.44	4.45	5.23	7.29
Eu	2.65	1.71	0.98	1.90	1.50	0.78	1.55	2.23
Gd	7.44	5.45	4.20	5.92	4.94	3.95	4.78	6.93
Tb	1.12	0.64	0.59	0.80	0.70	0.51	0.71	0.90
Dy	5.44	3.44	3.16	4.40	3.94	2.93	3.76	4.63
Ho	1.11	0.62	0.64	0.87	0.75	0.56	0.74	0.83
Er	2.85	1.85	1.95	2.52	2.25	1.60	2.21	2.35
Tm	0.39	0.24	0.30	0.35	0.33	0.21	0.32	0.29
Yb	2.93	1.68	1.78	2.45	2.17	1.56	2.31	1.97
Lu	0.48	0.24	0.24	0.40	0.33	0.25	0.36	0.27
Hf	6.64	5.12	5.14	5.91	3.61	2.96	3.91	4.06
Ta	3.26	2.26	1.84	1.81	1.70	3.27	1.58	3.54
Pb	10.31	13.37	30.33	15.55	11.90	14.02	10.46	32.72
Th	11.73	14.70	10.21	12.57	7.21	18.39	6.85	21.22
U	1.83	1.57	3.02	2.76	1.92	2.04	1.61	2.23

在 Q'-ANOR 图(图 11-4(a))及石英-二长花岗岩至碱性花岗岩的 SiO_2 vs. K_2O 图中(图 11-4(b)),可以将其定义为高钾花岗岩;在哈克图解的 Al_2O_3 vs. SiO_2(图 11-5(a))、TiO_2 vs. SiO_2(图 11-5(b))、Fe_2O_3 (total) vs. SiO_2(图 11-5(c))、MgO vs. SiO_2(图 11-5(d))及 P_2O_5 vs. SiO_2(图 11-5(e))中,它们与 SiO_2 含量的增加呈显著负相关。

在常量元素方面,花岗岩类的 SiO_2 为 56.57%~76.98%、Al_2O_3 为 12.20%~17. 90%、Na_2O 为 3.61%~4.98%、K_2O 为 2.06%~4.71%、CaO 为 0.27%~5.74%;A/CNK 比值在 0.85~1.06 之间,小于 1.1,结合它们的主要元素特征,表明它们是高钾 I 型花岗岩(图 11-4(b))。

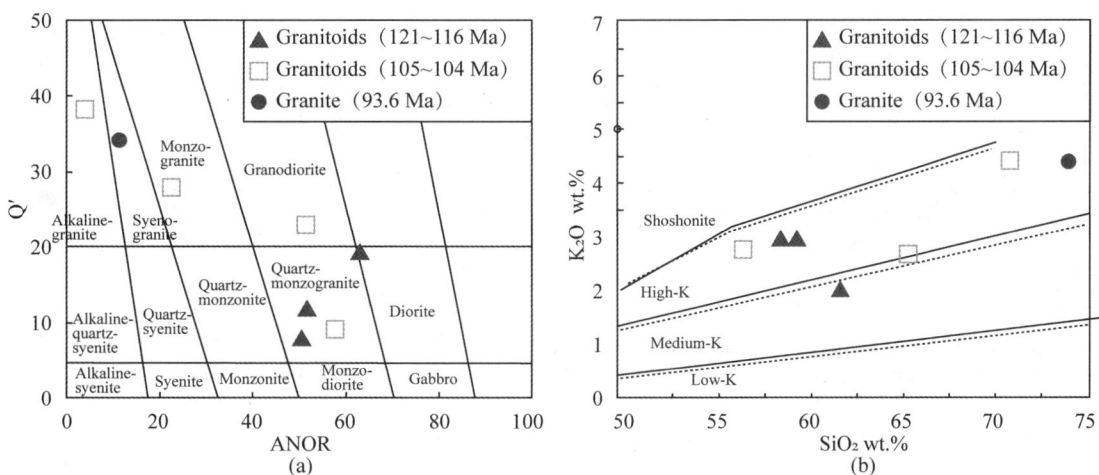

图 11-4 盐湖地区花岗岩相关地球化学图解

注:(a) ANOR vs Q' normative composition diagram (after Strecheisen A and Le Maitre RW 1979) for classification, ANOR=100×An/ (Or+An),

Q'=100×Q/ (Q+Or+Ab+An); (b) SiO_2 vs K_2O classification diagram of the granitoids from the Yanhu area (after Rickwood PC 1989).

球粒陨石标准化稀土元素配分图(图 11-6(a))显示稀土总量在 138.46~206.65 ppm 之间,显示明显的轻稀土元素富集,LREE/HREE 比值为 8.23~11.27。样品 D3658 和 D3065 表现出弱负 Eu 异常(δEu =0.56~0.67),但其他样品没有明显的 Eu 异常(δEu = 0.87~0.98)。

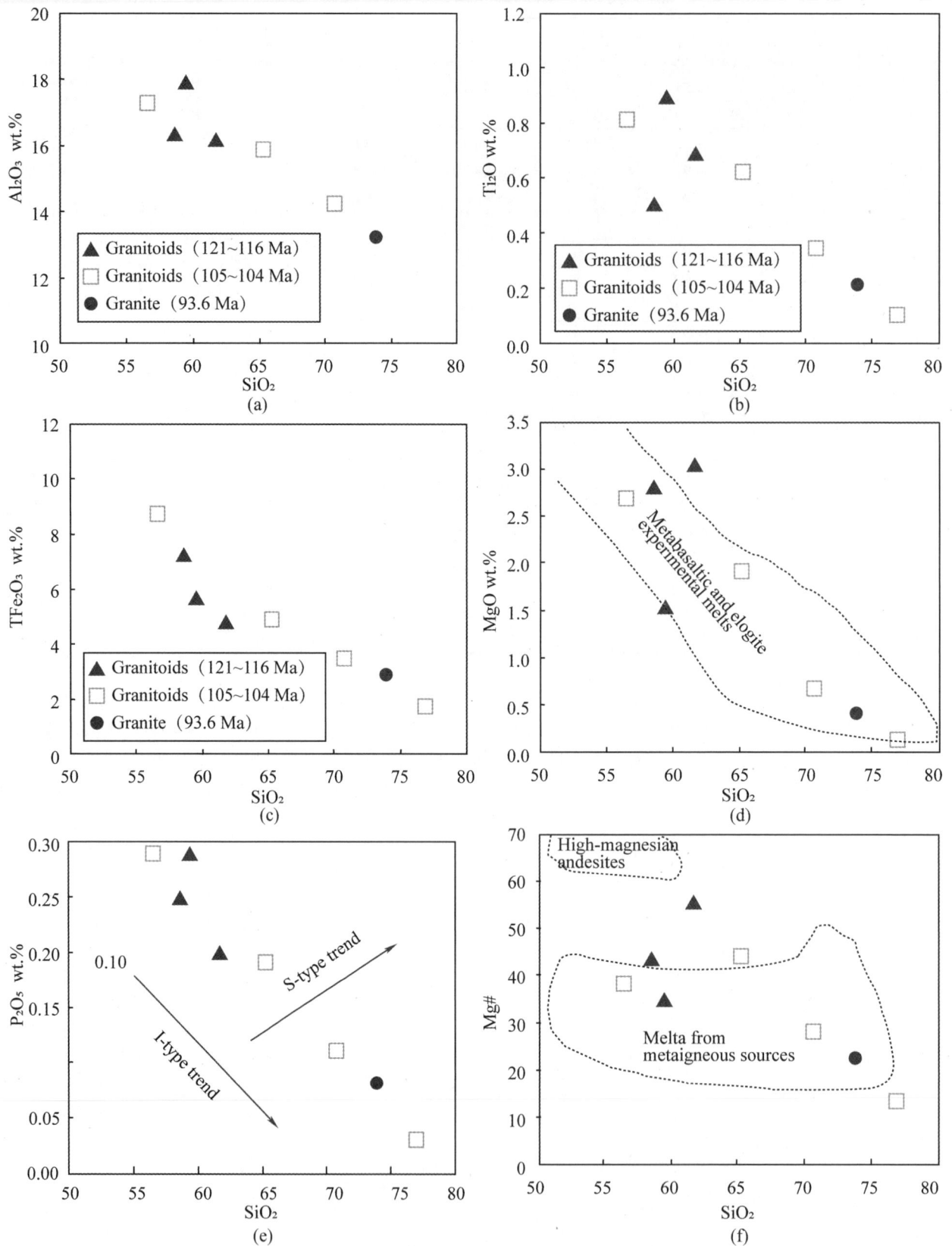

图11-5　盐湖花岗岩的哈克图解等

注:(d)中的虚线区域代表了前人实验熔体(Rapp,1995;Ye MF et al. 2007);(f)中的点状区域代表高镁质岩浆来源于变质的火成岩熔体区域(Mc-carron JJ,1998;Patiño Douce AE 1995;Wolf,1994)

微量元素原始地幔标准化蛛网图(图11-6(b))在LILE(大离子亲岩元素)如Rb、Th、U和K中富集,Pb正异常;HFSE(高场强元素)明显富集。P和Ti的负异常相对较明显,Nb、Ta和Zr略有负异常,Sr为94.5~652.0 ppm,Ba为216.5~683.7 ppm。

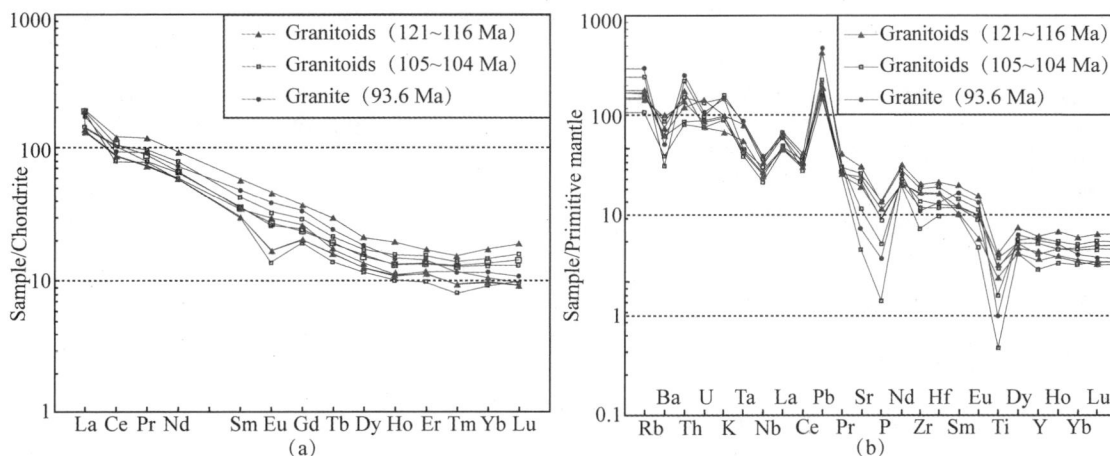

图11-6　盐湖花岗岩球粒陨石标准化和原始地幔标准化稀土模式配分图（Sun SS，1989）

二、讨论

根据盐湖地区花岗岩的锆石LA-ICP-MS U-Pb年龄结果,可以区分三组岩浆事件:第1组包括闪长玢岩样品AK01和ZK01和石英闪长岩样品D3658,锆石U-Pb年龄为121.0±2.7 Ma、116.6±2.0 Ma和116.0±3.9 Ma;第2组包括闪长岩D0050、花岗闪长岩D1393、花岗闪长岩D3660和花岗斑岩D3065样品,锆石年龄为104.9±2.0 Ma、105.4±3.8 Ma、104.2±1.9 Ma和104.2±1.9 Ma;第3组D3093样品锆石U-Pb年龄为93.6±1.5 Ma。第1组年龄121.0~116.0 Ma,第2组年龄104.2~105.4 Ma,均属于白垩纪早期,第3组年龄93.6 Ma属于白垩纪晚期。这些观测结果表明,盐湖花岗岩主要形成于早白垩纪末,盐湖地区特提雅洋向南俯冲时间至少持续了27.4 Ma。随着俯冲过程,岩浆岩逐渐由闪长玢岩(中性岩浆)演化为花岗岩(酸性岩浆),显示了班公湖-怒江缝合带西段白垩纪岩浆作用特点。

沿班公湖-怒江缝合带也发现了同时期的侵入岩。在盐湖地区以西约260 km的4个二长花岗岩样品(Bt-Hbl)中得到锆石U-Pb年龄为101.3~83.7 Ma(Liu等,2017);BNS中部3个花岗岩样品锆石U-Pb年龄为113.7~109.6 Ma(Qu等,2012);盐湖以东约700 km的6个东巧花岗岩样品得到锆石U-Pb年龄为117.5~102.1 Ma(Liu等,2017);在盐湖地区东部约850 km的安多4个黑云母花岗岩和2个白云母花岗岩样品中,锆石U-Pb年龄为122.4~112.8 Ma(Liu等,2017)。此外,沿着班公湖-怒江缝合带也发现了同时期的喷出岩。在盐湖地区东部约270 km的去申拉组流纹岩样品得到锆石U-Pb年龄为103.0~107.2 Ma(吴浩等,2013);在盐湖地区东部约810 km的4个火山岩样品中,锆石U-Pb年龄为102.6~96.1 Ma(Li等,2015)。总的来说,我们的锆石LA-ICP MS U-Pb年龄与最近的高质量的班公湖-怒江缝合带白垩纪岩浆作用的地质年代一致,即属于拉萨地体中北部早白垩纪110 Ma作用的岩浆事件的一部分(Zhu等,2009a;Sui等,2013)。

在岩石的成因方面,花岗岩可分为I型、S型和A型(吴福元等,2007;Bonin,2007)。角闪石、董青石和碱性矿物是区分I型、S型和A型花岗岩的重要标志。盐湖地区的大部分花岗岩中含有角闪石(花岗岩或花岗斑岩除外),表现出低SiO_2(56.57%~70.80%),低A/CNK比值(A/CNK=0.85~1.06,<1.1),HREE显著负异常和强的LREE/HREE分馏特征(LREE/HREE=8.23~11.27)。这些都符合I型花岗岩的特征。$Na_2O + K_2O$,Ce,Zn,和Zr vs10000*Ga/Al鉴别图可以有效地将I型和S型花岗岩从A型花岗岩中分离出来(Whalen J,1987)。所有的花岗岩类的投点在I型和S型区域(图11-7(a)(b)(c)(d))。Collins等(1982)指出,Ce vs SiO_2鉴别图可以区分I型和A型花岗岩。所有花岗岩样投点在I型区域(图11-8(a))。在P_2O_5 vs SiO_2(图11-5(g)),Th vs Rb(图11-8(b)),Th vs SiO_2(图11-8(c))和Pb vs SiO_2(图11-8(d)),也显示了I型花岗岩的趋势(Li X H et al.,2007;Chappell B W and White A J R,1992)。因此,盐湖地区的花岗岩属于I型花岗岩。

盐湖花岗岩的MgO含量与基性角闪岩实验流体的SiO_2含量相似,这表明它们的岩石成因与玄武岩有关(Rapp R P and Watson EB,1995;Ye M F等,2007)(图11-5(d))。在Mg# vs SiO_2图中(图11-5(f)),大多数花岗岩样样品来源于变质的火成岩熔体区域(McCarron等,1998;Patiño Douce A E,1995;Wolf等,1994)。在A/MF vs C/MF图(图11-9(d)),大部分的花岗岩样品来源于部分熔体区域的变英云闪长岩(Alther等,2000)。考虑到盐湖花岗岩中继承锆石的存在(图11-2(a)),认为盐湖花岗岩的母岩浆可能是下地壳中产生的变质的镁铁质火成岩岩浆和幔源岩浆的混合物,一些与岛弧相关的物质也可能参与了这一过程。

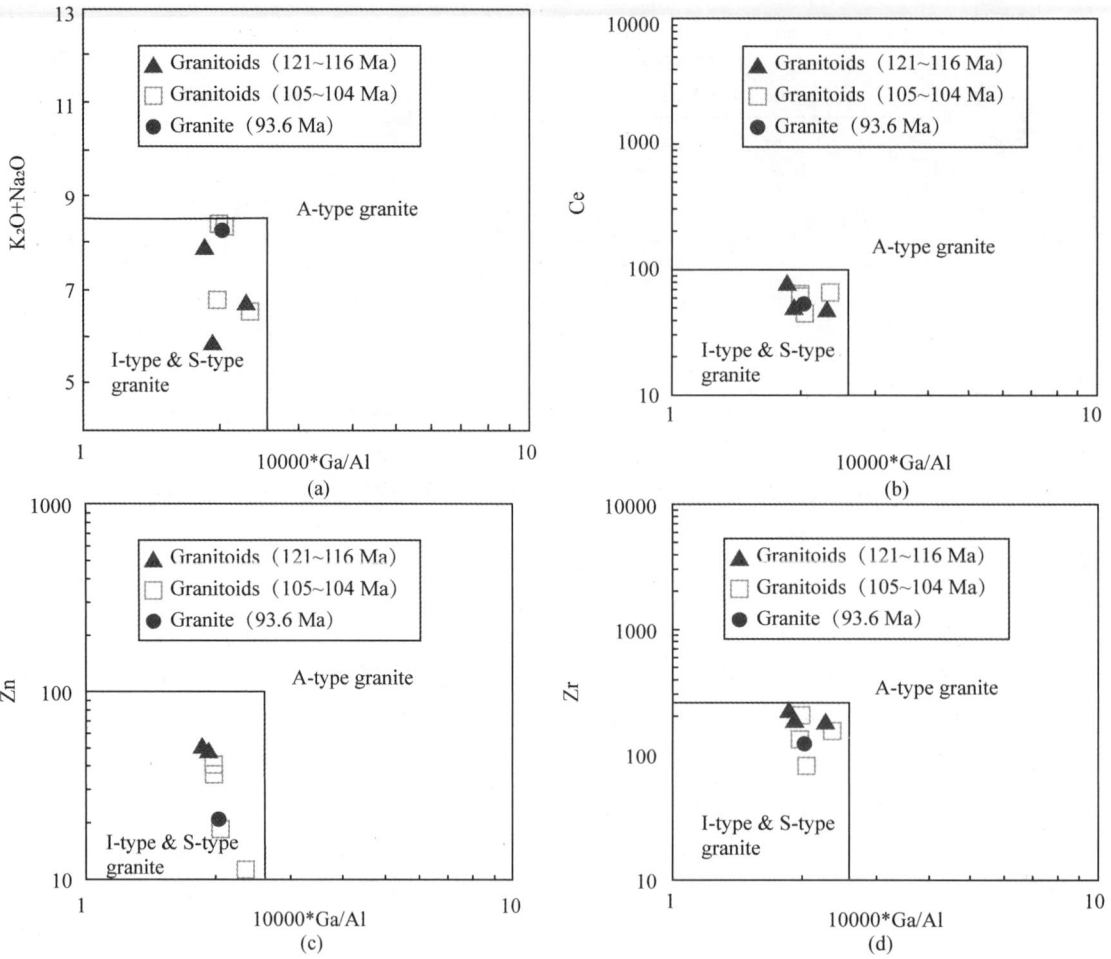

图11-7 盐湖地区 I、S 型花岗岩图解 (after Whalen JB et al 1987).

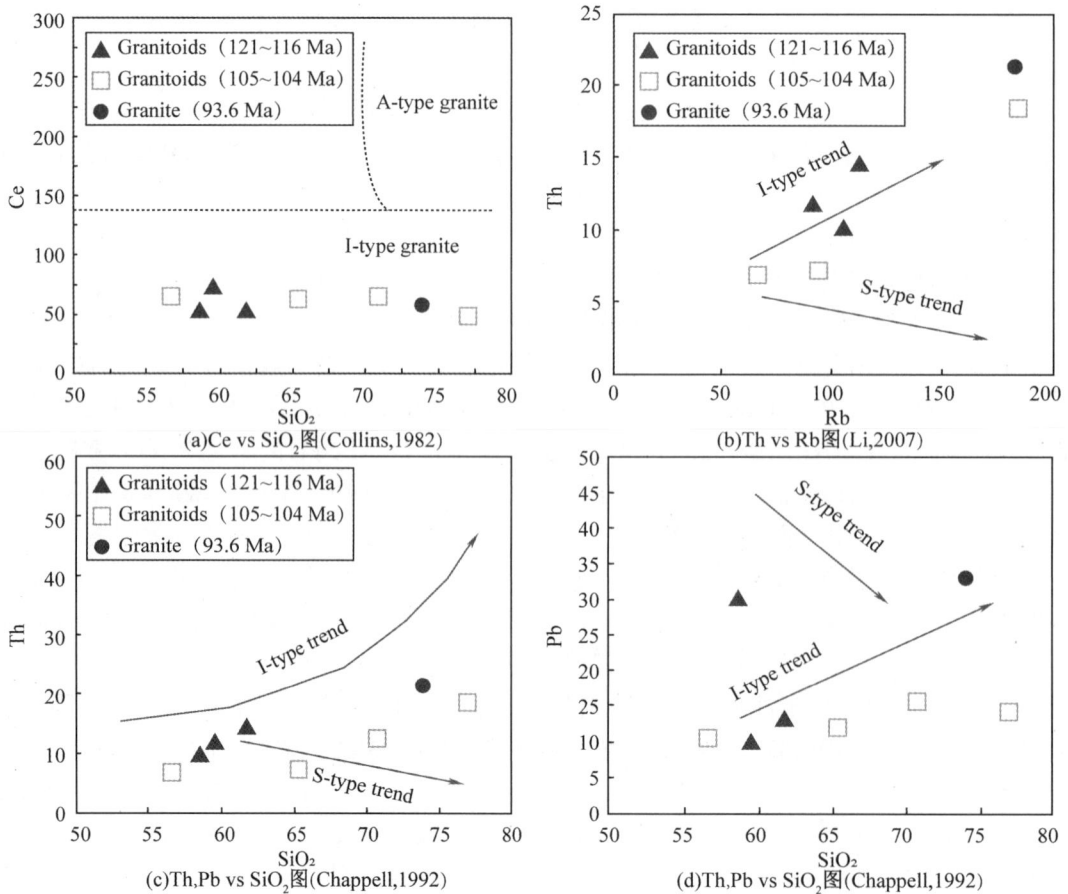

图11-8 花岗岩类型判别图

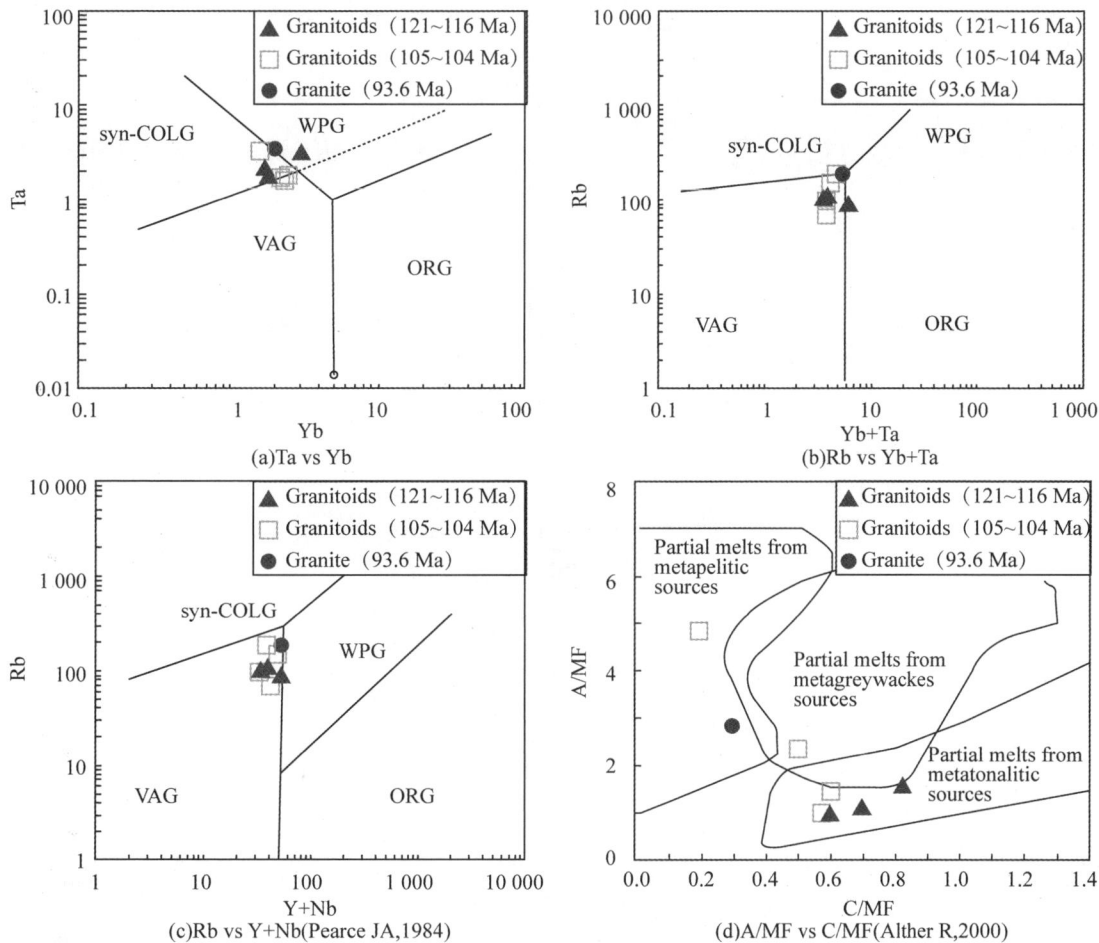

图 11-9　构造背景判别图

　　已经提出了四种模型来解释 I 型花岗岩的构造环境：(1)造山后期岩石圈拆沉作用形成的玄武岩岩浆底侵作用(Chen 等，2000)；(2)造山后岩浆作用(Wu 等，2003a，b)；(3)非造山环境下的大陆地壳下俯冲板片的断离产生的岩浆作用(Li 等，2007)；(4)俯冲洋壳(Zhu 等，2009b)。二叠纪至早白垩纪期间(Zhang，2012)，特提斯洋岩石圈向南俯冲至拉萨地块之下(Hsu 等，1995；潘桂棠等，2006；Zhu 等，2013)。此外，盐湖去申拉组火山岩广泛存在，说明盐湖地区 103.0~107.2 Ma 的构造环境可能仍然是特提斯洋向南俯冲产生的岛弧环境(Wu，2013)。

　　在 Ta vs Y，Rb vs Ta+Yb 和 Rb vs Y+Nb 图中(图 11-10(a)(b)(c))，所有样品均落在 VAG 和 syn-COLG 区域(WPG 中的一个样品除外)。考虑到盐湖花岗岩的 I 型特征和岛弧相关的地球化学特征，认为盐湖花岗岩的形成环境可能与火山弧和弧-陆碰撞环境有关。

　　一般认为，班公湖-怒江特提斯洋在中二叠世晚期向南俯冲到拉萨地体，随后在晚白垩世之前，拉萨地体和羌塘地体发生了碰撞(Zhu 等，2011)。因此，在解释盐湖花岗岩的成因时，必须考虑到俯冲构造环境。根据矿物学、岩石学、地球化学、地球年代学以及羌塘和拉萨地体的演化，提出的合理模型如下：(1)闪长玢岩和石英闪长岩岩浆作用可能与班公湖-怒江洋的俯冲有关(图 11-10(a)；图 11-11)；(2)113 Ma 的班公湖-怒江缝合带的岩浆活动是俯冲板片的断离引起的地幔熔融事件所引起(Zhu，2015)。考虑到羌塘与拉萨陆块之间由东到西的碰撞过程(Fan 等，2013 年)，班公湖-怒江缝合带西部盐湖区闪长玢岩、闪长岩和花岗斑岩的岩浆作用可能与板片断离引起的软流圈上升有关(图 11-10(b))；(3)由于 90 Ma 拉萨-羌塘地体的最终合并(Wang，2014年)，认为 93.6 Ma 盐湖花岗岩可能与碰撞引起的地壳增厚有关(图 11-10(c))。

(a) 121.0~116.0 Ma

(b) 104.2~105.4 Ma

(c) 93.6 Ma

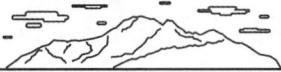

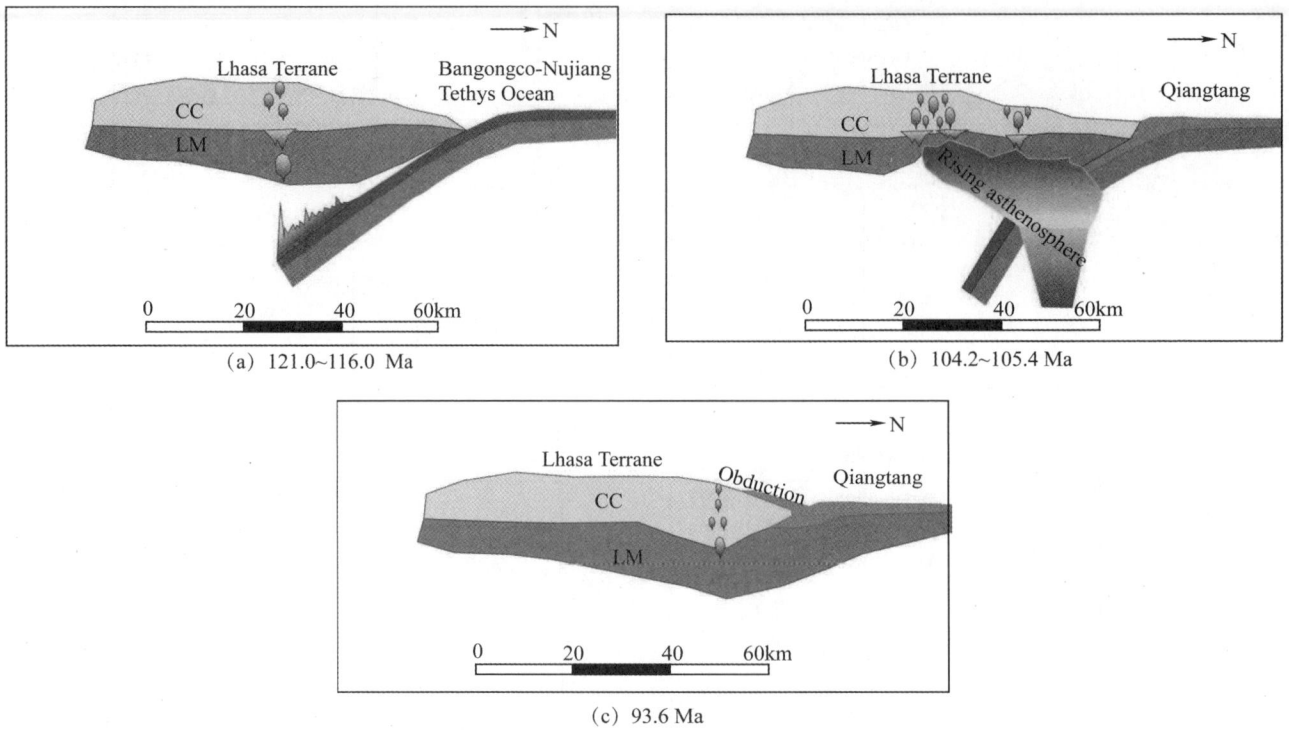

图11-10 班公湖-怒江缝合带盐湖地区构造模式图（121.0~93.6 Ma）

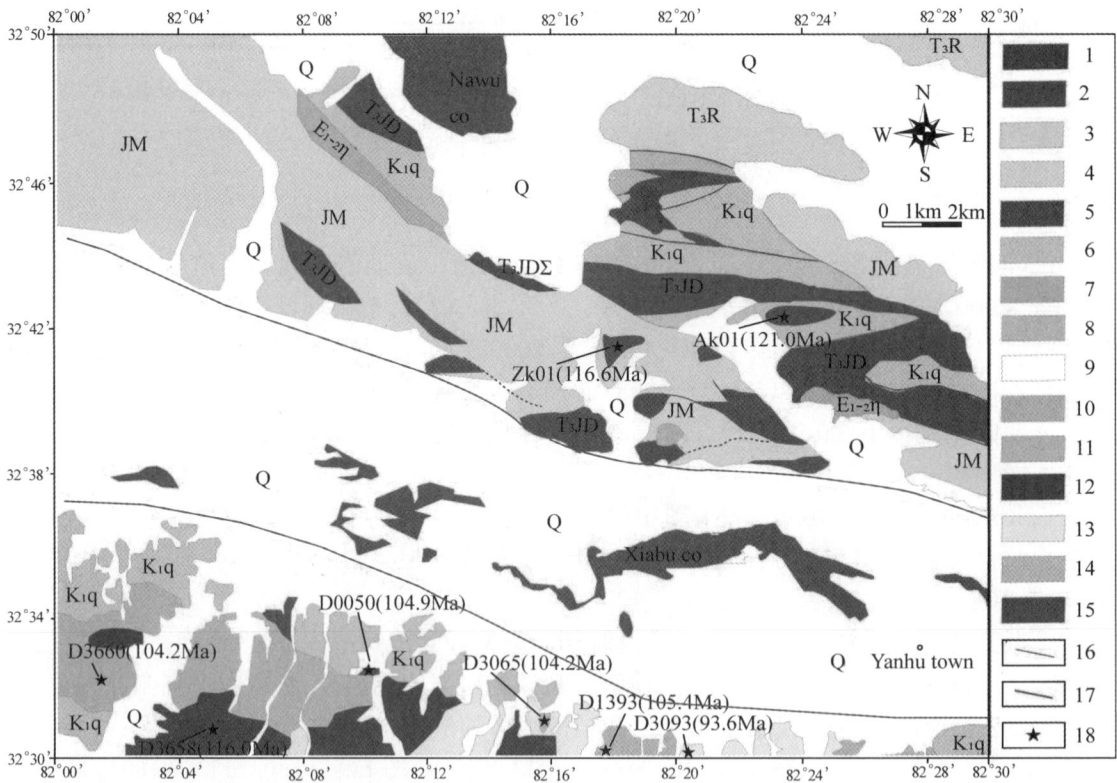

1—镁铁-超镁铁质岩；2—东巧蛇绿岩；3—日干配错群（T₃r）；4—木岗嘎日群（JM）；5—闪长玢岩；6—去申拉火山群（K₁q）；7—牛堡组；8—竟柱山组（K₂j）；9—第四系（Q）；10—花岗闪长岩；11—花岗闪长玢岩；12—石英闪长岩；13.花岗岩；14—花岗斑岩；15—湖泊；16—主断层；17—次生断层；18—样品位置和锆石U-Pb年龄分布点。

图11-11 西藏盐湖地区地质简图

三、结论

1. 盐湖花岗岩锆石LA-ICP-MS U-Pb年代分布在121.0 Ma~93.6 Ma之间，反映了班公湖-怒江缝合线西段的白垩纪岩浆作用。

2. 盐湖花岗岩的岩石地球化学特征表现为富集 LREE（轻稀土）、LILE（大离子亲岩元素）如 Rb、Th、U、Pb、K；HREE（重稀土）及 P、Ti、Nb、Ta、Zr 亏损，这些特征是典型的高钾 I 型花岗岩。

3. 盐湖花岗岩可能与特提斯洋向南俯冲有关，形成于 VAG 和 syn-COLG 构造环境中。

4. 121.0 Ma~116.0 Ma 的闪长玢岩和石英闪长岩的岩浆作用可能与班公湖-怒江特提斯洋壳向南俯冲有关。105.4 Ma~104.2 Ma 闪长玢岩、花岗闪长岩和花岗岩的岩浆作用来自可能与板片断离引起的软流圈上升有关。93.6 Ma 的花岗质岩浆作用可能与拉萨和羌塘地体的最终合并引起的地壳增厚有关。

第十二章　改则盆地查哥隆早白垩世火山岩研究

　　班公湖-怒江结合带是青藏高原内部近 E-W 向延伸,且分布范围较大的缝合带,处于拉萨地块与羌塘地块南部的结合部位。对于班公湖-怒江缝合带及周边的演化过程属于研究热点,但目前一些基础地质问题仍需要深入探讨。例如,对于洋盆的俯冲极性还没有统一的认识,但诸多学者认为班公湖-怒江洋盆的俯冲作用导致缝合带附近发育诸多岩浆岩体(朱弟成等,2006);洋盆的闭合时间也仍存在分歧(西藏自治区区调队,西藏 1:100 万改则幅地质调查报告,1986;潘桂堂等,2004;张玉修等,2007;Zhu,2011)。解决这些问题需要对基础地质的进一步研究。

　　改则盆地位于由于恶劣的自然条件,地质研究程度不高。在大地构造位置上,改则盆地位于班公湖-怒江缝合带的中西段,是早期 E-W 向构造薄弱带和 E-W 向褶皱隆起带的区域性表壳伸展作用下形成的。它是新特提斯洋闭合后陆陆碰撞造山形成的山间盆地,主要受班-怒带南侧的 E-W 向断裂控制,北侧为康托-仲岗断裂带,南侧为改则-洞措南断裂带。改则盆地的沉积时代为渐新世、中新世及上新世,沉积地层主要是古近系纳丁措组、美苏组和古近系—新近系的康托组及第四系的河流-湖泊沉积。

　　班公湖-怒江缝合带改则查哥隆火山岩在前期被认为是一套中性-中基性的火山岩,属于新生代纳丁错组(西藏自治区区调队,1986;西藏自治区区调队,2006)。Zhang 等在地质调查中对查哥隆火山岩定年结果表明其形成于早白垩世(Zhang Y X et al.,2017),应属早白垩世去申拉组。Liu 对研究区安山岩的锆石测年结果(122~124 Ma)也证明了查哥隆火山岩的形成时间为早白垩世(Liu S et al.,2012)。目前,有的认为班公湖-怒江洋是向北俯冲并逐渐消亡(Ding L et al.,2003;Zhang Y X et al.,2007;Zhang K J et al.,2014),有的认为该洋盆是向 S 或 S-N 双向俯冲(莫宣学等,2006;朱弟成等,2008;康志强等,2009;康志强等,2010;耿全如,2011;杜德道,2011;刘伟,2012)。目前,班公湖-怒江缝合带附近的白垩系火成岩的研究多集中于缝合带的南侧(陈玉禄等,2002;朱弟成等,2008;康志强等,2010;刘伟,2012;吴浩等,2013;Sui Q L,2013),但对缝合带北侧的白垩纪火山岩研究较少(常青松等,2012;李伟等,2012)。因此,班公湖-怒江缝合带北侧的查哥隆火山岩对深入认识缝合带的演化有重要意义。

第一节　地　质　概　况

　　班公湖-怒江蛇绿岩带内及羌塘地体南缘分布有一系列中生代地层,如以灰岩、泥灰岩为特征的上三叠统日干配错组(T_3r);班公湖-怒江地层区出露有巫嘎组(T_3w);以砂板岩为特征的侏罗系色哇组($J_{1-2}sw$)及捷布曲组(J_2j)地层常出现于南羌塘地体;班公湖-怒江蛇绿岩带内出露侏罗系主要为木嘎岗日岩组(Jm)及沙木罗组(J_3K_1s)地层,而出露的白垩系主要有去申拉组(K_1q)及竞柱山组(K_2j)。此外,羌南地体可划分为阿木岗隆起和日干配错前陆盆地等;班公错-怒江缝合带可分为南、北二个亚带。研究区内新生代构造盆地比较发育,由于受印度板块和欧亚板块构造动力作用及大陆内部块体活动差异性控制,形成以伸展断陷和走滑拉分为主要特征的沉积盆地;其中,改则-康托盆地是藏北中生代晚期隆起带上的裂陷盆地群中规模较大的盆地之一(西藏地调院,2006),研究区就位于该盆地附近,发现的基性火山岩受南部一逆断层控制。

　　区内主要发育中生代晚期岩浆作用和新生代早期岩浆作用,后者岩浆作用较弱;中生代多形成深成侵入岩体和具有火山弧特征的钙碱性火山岩,而新生代岩浆作用则形成了少量碱性岩、玄武岩和安山岩等。

　　查哥隆火山岩位于改则县北东约 30 km 处的羌塘地体南缘,位于班公湖-怒江缝合带北侧,总体上应属于藏北(羌南)火山岩带,整体呈近 E-W 向间断分布。区域上出露的地层有日干配错组(T_3r)、色哇组($J_{1-2}s$)、仲岗洋岛岩组(Mz)等,主要分布于研究区的北部和西南部。色哇组($J_{1-2}s$)一段可见砂质板岩,仲岗洋岛岩组(Mz)上段为橄榄玄武岩,其余岩性段多以灰岩、砂岩为主。白垩系去申拉组位于查哥隆西部康托盆地东侧(图12-1),可分为四段,一段主体为玄武岩,二段以泥质砂岩、细砾岩为主,三段为灰岩夹砂岩,四段主体为碎屑岩,局部夹泥灰岩,粒度由下至上逐渐变粗。本研究的玄武岩及安山岩样品即采自去申拉组一段(K_1q^l)(图12-2),其中玄武岩具流动构造,气孔较发育,斑状结构,斑晶基质均以拉长石为主,此外,可见自形的粒度在0.5~1 mm之间的橄榄石不均一散布于岩石孔隙间(图12-3),可被蚀变成绿泥石。安山岩样品数量较少,亦为斑状结构,斑晶以斜长石为主,可见黑云母,基质主要为中长石,间隙充填绿泥石,可见白云石、褐铁矿等,偶见锆石等副矿物。此外,新生代新近系康托组和第四系也有出露。

陆相盆地内出露的熔岩流覆盖面积约60 km²,表层所见的构造形迹以东西或近东西向的纬向构造为主,产状被贯穿整个盆地的断层所控制。火山岩不整合覆盖于晚三叠世日干配错组(T_3r)及早-中侏罗世色哇组($J_{1-2}sw$)、中侏罗世捷布曲组(J_2j)之上。

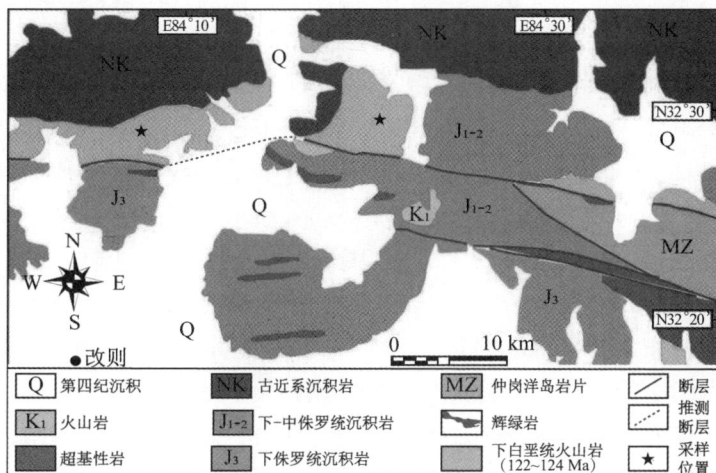

图12-1　南羌塘改则研究区火山岩分布地质图（Liu，2011）

先前的研究常将查哥隆火山岩归于纳丁错组。纳丁错组的创名地位于研究区东侧的纳丁错地区,岩石组合为一套中基性、中性火山岩。刘建峰(2009)对南羌塘地区的走构油茶错和纳丁错出露的火山岩进行同位素年代学研究,获得时代为34~35 Ma;谢元和(2008)对南羌塘陆块北缘毕洛错地区古近纪纳丁错组火山岩进行的K-Ar同位素年龄测定,获得年龄为32.60 Ma;丁林(1999)获得的藏北拉嘎拉钠质碱性橄榄玄武岩全岩K-Ar年龄为59.18±2.08 Ma。改则查哥隆地区火山岩之前也被认为属于南羌塘地块的新生代火山岩,而最新的1:5万改则幅区域地质调查获得的改则查哥隆火山岩的锆石U-Pb同位素测年发现,其形成年龄明显早于新生代火山岩,应属于早白垩世(最新年龄为122 Ma)。此外,Liu(2011)对其进行安山岩中锆石U-Pb同位素测年获得122.4±0.4 Ma~124.4±0.4 Ma。因此,断定该地层时代为早白垩世因此,断定该地层时代为早白垩世。

该火山岩接触的地层包括侏罗系(J_{1-3})的石英砂岩、灰岩、砾岩、钙质石英灰岩及板岩、火山角砾岩、安山岩、凝灰岩及英安岩等;下白垩统(K_1)的灰岩、砂岩、砾岩、钙质页岩及火山岩等;康托组(NK)的紫红色砾岩、玄武安山岩、安山岩、流纹岩及英安岩等;第四系(Q)的砂岩、砾岩及石英砂岩等。而一些侏罗系辉绿岩穿插于火山岩中,整体呈近东西向展布。

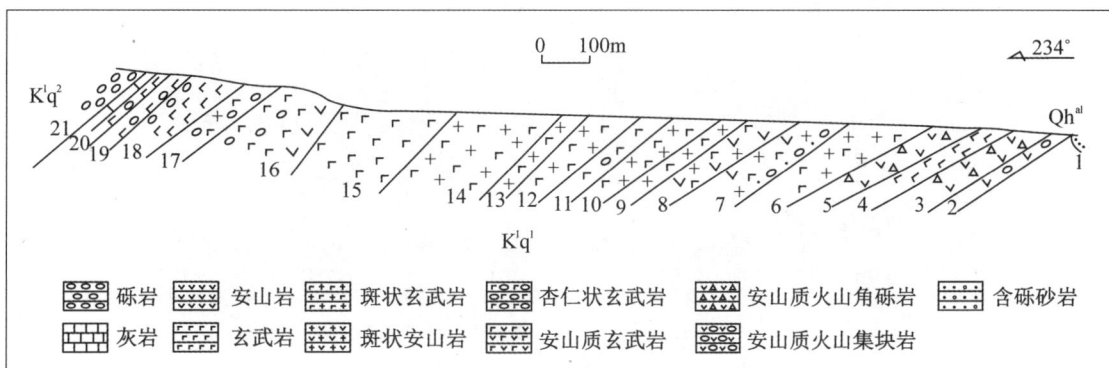

图12-2　西藏改则查格隆地区去申拉组火山岩剖面

第二节　岩石学特征

研究区内的岩石类型可划分为火山碎屑岩类及火山熔岩类,主要为一套基性-中酸性的钙碱性火山岩系。在火山碎屑岩类方面,主要为中性岩屑晶屑凝灰火山角砾岩,在矿物成分上,火山碎屑中更长石、正长石晶屑分别占35%、10%,多呈棱角状、次棱角状;蚀变暗色矿物晶屑占5%,多呈自形粒状;在充填物及胶结物中,微-霏细长石集合体占12%,褐铁矿等金属矿物占4%,方解石及磷灰石分别占3%、1%左右。总体上属于岩屑晶屑凝灰火山角砾结构,更长石晶屑、正长石晶屑、蚀变暗色矿物晶屑的粒度在1~6 mm之间;中性火山岩屑由微-霏细状长石集合体及褐铁矿等矿物充填胶结组成,褐铁矿可能为次生淋滤产物,岩屑多呈不规则形状,少数呈交织结构。

火山熔岩类方面,主要以(橄榄)玄武岩为主(图12-3),由斑晶、基质和气孔等组成。其中斑晶粒径由一般由在2~8 mm之间的拉长石组成,占35%;而基质中拉长石呈条状无规则分布,其中间隙充填分布有普通辉石、褐铁矿等矿物,呈次辉绿结构,可见自形的粒度在0.5~1 mm之间的橄榄石以不均匀星点状分布于岩石或拉长石板条间隙之中,常蚀变为绿泥石等;气孔直径在0.5~3 mm之间,充填有方解石、石英等。总体具有斑状结构,基质具有间隐结构,有气孔构造出现。其中,基质中拉长石占35%,褐铁矿占5%,蚀变暗色矿物(橄榄石、辉石)占15%,气孔占10%左右。此外,还有安山岩,岩石常接受蚀变,原生矿物常蚀变分解;岩石由斑晶和基质两部分组成,斑晶由粒径一般在1~5 mm之间的环带中长石和拉长石组成,约占30%,并含有次闪石化暗色矿物,约占7%;基质部分由细小的中长石微粒无规则的分布,约占55%,其间隙充填绿泥石(约10%)、白云石、褐铁矿呈交织结,并有金属矿物不均匀呈散乱分布。总之,安山岩总体呈斑状结构,基质为交织结构;存在普通辉石和斜方辉石(10%~25%;1~6 mm),以及角闪石(2~6 mm)和少量黑云母;基质由细粒斜长石矿物(0.06~0.1 mm)、辉石、绿泥石及玻璃质组成;副矿物有锆石、磷灰石及磁铁矿等。

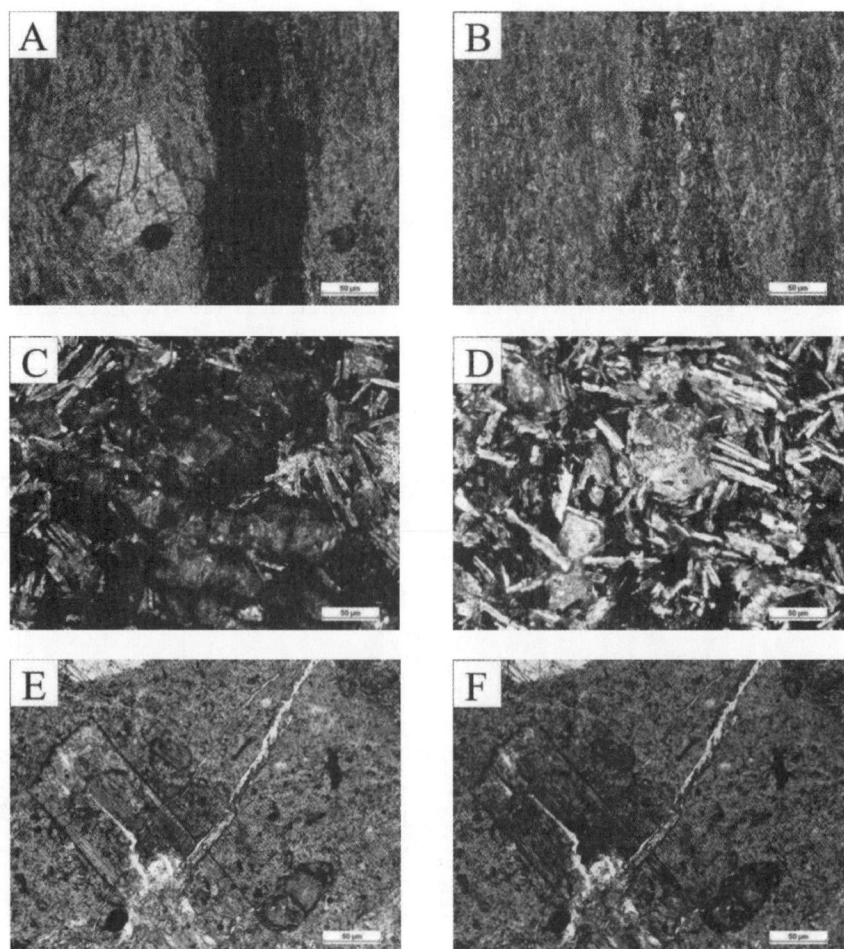

A,B—P06-2b1,粗面岩;C,D—橄榄玄武岩,P06-4b1;E,F—火山角砾岩,P06-16b1。

图12-3　查哥隆火山岩系列显微特征

第三节　地球化学特征

一、主量元素地球化学

查哥隆玄武岩样品 SiO_2 比例在 46.38%~49.82% 之间变化, 平均为 47.82%; Na_2O/K_2O 值介于 1.80~8.00 之间, K_2O+Na_2O 值介于 4.34%~8.28% 之间, 平均为 5.25%, 主量元素 CaO 为 7.87%~12.43%, MgO 为 1.61%~6.13%, Al_2O_3 为 13.88%~17.02% (表 12-1)。

安山岩类样品的 SiO_2 在 50.99%-56.16% 之间变化, 平均为 53.39%, Na_2O 的含量多大于 K_2O, Na_2O/K_2O 介于 3.4~9.2 之间; K_2O+Na_2O 值介于 3.6%~4.85% 之间, 平均含量为 4.09%, CaO 介于 6.16%~10.51%, MgO 变化于 1.95%~3.62%, Al_2O_3 平均为 16.16%。

表 12-1　查哥隆火山岩主量元素分析结果（%）

样品编号	P05-13b1	P05-14b2	P05-2b3	P05-3b3	P05-8b2	P06-9b1	P05-15b1	P05-17b1	P05-18b1	P05-7b2	P06-1b1
岩性	玄武岩	玄武岩	玄武岩	玄武岩	玄武岩	玄武岩	安山岩	安山岩	安山岩	安山岩	安山岩
SiO_2	49.65	49.82	47.22	47.08	46.79	46.38	50.99	51.86	56.16	55.24	52.72
Al_2O_3	16.45	17.02	13.88	14.26	16.31	14.01	16.97	16.16	15.64	16.17	15.88
FeO	3.23	3.18	0.33	0.06	4.87	0.19	1.31	1.34	1.39	3.5	1.67
Fe_2O_3	6.75	5.25	9.47	9.98	4.2	8.6	6.89	7.74	5.21	4.82	6.44
MgO	2.69	4.61	6.13	5.15	3.24	1.61	2.61	2.79	2.21	3.62	1.95
CaO	7.87	8.79	10.89	10.73	11.86	12.43	9.43	9.37	7.84	6.16	10.51
Na_2O	4.38	3.54	2.87	3.28	3.7	7.36	3.65	3.41	3.75	3.2	3.12
K_2O	0.91	0.8	1.54	1.54	0.67	0.92	0.81	0.37	1.1	0.4	0.66
MnO	0.11	0.09	0.19	0.13	0.14	0.1	0.08	0.1	0.09	0.08	0.08
P_2O_5	0.81	0.32	0.9	0.86	0.66	0.83	0.59	0.33	0.42	0.37	0.44
TiO_2	2.12	1.24	1.94	1.82	1.46	1.96	1.49	1.5	1.21	1.37	1.27
LOI	4.27	4.75	4.9	4.5	4.91	4.72	4.49	4.46	4.54	4.73	4.89
Total	99.24	99.41	99.43	99.39	99.5	99.25	99.31	99.43	99.56	99.66	99.63

从玄武到安山岩, 氧化物的比例也伴随 SiO_2 含量发生变化, 如 CaO、Al_2O_3、MgO 及 K_2O+Na_2O 的比例随 SiO_2 比例的升高而降低 (图 12-4)。玄武岩与玄武安山岩中 Na_2O 平均含量减去 2 之后, 仍大于 K_2O, 表明其当属 Na 质序列。图 12-5 中, 所采样品投点大都落于低-中钾玄武质岩石系列内, 只有少数投点落于低钾拉斑玄武岩系列。因此, 查哥隆火山岩整体上以低-中钾钙碱性岩石为主, 少数可能属于低钾拉斑型系列。

图 12-4 显示, 大部分主量元素 (MgO、Fe_2O_3 等) 随着 SiO_2 比例的升高而降低。图 12-6 显示 Cr、Ni 等元素的含量随 SiO_2 的比例的增加而降低, 显示橄榄石、单斜辉石、角闪石、斜长石等矿物的结晶分异作用在早期岩浆演化过程中发挥了作用, 与斑状结构相一致。K_2O、Ba、Rb、Sr 与 SiO_2 呈弱相关关系, SiO_2 与 Zr 的相关性差。镜下观察, 可见样品中存在少量粒状的磷灰石、钛铁矿等副矿物; P_2O_5、TiO_2 与 SiO_2 的协变关系表现为 SiO_2 比例升高则两者降低 (图 12-4), 可能与富含 P 和 Ti 的副矿物在后期的结晶演化中发生分离作用有关, Nb、Ta、Ti 元素的亏损证明这一点; MgO 和 Fe_2O_3 及 CaO 之间存在正相关, 表明研究区火山岩很可能是由玄武质母岩浆经历橄榄石、辉石和角闪石的分离结晶形成的。可见, 结晶分异作用可能出现在安山质岩浆和玄武质岩浆喷出到地表的阶段。

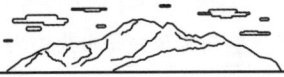

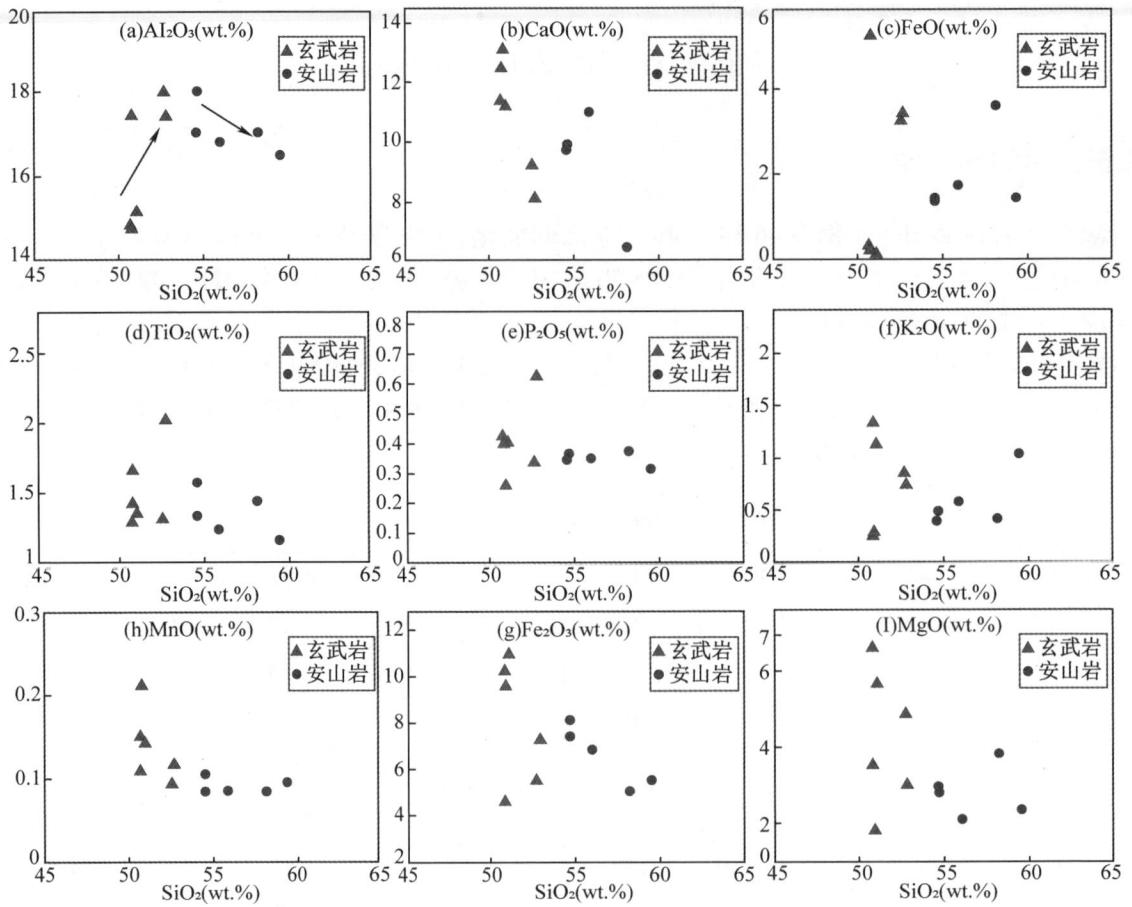

图12-4 查哥隆早白垩世火山岩主量元素哈克图解

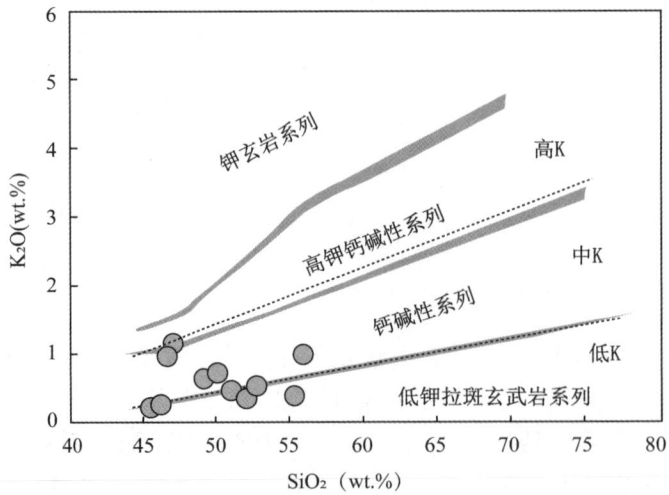

图12-5 查哥隆早白垩世火山岩岩石系列图解

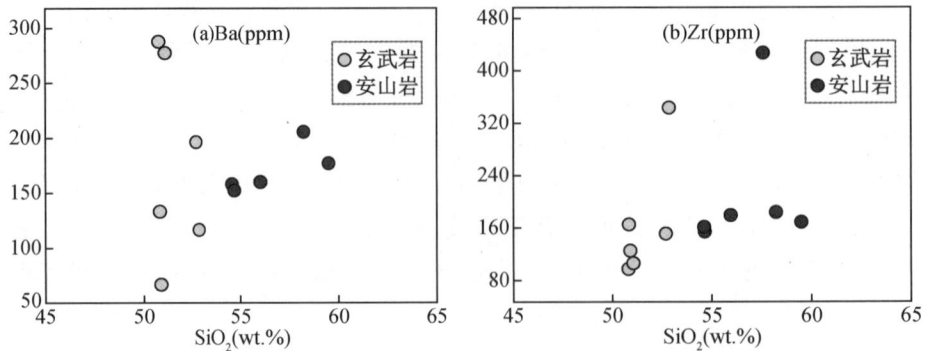

图12-6 查哥隆早白垩世火山岩微量元素与SiO_2含量相关图解

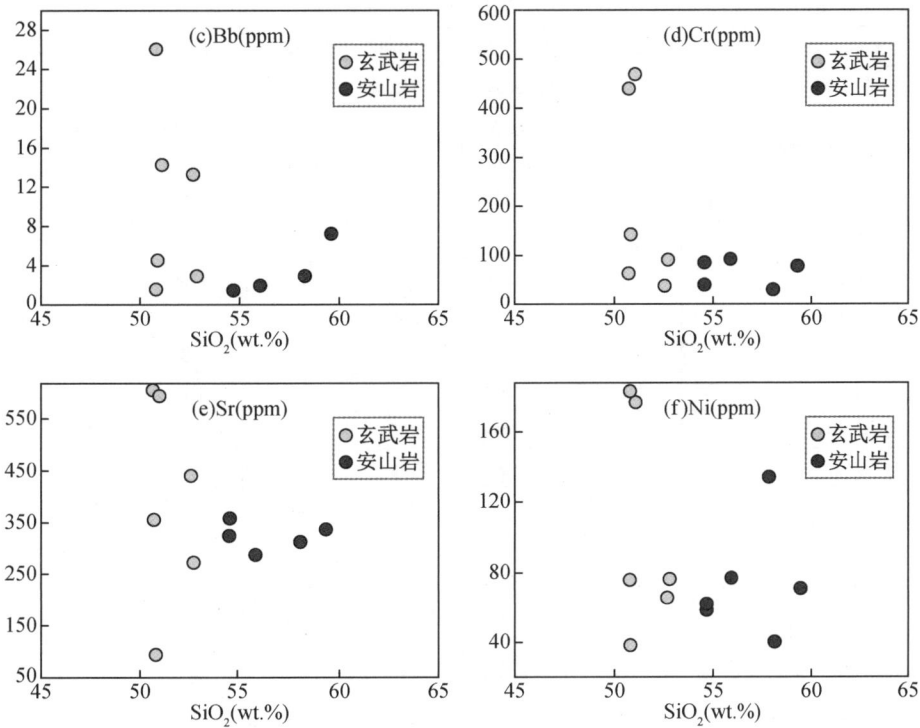

(c)Bb(ppm) 玄武岩 安山岩

(d)Cr(ppm) 玄武岩 安山岩

(e)Sr(ppm) 玄武岩 安山岩

(f)Ni(ppm) 玄武岩 安山岩

图 12-6（续）

二、稀土元素地球化学

$\sum$REE 介于 80.44×10^{-6}-196.77×10^{-6} 之间（表 12-2），平均为 135.67×10^{-6}。总体上，δEu 介于 0.79~0.96，平均 0.87，显示微弱的 Eu 负异常；La/Sm 值在 3.28~4.62 之间。轻、重稀土比大于 1，说明轻稀土元素更为富集，稀土曲线为向右倾型（图 12-7）。Y 和 Yb 元素波动变化不大，Y 介于 12.11×10^{-6}~35.33×10^{-6}，均值为 23×10^{-6}，Yb 介于 1.36×10^{-6}~3.48×10^{-6}，平均为 2.38×10^{-6}，高于埃达克值。玄武岩 $\sum$REE 平均为 148.33×10^{-6}，安山岩类平均为 127.06×10^{-6}。安山岩富集 LREE，$(La/Yb)_N$ 值在 3.94~6.25 之间变化，δEu 值在 0.82~0.91 之间变化，显示微弱负异常。

表 12-2 查哥隆早白垩世火山岩稀土元素分析结果（$\times10^{-6}$）

样品编号	P05-2b3	P05-3b3	P05-7b2	P05-8b2	P05-13b1	P05-14b2	P05-15b1	P05-17b1	P05-18b1	P06-1b1	P06-9b1
岩性	玄武岩	玄武岩	安山岩	玄武岩	玄武岩	玄武岩	安山岩	安山岩	安山岩	安山岩	玄武岩
La	v	22.42	23.16	17.93	26.51	16.72	14.46	13.15	18.81	16.71	11.96
Ce	52.58	49.61	49.56	46.03	61.01	45.13	37.68	32.93	42.66	40.14	26.87
Pr	6.63	6.22	6.01	5.64	8.12	5.35	4.51	4.30	5.26	5.10	3.28
Nd	27.43	24.60	23.43	22.93	32.86	21.57	17.30	17.46	21.34	20.24	12.86
Sm	5.25	4.99	5.02	5.11	6.88	4.56	3.91	4.01	4.42	4.40	2.80
Eu	1.52	1.43	1.35	1.46	1.8	1.39	1.15	1.21	1.13	1.19	0.88
Gd	4.77	4.49	4.99	5.14	6.79	4.39	3.86	4.01	4.12	4.25	2.75
Tb	0.79	0.74	0.86	0.88	1.13	0.74	0.67	0.72	0.71	0.75	0.47
Dy	4.75	4.31	5.18	5.54	6.81	4.53	3.99	4.44	4.36	4.59	2.75
Ho	0.89	0.81	0.99	1.06	1.27	0.85	0.75	0.87	0.82	0.88	0.51
Er	2.43	2.26	2.8	2.96	3.66	2.38	2.1	2.41	2.32	2.47	1.41
Tm	0.37	0.34	0.44	0.46	0.56	0.36	0.33	0.38	0.36	0.37	0.21
Yb	2.24	2.19	2.66	2.8	3.48	2.29	2.09	2.39	2.29	2.36	1.36
Lu	0.37	0.34	0.43	0.44	0.55	0.36	0.33	0.4	0.37	0.38	0.22
Y	22.93	19.17	27.42	26.13	35.33	23.64	20.14	22.21	21.34	22.67	12.11

表 12-2（续）

样品编号	P05-2b3	P05-3b3	P05-7b2	P05-8b2	P05-13b1	P05-14b2	P05-15b1	P05-17b1	P05-18b1	P06-1b1	P06-9b1
岩性	玄武岩	玄武岩	安山岩	玄武岩	玄武岩	玄武岩	安山岩	安山岩	安山岩	安山岩	玄武岩
$\sum$REE	157.17	143.91	154.31	144.51	196.77	134.29	113.3	110.88	130.32	126.52	80.44
HREE	16.6	15.48	18.36	19.28	24.26	15.92	14.13	15.62	15.37	16.06	9.68
LREE	117.64	109.26	108.54	99.1	137.17	94.73	79.02	73.05	93.62	87.79	58.65
LR/HR	7.09	7.06	5.91	5.14	5.65	5.95	5.59	4.68	6.09	5.47	6.06
Gd-Y	39.53	34.65	45.78	45.41	59.59	39.56	34.28	37.82	36.71	38.73	21.79
LR/Gd-Y	2.98	3.15	2.37	2.18	2.3	2.39	2.31	1.93	2.55	2.27	2.69
δEu	0.91	0.9	0.82	0.86	0.79	0.94	0.9	0.91	0.8	0.83	0.96
δCe	0.99	1.01	1	1.11	1.01	1.16	1.13	1.06	1.03	1.05	1.03
La/Sm	4.62	4.49	4.61	3.51	3.85	3.67	3.7	3.28	4.26	3.8	4.27
La/Yb	10.83	10.25	8.71	6.4	7.62	7.28	6.91	5.49	8.18	7.08	8.81
Ce/Yb	23.49	22.69	18.65	16.44	17.55	19.65	18.02	13.75	18.56	17.02	19.8
Eu/Sm	0.29	0.29	0.27	0.29	0.26	0.31	0.3	0.3	0.26	0.27	0.31
(La/Yb)N	7.77	7.36	6.25	4.6	5.47	5.22	4.96	3.94	5.87	5.08	6.32
(Ce/Yb)N	6.08	5.87	4.82	4.25	4.54	5.08	4.66	3.56	4.8	4.4	5.12
(Sm/Eu)N	1.3	1.32	1.4	1.32	1.44	1.24	1.27	1.25	1.47	1.4	1.2

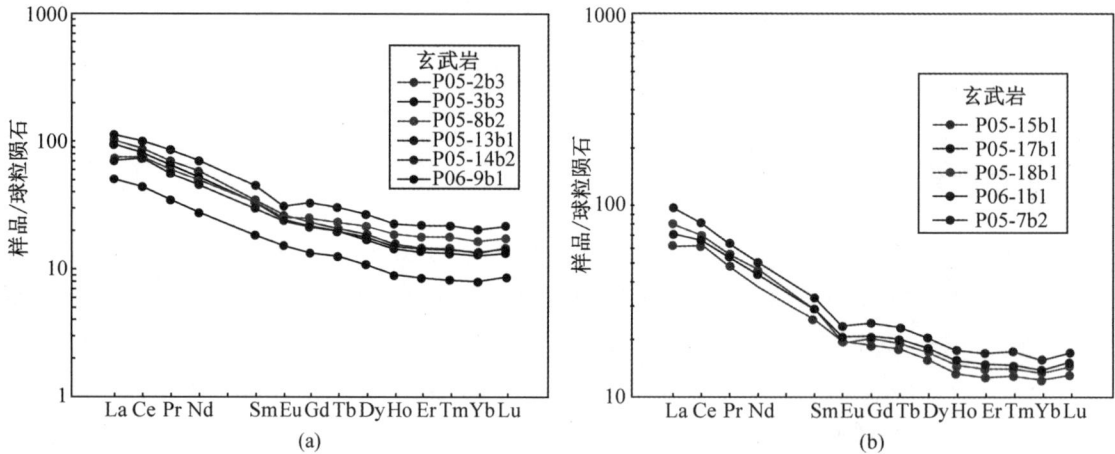

图 12-7　查哥隆早白垩世火山岩稀土配分模式

由玄武岩过渡到安山岩时，LREE/HREE 由 6.15 逐渐降低到 5.54，表明安山岩的 LREE 和 HREE 的分馏程度较玄武岩稍有降低；同时，δEu 值由 0.9 降低到 0.85，暗示斜长石矿物在晚期岩浆演化中结晶较差，说明结晶分异作用发生在深部。玄武岩与安山岩稀土配分曲线有相似性，从亲缘性是判断二者可能来自同一源区，暗示有一定的成因联系。

三、微量元素地球化学

查哥隆玄武岩的微量元素 Sr、Ba、Ta、U 值较维诺格拉多夫和黎彤的地壳元素克拉克值低（表 12-3），亲铁元素 Co、Ni 及 V 等元素的值却比后者高。Rb、K 等 LILE 元素和 Ti、Nb、Ta 等 HFSE 元素的亏损很显著，而 Th、U、La 等元素呈现出正异常（图 12-8）。查哥隆玄武岩 Ta 元素的平均值为 1.15×10^{-6}，大于 0.7×10^{-6}（表 12-4），表明具有一定的板内玄武岩特征（Condie K C et al.，1989）。

表 12-3　查哥隆火山岩微量元素含量与维氏、黎彤值对比表（$\times 10^{-6}$）

元素	分析结果	均值	维氏值（1962）	黎彤（1976）
Sc	7.78~17.22	11.57	10	18
V	95.19~187.79	164.5	90	140
Cr	36.7~467.74	207.27	83	110
Co	21.7~40.99	33.38	18	25
Ni	38.5~183.2	102.72	58	89

表12-3（续）

元素	分析结果	均值	维氏值（1962）	黎彤（1976）
Sr	95.1~610.1	395.33	440	460
Ba	66.2~196.4	179.6	650	390
Ta	0.7~1.47	0.913	2.5	1.6
U	0.67~0.96	0.826	2.5	1.7

表12-4 查哥隆火山岩微量元素及其比值（×10⁻⁶）

样品编号	P05-2b3	P05-3b3	P05-7b2	P05-8b2	P05-13b1	P05-14b2	P05-15b1	P05-17b1	P05-18b1	P06-1b1	P06-9b1
岩性	玄武岩	玄武岩	安山岩	玄武岩	玄武岩	玄武岩	安山岩	安山岩	安山岩	安山岩	玄武岩
V	187.79	185.44	152.13	175.73	176.12	166.838	159.39	189.89	137.23	148.41	95.19
Cr	440.53	467.74	30.69	64.32	91.03	36.73	41.19	85.02	78.98	92.95	143.32
Co	40.99	38.50	23.29	34.35	32.95	31.83	29.67	30.59	23.14	25.49	21.71
Ni	183.21	176.84	40.62	75.69	76.33	65.72	59.46	61.93	70.77	76.99	38.57
Cu	29.71	28.68	39.40	43.76	44.23	28.92	26.83	27.08	90.42	34.95	17.42
Zn	82.66	90.91	84.65	90.81	102.52	79.05	77.2602	83.72	78.2985	78.70	51.54
Sr	610.13	596.62	313.8	356.03	273.73	440.41	359.65	324.6	337.89	289.39	95.11
Rb	26.07	14.34	2.95	1.65	2.96	13.32	1.52	1.44	7.27	2.01	4.52
Ba	287.91	278.08	206.11	132.54	116.4	196.49	153.39	156.84	177.81	159.49	66.21
Th	3.34	2.5	5.05	2.93	3.61	2.64	2.66	2.3	4.19	3.72	2.06
Ta	0.7	0.75	0.92	0.85	1.47	0.96	0.99	0.84	0.91	0.98	0.73
Nb	12.72	13.71	15.05	14.85	26.18	17.14	17.22	14.38	15.42	16.66	13.38
Ce	52.58	49.61	49.56	46.03	61.02	45.13	37.68	32.93	42.66	40.14	26.86
Zr	97.17	106.85	183.81	164.52	344.29	151.21	155.35	162.55	169.48	180.11	125.24
Hf	3.24	3.36	5.6	5.06	6.98	4.48	4.63	4.96	5.22	5.37	3.5
Th/Hf	1.03	0.74	0.9	0.58	0.52	0.59	0.57	0.46	0.8	0.69	0.59
Th/Ta	4.76	3.32	5.46	3.43	2.45	2.75	2.69	2.72	4.59	3.77	2.79
Nb/Y	0.55	0.71	0.55	0.57	0.74	0.72	0.86	0.65	0.72	0.73	1.1
Ta/Hf	0.22	0.22	0.17	0.17	0.21	0.21	0.21	0.17	0.17	0.18	0.21
Zr/Y	4.24	5.57	6.7	6.3	9.74	6.4	7.71	7.32	7.94	7.94	10.34
Nb/Zr	0.13	0.13	0.08	0.09	0.07	0.11	0.11	0.09	0.09	0.09	0.11
La/Ba	0.08	0.08	0.11	0.14	0.23	0.08	0.09	0.08	0.11	0.1	0.18
La/Nb	1.9	1.64	1.54	1.21	1.01	0.98	0.84	0.91	1.22	1	0.89
Nb/La	0.53	0.61	0.65	0.83	0.99	1.02	1.19	1.09	0.82	0.99	1.12
Th/Nb	0.26	0.18	0.34	0.2	0.14	0.15	0.15	0.16	0.27	0.22	0.15
(Th/Nb)N	1.7	1.18	2.17	1.28	0.89	0.99	1	1.03	1.76	1.44	0.99

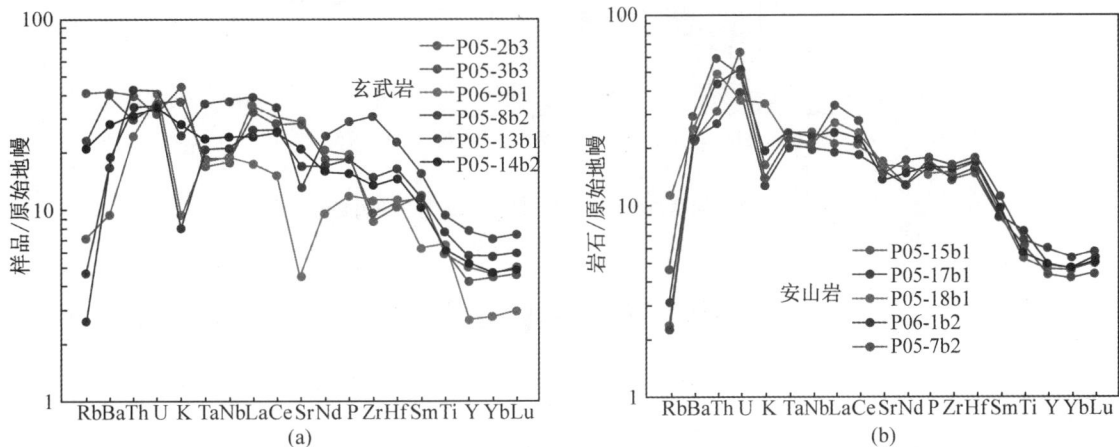

图12-8 查哥隆早白垩世火山岩微量元素原始地幔标准化蛛网图

四、 标准矿物地球化学

表 12-5 显示,查哥隆玄武岩多数无刚玉分子,暗示铝是不饱和存在的;而 P06-9b1 中出现霞石分子(Ne),证明了 SiO_2 处于不饱和状态,无石英出现;玄武岩中只有 P05-2b3 出现了橄榄石。玄武岩、安山岩样品都显示出存在透辉石(Di)矿物,玄武岩的标准矿物组合为 An+Ab+Or+Di。玄武岩的 DI 值平均为 43.72,安山岩 DI 值平均为 50.12,说明形成玄武岩和安山岩的岩浆分异演化并不彻底,尤其是玄武岩,而安山岩较玄武岩更趋向于岩浆演化后期形成。

表 12-5　查哥隆火山岩 CIPW 标准矿物 (%)

样品编号	P05-2b3	P05-3b3	P05-7b2	P05-8b2	P05-13b1	P05-14b2	P05-15b1	P05-17b1	P05-18b1	P06-1b1	P06-9b1
岩性	玄武岩	玄武岩	安山岩	玄武岩	玄武岩	玄武岩	安山岩	安山岩	安山岩	安山岩	玄武岩
(Q)	0.26	2.05	17.86	3.22	4.59	2.48	9.19	10.18	15.61	13.17	0
(An)	26.37	27.62	30.9	34.65	26.83	31.51	32.81	30.88	25.38	31.27	5.96
(Ab)	26.37	27.48	31.32	31.31	42.02	35.28	34.29	33.89	35.46	30.08	38.34
(Or)	9.27	7.8	2.8	1.66	4.92	5.7	3.32	2.63	6.84	3.93	1.88
(Ne)	0	0	0	0	0	0	0	0	0	0	17.71
(C)	0	0	0.12	0	0	0	0	0	0	0	0
(Di)	21.8	20.51	0	19.96	8.01	10.03	10.68	12.54	9.6	16.25	14.69
(Hy)	10.35	8.81	11.78	3.44	6.5	9.99	4.73	4.43	2.84	0.53	0
(Wo)	0	0	0	0	0	0	0	0	0	0	15.8
(Il)	1.55	1.63	1.66	1.97	2.37	1.53	1.55	1.85	1.32	1.43	1.65
(Mt)	3.11	3.22	2.74	2.94	3.44	2.77	2.66	2.87	2.29	2.6	3.42
(Ap)	0.92	0.89	0.81	0.85	1.32	0.71	0.77	0.74	0.66	0.74	0.54
合计	99.99	100.01	99.99	100	100	100	100	100.02	100	99.99	99.99
DI	35.9	37.33	51.98	36.19	51.53	43.46	46.8	46.7	57.91	47.18	57.93

多数样品投影点在 Ir 区域上(图 12-9),个别样品极其接近分界线。这些特征暗示改则查哥隆火山岩主要为亚碱性岩石;对于亚碱性岩石,可以用 K_2O-Na_2O 判别图解进一步判断是拉斑玄武岩系列或钙碱性系列(图 12-5),大部分玄武岩及安山岩的投影点投于拉斑玄武岩系和钙碱性岩系的界限附近,这与岛弧-活动大陆边缘构造带的火山岩组合类似。

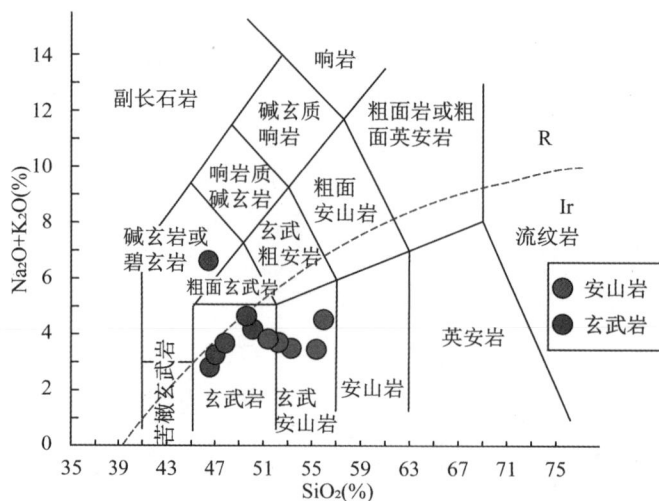

图 12-9　改则查哥隆早白垩世火山岩 (K_2O+Na_2O)-SiO_2 岩性分类图

第四节　讨论与结论

一、 岩石成因

安山岩的 Nb(13.38×10^{-6}~17.22×10^{-6})、Zr(155×10^{-6}~183×10^{-6})、Th(2.3×10^{-6}~5×10^{-6})、Rb(1.4×10^{-6}~$7.2\times$

10^{-6})、U(0.75×10^{-6}~1.35×10^{-6})的值与地壳上部相比结果相对偏低(表12-4),玄武岩的Nb、Zr、Th、Rb以及U的含量亦低于上地壳的含量,表明未受上地壳物质的污染。此外,火山岩样品的(Th/Yb)$_{PM}$比率较上地壳值偏低(Taylor S R,1985),显示缺乏地壳混染,这与Liu提出的安山岩地球化学特征继承自构造侵位前的认识相一致(Liu S et al.,2012),Liu还认为安山岩的原始岩浆较富集镁铁质成分,应来源于不均一地幔。结合稀土元素地球化学特征和前人研究(Liu S et al.,2012),认为查哥隆安山岩的原始岩浆是玄武质岩浆在深部结晶分异形成的。由于Rb、K等LILE元素和Ti、Nb、Ta等HFSE元素的显著亏损,Th、U、La呈正异常(图12-8),这与破坏性板块边缘形成的岩浆岩相似。

图12-8显示玄武岩样品P06-9b1、P05-14b2、P05-13b1未混入地壳或岩石圈地幔物质,保存了软流圈源大陆玄武岩特征,标准地幔曲线呈现"凸"形,Nb、Ti元素几乎无亏损,而Ta元素仅存轻微亏损;P05-8b2、P05-3b3、P05-2b3呈现出轻微的受岩石圈地幔污染的迹象,Nb/La值<1、(Th/Nb)$_N$值略高于1,微量元素Nb、Ta和Ti在标准地幔曲线上相对于Th呈弱负异常。拥有岩石圈的地幔标记的岩石一般会落在板内玄武岩(WPB)地区,但在图12-10中却落入活动大陆边缘区域内(陆缘弧),暗示早白垩世火山岩未受到地壳或岩石圈污染的火山岩,它与大陆板内玄武岩的成分有很多相似之处。

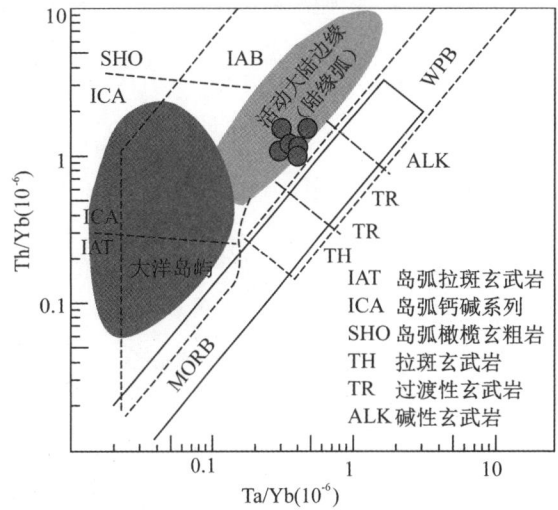

图12-10　查哥隆早白垩世火山岩Ta/Yb-Th/Yb判别图

二、构造意义

由于样品演化后期存在热液蚀变,故采用与混染作用无关且适用于大陆玄武岩的微量元素比值,即Ti/100-Zr-3Y以及Zr-Zr/Y判别图判别构造环境(夏林圻等,2007)。图12-11显示,研究区火山岩来自大陆板块内裂谷构造环境。由于Th/Ta值高于1.6(原始地幔值为1.6),故应属于大陆板块内或者岛弧构造环境(Taylor S R et al.,1985);Ta/Hf值介于0.1~0.3,推断该玄武岩为陆内裂谷构造环境下的拉斑型玄武岩(汪云亮等,2001)。图12-12中投点落于板内玄武岩内及其附近,同样说明研究区火山岩存在一定的板内构造背景。可见,查哥隆火山岩应形成于班公湖-怒江缝合带北部的裂谷构造背景下,下部层系双峰式火山岩的研究为存在裂谷作用提供了佐证(莫宣学等,2009)。

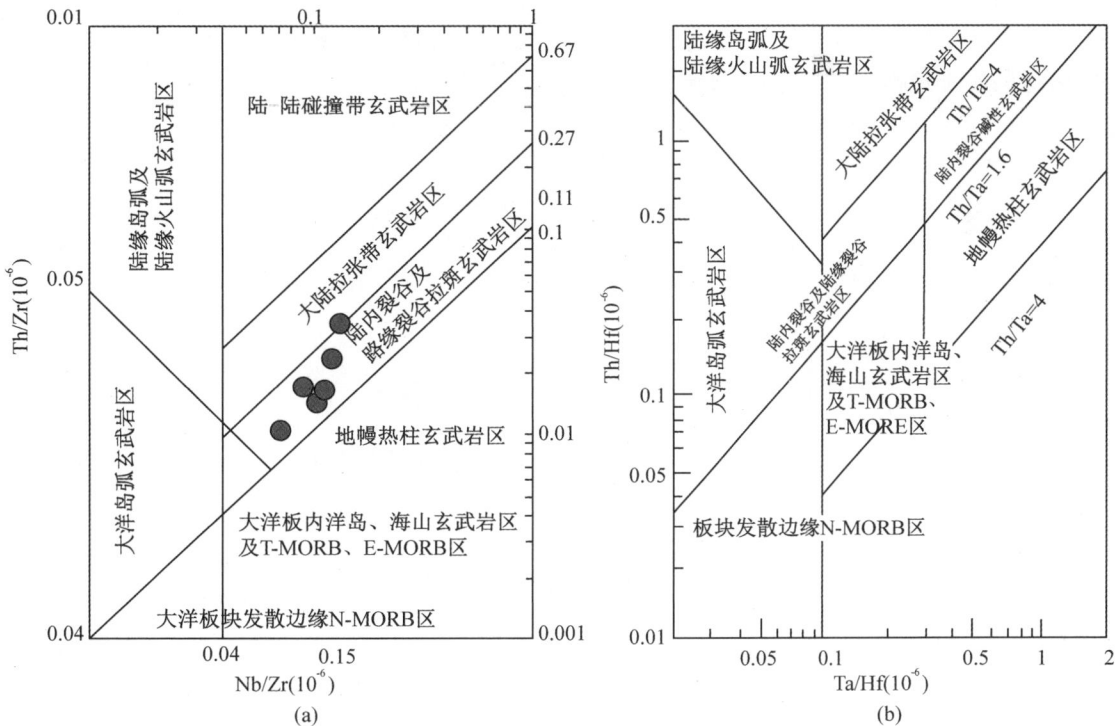

图12-11　查哥隆早白垩世火山岩构造环境相关判别图

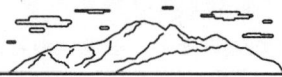

早白垩世，裂谷作用由班公湖－怒江缝合带发展到羌塘地体南缘及拉萨地体北部，冈底斯弧弧后地层的形成环境由陆相－海相转变为海相灰岩沉积（张开均等，2003；李金祥等，2008；莫宣学等，2009；Zhu D C et al., 2011）。受裂谷作用导致的构造性沉降影响，研究区在 K_2 中期发生大规模海侵事件。此外，在印度、巴基斯坦 Ladakh-Kohistan 岩浆弧的弧后地区仍受裂谷作用影响。裂谷作用的发生可能是由于新特提斯洋俯冲诱发的构造－岩浆热事件在仰冲板片上发生应力突变导致的（张开均等，2003）。可见，以玄武岩为代表的查哥隆火山岩应形成于羌塘地体南缘陆壳基底上与俯冲带有关的陆内裂谷或者陆缘弧后盆地拉张的构造背景。

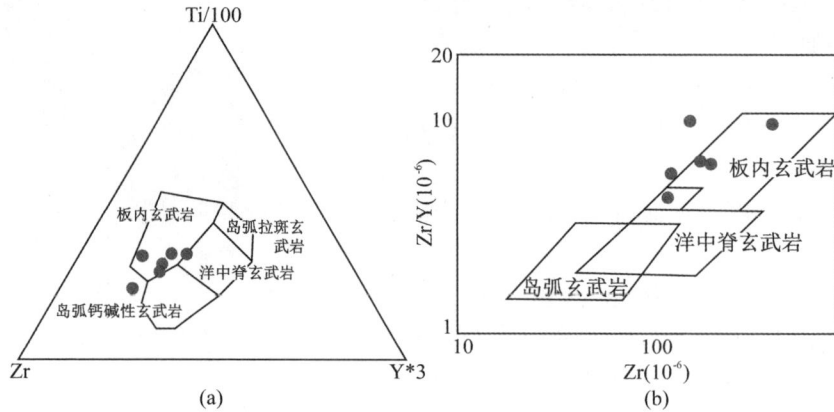

图 12-12　改则早白垩世查哥隆火山岩 Ti/100-Zr-3Y 以及 Zr-Zr/Y 判别图

三、结论

通过对改则查哥隆地区去申拉组火山岩样品进行岩石学与全岩地球化学分析得出以下结论：

（1）该区火山岩经薄片及化学成分鉴定，主要由橄榄玄武岩、玄武安山岩、安山岩及中性岩屑晶屑凝灰火山角砾岩等组成。对该火山岩系列进行锆石年代学研究，获得的锆石 U-Pb 年龄为 122 Ma，进一步表明其形成时代为早白垩世。

（2）查哥隆火山岩稀土元素总量较高，轻稀土富集，呈现微弱的铕负异常。地球化学数据显示其整体上应为一套低－中钾的中－基性钙碱性岩石。

（3）查哥隆玄武岩的原始岩浆较为富集镁铁质成分，应来源于不均一地幔，安山岩的原始岩浆是由玄武质岩浆在深部结晶分异形成的，未发生地壳或岩石圈地幔混染作用。该岩浆活动与新特提斯班公湖－怒江洋的俯冲这一构造活动有关。

（4）研究区的火山岩特别是玄武岩形成于早白垩世大陆板内裂谷构造背景；大陆板内裂谷的构造活动是由羌塘地体南缘的深部地幔上涌所引起。

参 考 文 献

ALABASTER T, PEARCE J A, MALPAS J, 1982. The volcanic stratigraphy and petrogenesis of the Oman ophiolite complex[J]. Contributions to Mineralogy and Petrology, 81(2): 168–183.

ALLEY R B, CLARK P U, 1999. The deglaciation of the northern hemisphere: a global perspective[J]. Annual Review of Earth & Planetary Sciences, 27(1): 149–182.

ALTHERR R, HOLL A, HEGNER E, et al., 2000. High–potassium, calc–alkaline I–type plutonism in the European Variscides: northern Vosges (France) and northern Schwarzwald (Germany)[J]. Lithos, 50(2): 51–73.

AN Z, PORTER S C, KUTZBACH J E, et al., 2000. Asynchronous Holocene optimum of the East Asian monsoon[J]. Quaternary Science Reviews, 19(8): 743–762.

ANDERSEN T, 2002. Correction of common lead in U–Pb analyses that do not report 204Pb[J]. Chemical Geology, 192(2): 59–79.

ARAVENA R, WAGNER B G, MACDONALD G M, et al.,1992. Carbon isotope composition of lake sediments in relation to lake productivity and radiocarbon dating[J]. Quaternary Research, 37(3):333–345.

AUDLEY C M G, 1984. Cold Gondwana, warm Tethys and the Tibetan Lhasa block[J]. Nature, 310(5): 165–166.

BERGER A, LOUTRE M F, 1991. Insolation values for the climate of the last 10 million years[J]. Quaternary Science Reviews, 10(4): 297–317.

BETTENCOURT J S, LEITE J W B, GORAIEB C L, 2005. Sn–polymetallic greisen–type deposits associated withlate–stage rapakivi granites, Brazil: fluid inclusion and stable isotope characteristics[J]. Lithos, 80(2): 363–386.

BHATTACHARYA S, PANIGRAHI M K, JAYANANDA M, 2014. Mineral thermobarometry and fluid inclusion studies on the Closepet granite, Eastern Dharwar Craton, south India: Implicationsto emplacement and evolution of late–stage fluid[J]. Journal of Asian Earth Sciences, 91(5): 1–18.

BLOOMER S H, STERN R J, 1989. Physical volcanology of the submarine Mariana and volcano arcs [J]. Bulletin of Volcanology, 51(1): 210–224.

BONIN B, 2007. A–type granites and related rocks: Evolution of a concept, problems and prospects[J]. Lithos, 97(3): 1–29.

BOVET P M, RITTSITT B D, GEHRELS G, et al.,2009. Evidence of Miocene crustal shortening in the North Qilian Shan from Cenozoic stratigraphy of the western Hexi Corridor, Gansu Province, China[J]. American Journal of Science, 309(4): 290–329.

BRAHNEY J, CLAGUE J J, MENOUNOS B, et al.,2008. Timing and cause of water level fluctuations in Kluane Lake, Yukon Territory, over the past 5000 years[J]. Quat Res, 70(2): 213–227.

BROECKER W S, KLAS M, ANDREE M, et al., 2004. New evidence from the South China Sea for an abrupt termination of the last glacial period[J]. Nature, 60(60): 1664–1665.

BRONK R C, 1994. Analysis of chronological information and radiocarbon calibration: the program OxCal[J]. Archaeological Computing Newsletter, 41(2): 11–16.

BRONK R C, 1995. Radiocarbon calibration and analysis of stratigraphy: the OxCal program[J]. Radiocarbon, 37(2): 425–430.

BRONK R C, 2009. Bayesian analysis of radiocarbon dates[J]. Radiocarbon, 51(1): 337–360.

CAMERON W E, 1985. Petrology and origin of primitive lavas from the Troodos ophiolite, Cyprus[J]. Contributions to Mineralogy and Petrology, 89(2): 239–255.

CAO J T, SHEN J, WANG S M, et al.,2001. Geochemical record for the characteristics of climate change during the Little Ice Age in Daihai Lake, Nei Mongol[J]. Geochimica, 30(3): 231–235.

CAWOOD P A, JOHNSON M R W, NEMCHIN A A, 2007. Early Palaeozoic orogenesis along the Indian margin of

Gondwana: Tectonic response to Gondwana assembly[J]. Earth and Planetary Science Letters, 255(3): 70–84.

CHAPPELL B W, WHITE A J R, 1992. I- and S-type granites in the Lachlan Fold Belt[J]. Geol Soc Amer Spec Paper, 272(2): 1–26.

CHEN C H, LIN W, LU H Y, et al., 2000. Cretaceous fractionated I-type granitoids and metaluminous A-type granites in SE China: the Late Yanshanian post-orogenic magmatism[J]. Geol Soc Amer Spec Paper, 350(2): 195–205.

CHEN F, YU Z, YANG M et al., 2008. Holocene moisture evolution in arid Central Asia and its out-of-phase relationship with Asian monsoon history[J]. Quaternary Science Reviews, 27(3):351–364.

CHEN H, HU J, GONG W, et al., 2015. Characteristics and transition mechanism of late Cenozoic structural deformation within the Niushoushan – Luoshan fault zone at the northeastern margin of the Tibetan Plateau[J]. Journal of Asian Earth Sciences, 114(2): 73–88.

CHEN Y, ZHU D C, ZHAO Z D, et al., 2014. Slab break off triggeredca 113 Ma Magmatism around Xainza area of the Lhasa Terrane, Tibet[J]. Precambrian Research, 26(2): 449–463.

CLEMENS S, PRELL W, MURRAY D, et al., 1991. Forcing mechanisms of the Indian Ocean monsoon[J]. Nature, 353 (6346): 720–725.

COLLINS A S, SANTOSH M, BRAUN I, 2007. Age and sedimentary provenance of the Southern Granulites, South India:U-Th-Pb SHRIMP secondary ion mass spectrometry[J]. Precambrian Reseach, 155(3): 125–138.

COLLINS W J, BEAMS S D, WHITE A J R, et al., 1982. Nature and origin of A-type granites with particular reference to southeastern Australia[J]. Contrib Mineral Petrol, 80(2): 189–200.

CONDIE K C, 1989. Plate tectonics & crustal evolution[M]. Oxford: Pergemon Press.

CONDIE K C, KRÖNER A, 2013. The bulding blocks of continental crust: evidence for a major change in the tectonic setting of continental growth at the end of the Archean[J]. Gondwana Res, 23(2): 394–402.

CONLIFFE J, WILTON D H C, BLAMEY N J F, et al., 2013. Paleoproterozoic Mississippi Valley Type Pb-Zn mineralization in the Ramah Group, Northern Labrador: Stable isotope, fluid inclusion and quantitative fluid inclusion gas analyses[J]. Chemical Geology, 362(1): 211–223.

CORFU F, HANCHAR J M, HOSKIN P W O, et al., 2003. Altas of Zircon Textures[J]. Reviewsin Mineralogy Geochemistry, 53(2): 469–495.

COULON C, MALUSKI H, BOLLINGER C, et al., 1986. Mesozoic and cenozoic volcanic rocks from central and southern Tibet: 39Ar-40Ar dating, petrological characteristics and geodynamical significance[J]. Earth and Planetary Science Letters, 79(3): 281–302.

DECELLES P G, 2000.Tectonic implications of U-Pb zircon ages of the Himalayan orogenic belt in Nepal[J]. Science, 288(2): 497–499.

DECELLES P G, KAPP P, DING L, et al., 2007b. Late Creta-ceousto Middle Tertiary Basin Evolution in the Central Tibetan Plateau: Changing Environments in Response to Tectonic Partitioning, Aridification and Regional Elevation Gain[J]. Geological Society of America Bulletin, 119 (5): 654–680.

DECELLES P G, 2007a. High and dry in central Tibet during the late Oligocene[J]. Earth and Planetary Science Letters, 253(2): 389–401.

DEGENS E T, 1969. Biogeochemistry of stable carbon isotopes. In: Eglinton G, Murphy M T J (Eds). Organic Geochemistry: Methods and Results[M]. Berlin: Springer-Verlag.

DICKINSON W R,1979. Plate tectonics and sandstone compositions[J]. American Association of Petroleum Geologists Bulletin, 63(5): 2164–2182.

DICKINSON W R, BEARD S L, BRAKENRIDGE G R, et al., 1983. Provenance of North American Phanerozoic sandstones in relation to tectonic setting[J]. Geological Society of America Bulletin, 94(1): 222–235.

DIGERFELDT G, OLSSON S, SANDGREN P. 2000. Reconstruction of lake-level changes in lake Xinias, central Greece, during the last 40 000 years [J]. Palaeogeography Palaeoclimatology Palaeoecology, 158(1): 65–82.

DING L, KAPP P, ZHONG D L, 2003. Cenozoic volcanism in Tibet: Evidence for a transition from oceanic to continental subduction[J]. Journal of Petrology, 44(3): 1833–1865.

DING L, LAI Q Z, 2003. New geological evidence of crustal thickening in the Gangdese block prior to the Indo-Asian collision[J]. Chinese Science Bulletin, 48(15): 1604-1610.

DING L, XU Q, YUE Y, et al., 2014. The Andean-type Gangdese Mountains: Paleoelevation record from the paleocene-eocene linzhou basin[J]. Earth and Planetary Science Letters, 392(2): 250-264.

DONALDSON D G, 2013. Petrochronology of Himalayan ultrahigh-pressure eclogite[J]. Geology, 41(8): 835-838.

DONG C Y, LI C, WAN Y S, et al., 2011. Detrital zircon age model of Ordovician Wenquan Quartzite south of Lungmuco-Shuanghu Suture in the Qiangtang area, Tibet: constrainton tectonic affinity and source Re gions[J]. Science China Earth Sciences, 54(7): 1034-1042.

DUPONT N G, HORTON B K, BUTLER R F, et al., 2004. Paleogene clockwise tectonic rotation of the Xining-Lanzhou region, northeastern Tibetan Plateau[J]. Journal of Geophysical Research: Solid Earth, 109(B4): 1-13.

DUVALL A R, CLARK M K, KIRBY E, et al., 2013. Low-temperature thermochronometry along the Kunlun and Haiyuan Faults, NE Tibetan Plateau: Evidence for kinematic change during late-stage orogenesis[J]. Tectonics, 32 (5): 1190-1211.

DUVALL A R, CLARK M K, VANDER P B A, et al., 2011. Direct dating of Eocene reverse faulting in northeastern Tibet using Ar-dating of fault clays and low-temperature thermochronometry[J]. Earth and Planetary Science Letters, 304(3-4): 520-526.

DYKOSKI C A, EDWARDS R L, CHENG H, et al., 2005. A high-resolution, absolute-dated Holocene and deglacial Asian monsoon record from Dongge Cave, China[J]. Earth & Planetary Science Letters, 233(S1-2): 71-86.

FAN J J, LI C, HU P Y, et al., 2013. The Characteristics of Zhonggang Ocean Island in Gaiz areaÿ Tibet: Evidence on the closure of the Nujiang Suture Zone-Bangong[M]. China Guangzhou: University of Zhongshan Press.

FAN L G, MENG Q R, WU G L, et al., 2019. Paleogene crustal extension in the eastern segment of the NE Tibetan plateau[J]. Earth and Planetary Science Letters, 514(2): 62-74.

FAN S Y, DING L, MURPHY M A, et al. , 2017. Late Paleozoic and Mesozoic evolution of the Lhasa Terrane in the Xainza area of southern Tibet[J]. Tectonophysics, 721(3): 415-434.

FENG S, YAO T, JIANG H, et al., 2001. Temperature Variations over Qinghai Xizang Plateau in the Past 600 Years [J]. Plateau Meteorology, 20(1):105-108.

FONTES J C, GASSE F, GIBERT E. 1996. Holocene environmental changes in Lake Bangong Basin(western Tibet), Part 1: Chronology and stable isotopes of carbonates of a Holocene lacustrine core[J]. Palaeogeography, Palaeoclimatology, Palaeoecology, 120(1):25-47.

GASSE F, ARNOLD M, FONTES J C, et al., 1991. A 13, 000-year climate record from western Tibet[J]. Nature, 353 (6346):742-745.

GEHRELS G E, DECELLES P G, OJHA T P, et al., 2006a. Geologic and U-Th-Pb Geochronologic Evidence for Early Paleozoic Tectonismin the Kathmandu Thrust Sheet, Central Nepal Himalaya[J]. Geological Society of America Bulletin, 118 (1-2), 185-198.

GEHRELS G E, DECELLES P G, OJHA T P, et al., 2006b. Geologic and U-Pb geochronologic evidence for Early Paleozoic tectonism in the Dadeldhura thrust sheet, far-west Nepal Himalaya[J]. Journal of Asian Earth Sciences, 28(2): 385 - 408.

GEHRELS G, PECHA M, 2014. Detrital zircon U-Pb geochronology and Hf isotope geochemistry of Paleozoic and Triassic passive margin strata of western North America[J]. Geosphere, 10(1): 49-65.

GENG Q R, SUN Z M, PAN G T, et al., 2009. Origin of the Gangdise (Transhimalaya) Permian arc in southern Tibet: Stratigraphic and volcanic geochemical constraints[J]. Island Arc, 18(3), 467-487.

GROOTES P M, STUIVER M, WHITE J W C, et al., 1993. Comparison of oxygen records from the GISP2 and GRIP Greenland ice cores[J]. Nature, 366(6455):552-554.

HAKANSSON S, 1979. Radiocarbon activity in submerged plants from various south Swedish lakes [M]. Los Angeles and La Jolla, USA:University of California Press, 433-443.

HARRIS N, 2006. The elevation history of the Tibetan Plateau and its implications for the Asian monsoon[J]. Palaeogeography Palaeoclimatology Palaeoecology, 241(1): 4-15.

HARTMANN G, WEDEPOHL K H, 1993. The composition of peridotite tectonics from the Ivrea complex, northern Italy:Residues from melt extraction[J]. Geochimica et Cosmochimica Acta, 57(8): 1761–1782.

HASKIN L A, HASKIN M A, FREY F A, 1968. Relative and absolute terrestrial abundances of the rare earth elements. In: Ahrens L H, ed. Origin and distribution of elements[M]. Oxford: Pergamon Press.

HE Y, ZHANG Z, THEAKSTONE W H, et al., 2003. Changing features of the climate and glaciers in China's monsoonal temperate glacier region[J]. Journal of Geophysical Research Atmospheres, 108(D17): 1–7.

HOLFMANN A W, 1988. Chemical defferentiation of the Earth: the relationship between mantle continental crust and oceanic crust[J]. Earth Planetary Science Letter, 90(2): 297–314.

HORMES A, BLAAUW M, DAHL S O, et al., 2009. Radiocarbon wiggle-match dating of proglacial lake sediments: Implications for the 8.2 ka event[J]. Quaternary Geochronology, 4(4): 267–277.

HOSKIN P W O, SCHALTEGGER U, 2003. The composition of zircon and igneous and metamorphic petrogenesis[J]. Rev Mineral Geochem, 53(1): 27–62.

HSU K J, PAN G T, SENGOR A M C, 1995. Tectonic evolution of the Tibetan Plateau: a working hypothesis based on the archipelago model of orogenesis[J]. Internat Geol Rev, 37(6): 473–508.

INGERSOLL R V, BULLARD T F, FORD R L, et al., 1984. The Effect of Grain Sizeon Detrital Modes: A Test of the Gazzi-Dickinson Point-Counting Method[J]. SEPM Society for Sedimentary Geology, 54(1): 103–116.

JI W Q, WU F Y, CHUNG S L, et al., 2009. Zircon U–Pb geochronology and Hf isotopic constraints on petrogenesis of the Gangdese batholith, southern Tibet[J]. Chemical Geology, 262(3–4): 229–245.

JIA G D, 2006. Surface water oxygen isotope residuals in northern South China Sea: Variations during glacial-interglacial cycles and their paleoclimatic implications[J]. Earth Science Frontiers, 13(1): 199–204.

JIAN Z, CHENG X, ZHAO Q, et al., 2001. Oxygen isotope stratigraphy and events in the northern South China Sea during the last 6 million years[J]. Science in China, 44(44): 952–960.

JIANCHEN P, YAO T, 1994. Mass balance of glaciers in the East Kunkun and Tanggula Mountains, Tibetan Plateau [C]. Bulletin of Glacier Research.

JIANG H, DING Z, XIONG S, 2007. Magnetostratigraphy of the Neogene Sikouzi section at Guyuan, Ningxia, China [J]. Palaeogeography, Palaeoclimatology, Palaeoecology, 243(1–2): 223–234.

KAPP P, DECELLES P G, GEHRELS G E, et al., 2007. Geological records of the Lhasa-Qiangtang and Indo-Asian collisionsin the Nima area of central Tibet[J]. Geological Society of America Bulletin ,119(2): 917–932.

KAPP P, DECELLES P G, LEIER A, et al., 2004. The Gangdese retroarc fold-thrust belt revealed[J]. Geological Society of America Abstracts with Programs, 36(5): 49.

KAPP P, MURPHY M A, YIN A, et al., 2003a. Mesozoic and Cenozoic tectonic evolution of the Shiquanhe area of western Tibet[J]. Tectonics, 22(4): 1029.

KAPP P, MURPHY M A, 2003b. Mesozoic and Cenozoic tectonic evolution of the Shiquanhe area of eastern Tibet[J]. Tectonics, 22 (4): 1029.

KAPP P, YIN A, HARRISON T M,et al., 2005. Cretaceous:Tertiary shortening, basin development, and volcanism in central Tibet[J]. Geological Society of America Bulletin,117(2): 865–878.

KAPP P, YIN A, MANNING C E, et al., 2003b. Tectonic evolution of the Early Mesozoic blueschist-bearing Qiangtang metamorphic belt, central Tibet[J]. Tectonics, 22(4): 1043.

KAPP P, YIN A, MANNING C E, 2003a. Tectonic evolution of the Early Mesozoic blueschist-bearing Qiangtang metamorphic belt, central Tibet[J]. Tectonics, 22(3): 1043–1068.

KIND R, NI J, ZHAO W, 1996. Mid-crustal low velocity zone beneaththe southern Lhasa Block: Results from the INDEPTH-II earthquake recording program[J]. Science, 274(2): 1692–1694.

LAGRÁN G M D, IRIARTE E, GARCÍA G J, et al., 2015. 8.2ka BP paleoclimatic event and the Ebro Valley Mesolithic groups: Preliminary data from Artusia rock shelter (Unzué, Navarra, Spain)[J]. Quaternary International, 403(4): 151–173.

LE B M J, LE M R W, STRCKEISEN A, 1986. A chemical classification of volcanic rocks based on the alkali-silica diagram[J]. Journal of Petrology, 27(3): 745–750.

LEE M Y, WEI, et al., 1999. High resolution oxygen isotope stratigraphy for the last 150, 000 years in the southern South China Sea: Core MD972151[J]. Terrestrial Atmospheric & Oceanic Sciences, 10(1): 239−254.

LEI Q, ZHANG P, ZHENG W, et al., 2016. Dextral strike−slip of Sanguankou−Niushoushan fault zone and extension of arc tectonic belt in the northeastern margin of the Tibet Plateau[J]. Science China Earth Sciences, 59(5): 1025−1040.

LEIER A L, DECELLES P G, KAPP P, et al., 2007. Lower cretaceous strata in the Lhasa Terrane, Tibet, with implications for understanding the early tectonic history of the Tibetan plateau[J]. Journal of Sedimentary Research, 77(2): 809−825.

LI B, CHEN X, ZUZA A V, et al., 2019. Cenozoic cooling history of the North Qilian Shan, northern Tibetan Plateau, and the initiation of the Haiyuan fault: Constraints from apatite− and zircon−fission track thermochronology[J]. Tectonophysics, 751(2): 109−124.

LI J X, QIN K Z, LI G M, et al., 2011. Magmatic hydrothermal evolution of the Cretaceous Duolong gold−rich porphyry copper deposit in the Bangongco metallogenic belt, Tibet: Evidence from U−Pb and 40Ar/39Ar geochronology[J]. Journal of Asian Earth Sciences, 41(6): 525−536.

LI S M, ZHU D C, WANG Q, et al., 2014. Northward subduction of BangongNujiang Tethys: insight from late Jurassic intrusive rocks from Bangong Tso in western Tibet[J]. Lithos, 205(2): 284−297.

LI X H, LI Z X, LI W X, et al., 2007. U－Pb zircon, geochemical and Sr−Nd−Hf isotopic constraints on age and origin of Jurassic Island A−type granites from central Guangdong, SE China: a major igneous event in response to foundering of a subducted flat−slab? [J]. Lithos, 96(1): 186−204.

LI X H, LI Z X, ZHOU H W, 2002. U−Pb zircon geochronology, geochemistry and Nd isotopic study of Neoproterozoic bimodal volcanic rocks in the Kangdian Rift of South China: implications for the initial rifting of Rodinia[J]. Precambrian Research, 113(2): 135−154.

LI X, LI C, WESNOUSKY S G, et al., 2017. Paleoseismology and slip rate of the western Tianjingshan fault of NE Tibet, China[J]. Journal of Asian Earth Sciences, 146(4): 304−316.

LI Y L, HE J, WANG C S, et al., 2015. Cretaceous volcanic rocks in south Qiangtang terrane: products of northward subduction of the BangongNujiang Ocean?[J]. Journal of Asian Earth Sciences, 104(2): 69−83.

LI Y L, WANG C S, DAI J G, et al., 2015. Propagation of the deformation and growth of the Tibetan－Himalayan orogen: A review[J]. Earth−Science Reviews, 143(3):36−61.

LI Y, LIU M, WANG Q, et al., 2018. Present−day crustal deformation and strain transfer in northeastern Tibetan Plateau[J]. Earth and Planetary Science Letters, 487(2): 179−189.

LI Z X, LI X H, KINNY P D, 1999. The breakup of Rodinia: did it start with a mantle plume beneath South China?[J]. Earth and Planetary Science Letters, 173(6): 171−181.

LIN X, CHEN H, WYRWOLL K H, et al., 2010. Commencing uplift of the Liupan Shan since 9. 5Ma: Evidences from the Sikouzi section at its east side[J]. Journal of Asian Earth Sciences, 37(4): 350−360.

LIN Y H, ZHANG Z M, DONG X, et al., 2013. Precambrian Evolution of the Lhasa Terrane, Tibet: Constraintfrom the Zircon U−Pb Geochronology of the Gneisses[J]. Precambrian Research, 237(2): 64−77.

LIU D L, SHI R D, DING L, et al., 2017. Zircon U−Pb age and Hf isotopic compositions of Mesozoic granitoids in southern Qiangtang, Tibet: implications for the subduction of the Bangong−Nujiang Tethyan Ocean[J]. Gondwana Res,41(1): 157−172.

LIU S, HU R, GAO S, et al., 2012. U−Pb zircon age, geochemical and Sr−Nd isotopic data as constraints on the petrogenesis and emplacement time of andesites from Gerze, southern Qiangtang Block, northern Tibet[J]. Journal of Asian Earth Sciences, 45(2): 150−161.

LIU X, DONG H, YANG X, et al., 2009. Late Holocene forcing of the Asian winter and summer monsoon as evidenced by proxy records from the northern Qinghai－Tibetan Plateau[J]. Earth & Planetary Science Letters, 280 (1−4): 276−284.

LIU X, JI S, WANG S, et al., 2002. A 16000−year pollen record of Qinghai Lake and its paleo−climate and paleoenvironment[J]. Chinese Science Bulletin, 47(22): 1931−1936.

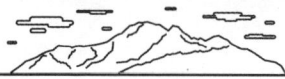

LIU X, SHI W, HU J, et al., 2019. Magnetostratigraphy and tectonic implications of Paleogene−Neogene sediments in the Yinchuan Basin, western North China Craton[J]. Journal of Asian Earth Sciences, 173(2): 61−69.

LIU Y S, GAO S, HU Z C, 2010a. Continental and oceanic crust recyclinginduced melt−peridotite interactions in the Trans−North China Orogen: U−Pb dating, Hf isotopes and trace elements in zircons from mantle xenoliths[J]. Jour Petrol, 51 (1−2): 537−571.

LIU Y S, HU Z C, ZONG K Q, 2010b. Reappraisement and refinement of zircon U−Pb isotope and trace element analyses by LA−ICP−MS[J]. Chinese Sci. Bull, 55(15): 1535−1546.

LIU Y S, HU Z C, GAO S, et al., 2008. In situ analysis of major and trace elements of anhydrous minerals by LA−ICP−MS without applying an internal standard[J]. Chemical Geol, 257(1−2): 34−43.

LIU Y, GAO S, HU Z, et al., 2010. Continental and Oceanic Crust Recycling−Induced Melt−Peridotite Interactions in the Trans−North China Orogen: U−Pb Dating, Hf Isotopesand Trace Elements in Zircons from Mantle Xenoliths[J]. Journal of Petrology, 51(1−2): 537−571.

LIU Y, HU C. 2016. Quantification of southwest China rainfall during the 8.2 ka BP event with response to North Atlantic cooling[J]. Climate of the Past Discussions, 21(2):1−13.

LÜCKE A, SCHLESER GH, ZOLITSCHKA B, et al., 2003. A late glacial and Holocene organic carbon isotope record of lacustrine palaeoproductivity and climate change derived from varved lake sediments of Lake Holzmaar, Germany [J]. Quatern Sci Rev, 22(2): 569−580.

LUDWIG K R, 2003. ISOPLOT 3.00: A Geochronological Toolkit for Microsoft Excel. Berkeley: Berkeley Geochronology[J]. Center Special Publication, 32(4): 1−70.

MA L, WANG Q, LI Z X, et al., 2013. Early Late Cretaceous (ca. 93 Ma) Noritesand Hornblendites in the Milin Area, Eastern Gangdese: Lithosphere−Asthenosphere Interactionduring Slab Roll−Back and an Insight into Early Late Cretaceous (ca. 100−80 Ma) Magmatic "Flare−Up" in Southern Lhasa (Tibet). Lithos,10 (172−173): 17−30.

MATTE P, TAPPONNIER P, ARNAUD N, et al., 1996. Tectonics of Western Tibet, between the Tarim and the Indus [J]. Earth Planet Sci Lett, 142(2): 311−330.

MCCARRON J J, SMELLIE J L, 1998. Tectonic implications of fore−arc magmatism and generation of high−magnesian andesites: Alexander Island, Antarctica[J]. Jour Geol Soc, 155(3): 269−280.

MCQUARRIE N, ROBINSON D, LONG S, et al., 2008. Preliminary stratigraphic and structural Architecture of Bhutan: Implications for the along strike architecture of the Himalayan system[J]. Earth and Planetary Science Letters, 272(3): 105−117.

MENG F Y, ZHAO Z D, ZHU D C, et al. 2014. Late Cretaceous magmatism in Mamba area, central Lhasa subterrane: Products of back−arc extension of Neo−Tethyan Ocean? [J]. Gondwana Research, 26(2): 505−520.

MEYERS P A, LALLIER V E, 1999. Lacustrine sedimentary organic matter records of Late Quaternary paleoclimates [J]. Journal of Paleolimnology, 21(4): 345−372.

MEYERS P A, ISHIWATARI R, 1993. lacustrine organic geochemistry−an overview of indicators of organic−matter sources and diagenesis in lake−sediments[J]. Org Geochem, 20(2): 867−900.

MEYERS P A, 1994. Preservation of elemental and isotopic source identification of sedimentary of organic matter[J]. Chem Geol, 114(2): 289−302.

MISHRA B, PAL N, SARBADHIKARIA A B, 2005. Fluid inclusion characteristics of the Uti gold deposit, Hutti−Maski greenstone belt, southern India[J]. Ore Geology Reviews, 26(2): 1−16.

MONCADA D, MUTCHLER S, NIETO A, et al., 2012. Mineral textures and fluid inclusion petrography of the epithermal Ag−Au deposits at Guanajuato, Mexico: Application to exploration[J]. Journal of Geochemical Exploration, 114(3): 20−35.

MORTON A C, HALLSWORTH C R, 1999. Processes Controlling the Composition of Heavy Mineral Assemblages in Sandstones[J]. Sedimentary Geology, 124(1−4): 3−29.

MULLEN E D, 1983. MnO/TiO2/P2O5: A minor element discriminent for basic rocks of oceanic environments and its implications for Petrogenesis[J]. Earth and Planetary Science Letters, 62(2): 53−62.

MURPHY M A, YIN A, 2003. Structural Evolutionand Sequence of Thrusting in the Tethyan Fold−Thrust Beltand

Indus—Yalu Suture Zone, Southwest Tibet[J]. Geological Society of America Bulletin, 115(1): 21–34.

MURPHY M, YIN A, HARRISON T, 1997. Significant crustal shortening in southcentral Tibet prior to the Indo–Asian collision[J]. Geology, 25(2): 719–722.

MYROW P M, HUGHES N C, GOODGE J W, et al., 2010. Extraordinary Transport and Mixing of Sedimentacross Himalayan Central Gondwana during the Cambrian—Ordovician[J]. Geological Society of America Bulletin, 122(9–10): 1660–1670.

MYROW P M, HUGHES N C, 2009. Strati–graphic Correlation of Cambrian—Ordovician Deposits along the Himalaya: Implications for the Age and Nature of Rocks in the Mount Everest Region[J]. Geological Society of America Bulletin, 121(3–4): 323–332.

NAPOLEON Q H, LAURENCE R, STEWART F, et al., 2011. Mineralogical, fluid inclusion and stable isotope characteristics of Birimian orogenic gold mineralization at the Morila Mine, Mali, West Africa[J]. Ore Geology Reviews, 39(2): 218–229.

NEAl C R, MAHONEY J J, CHAZEY W J, 2002. Mantle sources and the highly variable role of continental lithosphere in basalt petrogenesis of the Kerguelen Plateau and Broken Ridge LIP: results from ODP Leg 183[J]. Journal of Petrology, 43(2): 1177–1205.

North Greenland Ice Core Project Members, 2004. High–resolution record of Northern Hemisphere climate extending into the last interglacial period,[J] Nature, 431(3): 147–151.

OSMOND C B, VALAANE N, HASLAM S M, 1981. Comparisons of δ13C values in leaves of aquatic macrophytes from different habitats in Britain and Finland: some implications for photosynthetic processes in aquatic plants[J]. Oecologia, 50(1): 117–124.

PAL D C, PANIGRAHI M K, MISHRA B, 2006. Contrasting fluid inclusion characteristics of staniferous and non–staniferous pegmatites of Southeast Bastar, Central India[J]. Journal of Asian Earth Sciences, 28(2): 306–319.

PARRISH R R, HODGES K V, 1996. Isotopic constraints on the age and provenance of the lesser and greater Himalayan sequences, Nepalese Himalaya[J]. Geological Society of America Bulletin, 108(3): 904–911.

PATIÑO D A E, 1995. Experimental generation of hybrid silicic melts by reaction of high–Al basalt with metamorphic rocks[J]. Jour Geophys Res, 100(2): 15623–15639.

PEARCE J A, 1975. Basalt geochemistry used to investigate past tectonic environments on Cyprus[J]. Tectonophysics, 25(2): 41–67.

PEARCE J A, 1982. Trace element characteristics of lavas from destructive plate boundaries. Thorpe R S. Andesite, Orogenic Andesites and Related Rocks[M]. New York: John Wiley and Suns.

PEARCE J A, LIPPARD S J, ROBERTS S, 1984. Characteristics and tectonic significance of supra–subduction zone ophiolites[M]. London: Blackwell Scientific Publications.

PEARCE J A, 1983. Role of the sub–continental lithosphere in magma genesis at active continental margins[M]. Nantwish: Shiva.

PEARCE J A, HARRIS N B W, TINDLE A G, 1984. Trace element discrimination diagrams for the tectonic interpretation of granitic rocks[J]. Jour Petrol, 25(2): 956–983.

PEARCE J A, MEI H, 1988. Volcanic rocks of the 1985 Tibet geotraverse, Lhasa to Golmud[J]. Phil. Trans. R. Soc. Lond. , Ser. A, 327(4): 169–201.

PEARSON F J, COPLEN T B, 1978. Stable isotope studies of lake . Lakes: Chemistry, Geology, Physics[M]. New York: Springer–Verlag.

PRELL W L, KUTZBACH J E, 1992. Sensitivity of the Indian monsoon to forcing parameters and implication for its evolution[J]. Nature, 360(2) :647–650.

PULLEN A, KAPP P, GEHRELS G E, et al., 2008. Triassic continental subduction in central Tibet and Mediterranean–style closure of the Paleo–Tethys Ocean[J]. The Geological Society of America, 36(5): 351–354.

QIANG X K, LI Z X, POWELL C M, et al., 2001. Magnetostratigraphic record of the Late Miocene onset of the East Asian monsoon, and Pliocene uplift of northern Tibet[J]. Toxicology Letters, 187(S1–2): 83–93.

QU X M, WANG R J, XIN H B, et al., 2012. Age and petrogenesis of A–type granites in the middle segment of the

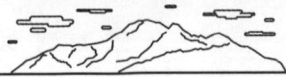

Bangonghu–Nujiang suture, Tibetan plateau[J]. Lithos, 146(2): 264–275.

RAPP R P, WATSON E B, 1995. Dehydration melting of metabasalt at 8–32kbar: implications for continental growth and crust–mantle recycling[J]. Journal of Petrology, 36(2): 891–931.

REIMER P, 2013. INTCAL13 and Marine 13 Radiocarbon Age Calibration Curves 0–50 000 Years Cal BP[J]. Radiocarbon, 55(4): 1869–1887.

REN J S, XIAO L W, 2004. Lifting the mysterious veil of the tectonics of the Qinghai–Tibet Plateau by 1:250000 geological mapping[J]. Geol Bull China, 23(1): 1–11.

RICKWOOD P C, 1989. Boundary lines within petrologic diagrams which use oxides of major and minor elements[J]. Lithos, 22(2): 247–263.

RINGWOOD A E, 1975. Composition and Petrology of the Earth's Mantle[M]. New York: McGraw–Hill.

RITTS B D, YUE Y J, GRAHAM S A, 2004. Oligocene–Miocene Tectonics and Sedimentation along the Altyn Tagh Fault, Northern Tibetan Plateau: Analysis of the Xorkol, Subei, and Aksay Basin[J]. The Journal of Geology, 112(2): 207–229.

ROGERS J, SANTOSH M, 2002. Configuration of Columbia, a Mesoproterozoic supercontinent [J]. Gondwana Research, 5(2): 5–22.

ROGERS J, SANTOSH M, 2009. Tectonics and surface effects of the supercontinent Columbia[J]. Gondwana Research, 15(3–4): 373–378.

SHACKLETON N J, OPDYKE N D, 1973. Oxygen isotope and palaeomagnetic stratigraphy of Equatorial Pacific core V28–238: Oxygen isotope temperatures and ice volumes on a 105 year and 106 year scale[J]. Quaternary Research, 3(1): 39–55.

SHACKLETON N J, OPDYKE N D, 1976. Oxygen–Isotope and Paleomagnetic Stratigraphy of Pacific Core V28–239 Late Pliocene to Latest Pleistocene[J]. Memoir of the Geological Society of America, 145(2): 449–464.

SHI W, DONG S, LIU Y, et al., 2015a. Cenozoic tectonic evolution of the South Ningxia region, northeastern Tibetan Plateau inferred from new structural investigations and fault kinematic analyses[J]. Tectonophysics, 649(2): 139–164.

SHI W, HU J M, CHEN H, et al., 2015b. Cenozoic Tectonic Evolution of the Arcuate Structures in the Northeast Tibetan Plateau[J]. Acta Geologica Sinica (English Edition), 89(2): 676–677.

SHUQING F, ZHU Z, OUYANG T, et al., 2010. Paleoenvironment changes from in Oxygen and Carbon Isotopic records of Planktonic Foraminifera from The Southern South China Sea since the last Glacial Stage[C]. Marine Geology Letters.

SIAHCHESHM K, CALAGARI A A, ABEDINI A, 2014. Hydrothermal evolution in the Maher–Abad porphyry Cu–Au deposit, SW Birjand, Eastern Iran: Evidence from fluid inclusions[J]. Ore Geology Reviews, 58(2): 1–13.

SMITH B N, EPSTEIN S, 1971. Two categories of 13C/12C ratios for higher plants[J]. Plant Physiol, 47(2): 380–384.

SONG Y, FREY F A, 1989. Geochemistry of peridotite xenoliths in basalt of Hannuoba, Eastern China: Implications for subcontinental mantle heterogeneity. Geochim[J]. Cosmochim. Acta, 53(2): 97–113.

STEWART M A, KLEIN E M, KARSON J A, 2002. Geochemistry of dikes and lavas from the north wallof the Hess Deep Rift: Insights into the four–dimensional character of crustal construction at fast spreading mid–ocean ridges [J]. Journal of Geophysical Research, 107(2): 2238–2240.

STRECKEISEN A, LEMAITRE R W, 1979. A chemical approximation to the modal QAPF classification of the igneous rocks[J]. Neues Jb Mineral Abh, 136(3): 169–206.

STREET–PERROTT F A, FICKEN K J, HUANG Y S, et al., 2004. Late Quaternary changes in carbon cycling on Mt. Kenya, East Africa: An overview of the δ13C record in lacustrine organic matter[J]. Quaternary Science Reviews, 23 (1): 861–879.

STUIVER M, 1975. Climate versus change in 13C content of the organic component of lake sediments during the Late Quaternary[J]. Quaternary Research, 5(2): 251–262.

SUI Q L, WANG Q, ZHU D C, et al., 2013. Compositional diversity of ca. 110Ma magmatism in the northern Lhasa Terrane, Tibet: Implications for the magmatic origin and crustal growth in a continent–continent collision zone[J].

Lithos, 168(4): 144–159.

SUN S S, MC D W F, 1989. Chemical and isotopic systematics of oceanic basalts: implications for the mantle composition and processes. Saunders A D, Norry M J. Magmatism in Ocean Basins Geology[M]. London: Geological Society Special Publication, 42(2): 313–345.

TAYLOR S R, MCLEANNAN S, 1985. The continental crust: its composition and evolution: An Examination of the Geochemical Record Preserved in Sedimentary Rocks[M]. Oxford:Blackwell Scientific Publication.

THOMPSON L G, MOSLEY–THOMPSON E, DAVIS M E et al., 2006. Ice core evidence for asynchronous glaciation on the Tibetan Plateau[J]. Quaternary International, 154(5):3–10.

THY P, MOORES E M, 1988. Crustal accretion and tectonic setting of the Troodos ophiolite, Cyprus[J]. Tectonophysics, 147(2): 221–245.

TIAN X, WU Q, ZHANG Z, 2005. Joint imaging by teleseismic converted and multiple waves and its application in the INDEPTH–III passive seismic array[J]. Geophysical Research Letters, 32(21): 82–87.

UREY H C, 1947. The thermodynamic properties of isotopic substances[J]. Quarterly Journal of the Chemical Society of London, 562(10): 562–581.

WANG L C, WANG C S, LI Y L, et al., 2011. Organic Geochemistry of Potential Source Rocks in the Tertiary Dingqinghu Formation, Nima Basin, Central Tibet[J]. Journal of Petroleum Geology, 34(1): 67–85.

WANG L, SARNTHEIN M, ERLENKEUSER H, et al., 1999. East Asian monsoon climate during the Late Pleistocene: high–resolution sediment records from the South China Sea[J]. Marine Geology, 156(S1–4): 245–284.

WANG Q, ZHU D C, ZHAO Z D, et al., 2014. Origin of the ca. 90 Ma magnesia–rich volcanic rocks in SE Nyima, central Tibet: Products of lithospheric delamination beneath the Lhasa–Qiangtang collision zone[J]. Lithos, 198(2): 24–37.

WANG S, SHI Y, FENG X, et al., 2021. Late Quaternary sinistral strike–slipping of the Liupanshan–Baoji fault zone: Implications for the growth of the northeastern Tibetan Plateau[J]. Geomorphology, 380(10): 107–108.

WANG W L, AITCHISON J C, LO C H, et al., 2008. Geochemistry and geochronology of the amphibolites blocks in ophiolite melanges along Bangong–Nujiang suture, central Tibet[J]. Jour. Asian Earth Sci, 33(1/2): 122–138.

WANG X B, BAO P S, DENG W M, 1987. Tectonic revolution of Himalaya lithosphere: Xizang ophiolite[M]. Beijing: Geological Publishing House.

WANG Y B, LIU X Q, YANG X D et al., 2008. A 4000–year moisture evolution recorded by sediments of Lake Kusai in the Hoh Xil area, northern Tibetan Plateau[J]. Journal of Lake Sciences, 20(5): 605–612.

WANG Y J, CHENG H ,EDWARDS R L, et al., 2001. A high–resolution absolute–dated late Pleistocene Monsoon record from Hulu Cave, China[J]. Science, 294(5550): 2345–2348.

WANG Z H, WANG Y S, XIE Y H, et al., 2005. The Tarenben oceanic–island basalts in the middle part of the Bangong–Nujiang suture zone and their geological implications[J]. Sedimentary Geology and Tethyan Geology, 25(1/2): 153–162.

WHALEN J B, CURRIE K L, CHAPPELL B W, 1987. A–type granites: Geochemical characteristics, discrimination and petrogenesis[J]. Contrib Mineral Petrol, 95(2): 407–419.

WIERSMA A P, RENSSEN H, GOOSSE H, et al., 2006. Evaluation of different freshwater forcing scenarios for the 8. 2 ka BP event in a coupled climate model[J]. Climate Dynamics, 27(7): 831–849.

WILKINSON J F G, 1982. The genesis of mid–oeean ridge basalt[J]. Earth Science Review, 18(2): 1–57.

WILSON M, 1989. Igneous Petrogenesis[M]. London:Academic Division of Unwin Hyman Ltd.

WINGATE M T D, CAMPBELL I H, GIBSON G M, 1998. Ion microprobe U–Pb ages for Neoproterozoic–basaltic magmatism in south central Australia and implications for the breakup of Rodinia[J]. Precambrian Research, 87(2): 135–159.

WOLF M B, WYLLIE P J, 1994. Dehydration–melting of amphibolite at 10 kbar: the effects of temperature and time [J]. Contrib Mineral Petrol, 115(2): 369–383.

WU F Y, JAHN B M, WILDE S A, et al., 2003a. Highly fractionated I–type granites in NE China (I):geochronology and petrogenesis[J]. Lithos, 66(3): 241–273.

WU F Y, JAHN B M, WILDE S A, et al., 2003b. Highly fractionated I-type granites in NE China (Ⅱ): isotopic geochemistry and implications for crustal growth in the Phanerozoic[J]. Lithos, 67(3): 191-204.

WU H, LI C, HU P Y, et al., 2013. The discovery of Qushenla volcanic rocks in Tasepule area of Nyima Country, Tibet, and its geological significance[J]. Geol. Bull. China, 32(7): 1014-1026.

WU H, LI C, XU M J, et al., 2015. Early Cretaceous Adakitic Magmatism in the Dachagou Area, Northern Lhasa Terrane, Tibet: Implications for Slab Roll-Back and Subsequent Slab Break-Off of the Lithosphere of the Bangong-Nujiang Ocean[J]. Journal of Asian Earth Sciences, 97(2): 51-66.

WU Z H, YE P S, HU D G, et al., 2003. Crust Deformation and TectonicGeonomorphic Evolution of the Central Tibet Plateau[M]. Beijing: Geological Publishing House.

XU B, CAO J, LI Z, et al., 2014. Post-depositional enrichment of black soot in snow-pack and accelerated melting of Tibetan glaciers[J]. Environmental Research Letters, 7(1): 17-35.

XU Q, DING L, ZHANG L Y, 2013. Paleogene high Elevations in the Qiangtang Terrane, Central Tibetan Plateau[J]. Earth and Planetary Science Letters, 362(2): 31-42.

XU R H, SCHARER U, ALLEGRE C J, 1985. Magmatism and metamorphism in thc Lhasa block (Tibet): a geochronological study[J]. Journal of Geology, 93(2): 41-57.

XU Y, ZHANG K, YANG Y, et al., 2018. Neogene evolution of the north-eastern Tibetan Plateau based on sedimentary, paleoclimatic and tectonic evidence[J]. Palaeogeography, Palaeoclimatology, Palaeoecology, 512(3): 33-45.

YAO L, ZHAO Y, GAO S, et al., 2011. The peatland area change in past 20 years in the Zoige Basin, eastern Tibetan Plateau[J]. Frontiers of Earth Science, 5(3): 271-275.

YAO T, 1997. Climatic and environmental record in the past about 2000 years from the Guliya Core[J]. Quaternary sciences, 1(2): 52-61.

YE M F, LI X H, LI W X, et al., 2007. SHRIMP zircon U-Pb geochronological and whole-rock geochemical evidence for a nearly Neoproterozoic Sibaoan magmatic arc along the southeastern margin of the Yangtze Block[J]. Gondwana Res, 12(2): 144-156.

YIN A, HARRISON T M, 2000. Geologic evolution of the Himalayan-Tibetan orogen[J]. Annual review of earth and planetary sciences, 28(1): 211-280.

YU X, 2006. Preliminary study of element abnormity recorded in HongYuan Peatland Since 6000 aB. P. and the possible information of ancient human activity [J]. Quaternary Sciences, 26(4): 597-603.

YUAN H L, GAO S, LIU X M, et al., 2004. Accurate U-Pb age and trace element determinations of zircon by laser ablation-inductively coupled plasma-mass spectrometry[J]. Geostandards and Geoanalytical Res, 28(3): 353-370.

ZHANG J, DICKSON C, CHENG H Y, 2010. Sedimentary characteristics of Cenozoic strata in central-southern Ningxia, NW China: Implications for the evolution of the NE Qinghai-Tibetan Plateau[J]. Journal of Asian Earth Sciences, 39(6): 740-759.

ZHANG J, WANG Y, ZHANG B, et al., 2016. Tectonics of the Xining Basin in NW China and its implications for the evolution of the NE Qinghai-Tibetan Plateau[J]. Basin Research, 28(2): 159-182.

ZHANG K J, XIA B D, WANG G M, et al., 2004. Early Cretaceous Stratigraphy, Depositional Environments, Sandstone Provenance, and Tectonic Setting of Central Tibet, Western China[J]. Geological Society of America Bulletin, 116(9): 1202-1222.

ZHANG K J, XIA B, ZHANG Y X, et al., 2014. Central Tibetan Meso-Tethyan oceanic plateau[J]. Lithos, 211(2): 278-288.

ZHANG K J, ZHANG Y X, TANG X C, et al., 2012. Late Mesozoic tectonic evolution and growth of the Tibetan plateau prior to the Indo-Asian collision[J]. Earth Sci. Rev, 114(3): 36-49.

ZHANG K J, ZHANG Y X, LI B, 2007. Nd isotopes of siliciclastic rock from Tibet, western China: Constrains on provenance and pre-Cenozoic tectonic evolution[J]. Earth and Planetary Science Letters, 256(2): 604-616.

ZHANG X P, SHI Y F, YAO T D, 1995. Variations of stable isotopic compositions in precipitation on the northeast Tibetan Plateau[J]. Science in China: Ser. B, 25(5): 540-547.

ZHANG Y X, LI Z W, YANG W G, et al., 2017. Late Jurassic-Early Cretaceous episodic development of the Bangong Meso-Tethyan subduction: Evidence from elemental and Sr-Nd isotopicgeochemistry of arc magmatic rocks, Gaize region, central Tibet, China[J]. Journal of Asian Earth Sciences, 135(2): 212-242.

ZHANG Y X, ZHANG K J, LI B, et al., 2007. Zircon SHRIMP U-Pb dating and petrogenesis of plagiogranite from Lagkor Lake ophiolite, Gerze, Xizang, China[J]. Chinese Science Bulletin, 52(5): 651-659.

ZHANG Z, WANG H, GUO Z, et al., 2007. What triggers the transition of palaeoenvironmental patterns in China, the Tibetan Plateau uplift or the Paratethys Sea retreat?[J]. Palaeogeography Palaeoclimatology Palaeoecology, 245(3-4): 317-331.

ZHAO Q, JIAN Z, WANG J, et al., 2001. Neogene oxygen isotopic stratigraphy, ODP Site 1148, northern South China Sea[J]. Earthences, 44(10): 934-942.

ZHAO Y, YU Z C, CHEN F H, et al., 2007. Holocene vegetation and climate history at Hurleg Lake in Qaidam Basin, North West China[J]. Review of Palaeobotany and Palynology, 145(3-4): 275-288.

ZHU D C, LI S M, CAWOOD P A, et al., 2016. Assembly of the Lhasa and Qiangtang terranes in central Tibet by divergent double subduction[J]. Lithos, 245(2): 7-17.

ZHU D C, MO X X, NIU Y L, et al., 2009b. Geochemical investigation of Early Cretaceous igneous rocks along an east-west traverse throughout the central Lhasa Terrane, Tibet[J].Chemical Geology, 268(2): 298-312.

ZHU D C, MO X X, WANG L Q, et al., 2009. Petrogenesis of highly fractionated I-type granites in the Zayu area of eastern Gangdese, Tibet: constraints from zircon U – Pb geochronology, geochemistry and Sr – Nd – Hf isotopes[J]. Sci. China, Ser. D Earth Sci, 52(9): 1223-1239.

ZHU D C, MO X X, ZHAO Z D, et al., 2009a. Permianand Early Cretaceous Tectonomagmatism in Southern Tibet and Tethyan Evolution: New Perspective[J]. Earth Science Frontiers, 16(2): 1-20.

ZHU D C, WANG Q, ZHAO Z D, et al., 2015. Magmatic record of India-Asia collision[J]. Scientific Reports, 5 (2): 142.

ZHU D C, ZHAO Z D, NIU Y L, 2011. The Lhasa Terrane:Record of a microcontinent and its histories of drift and growth[J]. Earth and Planetary Science Letters, 301(3): 241-255.

ZHU D C, ZHAO Z D, NIU Y L, et al., 2011. Lhasa Terranein Southern Tibet Came from Australia[J]. Geology, 39(8): 727-730.

ZHU D C, ZHAO Z D, NIU Y L, et al., 2013. The Origin and Pre-Cenozoic Evolution of the Tibetan Plateau[J]. Gondwana Research, 23(4): 1429-1454.

艾华国, 兰林英, 朱宏权, 等, 1998. 伦坡拉第三纪盆地的形成机理和石油地质特征[J]. 石油学报, 19(2): 21-27.

安凯旋, 2019.酒西盆地新生代沉积、剥露过程及对青藏高原东北缘生长的启示[D]. 杭州: 浙江大学.

白世彪, 2002. 柴达木盆地钻孔自然伽玛曲线记录的长时段短尺度古气候变化[D]. 南京: 南京师范大学.

柏春广, 王建, 2003. 一种新的粒度指标: 沉积物粒度分维值及其环境意义[J]. 沉积学报, 21(2): 234-239.

鲍佩声, 肖序常, 苏犁, 2007. 西藏洞错蛇绿岩的构造环境: 岩石学、地球化学和年代学[J]. 中国科学, 37(3): 298-307.

曹忠权, 张智, 田小波, 2007. 青藏高原班公湖-怒江缝合带域岩石密度结构及意义[J]. 地球物理学报, 50(2): 523-528.

曾荣, 薛春纪, 刘淑文, 2007. 云南金顶铅锌矿床成矿流体与流体的稀土元素研究[J]. 地质与勘探, 43(2): 55-60.

常青松, 2012. 西藏羌塘地块南缘热那错火山岩的岩石学,年代学和地球化学[D]. 北京:中国地质大学.

常青松, 朱弟成, 赵志丹, 2011. 西藏羌塘南缘热那错早白垩世流纹岩锆石U-Pb年代学和Hf同位素及其意义[J]. 岩石学报, 27(7): 2034-3040.

陈虹, 胡健民, 公王斌, 等, 2013. 青藏高原东北缘牛首山-罗山断裂带新生代构造变形与演化[J]. 地学前缘, 20(4): 18-35.

陈敬安, 万国江, 汪福顺, 等, 2002. 湖泊现代沉积物碳环境记录研究[J]. 中国科学(D), 5(1): 73-80.

陈敬安, 万国江, 张峰, 等, 2003. 不同时间尺度下的湖泊沉积物环境记录-以沉积物粒度为例[J]. 中国科学(D), 33(6): 563-568.

陈骏, 汪永进, 陈旸, 等, 2001. 中国黄土地层Rb和Sr地球化学特征及其古季风气候意义[J]. 地质学报, 75(2):

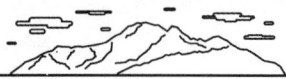

259-266.

陈全红, 李厚文, 高永祥, 2007. 鄂尔多斯盆地上三叠统延长组深湖沉积与油气聚集意义[J]. 中国科学(D), 37(增刊1): 39-48.

陈衍景, 倪培, 范宏瑞, 等, 2007. 不同类型热液金矿系统的流体包裹体特征[J]. 岩石学报, 23(9): 2085-2093.

陈一萌, 陈兴盛, 宫辉力, 等, 2006. 土壤颜色: 一个可靠的气候变化代用指标[J]. 干旱区地理, 29(3): 309-313.

陈玉禄, 江元生, 2002. 西藏班戈-切里错地区早白垩世火山岩的时代确定及意义[J]. 地质力学学报, 8(1): 43-49.

陈忠, 2007. 冰消期晚期以来德令哈尕海湖气候环境演变的碳、氧同位素记录[D]. 西宁: 中国科学院青海盐湖研究所.

成都地质学院陕北队, 1978. 沉积岩(物)粒度分析及其应用[D]. 北京: 地质出版社.

程彧, 2005. 六盘山山前新生代沉积盆地高精度磁性地层与青藏高原东北边界变形隆升[D]. 兰州: 兰州大学.

从柏林, 吴根耀, 1993. 中国滇西古特提斯构造带岩石大地构造演化[J]. 中国科学(B辑), 23(11): 1201-1207.

戴霜, 方小敏, 宋春晖, 等, 2005. 青藏高原北部的早期隆升[J]. 科学通报, 10(7): 673-683.

邓斌, 冉波, 叶玥豪, 等, 2017. 阿尔金断裂东端酒西盆地古近系物源分析及意义[J]. 成都理工大学学报(自然科学版), 44(3): 305-317.

邓辉, 2014. 宁南盆地新生代沉积-构造面貌及其演化[D]. 西安: 西北大学.

邓希光, 丁林, 刘小汉, 2002. 青藏高原羌塘中部蓝片岩的地球化学特征及其构造意义[J]. 岩石学报, 18(2): 517-525.

丁慧霞, 张泽明, 向华, 等, 2015. 青藏高原拉萨地体北部早白垩世火山岩的成因及意义[J]. 岩石学报, 31(5): 1247-1267.

丁林, 2017. 印度与欧亚大陆初始碰撞时限、封闭方式和过程[J]. 中国科学(D), 47(3): 293-309.

丁林, 张进江, 周勇, 1999. 青藏高原岩石圈演化的记录: 藏北超钾质及钠质火山岩的岩石学与地球化学特征[J]. 岩石学报, 15(1): 408-414.

丁敏, 庞奖励, 黄春长, 等, 2010. 全新世黄土-古土壤序列色度特征及气候意义: 以关中平原西部梁村剖面为例[J]. 陕西师范大学学报: 自然科学版, 20(5): 92-97.

丁仲礼, 孙继敏, 刘东生, 1999. 联系沙漠-黄土演变过程中耦合关系的沉积学指标[J]. 中国科学(D), 29(1): 82-87.

丁仲礼, 孙继敏, 余志伟, 等, 1998. 黄土高原过去130ka来古气候事件年表[J]. 科学通报, 10(6): 567-574.

董春艳, 李才, 万渝生, 2011. 西藏羌塘龙木错-双湖缝合带南侧奥陶纪温泉石英岩碎屑锆石年龄分布模式: 构造归属及物源区制约[J]. 中国科学(D), 41(3): 299-308.

董进国, 吉云松, 钱鹏, 2013. 黄土高原洞穴石笋记录的8.2kaBP气候突变事件[J]. 第四纪研究, 33(5): 1034-1036.

董铭淳, 赵志丹, 朱弟成, 等, 2015. 西藏林周盆地中酸性脉岩的年代学、地球化学和岩石成因[J]. 岩石学报, 31(5): 1268-1284.

杜德道, 曲晓明, 王根厚, 等, 2011. 西藏班公湖-怒江缝合带西段中特提斯洋盆的双向俯冲: 来自岛弧型花岗岩锆石U-Pb年龄和元素地球化学的证据[J]. 岩石学报, 27(7): 1993-2002.

段克勤, 姚檀栋, 王宁练, 等, 2012. 青藏高原中部全新世气候不稳定性的高分辨率冰芯记录[J]. 中国科学(D), 42(9): 1441-1449.

范小露, 田明中, 刘斯文, 2014. 巴丹吉林沙漠东南部末次间冰期环境演变: 来自粒度、光释光(OSL)及~(14)C测年的证据[J]. 干旱区地理, 37(5): 892-900.

方世虎, 宋岩, 赵孟军, 等, 2010. 酒西盆地中新生代碎屑组分特征及指示意义[J]. 地学前缘, 17(5): 306-314.

方小敏, 赵志军, 李吉均, 等, 2004. 祁连山北缘老君庙背斜晚新生代磁性地层与高原北部隆升[J]. 中国科学(D), 5(2): 97-106.

方修琦, 葛全胜, 郑景云, 2004. 全新世寒冷事件与气候变化的千年周期[J]. 自然科学进展, 14(4): 456-461.

房建军, 2009. 宁南盆地沉积构造演化与改造[D]. 西安: 西北大学.

冯松, 张拥军, 朱德琴, 等, 2005. 近2000年古里雅冰芯净积累量与南疆盆地南沿的干湿变化[J]. 地理科学, 25(2): 221-225.

冯晔, 廖六根, 黄俊平, 等, 2005. 西藏日土县拉热拉新花岗岩体特征及构造环境[J]. 东华理工学院学报, 28(4): 317-324.

付修根, 2005. 兰坪陆相盆地演化与金属矿床的形成[J]. 地球科学与环境学报, 27(2): 26-32.

付修根, 2008. 北羌塘中生代沉积盆地演化及油气地质意义[D]. 北京: 中国地质科学院.

耿全如, 潘桂棠, 王立全, 等, 2011. 班公湖-怒江带羌塘地块特提斯演化与成矿地质背景[J]. 地质通报, 31(8): 1261-1274.

龚建明, 张剑, 陈小慧, 等, 2014. 青藏高原祁连山与乌丽冻土区水合物成藏条件研究[J]. 石油天然气学报, 36(2): 1-5.

顾兆炎, 刘宗秀, 许冰, 等, 2009. 末次冰期黄土中蜗牛壳体碳酸盐同位素组成与其环境指示意义[J]. 第四纪研究, 29(1): 13-22.

国家地震局地质所, 1990. 宁夏回族自治区地震局. 海原活动断裂带[M]. 北京: 地震出版社.

韩鹏, 2008. 宁南盆地群第三系磁学特征及地质构造意义[D]. 西安: 西北大学.

韩淑媞, 袁玉江, 1990. 新疆巴里坤湖35000年来古气候变化序列[J]. 地理学报, 5(3): 350-362.

何龙清, 陈开旭, 余凤鸣, 2004. 云南兰坪盆地推覆构造及其控矿作用[J]. 地质与勘探, 40(4): 7-12.

何明勤, 宋焕斌, 冉崇英, 1998. 云南兰坪金满铜矿改造成因证据[J]. 地质与勘探, 4(2): 13-15.

何世平, 李荣社, 王超, 等, 2013. 青藏高原拉萨地块发现古元古代地体[J]. 地球科学, 38(3): 519-528.

何世平, 李荣社, 王超, 2011. 青藏高原北羌塘昌都地块发现~4.0Ga碎屑锆石[J]. 科学通报, 56(8): 573-582.

和钟铧, 李才, 杨德明, 等, 2002. 羌塘盆地三叠纪岩相古地理及构造控制[J]. 古地理学报, 4(4): 9-18.

贺赤诚, 张岳桥, 李建, 等, 2019. 青藏高原东北隅马衔山断裂带及周缘白垩纪-新生代沉积和构造变形历史[J]. 地球学报, 40(4): 563-606.

洪冰, 林庆华, 洪业汤, 等, 2004. 全新世青藏高原东部西南季风的演变[J]. 地球与环境, 32(1): 42-49.

侯居峙, WILLIAM J D, 柳中晖, 2012. 湖泊碳库效应对青藏高原气候变化解释的影响探讨[J]. 第四纪研究, 32(3): 441-453.

胡道功, 吴珍汉, 江万, 2004. 藏北纳木错西缘前寒武纪辉长岩变质变形年代学研究[J]. 岩石学报, 20(3): 627-631.

黄辉, 朱利东, 杨文光, 等, 2012. 西藏尼玛北部新生代盆地沉积记录及控盆机理[J]. 地质通报, 31(6): 936-942.

黄继钧, 2001. 羌塘盆地基底构造特征[J]. 地质学报, 75(3): 333-337.

黄文敏, 伍永秋, 潘美慧, 等, 2014. 西藏安多剖面沉积物粒度特征及环境意义[J]. 中国沙漠, 34(2): 349-357.

季军良, 洪汉烈, 肖国桥, 等, 2013. 青藏高原新近纪重大气候事件演化序列[J]. 地质通报, 32(1): 120-129.

贾艳艳, 邢学军, 孙国强, 等, 2015. 柴北缘西段古-新近纪古气候演化[J]. 地球科学, 40(12): 1955-1967.

贾玉连, 施雅风, 马春梅, 等, 2004. 40kaBP以来亚非季风演化趋势及青藏高原泛湖期[J]. 地理学报, 59(6): 829-840.

贾玉连, 施雅风, 王苏民, 等. 2001. 40ka以来青藏高原的4次湖涨期及其形成机制初探[J]. 中国科学, 5(B12): 241-251.

解习农, 李思田, 1993. 陆相盆地层序地层研究特点[J]. 地质科技情报, 12(1): 22-26.

金海燕, 翦知湣, 谢昕, 等, 2011. 南海北部晚第四纪高分辨率元素比值反映的东亚季风演变[J]. 第四纪研究, 31(2): 207-215.

金章东, JIMIN, 吴艳宏, 等, 2007. 8.2kaBP冷气候事件确实在中国发生过吗?[J]. 地质论评, 53(5): 616-623.

金章东, 王苏民, 沈吉, 等, 2004. 全新世岱海流域化学风化及其对气候事件的响应[J]. 地球化学, 33(1): 29-36.

康志强, 许继峰, 王保弟, 等, 2009. 拉萨地块北部白垩纪多尼组火山岩的地球化学: 形成的构造环境[J]. 地球科学, 34(1): 89-104.

康志强, 许继峰, 王保弟, 等, 2010. 拉萨地块北部去申拉组火山岩: 班公湖-怒江特提斯洋南向俯冲的产物[J]. 岩石学报, 26(10): 3106-3116.

柯学, 季军良, 宋博文, 等, 2013. 柴达木盆地大红沟剖面新生代地层岩石磁学特征与环境演变[J]. 地质通报, 32(1): 111-119.

寇琳琳, 李振宏, 董晓朋, 等, 2021. 青藏高原东北缘隆德观音店剖面碎屑锆石年龄序列及地质意义[J]. 地质力学学报, 27(6): 1051-1064.

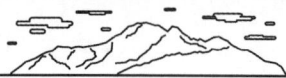

赖绍聪, 刘池阳, 2003. 青藏高原安多岛弧型蛇绿岩地球化学及成因[J]. 岩石学报, 19(4): 675-681.

雷启云, 张培震, 2016. 青藏高原东北缘三关口-牛首山断裂的右旋走滑与弧形构造带扩展[J]. 中国科学(D), 46(5): 691-705.

李炳元, 2000. 青藏高原大湖期[J]. 地理学报, 55(2): 174-182.

李才, 2008. 青藏高原龙木错-双湖-澜沧江板块缝合带研究二十年[J]. 地质论评, 54(2): 600-614.

李才, 程立人, 胡克, 1995. 西藏龙木错-双湖古特提斯缝合带研究[M]. 北京: 地质出版社.

李才, 羌塘, 2003. 基底质疑[J]. 地质论评, 49(1): 4-9.

李才, 翟庆国, 程立人, 2005. 青藏高原羌塘地区几个关键地质问题的思考[J]. 地质通报, 24(4): 295-301.

李才, 1997. 西藏羌塘中部蓝片岩青闪石40Ar-39Ar定年及其地质意义[J]. 科学通报, 42(2): 488-489.

李奋其, 刘伟, 耿全如, 2010. 西藏冈底斯带那曲地区中生代火山岩的LA-ICP-MS锆石U-Pb年龄和地质意义[J]. 地球学报, 31(6): 781-790.

李海兵, 许志琴, 杨经绥, 等, 2007. 阿尔金断裂带最大累积走滑位移量:900km[J]. 地质通报, 26(10): 1288-1298.

李金祥, 李光明, 秦克章, 等, 2008. 班公湖带多不杂富金斑岩铜矿床斑岩-火山岩的地球化学特征与时代:对成矿构造背景的制约[J]. 岩石学报, 24(3): 531-543.

李久乐, 胡能高, 徐柏青, 等, 2009. 普若岗日冰芯中不溶微粒元素地球化学特征对气候环境的指示意义[J]. 地球化学, 38(4): 358-365.

李久乐, 徐柏青, 林树标, 等, 2011. 青藏高原南部枪勇错冰前湖泊沉积记录的近千年来冰川与气候变化[J]. 地球科学与环境学报, 33(4): 402-411.

李明涛, 李黎明, 梁志荣, 2020. 宁夏同心地区古近纪-新近纪沉积岩地球化学特征及意义[J]. 矿物岩石地球化学通报, 39(2): 304-318.

李世杰, BERND, WUENNEMANN, 等, 2009. 青藏高原兹格塘错沉积记录的全新世水位变化事件及其原因初步研究[J]. 地学前缘, 16(6): 162-167.

李世杰, 陈炜, 姜永见, 等, 2012. 青藏高原全新世气候环境变化的冰川、冰缘和湖泊沉积记录[J]. 第四纪研究, 32(1): 151-157.

李世杰, 李树德, 1992. 青海可可西里地区第四纪冰川与环境演化[J]. 冰川冻土, 14(4): 316-324.

李世杰, 王小天, 夏威岚, 等, 2004. 青藏高原苟鲁错湖泊沉积记录的小冰期气候变化[J]. 第四纪研究, 24(5): 578-584.

李伟, 2012. 西藏改则地区去申拉组火山岩地球化学特征及锆石年代学制约[D]. 北京:中国地质大学.

李新男, 李传友, 张培震, 等, 2016. 香山-天景山断裂带西段的运动性质变化及其成因机制[J]. 地震地质, 38(3): 732-746.

李徐生, 韩志勇, 杨达源, 等, 2006. 末次冰期鄱阳湖西南缘地区的风尘堆积[J]. 海洋地质与第四纪地质, 26(1): 101-108.

李紫烨, 刘晓雨, 方学志, 等, 2014. 赤城县梁家沟铅锌银多金属矿床流体包裹体特征及其意义[J]. 地质找矿论丛, 29(3): 387-391.

梁潇云, 刘屹岷, 吴国雄, 2006. 热带、副热带海陆分布与青藏高原在亚洲夏季风形成中的作用[J]. 地球物理学报, 49(4): 983-992.

廖群安, 李德威, 袁晏明, 2007. 西藏高喜马拉雅定结和北喜马拉雅拉轨岗日古元古花岗质片麻岩的年代学及其意义[J]. 中国科学(D), 37(12): 1579-1587.

林文第, 陈德泉, 1990. 藏北改则-色哇地区的蛇绿岩特征[J]. 成都地质学院院报, 17(2): 17-25.

林秀斌, 陈汉林, 2009. 青藏高原东北部隆升:来自宁夏同心小洪沟剖面的证据[J]. 地质学报, 83(4): 455-467.

林勇杰, 郑绵平, 王海雷, 2014. 青藏高原中部色林错矿物组合特征对晚全新世气候的响应[J]. 科技导报, 5(35): 35-40.

刘德汉, 1995. 包裹体研究-盆地流体追踪的有力工具[J]. 地学前缘, 2(4): 149-154.

刘登忠, 陶晓风, 朱利东, 1999. 滇西兰坪盆地盆山耦合[M]. 成都:西南交通大学出版社.

刘东生, 1985. 黄土与环境[M]. 北京: 科学出版社.

刘刚, 刘普灵, 张琼, 等, 2013. 陕北黄土区全新世气候替代指标意义及其关系[J]. 海洋地质与第四纪地质, 4(6): 139-146.

刘光秀, 施雅风, 1997. 青藏高原全新世大暖期环境特征之初步研究[J]. 冰川冻土, 19(2): 114-123.

刘焕才, 段克勤, 2012. 北大西洋涛动对青藏高原夏季降水的影响[J]. 冰川冻土, 34(2): 311-318.

刘家军, 李朝阳, 潘家永, 2000. 云南-思茅盆地砂页岩中铜矿床成矿物质来源研究[J]. 地质与勘探, 36(4): 16-19.

刘建峰, 迟效国, 赵秀羽, 2009. 青藏高原北部新生代走构油茶错、纳丁错火山岩年代学、地球化学特征及其构造意义[J]. 岩石学报, 25(12): 3259-3270.

刘康, 2020. 青藏高原东北缘老龙湾盆地磁性地层研究及其构造意义[M]. 北京: 中国地震局地质研究所.

刘平, 夏斌, 唐在秋, 等, 2008. 北部湾盆地涠西南凹陷储集层流体包裹体[J]. 石油勘探与开发, 35(2): 164-170.

刘琦胜, 江万, 简平, 等, 2006. 宁中白云母二长花岗岩SHRIMP锆石U-Pb年龄及岩石地球化学特征[J]. 岩石学报, 22(3): 643-652.

刘维明, 2013. 川西高原黄土记录的末次冰期气候变化[J]. 吉林大学学报（地球科学版）, 43(3): 974-982.

刘伟, 李奋其, 杨晓勇, 等, 2012. 西藏南木林县罗扎地区早白垩世流纹岩锆石U-Pb年龄及地球化学特征[J]. 中国地质, 39(5): 1151-1161.

刘晓波, 2019. 鄂尔多斯地块西缘新生代盆地演化[D]. 北京：中国地质科学院.

刘新社, 周立发, 侯云东, 2007. 运用流体包裹体研究鄂尔多斯盆地上古生界天然气成藏[J]. 石油学报, 28(6): 37-42.

刘兴起, 王苏民, 沈吉, 等, 2003. 16 ka以来青海湖沉积物有机碳同位素的变化特征及其影响因素[J]. 自然科学进展, 13(2): 169-173.

刘永前, 方小敏, 宋春晖, 等, 2009. 青藏高原东北缘六盘山地区新生代构造旋转及其意义[J]. 大地构造与成矿学, 33(2): 189-198.

卢焕章, 范宏瑞, 倪培, 等, 2004. 流体包裹体[M]. 北京:科学出版社.

鲁雪松, 宋岩, 柳少波, 等, 2012. 流体包裹体精细分析在塔中志留系油气成藏研究中的应用[J]. 中国石油大学学报(自然科学版), 36(4): 45-76.

陆洁民, 郭召杰, 赵泽辉, 等, 2004. 新生代酒西盆地沉积特征及其与祁连山隆升关系的研究[J]. 高校地质学报, 2 (1): 50-61.

陆松年, 2004. 初论"泛华夏造山作用"与加里东和泛非造山作用的对比[J]. 地质通报, 23(9-10): 952-957.

鹿化煜, 马海州, 谭红兵, 等, 2001. 西宁黄土堆积记录的最近13万年高原季风气候变化[J]. 第四纪研究, 21(5): 416-426.

鹿化煜, 张红艳, 曾琳, 等, 2015. 温度影响东北地区更新世植被变化的黄土记录[J]. 第四纪研究, 35(4): 828-836.

罗本家, 戴光亚, 潘泽雄, 1996. 班公湖-丁青缝合带老第三纪陆相盆地含油前景[J]. 地球科学, 21(2): 163-167.

罗亮, 安显银, 吴年文, 等, 2014. 班公湖-双湖-怒江-昌宁-孟连新元古代-中生代沉积盆地演化[J]. 地球科学, 39(8): 1170-1179.

罗照华, 肖序常, 曹永清, 等, 2001. 青藏高原北缘新生代幔源岩浆活动及构造运动性质[J]. 中国科学(D),2 (S1): 8-13.

吕厚远, 顾兆炎, 吴乃琴, 等, 2001. 海拔高度的变化对青藏高原表土δ13Corg的影响[J]. 第四纪研究, 5(5): 399-406.

吕新苗, 朱立平, NISHIMURA M, 等, 2011. 西藏南部普莫雍错19calkaBP以来高分辨率环境记录[J]. 科学通报, 2(24): 2006-2016.

马立祥, 张二华, 鞠俊成, 等, 1996. 西藏伦坡拉盆地下第三系沉积体系域基本特征[J]. 地球科学, 21(2): 174-178.

马丽芳, 鲍晶, 应红, 等, 2016. 祁连山北缘酒西盆地新生代沉积通量变化对周缘山体构造隆升—风化剥蚀历史的响应[J]. 沉积学报, 34(1): 49-57.

马丽芳, 2015. 青藏高原东北缘酒西盆地新生代沉积通量变化及其主控因素研究[D]. 兰州：兰州大学.

马龙, 吴敬禄, 2009. 安固里淖湖积物中总有机碳含量及其碳同位素的环境意义[J]. 自然资源学报, 24(6): 1099-1104.

马庆峰, 朱立平, 吕新苗, 等, 2014. 花粉揭示的青藏高原西南部塔若错全新世以来植被与气候变化[J]. 科学通

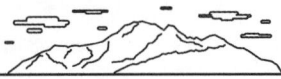

报,4 (26): 2630-2642.

梅冥相, 苏德辰, 2013. 青藏高原隆升的沉积学响应:来自甘肃酒泉地区新生代风成砂岩的启示[J]. 古地理学报, 15(3): 351-361.

孟俊, 2013. 西藏高原晚中生代以来重要构造事件的古地磁学约束[D]. 北京:中国地质大学.

莫宣学, 2009. 青藏高原岩浆岩成因研究:成果与展望[J]. 地质通报, 28(12): 1693-1704.

莫宣学, 董国臣, 赵志丹, 等, 2006. 西藏冈底斯带花岗岩的时空分布特征及地壳生长演化信息[J]. 高校地质学报, 11(10): 281-290.

莫宣学, 赵志丹, 邓晋福, 等, 2003. 印度-亚洲大陆主碰撞过程的火山作用响应[J]. 地学前缘, 10(3): 135-145.

牟传龙, 王剑, 余谦, 1999. 兰坪中新生代沉积盆地演化[J]. 矿物岩石, 19(3): 30-36.

牟世勇, 贺永忠, 朱勋, 等, 2007. 西藏改则西北部喀湖错把拉湖区13kaBP以来的湖泊沉积与环境演化[J]. 地质通报, 26(1): 94-99.

倪培, 范宏瑞, 丁俊英, 2014. 流体包裹体研究进展[J]. 矿物岩石地球化学通报, 33(1): 1-5.

宁夏回族自治区地质矿产局, 1982. 宁夏回族自治区区域地质志[M]. 北京:地质出版社.

潘桂棠, 2004. 青藏高原及邻区地质图[M]. 成都:成都地图出版社.

潘桂棠, 莫宣学, 侯增谦, 等, 2006. 冈底斯造山带的时空结构及演化[J]. 岩石学报, 22(3): 521-533.

潘桂棠, 王立全, 朱弟成, 2004. 青藏高原区域地质调查中几个重大科学问题的思考[J]. 地质通报, 2(1): 12-19.

彭萍, 朱立平, 鞠建廷, 等, 2012. 西藏普莫雍错介形类反映的中晚全新世以来湖面波动与环境变化[J]. 气候变化研究进展, 8(5): 334-341.

齐文, 2005. 西藏扎布耶盐湖30.0kaBP以来水位与古降水量变化[J]. 地球学报, 2(1): 53-60.

秦建雄, 1992. 矿物包裹体在沉积学中的应用[J]. 矿物岩石, 12(2): 103-111

秦建中, 2006. 羌塘盆地有机质热演化与成烃史研究[J]. 石油试验地质, 28(4): 350-358.

秦翔, 施炜, 李恒强, 等, 2017. 基于DEM地形特征因子的青藏高原东北缘宁南弧形断裂带活动性分析[J]. 第四纪研究, 37(2): 213-223.

邱瑞照, 邓晋福, 周肃, 2005. 青藏高原西部蛇绿岩类型:岩石学与地球化学证据[J]. 地学前缘, 12(2): 277-288.

邱瑞照, 周肃, 邓晋福, 等, 2004. 西藏班公湖-怒江西段舍马拉沟蛇绿岩中辉长岩年龄测定:兼论班公湖-怒江蛇绿岩带形成时代[J]. 中国地质, 31(3): 262-268.

邱占祥, 叶捷, 姜元吉, 1987. 宁夏吴忠几种灞河期的哺乳动物化石[J]. 古脊椎动物学报, 1(2): 46-56.

曲晓明, 王瑞江, 辛洪波, 等, 2009. 西藏西部与班公湖特提斯洋盆俯冲相关的火成岩年代学和地球化学[J]. 地球化学, 38(6): 523-535.

曲晓明, 辛洪波, 2006. 藏西班公湖斑岩铜矿带的形成时代与成矿构造环境[J]. 地质通报, 25(7): 792-799.

冉波, 李亚林, 朱利东, 等, 2013. 青藏高原北缘新生代早期构造运动-来自酒西盆地始新世-渐新世的沉积学约束[J]. 岩石学报, 29(3): 1027-1038.

冉波, 王成善, 朱利东, 等, 2008. 距今40~30 Ma时期青藏高原北缘酒西盆地沉积物重矿物分析和构造意义[J]. 地学前缘, 2 (5): 388-397.

申旭辉, 田勤俭, 丁国瑜, 等, 2001. 宁夏贺家口子地区晚新生代地层序列及其构造意义[J]. 中国地震, 2(3): 56-66.

沈吉, 刘兴起, MATSUMOTO R, 等, 2004. 晚冰期以来青海湖沉积物多指标高分辨率的古气候演化[J]. 中国科学, 34(6): 582-589.

沈吉, 吴瑞金, 安芷生, 1998. 大布苏湖沉积剖面有机碳同位素特征与古环境[J]. 湖泊科学, 10(3): 8-12.

施美凤, 李亚林, 黄继钧, 2010. 青藏高原主要地体地壳缩短作用研究现状及存在的问题[J]. 地质通报, 29(2): 286-294.

施炜, 刘源, 刘洋, 等, 2013. 青藏高原东北缘海原断裂带新生代构造演化[J]. 地学前缘, 20(4): 1-17.

施雅风, 贾玉连, 于革, 等, 2002. 40~30kaBP青藏高原及邻区高温大降水事件的特征、影响及原因探讨[J]. 湖泊科学, 14(1): 1-11.

施雅风, 孔昭宸, 王苏民, 等, 1992. 中国全新世大暖期的气候波动与重要事件[J]. 中国科学：化学生命科学地学, 22(12): 1300-1308.

施雅风, 刘晓东, 1999. 距今40~30ka青藏高原特强夏季风事件及其与岁差周期关系[J]. 科学通报, 44(14):

1475-1480.

施雅风, 赵井东, 2009. 40～30kaBP中国特殊暖湿气候与环境的发现与研究过程的回顾[J]. 冰川冻土, 31(1): 1-10.

施雅风, 1998. 青藏高原晚新生代隆升与环境变化[M]. 广州：广东科技出版社.

宋博文, 徐亚东, 梁银平, 等, 2014. 中国西部新生代沉积盆地演化[J]. 地球科学, 39(8): 1036-1044.

宋春晖, 方小敏, 李吉均, 等, 2001. 青藏高原北缘酒西盆地13Ma以来沉积演化与构造隆升[J]. 中国科学(D), 2(S1): 155-162.

宋春晖, 2006. 青藏高原北缘新生代沉积演化与高原构造隆升过程[D]. 兰州：兰州大学.

宋春彦, 王剑, 何利, 等, 2014. 羌塘盆地含烃类流体活动的基本特征及成藏分析[J]. 新疆石油地质, 35(4): 380-385.

宋春彦, 2012. 羌塘中生代沉积盆地演化及油气地质意义[D]. 北京：中国地质科学院.

宋旭波, 2017. 酒西盆地始新世火烧沟组砂岩碎屑组分特征及其地质意义[J]. 华东地质, 38(2): 99-107.

孙千里, 周杰, 肖举乐, 2001. 岱海沉积物粒度特征及其古环境意义[J]. 海洋地质与第四纪地质, 21(1): 93-95.

孙素英, 1982. 宁夏同心地区渐新世孢粉组合[C]. 中国地质科学院地质研究所文集, 130-141.

覃素华, 王小善, 康南昌, 等, 2013. 阿尔金断裂对酒泉盆地的控制作用分析[J]. 岩石学报, 29(8): 2895-2905.

谭富文, 王剑, 付修根, 等, 2009. 藏北羌塘盆地基底变质岩的锆石SHRIMP年龄及其地质意义[J]. 岩石学报, 25(1): 139-146.

唐领余, 李春海, 2001. 青藏高原全新世植被的时空分布[J]. 冰川冻土, 23(4): 367-374.

陶晓风, 朱利东, 刘登忠, 2002. 滇西兰坪盆地的形成及演化[J]. 成都理工大学学报, 29(5): 521-525.

田立德, 姚檀栋, NUMAGUTI A, 等, 2001. 青藏高原南部季风降水中稳定同位素波动与水汽输送过程[J]. 中国科学, 2(B12): 215-220.

汪云亮, 张成江, 修淑芝, 2001. 玄武岩类形成的大地构造环境的Th/Hf-Ta/Hf图解判别[J]. 岩石学报, 17(3): 413-418.

王波明, 周家声, 闻涛, 等, 2009. 西藏尼玛盆地陆相地层归属及其油气意义[J]. 天然气技术, 3(4): 21-24.

王成善, 戴紧根, 刘志飞, 等, 2009. 西藏高原与喜马拉雅的隆升历史和研究方法：回顾与进展[J]. 地学前缘, 5(3): 1-30.

王成善, 李祥辉, 胡修棉, 2003. 再论印度-亚洲大陆碰撞的启动时间[J]. 地质学报, 3(1): 16-24.

王成善, 朱利东, 刘志飞, 2004. 青藏高原北部盆地构造沉积演化与高原向北生长过程[J]. 地球科学进展, 5(3): 373-381.

王国安, 2003. 稳定碳同位素在第四纪古环境研究中的应用[J]. 第四纪研究, 23(5): 471-484.

王国芝, 王成善, 2001. 西藏羌塘基底变质岩系的解体和时代厘定[J]. 中国科学(D), 31(增刊): 77-82.

王海雷, 郑绵平, 2014. 青藏高原中部色林错SL-1孔粒度参数指示的5.33kaBP以来的水位变化[J]. 科技导报, 2(35): 29-34.

王辉, 2005. 青藏高原羌塘-三江地区残留微陆块[J]. 云南地质, 24(1): 1-10.

王建, 张志刚, 徐孝彬, 等, 2012. 青藏高原东南部稻城古冰帽南缘第四纪冰川活动的宇生核素年代研究[J]. 第四纪研究, 32(3): 394-402.

王剑, 付修根, 李忠雄, 等, 2009. 藏北羌塘盆地胜利河-长蛇山油页岩带的发现及其意义[J]. 地质通报, 28(6): 691-695.

王立全, 潘桂棠, 李才, 2008. 藏北羌塘中部果干加年山早古生代堆晶辉长岩的锆石SHRIMP U-Pb年龄-兼论原-古特提斯洋的演化[J]. 地质通报, 27(12): 2045-2056.

王璐琳, 武法东, 2012. 青海省青海湖国家地质公园主要地质遗迹类型及其地学意义[J]. 地球学报, 33(5): 835-842.

王萍, 王增光, 雷生学, 等, 2006. 阿尔金断裂东端破裂生长点的最新构造变形[J]. 第四纪研究, 2(1): 108-116.

王秋良, 谢远云, 梅惠, 2003. 湖泊沉积物中有机碳同位素特征及其古气候环境意义[J]. 安全与环境工程, 10(4): 17-21.

王权, 刘殿兵, 汪永进, 等, 2015. 湖北神农架年纹层石笋记录的YD与8.2ka事件转型模式研究[J]. 沉积学报, 33(6): 1140-1148.

王绍武, 谢志辉, 2002. 千年尺度气候变率的研究[J]. 地学前缘, 9(1): 143-153.

王绍武, 叶瑾琳, 龚道溢, 1998. 中国小冰期的气候[J]. 第四纪研究, 18(1): 54-64.

王书兵, 蒋复初, 田国强, 等, 2005. 四川金川黄土地层[J]. 地球学报, 26(4): 355-358.

王苏民, 张振克, 1999. 中国湖泊沉积与环境演变研究的新进展[J]. 科学通报, 44(6): 579-587.

王伟涛, 张培震, 张广良, 等, 2010. 青藏高原东北缘寺口子盆地新生代沉积演化及其构造意义[J]. 地质科学, 45(2): 440-452.

王伟涛, 郑德文, 庞建章, 2013. 青藏高原东北缘寺口子剖面碎屑锆石示踪及其构造意义[J]. 地质学报, 87(10): 1551-1569.

王希斌, 鲍佩声, 戎合, 1996. 中国蛇绿岩中变质橄榄岩的稀土元素地球化学[J]. 岩石学报, 11(增刊): 24-30.

王宗礼, 何建华, 陈亚东, 2014. 湖泊碳库效应及校正方法[J]. 中国沙漠, 34(3): 683-688.

吴福元, 李献华, 杨进辉, 等, 2007. 花岗岩成因研究的若干问题[J]. 岩石学报, 23(6): 1217-1238.

吴福元, 李献华, 郑永飞, 等, 2007. Lu-Hf同位素体系及其岩石学应用[J]. 岩石学报, 4(2): 185-220.

吴福元, 万博, 赵亮, 等, 2020. 特提斯地球动力学[J]. 岩石学报, 36(6): 1627-1674.

吴浩, 李才, 胡培远, 等, 2013. 西藏尼玛县塔色普勒地区去申拉组火山岩的发现及其地质意义[J]. 地质通报, 32(7): 1014-1026.

吴健, 沈吉, 2010. 兴凯湖沉积物有机碳和氮及其稳定同位素反映的28kaBP以来区域古气候环境变化[J]. 沉积学报, 2(2): 365-372.

吴旌, 徐亚东, 安显银, 等, 2014. 冈底斯新元古代-中生代沉积盆地演化[J]. 地球科学, 39(8): 1052-1061.

吴敬禄, 2000. 兴措湖沉积物有机碳及其同位素记录揭示的近代气候与环境[J]. 海洋地质与第四纪地质, 2(4): 37-42.

吴敬禄, 李世杰, 王苏民, 等, 2000. 若尔盖盆地兴措湖沉积记录揭示的近代气候与环境[J]. 湖泊科学, 12(4): 291-296.

吴敬禄, 刘建军, 王苏民, 2004. 近1500年来新疆艾比湖同位素记录的气候环境演化特征[J]. 第四纪研究, 24(5): 585-590.

吴敬禄, 王苏民, 1996. 湖泊沉积物中有机质碳同位素特征及其古气候[J]. 海洋地质与第四纪地质, 16(2): 103-109.

吴萌, 2009. 塔河油田奥陶系碳酸盐岩储层流体包裹体研究[D]. 成都: 成都理工大学.

吴瑞忠, 胡承祖, 王成善, 等, 1986. 藏北羌塘地区地层系统[C]. 青藏高原地质文集, 第9集.

吴胜华, 王旭东, 熊必康, 2014. 江西香炉山矽卡岩型钨矿床流体包裹体研究[J]. 岩石学报, 30(1): 178-188.

吴小力, 李荣西, 胡建民, 等, 2017. 中国北方宁南盆地古近纪晚期咸化湖盆演化及其区域地质意义[J]. 地质学报, 91(4): 954-967.

吴艳宏, ANDREASLÜCKE, 2007. 青藏高原中部全新世气候变化的湖泊沉积地球化学记录[J]. 中国科学(D), 2(9): 1185-1191.

吴珍汉, 叶培盛, 胡道功, 等, 2011. 青藏高原羌塘盆地南部古近纪逆冲推覆构造系统[J]. 地质通报, 30(7): 1009-1012.

吴珍汉, 叶培盛, 殷才云, 2013. 藏北改则新生代早期逆冲推覆构造系统[J]. 地球学报, 34(1): 31-38.

西藏自治区地质矿产局, 1986. 中华人民共和国区域地质调查报告1:100万改则幅[R]. 北京:地质出版社.

西藏自治区地质矿产局, 1993. 西藏自治区区域地质志[M]. 北京:地质出版社.

西藏自治区区调队, 2006. 西藏1:25万改则幅地质调查报告[R]. 北京:地质出版社.

夏斌, 钟富泰, 1991. 西藏北部洞错蛇绿岩地体的岩石地球化学特征及成因意义[J]. 西藏地质, 4(2): 73-87.

夏林圻, 夏祖春, 徐学义, 2007. 利用地球化学方法判别大陆玄武岩和岛弧玄武岩[J]. 岩石矿物学杂志, 26(1): 77-85.

鲜锋, 周卫健, 武振坤, 等, 2012. 中国黄土中Blake地磁极性漂移事件记录的空间对比[J]. 地球环境学报, 4(2): 770-780.

肖栋, 赵平, 王跃, 等, 2014. 末次间冰期以来北大西洋深层海温与青藏高原气温的千年尺度位相关系及其演变[J]. 科学通报, 5(1): 90-95.

谢元和, 王永胜, 郑春子, 2008. 藏北南羌塘陆块北缘毕洛错地区古近纪纳丁错组火山岩的特征及构造环境[J].

地质通报, 27(3): 356-363.

谢远云, 李长安, 王秋良, 等, 2006. 江汉平原江陵地区近9kaB. P.以来的气候演化: 有机碳同位素记录[J]. 中国地质, 33(1): 98-103.

谢远云, 2004. 江汉平原江陵地区9kaBP以来的气候演化[D]. 武汉: 中国地质大学.

许建华, 侯中昊, 王金友, 等, 2003. 羌塘盆地流体包裹体特征及其在储层成岩研究中的应用[J]. 石油实验地质, 35(1): 81-86.

许志琴, 王勤, 李忠海, 等, 2016. 印度-亚洲碰撞:从挤压到走滑的构造转换[J]. 地质学报, 90(1): 1-23.

许志琴, 杨经绥, 梁凤华, 2005. 喜马拉雅地体的泛非-早古生代造山事件年龄记录[J]. 岩石学报, 21(2): 1-12.

杨保, 施雅风, 2003. 40~30kaB. P. 中国西北地区暖湿气候的地质记录及成因探讨[J]. 第四纪研究, 23(1): 60-68.

杨杰, 2015. 始新世中期(40Ma)青藏高原地形对气候影响的数值模拟研究[D]. 北京: 中国地质大学.

杨林, 2011. 西藏尼玛盆地北部坳陷古近纪沉积记录研究[D]. 成都:成都理工大学.

杨明慧, 刘池洋, 郑梦林, 等, 2007. 鄂尔多斯盆地中晚三叠世两种不同类型边缘层序构成及对构造活动响应[J]. 中国科学(D), 37(增刊1): 173-184.

杨石岭, 丁仲礼, 2000. 7.0Ma以来中国北方风尘沉积的游离铁/全铁值变化及其古季风指示意义[J]. 科学通报, 45(22): 2453-2456.

杨文光, 2008. 南海北部陆坡沉积记录的全新世早期夏季风极强事件[J]. 第四纪研究, (3): 425-430.

姚檀栋, 郭学军, THOMPSON L G, 等, 2006. 青藏高原冰芯过去100年δ18O记录与温度变化[J]. 中国科学(D), 36(1): 1-8.

姚檀栋, 谢自楚, 武筱舲, 等, 1990. 敦德冰帽中的小冰期气候记录[J]. 中国科学, 20(11): 1196-1201.

余烨, 2006. 冲绳海槽中部37CalkaBP以来的古气候和古海洋环境研究[D]. 青岛: 中国海洋大学.

余俊清, 安芷生, 王小燕, 等, 2001. 湖泊沉积有机碳同位素与环境变化的研究进展[J]. 湖泊科学, 13(1): 72-78.

俞鸣同, 林振山, 杜建丽, 等, 2009. 格陵兰冰芯氧同位素显示近千年气候变化的多尺度分析[J]. 冰川冻土, 31(6): 32-35.

喻春霞, 罗运利, 孙湘君, 2008. 吉林柳河哈尼湖13.1~4.5cal. kaB. P. 古气候演化的高分辨率孢粉记录[J]. 第四纪研究, 28(5): 929-938.

翟明国, 卞爱国, 2000. 北克拉通新太古代末超大陆拼合及古元古代末-中元古代裂解[J]. 中国科学(D), 30(增刊): 129-136.

张峰, 唐菊兴, 陈洪德, 等, 2010. 兰坪盆地演化与成矿特征[J]. 地质与勘探, 46(1): 85-89.

张怀惠, 张志诚, 李建锋, 等, 2021. 青藏高原东北缘中新生代构造演化: 来自磷灰石和锆石裂变径迹的证据[J]. 地球物理学报, 64(6): 2017-2034.

张进, 李锦轶, 李彦峰, 等, 2007. 阿拉善地块新生代构造作用: 兼论阿尔金断裂新生代东向延伸问题[J]. 地质学报, 2(11): 1481-1497.

张进, 马宗晋, 肖文霞, 等, 2006. 宁夏中南部中新世构造活动的地质证据及其意义[J]. 地质学报, 11(2): 1650-1659

张开均, 夏斌, 夏邦栋, 2003. 冈底斯弧弧后早白垩世裂谷作用的沉积学证据[J]. 沉积学报, 21(1): 31-36.

张珂, 刘开瑜, 吴加敏, 等, 2004. 宁夏中卫盆地的沉积特征及其所反映的新构造运动[J]. 沉积学报, 22(3): 465-473.

张克信, 潘桂棠, 何卫红, 等, 2015. 中国构造-地层大区划分新方案[J]. 地球科学, 40(2): 206-233.

张克信, 王国灿, 骆满生, 等, 2010. 青藏高原新生代构造岩相古地理演化及其对构造隆升的响应[J]. 地球科学, 35(5): 697-712.

张克银, 牟泽辉, 朱宏权, 等, 2000. 西藏伦坡拉盆地成藏动力学系统分析[J]. 新疆石油地质, 21(2): 93-96.

张亮亮, 朱弟成, 赵志丹, 等, 2010. 西藏北冈底斯巴尔达地区岩浆作用的成因:地球化学、年代学及Sr-Nd-Hf同位素约束[J]. 岩石学报, 26(6): 1871-1886.

张亮亮, 朱弟成, 赵志丹, 等, 2011. 西藏申扎早白垩世花岗岩类:板片断离的证据[J]. 岩石学报, 27(7): 1938-1946.

张美良, 程海, 袁道先, 等, 2004. 末次冰期贵州七星洞石笋高分辨率气候记录与Heinrich事件[J]. 地球学报, 25

(3): 337-344.

张平中, 王先彬, 陈践发, 等, 1995. 青藏高原若尔盖盆地 RH 孔沉积有机质的 δ13C 值和氢指数记录[J]. 中国科学(B), 25(6): 631-638.

张普, 刘卫国, 鹿化煜, 等, 2009. 洛南黄土有机碳同位素组成及其与洛川、西峰黄土对比[J]. 第四纪研究, 29(1): 34-42.

张旗, 周国庆, 2001. 中国蛇绿岩[M]. 北京:科学出版社.

张乾, 邵树勋, 刘家军, 2002. 兰坪盆地大型矿集区多金属矿床的铅同位素组成及铅的来源[J]. 矿物学报, 22(2): 147-154.

张乾, 1993. 云南金顶超大型铅锌矿床的铅同位素组成及铅来源探讨[J]. 地质与勘探, 29(5): 21-28.

张士贞, 向树元, 万俊, 2010. 西藏比如盆地碎屑锆石 LA-ICP-MS U-Pb 测年及其地质意义[J]. 地质科技情报, 29(5): 15-21.

张述鑫, 2011. 可可西里 BDQ 钻孔记录的 0.9Ma 以来的气候与环境变化[D]. 兰州: 兰州大学.

张岩, 朱利东, 杨文光, 等, 2009. 青藏高原东缘叠溪海盆地 40~30kaBP 高分辨率快速气候变化记录[J]. 地学前缘, 16(5): 91-98.

张岩, 2010. 西藏措勤地区全新世高分辨率气候变化研究[D]. 成都: 成都理工大学.

张银环, 杨琰, 杨勋林, 等, 2015. 早全新世季风演化的高分辨率石笋 δ18O 记录研究: 以河南老母洞石笋为例[J]. 沉积学报, 33(1): 134-141.

张玉修, 2007. 班-怒带中西段构造演化[D]. 北京:中国科学院研究生院.

张招崇, 王福生, 郝艳丽, 2004. 峨眉山大火成岩省中苦橄岩与其共生岩石的地球化学特征及其对源区的约束[J]. 地质学报, 78(2): 171-180.

赵彩萍, 2012. 关中盆地中部黄土-古土壤序列记录的全新世气候变化研究[D]. 西安: 陕西师范大学.

赵国春, 孙敏, WILDE S A, 2002. 早-中元古代 Columbia 超级大陆研究进展[J]. 科学通报, 47(18): 1361-1364.

赵华标, 徐柏青, 王宁练, 2014. 青藏高原冰芯稳定氧同位素记录的温度代用性研究[J]. 第四纪研究, 34(6): 1215-1226.

赵杨, 2019. 宁南盆地丁家二沟剖面古近纪-新近纪沉积特征及其构造意义[D]. 北京: 中国地质大学.

郑海翔, 张选阳, 1988. 青藏高原大地构造问题-青藏高原地质文集[M]. 北京:地质出版社.

郑绵平, 刘俊英, 庞其清, 等, 2012. 西藏台错沉积记录与更新世晚期: 全新世气候变化[J]. 地质学报, 86(1): 104-131.

郑绵平, 袁鹤然, 赵希涛, 等, 2006. 青藏高原第四纪泛湖期与古气候[J]. 地质学报, 80(2): 813-813.

郑文俊, 袁道阳, 张培震, 等, 2016. 青藏高原东北缘活动构造几何图像、运动转换与高原扩展[J]. 第四纪研究, 36(4): 775-788.

郑文俊, 张博譞, 袁道阳, 等, 2021.阿拉善地块南缘构造活动特征与青藏高原东北缘向外扩展的最新边界[J]. 地球科学与环境学报, 43(2): 224-236.

中国地质调查局成都地质调查中心, 2010.青藏高原及邻区航磁系列图说明书[M]. 北京:地质出版社.

中-英青藏高原综合科学考察队, 1990. 青藏高原地质演化[M]. 北京:科学出版社.

周伏洪, 姚正煦, 薛典军, 2001. 航磁概查对青藏高原一些地质问题的新认识[J]. 物探与化探, 25(2): 81-88.

周国庆, 2008. 蛇绿岩研究新进展及其定义和分类的再讨论[J]. 南京大学学报(自然科学), 44(1): 1-24.

周肃, 莫宣学, 董国臣, 等, 2004. 西藏林周盆地林子宗火山岩 40Ar/39Ar 年代格架[J]. 科学通报, 49(20): 2095-2096.

周卫建, 李小强, 董光荣, 等, 1996. 新仙女木期沙漠/黄土过渡带高分辨率泥炭记录-东亚季风气候颤动的实例[J]. 中国科学, 26(2): 118-124.

朱大运, 王建力, 2013. 青藏高原冰芯重建古气候研究进展分析[J]. 地理科学进展, 2(10): 1535-1544.

朱弟成, 莫宣学, 赵志丹, 等, 2008. 西藏冈底斯带措勤地区则弄群火山岩锆石 U-Pb 年代学格架及构造意义[J]. 岩石学报, 24(3): 401-412.

朱弟成, 潘桂棠, 莫宣学, 等, 2006. 冈底斯中北部晚侏罗世-早白垩世地球动力学环境:火山岩约束[J]. 岩石学报, 22(3): 534-546.

朱立平, 王君波, 林晓, 等, 2007. 西藏纳木错深水湖芯反映的 8.4ka 以来气候环境变化[J]. 第四纪研究, 27(4):

588-597.

朱利东, 刘登忠, 王国芝, 等, 2001. 兰坪盆地侏罗纪陆相层序地层研究[J]. 地层学杂志, 25(1): 40-43.

朱利东, 史建南, 杨文光, 等, 2014. 羌塘盆地鲤鱼山-长梁山地区天然气水合物1:10万专项地质调查[R]. 成都: 成都理工大学地质调查研究院.

朱利东, 王成善, 伊海生, 等, 2004a. 青藏高原盆地系统演化与高原形成时间[J]. 成都理工大学学报(自然科学版), 2(3): 249-255.

朱利东, 王成善, 郑荣才, 等, 2005. 青藏高原东北缘酒泉盆地的演化特征与宽台山-黑山断裂的性质[J]. 地质通报, 1(9): 837-840.

朱利东, 2004b. 青藏高原北部隆升与盆地和地貌记录[D]. 成都:成都理工大学.

朱志军, 陈洪德, 侯明才, 等, 2008. 百色盆地东部坳陷北部陡坡带那读组层序特征及岩相古地理演化[J]. 成都理工大学学报（自然科学版）, 35(6): 617-624.